遥感与地理信息基础系列教程

GeoScene Pro
地理信息系统实验教程

齐志新　刘小平　陈逸敏　编著

中山大学出版社
·广州·

版权所有　翻印必究

图书在版编目（CIP）数据

GeoScene Pro 地理信息系统实验教程/齐志新，刘小平，陈逸敏编著． －－广州：中山大学出版社，2025.6． －－（遥感与地理信息基础系列教程）． －－ISBN 978－7－306－08463－7

Ⅰ．P208.2－33

中国国家版本馆 CIP 数据核字第 2025SN0581 号

GeoScene Pro DILI XINXI XITONG SHIYAN JIAOCHENG

| 出　版　人：王天琪
| 策划编辑：王旭红
| 责任编辑：王旭红
| 封面设计：曾　斌
| 责任校对：王百瑧
| 责任技编：靳晓虹
| 出版发行：中山大学出版社
| 电　　话：编辑部 020－84111997，84113349，84110283，84110779，84110776
| 发行部 020－84111998，84111981，84111160
| 地　　址：广州市新港西路 135 号
| 邮　　编：510275　　　　　　传　真：020－84036565
| 网　　址：http://www.zsup.com.cn　　E-mail：zdcbs@mail.sysu.edu.cn
| 印　刷　者：广州市友盛彩印有限公司
| 规　　格：787mm×1092mm　1/16　21 印张　564 千字
| 版次印次：2025 年 6 月第 1 版　2025 年 6 月第 1 次印刷
| 定　　价：76.00 元

如发现本书因印装质量影响阅读，请与出版社发行部联系调换

作 者 简 介

齐志新 博士、副教授、博士生导师，主要从事城市遥感、土地利用变化监测与分析、雷达遥感应用等方面的研究。主持国家自然科学基金、国家重点研发计划子课题、广东省自然科学基金、广州市重点研发计划等项目多项。长期在科研单位从事 GIS 教学与科研工作，对国内外 GIS 软件的应用和行业发展有较深入的了解。

刘小平 博士、教授、博士生导师，中山大学"百人计划"引进人才，2013 年入选中共中央组织部"万人计划"首批青年拔尖人才，2013 年获得国家优秀青年基金，2022 年获得国家杰出青年基金，2011 年"全国百篇优秀博士论文"获得者，2009 年"教育部新世纪优秀人才支持计划"入选者。中国地理信息系统协会理论与方法专业委员会委员，中国海外地理信息科学协会（Chinese Professional in Geographic Information Systems，CPGIS）委员。主要从事地理模拟、空间智能及优化决策方面的研究。

陈逸敏 博士、教授、博士生导师，主要从事城市大数据分析与信息提取、城市演化模拟、城市化环境影响情景建模、城市可持续发展等方面的研究。主持国家自然科学基金、广东省自然科学基金等项目多项，获得广东省自然科学基金杰出青年项目、国家自然科学基金优秀青年科学基金项目资助。

内 容 简 介

本书以理论与实例相结合的形式，全面、详细地介绍了 GeoScene Pro 这一地理信息领域软件国产化最新成果的操作和使用技巧，全书内容分为 4 篇共 17 章。主要内容包括：GeoScene Pro 概述、软件应用基础、数据采集与管理、空间数据编辑、空间参考与变换、空间数据可视化表达、地图制图、矢量数据的空间分析、栅格数据的空间分析、网络分析、地统计分析、水文分析、空间分析建模与 Model Builder、三维建模与分析、土地利用模拟模型、空间大数据分析、机器学习与深度学习等。此外，本书还配有具有实际应用背景的分析案例，并给出详尽的操作步骤及大量随书练习资料，供读者参考和学习。

本书强调新颖性、科学性、全面性、系统性和实用性，注重理论与实例的结合，既可以作为高等院校地理信息系统、测绘科学、地理科学等相关专业的教材，也可以作为科学研究、规划设计与管理等部门的科技人员的参考书目。

前　言

GeoScene Pro 作为新一代国产地理空间云平台的专业级桌面软件，是易智瑞信息技术有限公司在 ArcGIS 内核基础上针对中国用户打造的智能、强大的地理空间信息云平台软件。与 GeoScene Pro 无缝对接的 GeoScene 平台以云计算为架构并融合各类最新 IT 技术，具有强大的地图制作、空间数据管理、大数据与人工智能挖掘分析、空间信息可视化以及整合、发布与共享的能力。GeoScene 地理信息系统平台是构建地理空间信息云的重要基础设施，也是实现整个组织机构空间信息互联互通的基础。同时，为满足用户需求，GeoScene 地理信息系统平台深入集成了物联网、大数据、人工智能等新技术，旨在为用户打造一个功能强大的地理空间信息云平台。

本书的作者团队长期从事地理建模、大数据分析、机器学习、深度学习、人工智能算法等领域的研究，具有丰富的经验积累，出版了多部具有一定影响力的专著，团队开发的 GeoSOS、FLUS 土地利用模拟软件平台被学界广泛使用。随着计算机技术与智能算法的发展日新月异，地理研究的手段不断推陈出新，GIS 软件也不断升级。如今，GeoScene Pro 已经将时空大数据、机器学习与深度学习、土地利用建模智能算法等融入其软件平台，但目前已有的 GIS 书籍较少涉及这方面的知识，因而十分有必要编写这样一本教程，帮助读者掌握这些前沿的地理研究手段。

本书共分为 4 篇 17 章。第 1 章和第 2 章为应用基础篇，包括 GeoScene Pro 概述、软件应用基础；第 3 章至第 7 章为数据管理篇，包括数据采集与管理、空间数据编辑、空间参考与变换、空间数据可视化表达、地图制图；第 8 章至第 13 章为地理分析与建模篇，包括矢量数据的空间分析、栅格数据的空间分析、网络分析、地统计分析、水文分析、空间分析建模与 Model Builder；第 14 章至第 17 章为高阶应用篇，包括三维建模与分析、土地利用模拟模型、空间大数据分析、机器学习与深度学习等内容。前两篇主要介绍 GeoScene Pro 的基础操作；第三篇聚焦 GIS 软件的核心功能，即地理数据的空间分析操作，其中的每一章都是一个单独的应用专题，方便读者根据需要有选择地学习和查阅；第四篇是本书的亮点，该篇通过案例及详细的操作步骤，分章节介绍了最新的 IT 技术在地理研究中的应用及其在 GeoScene Pro 软件中的实现方法。

本书架构由中山大学的齐志新、刘小平、陈逸敏三位老师和易智瑞信息技术有限公司的多位高级工程师经多次讨论后确定。齐志新、陈逸敏两位老师负责全书的总体组织、审校工作，最后由刘小平老师进行统稿和定稿。参与本书编写的有中山大学遥感与地理信息工程系研究生吴长江、马浩轩、马佳玲、邵昱松、车扬子、郑玥、郭仁韵、王越、陈凯、林素雅等。易智瑞信息技术有限公司及其多位高级工程师一直关注本书的编写，并给出了许多宝贵的意见，他们在参考资料、应用案例数据等方面也提供了大力支持，在此一并表示衷心的感谢。

由于作者水平所限，书中难免存在不妥之处，敬请读者批评指正。

齐志新　刘小平　陈逸敏
2024 年 12 月于广州　中山大学

目　　录

第1篇　应用基础

第1章　GeoScene Pro 概述 (2)
 1.1　GeoScene 平台简介 (2)
  1.1.1　GeoScene 平台架构 (2)
  1.1.2　GeoScene 平台产品组成 (3)
 1.2　GeoScene 平台桌面软件 (3)

第2章　软件应用基础 (4)
 2.1　基础操作 (4)
  2.1.1　软件启动 (4)
  2.1.2　打开工程 (5)
  2.1.3　GeoScene Pro 界面 (6)
  2.1.4　创建二维/三维场景 (8)
 2.2　数据管理基础 (8)
  2.2.1　数据加载 (8)
  2.2.2　数据创建 (11)
 2.3　其他基础操作 (14)
  2.3.1　添加或更换地图或场景底图 (14)
  2.3.2　添加文件夹链接 (15)
  2.3.3　添加服务 (16)

第2篇　数据管理

第3章　数据采集与管理 (20)
 3.1　空间数据采集 (20)
 3.2　地理配准 (20)
  3.2.1　地理配准工具条介绍 (21)
  3.2.2　地理配准的步骤 (24)
 3.3　空间校正 (25)
  3.3.1　空间校正的方法 (26)
  3.3.2　空间校正变换 (26)
  3.3.3　橡皮页变换要素 (27)
  3.3.4　边匹配要素 (28)
  3.3.5　传递属性 (30)
 3.4　空间数据管理 (31)

第4章 空间数据编辑 (34)

4.1 GeoScene Pro 编辑简介 (34)
4.2 要素编辑 (34)
4.2.1 数据编辑的环境设置 (34)
4.2.2 使用创建要素窗口 (36)
4.2.3 创建新要素 (37)
4.2.4 基于现有要素创建要素 (42)
4.2.5 修改要素 (43)
4.3 注记编辑 (43)
4.3.1 创建注记 (43)
4.3.2 修改注记 (44)
4.4 尺寸注记编辑 (46)
4.4.1 创建尺寸注记 (46)
4.4.2 编辑尺寸注记 (47)

第5章 空间参考与变换 (49)

5.1 空间参考与地图投影 (49)
5.1.1 空间参考 (49)
5.1.2 大地坐标系 (49)
5.1.3 投影坐标系 (49)
5.2 投影变换 (50)
5.2.1 定义投影 (50)
5.2.2 投影变换 (51)
5.2.3 数据变换 (53)
5.3 数据格式转换 (57)
5.3.1 数据结构转换 (57)
5.3.2 数据格式转换 (58)

第6章 空间数据可视化表达 (60)

6.1 时态数据可视化 (60)
6.1.1 时态数据的存储方式 (60)
6.1.2 时态数据的显示 (60)
6.1.3 时态地图的保存和导出 (69)
6.2 动画制作 (71)
6.2.1 创建动画 (71)
6.2.2 编辑动画 (72)
6.2.3 导出和共享动画 (74)
6.3 图表制作 (75)
6.3.1 创建图表 (75)
6.3.2 显示和查询图表 (78)
6.3.3 修改和管理图表 (78)
6.3.4 导出图表 (79)

6.4 报表制作 ··· (79)
  6.4.1 创建报表 ·· (80)
  6.4.2 报表整理 ·· (81)
  6.4.3 报表的生成和输出 ·· (83)

第7章 地图制图 ·· (85)
7.1 数据符号化 ·· (85)
  7.1.1 矢量数据符号化 ·· (86)
  7.1.2 栅格数据符号化 ·· (92)
7.2 地图标注 ··· (96)
7.3 专题地图编制 ··· (100)
  7.3.1 布局设计 ·· (100)
  7.3.2 制图数据操作 ·· (103)
  7.3.3 地图整饰 ·· (106)
  7.3.4 地图打印与导出 ·· (112)
7.4 综合制图案例 ··· (114)

第3篇 地理分析与建模

第8章 矢量数据的空间分析 ·· (118)
8.1 提取分析 ·· (118)
  8.1.1 裁剪 ·· (118)
  8.1.2 分割 ·· (121)
  8.1.3 选择 ·· (122)
  8.1.4 表筛选 ··· (123)
8.2 叠加分析 ·· (124)
  8.2.1 擦除 ·· (124)
  8.2.2 相交 ·· (125)
  8.2.3 联合 ·· (127)
  8.2.4 标识 ·· (128)
  8.2.5 更新 ·· (129)
  8.2.6 空间连接 ·· (131)
8.3 统计分析 ·· (132)
  8.3.1 汇总统计数据 ·· (132)
  8.3.2 频数 ·· (134)
8.4 邻近分析 ·· (135)
  8.4.1 邻近 ·· (135)
  8.4.2 缓冲区分析 ··· (137)
  8.4.3 创建泰森多边形 ·· (139)
8.5 综合应用案例 ··· (140)
  8.5.1 背景及意义 ··· (140)
  8.5.2 案例数据 ·· (140)

8.5.3　操作要点 …………………………………………………………………………(141)
　　8.5.4　操作步骤 …………………………………………………………………………(141)

第9章　栅格数据的空间分析 ……………………………………………………………(150)
9.1　设置分析环境 ……………………………………………………………………………(150)
　　9.1.1　为输出结果指定存储位置 …………………………………………………………(150)
　　9.1.2　设置栅格分析参数 …………………………………………………………………(150)
　　9.1.3　设置输出坐标参数 …………………………………………………………………(151)
　　9.1.4　设置输出结果范围 …………………………………………………………………(151)
9.2　距离分析 …………………………………………………………………………………(151)
　　9.2.1　欧氏距离 ……………………………………………………………………………(151)
　　9.2.2　成本距离 ……………………………………………………………………………(152)
　　9.2.3　最低成本路径 ………………………………………………………………………(153)
9.3　密度分析 …………………………………………………………………………………(153)
　　9.3.1　核密度分析 …………………………………………………………………………(154)
　　9.3.2　简单密度分析 ………………………………………………………………………(154)
9.4　表面分析 …………………………………………………………………………………(155)
　　9.4.1　栅格插值 ……………………………………………………………………………(155)
　　9.4.2　等值线绘制 …………………………………………………………………………(160)
　　9.4.3　坡度、坡向提取 ……………………………………………………………………(161)
　　9.4.4　山体阴影 ……………………………………………………………………………(162)
9.5　提取分析 …………………………………………………………………………………(163)
　　9.5.1　按属性或形状提取 …………………………………………………………………(163)
　　9.5.2　按像元值提取至点 …………………………………………………………………(164)
9.6　统计分析 …………………………………………………………………………………(165)
　　9.6.1　像元统计 ……………………………………………………………………………(165)
　　9.6.2　焦点统计 ……………………………………………………………………………(166)
　　9.6.3　分区统计 ……………………………………………………………………………(166)
9.7　重分类 ……………………………………………………………………………………(167)
9.8　条件分析与栅格计算 ……………………………………………………………………(168)
　　9.8.1　条件分析 ……………………………………………………………………………(168)
　　9.8.2　栅格计算 ……………………………………………………………………………(169)
9.9　综合应用案例 ……………………………………………………………………………(170)
　　9.9.1　实验背景及目的 ……………………………………………………………………(170)
　　9.9.2　实验数据 ……………………………………………………………………………(171)
　　9.9.3　实验操作重点 ………………………………………………………………………(171)
　　9.9.4　实验操作步骤 ………………………………………………………………………(171)

第10章　网络分析 …………………………………………………………………………(176)
10.1　网络类别和组成 ………………………………………………………………………(176)
10.2　网络数据集 ……………………………………………………………………………(177)
　　10.2.1　网络数据集的基本元素 …………………………………………………………(177)

    10.2.2 网络的连通性 …………………………………………………… (177)
    10.2.3 网络数据集的属性 ………………………………………………… (179)
    10.2.4 网络数据集的构建 ………………………………………………… (182)
  10.3 网络数据集的网络分析 ……………………………………………………… (183)
    10.3.1 路径分析 …………………………………………………………… (183)
    10.3.2 服务区分析 ………………………………………………………… (186)
    10.3.3 位置分配分析 ……………………………………………………… (188)
    10.3.4 最近设施点分析 …………………………………………………… (192)
    10.3.5 OD 成本矩阵分析 ………………………………………………… (195)
  10.4 网络分析案例 ………………………………………………………………… (197)
    10.4.1 背景及目的 ………………………………………………………… (197)
    10.4.2 实验数据 …………………………………………………………… (198)
    10.4.3 可步行理论简介 …………………………………………………… (198)
    10.4.4 操作步骤 …………………………………………………………… (199)
第11章 地统计分析 ………………………………………………………………… (209)
  11.1 地统计分析概述 ……………………………………………………………… (209)
    11.1.1 地统计分析基本原理 ……………………………………………… (209)
    11.1.2 地统计分析一般流程 ……………………………………………… (212)
  11.2 GeoScene Pro 的地统计分析 ……………………………………………… (213)
    11.2.1 地统计向导 ………………………………………………………… (213)
    11.2.2 GeoScene Pro 的地统计分析工具 ………………………………… (215)
第12章 水文分析 …………………………………………………………………… (219)
  12.1 概述 …………………………………………………………………………… (219)
  12.2 无洼地 DEM 生成 …………………………………………………………… (220)
    12.2.1 水流方向提取 ……………………………………………………… (220)
    12.2.2 洼地计算 …………………………………………………………… (222)
    12.2.3 洼地填充 …………………………………………………………… (225)
    12.2.4 基于无洼地 DEM 水流方向的计算 ……………………………… (227)
  12.3 水流长度计算 ………………………………………………………………… (227)
  12.4 汇流分析 ……………………………………………………………………… (228)
  12.5 河网分析 ……………………………………………………………………… (229)
    12.5.1 河网生成 …………………………………………………………… (229)
    12.5.2 河流链 ……………………………………………………………… (232)
    12.5.3 河网分级 …………………………………………………………… (233)
  12.6 流域分析 ……………………………………………………………………… (234)
    12.6.1 流域盆地 …………………………………………………………… (234)
    12.6.2 汇水区出水口 ……………………………………………………… (235)
    12.6.3 集水流域 …………………………………………………………… (235)
第13章 空间分析建模与 Model Builder ………………………………………… (237)
  13.1 空间分析建模 ………………………………………………………………… (237)

13.2 Model Builder ·· (238)
13.2.1 Model Builder 简介 ··· (238)
13.2.2 Model Builder 基本操作 ··· (239)
13.2.3 Model Builder 高级操作技巧 ·· (243)
13.2.4 Model Builder 的优点 ··· (245)
13.3 脚本文件 ·· (245)
13.3.1 脚本文件简介 ··· (245)
13.3.2 Python 交互环境 ·· (246)
13.3.3 脚本编写 ·· (247)
13.3.4 将脚本添加至工具箱 ·· (248)
13.4 应用案例 ·· (249)
13.4.1 案例的背景及目的 ··· (249)
13.4.2 实验数据、操作要点和步骤 ·· (250)

第 4 篇 高阶应用

第 14 章 三维建模与分析 ·· (258)
14.1 三维数据管理 ·· (258)
14.1.1 三维数据 ··· (258)
14.1.2 三维数据的获取 ··· (259)
14.1.3 3D 要素分析 ··· (260)
14.2 表面创建与管理 ··· (264)
14.2.1 表面创建 ··· (264)
14.2.2 表面管理 ··· (266)
14.3 表面分析 ·· (268)
14.3.1 栅格表面分析 ·· (268)
14.3.2 Terrain 和 TIN 表面分析 ·· (268)
14.3.3 功能性表面 ··· (271)
14.4 三维数据高级分析功能 ··· (274)
14.4.1 I3S 格式简介 ··· (274)
14.4.2 三维数据治理模块 ··· (274)

第 15 章 土地利用模拟模型 ·· (277)
15.1 依赖库的安装 ·· (277)
15.2 基于人工神经网络的城市发展概率计算 ··································· (278)
15.2.1 人工神经网络概念及公式 ·· (278)
15.2.2 土地利用发展概率计算 ··· (279)
15.3 元胞自动机城市发展模拟 ·· (280)
15.3.1 自适应惯性竞争机制的元胞自动机原理介绍 ·························· (280)
15.3.2 城市发展模拟 ·· (282)
15.4 某市的城市增长边界划定案例 ·· (284)
15.4.1 背景 ··· (284)

  15.4.2 目的 ……………………………………………………………………………………（284）
  15.4.3 数据 ……………………………………………………………………………………（285）
  15.4.4 任务 ……………………………………………………………………………………（285）
  15.4.5 操作步骤 ………………………………………………………………………………（285）
第16章 空间大数据分析 ……………………………………………………………………………（288）
 16.1 空间大数据分析原理 ……………………………………………………………………（288）
  16.1.1 大数据和空间大数据概述 ……………………………………………………………（288）
  16.1.2 大数据分析工具箱功能介绍 …………………………………………………………（289）
 16.2 空间大数据分析实例——时空立方体与时空数据分析 ………………………………（296）
  16.2.1 时空立方体和时空模式挖掘工具介绍 ………………………………………………（296）
  16.2.2 实例步骤 ………………………………………………………………………………（297）
第17章 机器学习与深度学习 ……………………………………………………………………（304）
 17.1 基本概念 …………………………………………………………………………………（304）
  17.1.1 机器学习与深度学习 …………………………………………………………………（304）
  17.1.2 GeoScene Pro 的 AI 工具支持 ………………………………………………………（305）
 17.2 随机森林及深度学习工具简介 …………………………………………………………（307）
  17.2.1 随机森林及其工具简介 ………………………………………………………………（307）
  17.2.2 目标检测及深度学习工具简介 ………………………………………………………（308）
 17.3 随机森林及深度学习案例 ………………………………………………………………（309）
  17.3.1 实例：海草栖息地预测 ………………………………………………………………（309）
  17.3.2 实例：遥感影像棕榈树提取 …………………………………………………………（314）
参考文献 ……………………………………………………………………………………………（322）

第 1 篇

应用基础

第 1 章　GeoScene Pro 概述

GeoScene Pro 作为新一代国产地理空间云平台的专业级桌面软件,拥有强大的数据编辑与管理、高级分析、高级制图可视化、影像处理能力,同时具备二三维融合、人工智能、大数据分析、矢量切片制作及发布、时空立方体、任务工作流等特色功能,且在技术能力上领先于市场上其他产品。同时,GeoScene Pro 与 GeoScene 平台无缝对接,实现了与云端资源的高效协同与共享。

1.1　GeoScene 平台简介

GeoScene 是易智瑞信息技术有限公司在 ArcGIS 内核基础上针对中国用户打造的智能、强大的国产地理空间信息平台。GeoScene 平台以云计算为架构并融合各类最新 IT 技术,具有强大的地图制作、空间数据管理、大数据与人工智能挖掘分析、空间信息可视化以及整合、发布与共享的能力。同时,在用户体验、软硬件兼容适配性、安全可控等方面有着独特的优势。

这一套功能强大的、完整的"GIS 平台"产品,注重应用模式及应用架构,能够更好地实现对业务中"人"的支撑。GeoScene 地理信息系统平台是构建地理空间信息云的重要基础设施,也是实现整个组织机构空间信息互联互通的基础。同时,为满足用户需求,GeoScene 地理信息系统平台与物联网、大数据、人工智能等新技术深入集成,能够为用户打造一个功能强大的地理空间信息云平台。

1.1.1　GeoScene 平台架构

GeoScene 地理信息系统平台从上到下可以分为应用层、门户层和服务层三个层级(如图 1.1 所示),其中门户层和服务层通常部署于云中。服务层有大量服务器以及数据和服务资源,并通过 Portal 门户进行统一管理,用来实现 GIS 的分析、计算和可视化等各种功能。应用层是各种类型的用户使用 GeoScene 地理信息系统平台的入口,用来访问云中的资源和服务,以及利用本地的资源完成各种业务功能。

应用层——用户访问 GeoScene 地理信息系统平台的入口,不管是 GIS 专家还是业务人员,都可以通过即用型应用访问 GeoScene 地理信息系统平台。

门户层——GeoScene 地理信息系统平台的访问控制中枢,是用户实现多维内容管理、跨部门跨组织协同分享、精细化访问控制,以及便捷地发现和使用 GIS 资源的渠道。门户可通

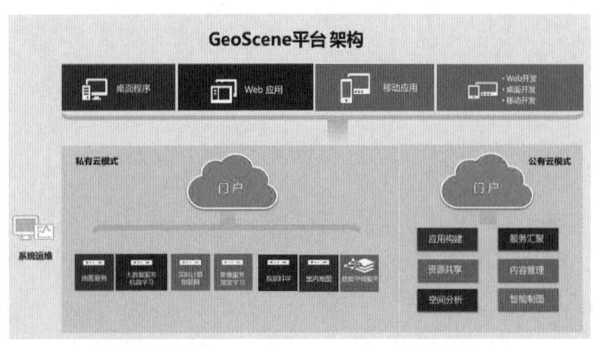

图 1.1　GeoScene 平台架构

过聚合多种来源的数据和服务创建地图。

服务层——服务器是 GeoScene 地理信息系统平台的重要支撑，为平台提供丰富的内容和开放的标准支持。它是空间数据和 GIS 大数据分析能力在 Web 中发挥价值的关键，负责将数据、空间分析能力等转换为 GIS 服务（GIS service），并通过浏览器和多种设备为更多用户提供服务。

1.1.2 GeoScene 平台产品组成

为更好地打造地理空间云平台，GeoScene 地理信息系统平台构建了丰富、强大的产品体系。主要包含四大核心组成部分，分别是 GeoScene 桌面软件、GeoScene 企业级平台软件、GeoScene 即拿即用的一系列应用以及 GeoScene 开发软件。

（1）GeoScene 桌面软件。GeoScene 桌面软件是地理空间信息云平台的专业级桌面产品，拥有强大的数据管理与编辑、高级制图可视化、高级分析及大数据分析、二三维融合、影像处理、无缝对接 GeoScene 地理信息系统平台协同共享信息等能力。

（2）GeoScene 企业级平台软件。GeoScene 企业级平台软件能让用户在自有环境中搭建地理空间信息云平台。它提供了一个全功能的制图和分析平台，包含强大的 GIS 服务器及专用的地理空间信息云平台基础设施，可以用于组织和分享工作成果，使用户可以随时随地在任意设备上获取地图、地理信息并进行分析。

（3）GeoScene 即拿即用的一系列应用。GeoScene 地理信息系统平台提供丰富的应用（Apps），使用户可以随时随地通过各种设备创建、使用和分享 GIS 资源，提高地理空间信息云平台的价值。具体包括专业型 Apps 如 GeoScene 桌面软件，通用型 Apps 如新一代数据挖掘和可视化应用 GeoScene 客户端软件等。

（4）GeoScene 开发软件。GeoScene 地理信息系统平台还是一个面向开发者的平台，其提供了完整的制图可视化、分析和应用构建的能力，包含了一系列开发工具，主要有 GeoScene 地理信息系统平台客户端开发软件，以及 Web 应用开发工具 JavaScript API、Python API 和 REST API，可以实现平台应用层和门户层的全方位扩展。

1.2 GeoScene 平台桌面软件

GeoScene Pro 作为新一代地理空间信息云平台，是开发者面向 GIS 专业人士，全新打造的一款高效、具有强大生产力的桌面应用程序。GeoScene 地理信息系统平台桌面软件除了具有强大的数据管理、制图、空间分析等能力，还具有多种独特的功能，如二三维融合、大数据、矢量切片制作及发布、任务工作流、时空立方体等。

GeoScene 地理信息系统平台桌面软件具有以下七项优势：①采用极简的 Ribbon 界面风格，使与当前任务相关的功能选项卡平铺在菜单面板中，降低了软件使用难度；②允许打开多个地图窗口和多个布局视图，方便用户快速地在任务间进行切换；③支持二三维融合的数据可视化、管理、分析和发布；④引入工程项目概念，能够科学管理工作中使用的资源；⑤ 64 位应用程序，支持 GPU 加速，并支持多线程处理，极大地提高了软件性能；⑥空间分析、制图、三维、影像、数据管理——一款软件实现所有功能；⑦便捷对接 GeoScene 地理信息系统平台，能够对来自本地、GeoScene 地理信息系统平台的数据进行可视化、编辑、分析和共享。

第 2 章 软件应用基础

2.1 基础操作

2.1.1 软件启动

在 GeoScene Pro 中，相关工作主体（包括多个地图、场景、布局、数据、表格、工具和其他资源）通常被组织在工程文件中。在默认情况下，工程被存储在其自己的系统文件夹中。工程文件具有".aprx"扩展名。工程还具有其自己的地理数据库（扩展名为".gdb"的文件）和工具箱（扩展名为".tbx"的文件）。

如图 2.1 所示，用户启动 GeoScene Pro 时，可以通过多种方法打开已保存的工程或创建新的工程。可以通过四种系统模板之一来创建工程。每个模板将创建一个工程文件并向其中添加内容。例如，利用地图模板创建的工程将从包含底图图层的地图视图开始。

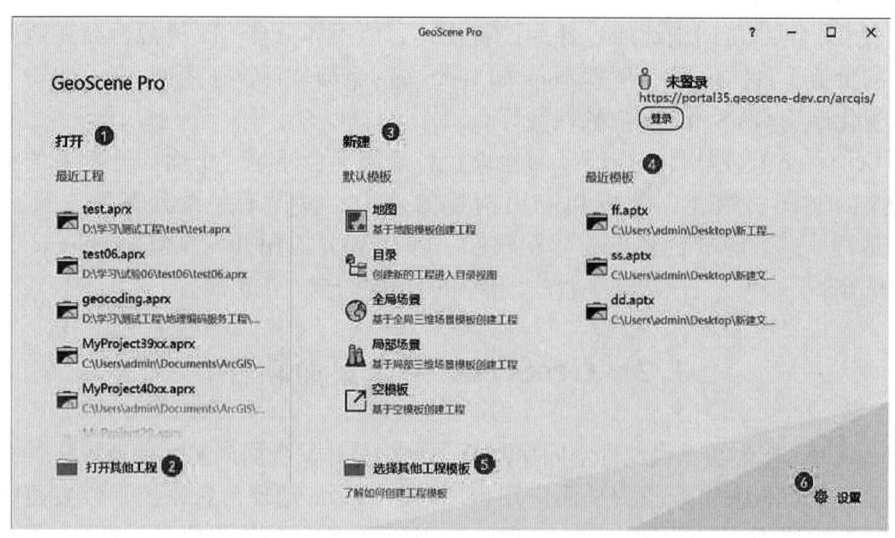

图 2.1 GeoScene Pro 启动界面

注：1. 打开已保存的工程。最近打开的工程将显示在最近工程列表中。用户可以右键单击"📌"，将最近的工程固定在列表中。

2. 浏览未包含在最近工程列表中的工程。

3. 可以通过多种默认模板创建工程。如果用户不需要在工程中保存自己的工作，则可以从没有模板的情况入手。

4. 用户可以通过模板来创建新的工程。最近使用的模板将显示在最近的模板列表中，且可以被固定。

5. 浏览未包含在最近模板列表中的工程模板。

6. 设置 GeoScene Pro 应用程序首选项并管理其他设置，例如门户链接和许可。

2.1.2 打开工程

启动 GeoScene Pro 时,可以通过多种方法打开已保存的工程。在本案例中,用户将浏览到含有新西兰惠灵顿 2D 和 3D 地图的 GeoScene Pro 工程。

(1)启动 GeoScene Pro(如有必要,请在 GeoScene 登录界面中输入用户名和密码并单击登录)。在开始页面的中心,用于创建工程的系统模板垂直排列。如图 2.2 所示,在右侧,用户可以使用个人模板创建工程;在左侧,用户可以打开已保存的工程(用户可能没有任何最近的模板或最近的工程)。

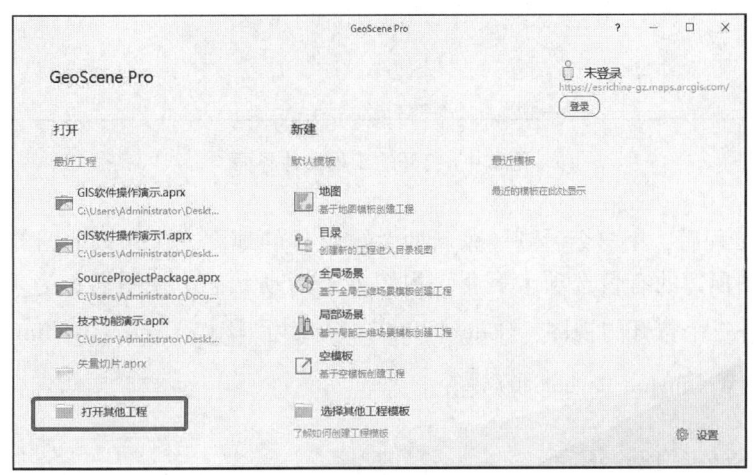

图 2.2 打开工程界面

(2)在最近工程列表下,单击"打开其他工程",选择工程文件界面随即打开。

(3)在选择工程文件界面中的计算机选项下,导航到"\ data \ ch2 \ section2"文件夹,单击"Introducing GeoScene Pro.aprx"以选择工程包,如图 2.3 所示。

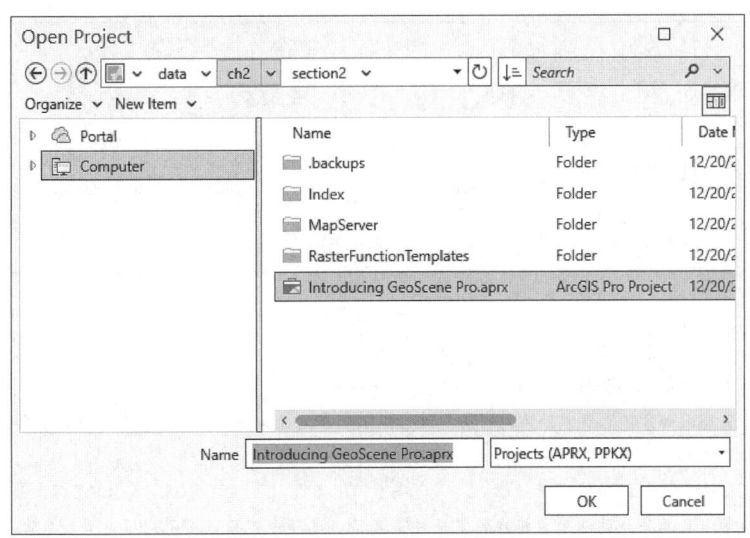

图 2.3 选择工程文件界面

（4）单击【确定】，即可打开工程文件，如图 2.4 所示。

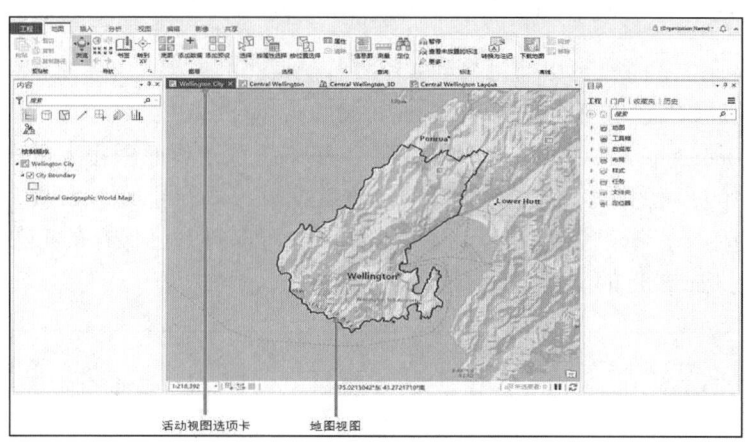

图 2.4　打开的工程文件界面

（5）打开工程后，用户会看到一张新西兰惠灵顿的地图。包含该地图的窗口即为地图视图。地图视图顶部的有色选项卡表明该视图处于活动状态。视图名称为 Wellington City。工程中还有另外三个打开的视图：Central Wellington 地图 、Central Wellington_3D 局部场景 和 Central Wellington Layout 布局 。

2.1.3　GeoScene Pro 界面

GeoScene Pro 界面主要包括功能区、视图和窗格。

（1）功能区。GeoScene Pro 使用应用程序窗口顶部的水平功能区，将功能显示和组织为一系列选项卡，如图 2.5 所示。其中一些选项卡（核心选项卡）将始终包含在其中。当应用程序处于特定状态时，会显示其他选项卡（上下文选项卡）。例如，如果在内容窗格中选择要素图层，将显示一组上下文要素图层选项卡。

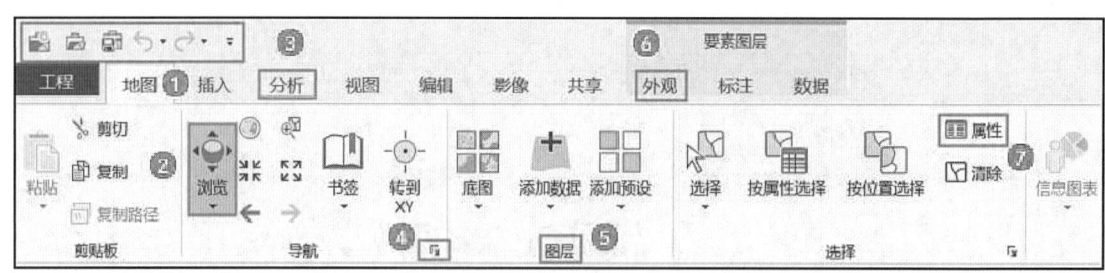

图 2.5　功能区

注：1. 快速访问工具栏包含常用命令，可以对其进行自定义。
2. 浏览工具可用于导航地图和场景，并通过弹出窗口识别要素。
3. 功能区选项卡（例如分析选项卡）可以对功能进行组织。在选择某一选项卡后，其相关工具将显示在功能区中。
4. 对话框启动器会打开包含更多功能的窗格或对话框。
5. 组可对功能区选项卡上的功能进行组织。
6. 上下文选项卡组及其关联的选项卡将在特定条件下显示。选项卡组将以橙色或绿色等颜色高亮显示。
7. 按钮和工具可执行软件操作。

(2) 视图。视图是用于处理地图、场景、表、布局、图表、报表及其他格式数据的窗口，如图 2.6 所示。一个工程可能具有多个视图，可以根据用户需要打开和关闭这些视图；可以同时打开多个视图，但只有一个视图可以处于活动状态。活动视图会影响功能区上显示的选项卡以及窗格中显示的元素，例如内容窗格。

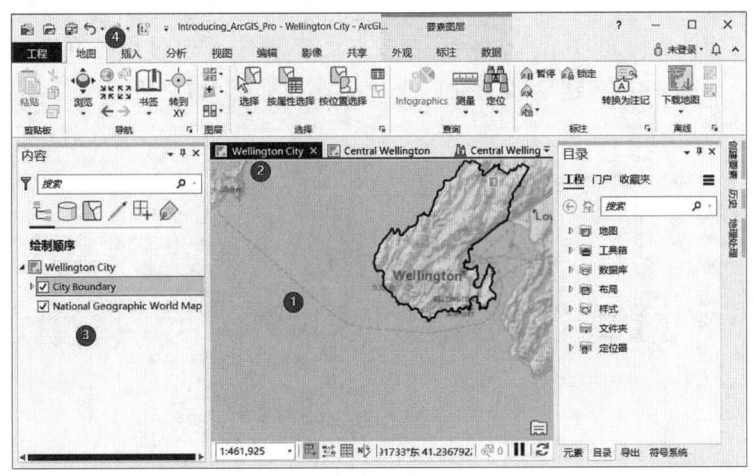

图 2.6　视图界面

注：1. 地图视图是显示地图的窗口。
2. 每个视图都有一个选项卡，可用于关闭或移动视图。活动视图的选项卡为蓝色。单击视图选项卡可使视图处于活动状态。
3. 内容窗格列出了活动视图的内容，例如地图中的图层或布局中的元素。
4. 功能区将提供可以与活动视图配合使用的命令。

(3) 窗格。窗格为可停靠窗口，可显示视图内容（内容窗格）、工程或门户内容（目录窗格）（图 2.7），或者与功能区域相关的命令和设置，如符号系统和地理处理窗格。

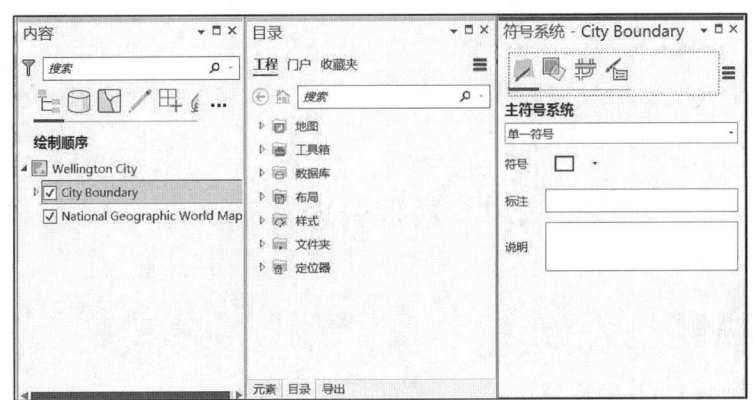

图 2.7　窗格布局

窗格可提供比功能区命令更高级或更完整的功能。窗格可能包含多行用于对功能进行划分和组织的文本选项卡和图形选项卡。

2.1.4 创建二维/三维场景

（1）创建二维场景。如图 2.8 所示，在打开的工程中，点击【插入】标签，选择【新建地图】选项卡，选择【新建地图】。在计算机已连接互联网的状态下，创建场景时会自动添加一种默认底图。

（2）创建三维场景。如图 2.9 所示，在打开的工程中，通过点击在功能菜单中的【插入】→【新建地图】→【新建全局场景】或【新建局部场景】，创建三维场景。

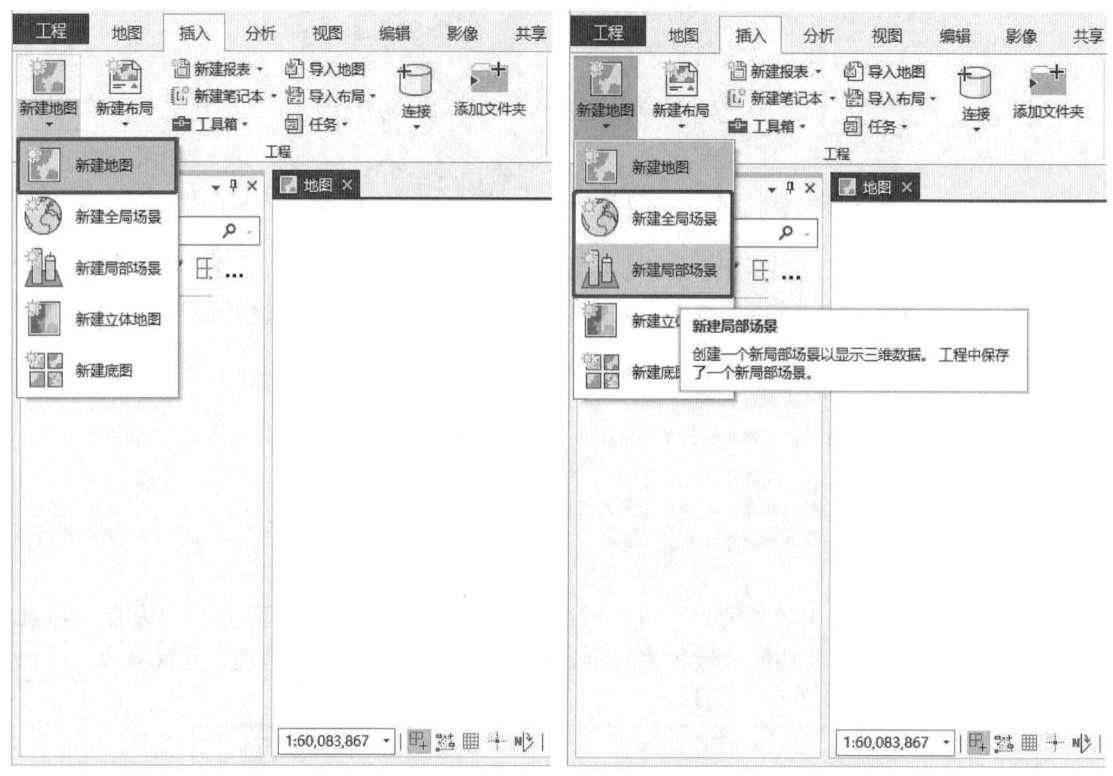

图 2.8　创建二维场景界面　　　　　　图 2.9　创建三维场景界面

2.2　数据管理基础

2.2.1　数据加载

1. 地图中加载 CAD 数据

在 GeoScene Pro 软件中，选择地图标签，通过点击功能栏中的【地图】→【图层】→【添加数据】，打开添加数据界面（如图 2.10 所示）。

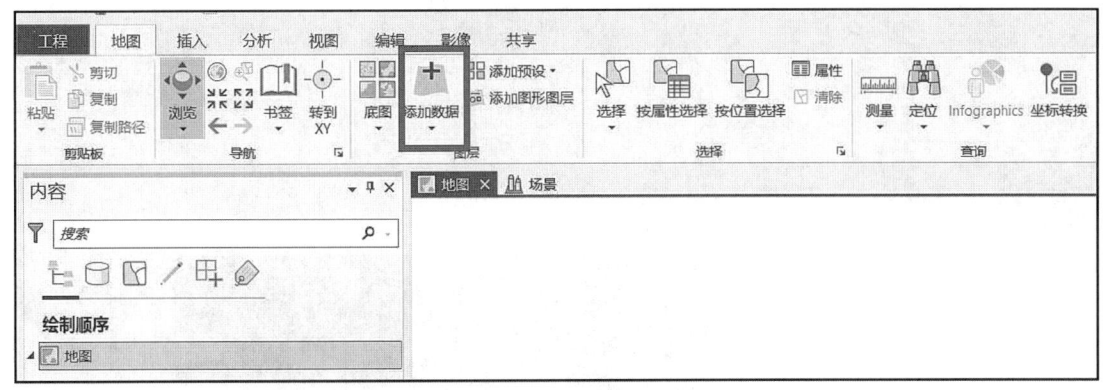

图 2.10　添加数据

在添加数据界面中，导航到 CAD 数据文件（…\ch2\section2\Building_Footprints.dwg），点击【确定】按钮，Building_Footprints.dwg 数据即被加载到地图中（如图 2.11 所示）。

图 2.11　CAD 数据加载后效果

2. 添加三维数据

在 GeoScene Pro 软件的局部场景中添加 Revit 格式的数据，通过点击【场景】→【图层】→【添加数据】，导航到数据所在的位置（\data\ch2\section2\3D_building.rvt），选中数据，点击【确定】按钮，数据将被加载到场景中（如图 2.12 所示）。

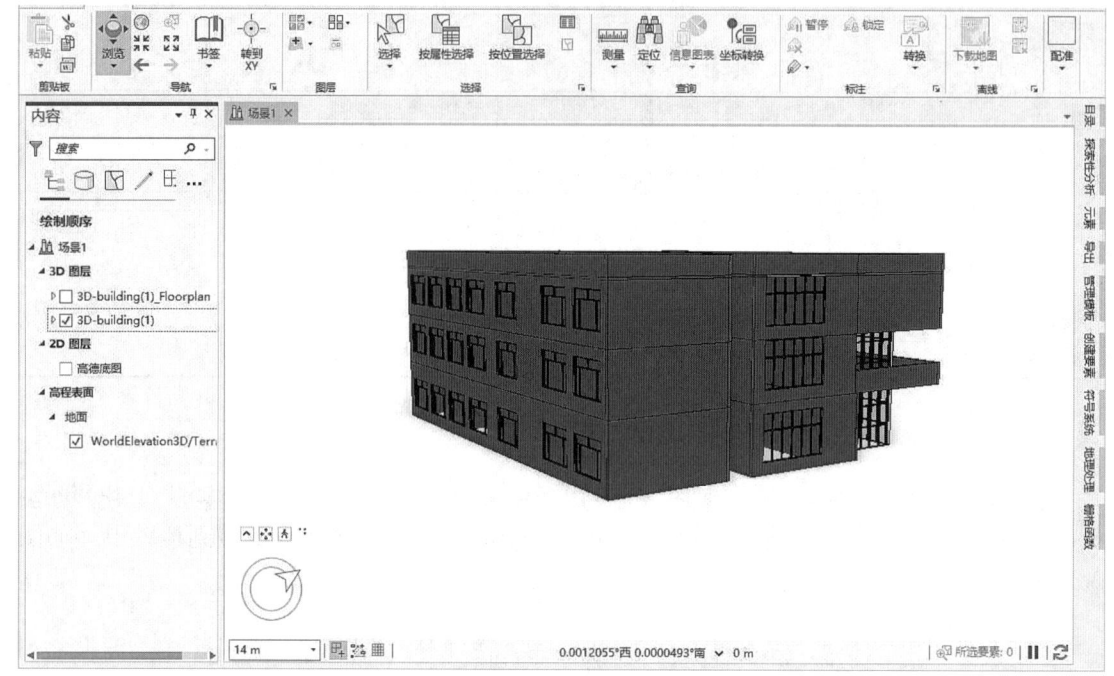

图 2.12　三维数据加载后效果

点击功能栏中的【地图】→【浏览】，通过鼠标对数据进行放大、缩小、平移、转换角度等操作。通过内容窗口，控制图层中的数据是否在场景中展示。

3. 添加样式

GeoScene Pro 系统自带多种二、三维符号，可通过样式选项进行管理，同时，系统支持用户自定义符号及样式库，支持导入已有的样式符号并在地图和场景中应用。

通过点击功能栏中的【插入】→【样式】，添加样式（如图 2.13 所示）。

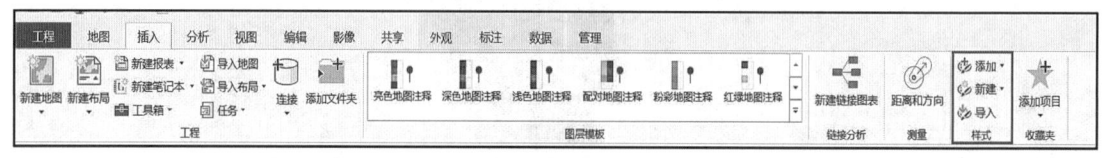

图 2.13　样式添加功能区

（1）添加：通过添加按钮下的【添加样式】和【添加系统样式】将已经创建好的 GeoScene Pro 的样式或者系统样式添加到工程中。添加系统样式窗口如图 2.14 所示。通过勾选，用户可以选择要添加到工程中的样式。

（2）新建：创建新的样式文件，包括样式和移动样式文件，在弹出的窗口中为新建的样式文件指定存放路径和名称。

（3）导入：导入 ArcMap 中创建的符号样式（.style 文件）。

第 2 章 软件应用基础

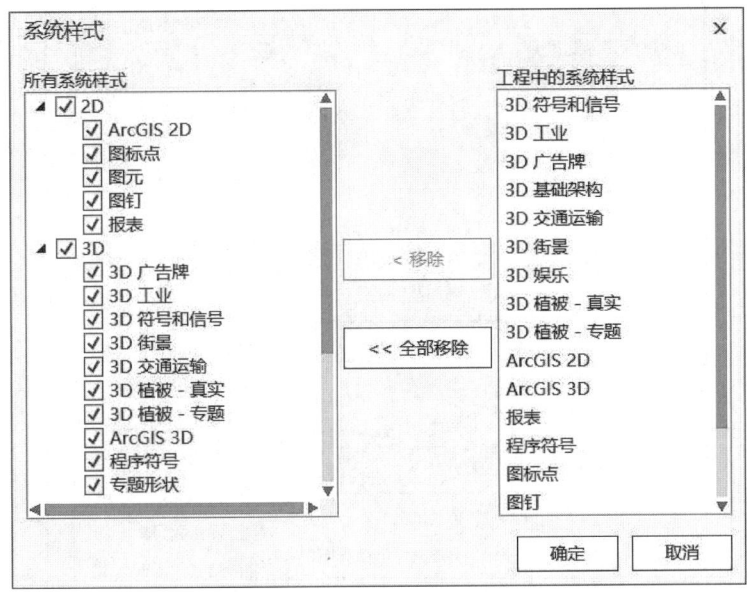

图 2.14 系统样式添加窗口

2.2.2 数据创建

GeoScene Pro 以工程的方式来管理相关工作，在工程中，用户可以创建地图、场景、工具箱、工具、模型、新建数据库、样式等。通过点击功能栏中的【视图】→【窗口】→【目录窗格】，打开目录窗格标签页，如图 2.15 所示。

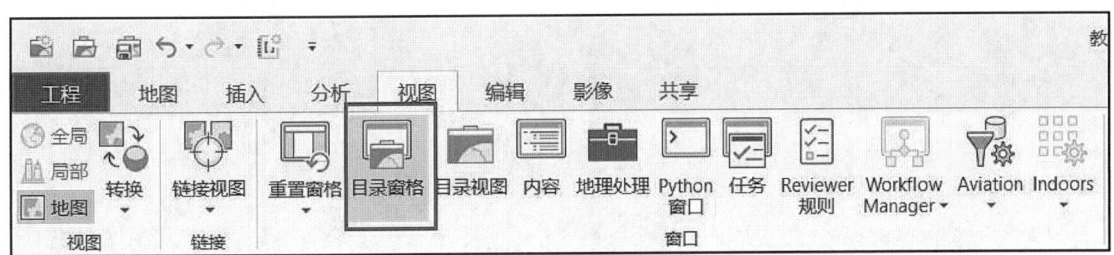

图 2.15 选择目录窗格

在目录窗格中，用户可以创建地图、场景、工具箱、工具、模型、新建数据库、样式等。新建要素类的操作为：通过点击【目录】→【工程】→【数据库】→【教程.gdb】（具体名称会随用户建立的工程文件名称变化），选中"教程.gdb"点击右键，新建菜单，如图 2.16 所示。

选择【要素类】，则开始新建要素。

在定义窗口（图 2.17），用户可以定义要素的名称、别名，要素的类型如点、线、面等，以及要素的几何属性（是否包含 M 值及 Z 值）。定义完成后，点击【下一个】。

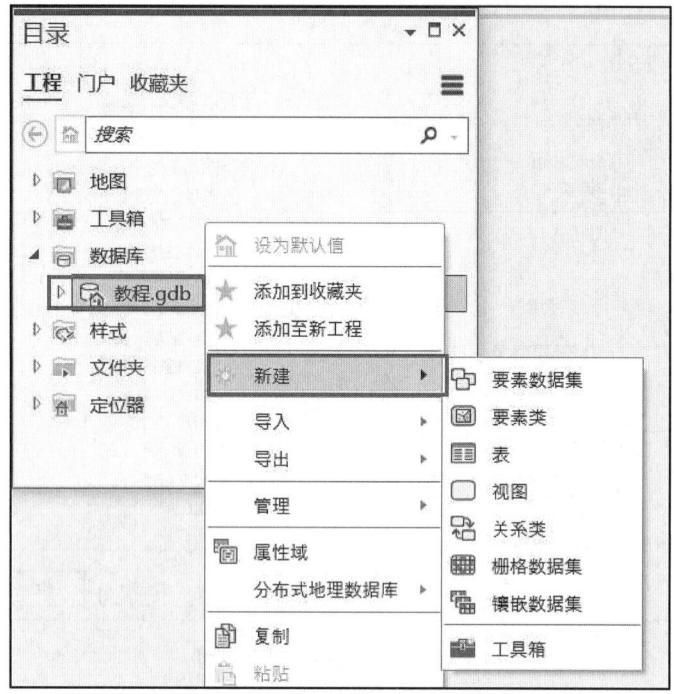

图 2.16 创建要素

在字段窗口（图 2.18），用户可以为要素添加属性字段，如名称、面积、单位等。完成后，点击【下一个】。

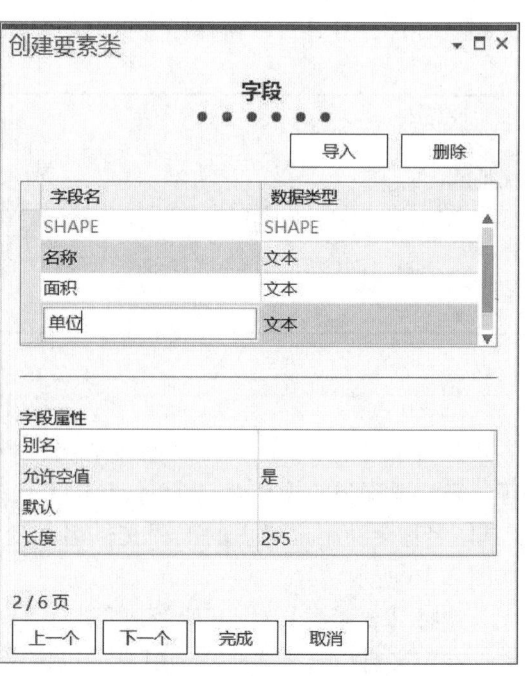

图 2.17 【定义】窗口　　　　　　　　图 2.18 【字段】窗口

在空间参考窗口（图2.19），为要素指定数据的空间参考，用户可以根据工作需要，选择指定的空间参考。完成后，点击【下一个】。

在容差窗口（图2.20），用户可以自行设置容差，也可以使用系统默认值。完成后，点击【下一个】。

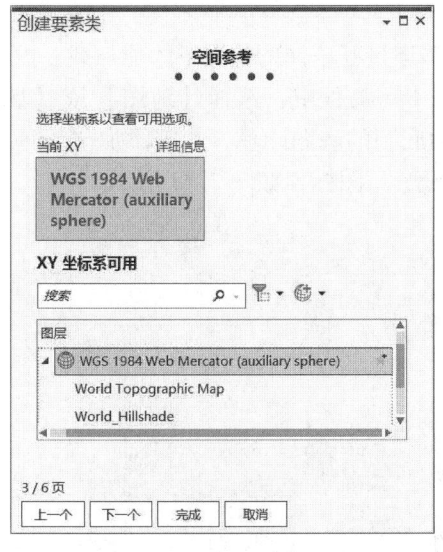

图2.19　设置新建要素空间参考

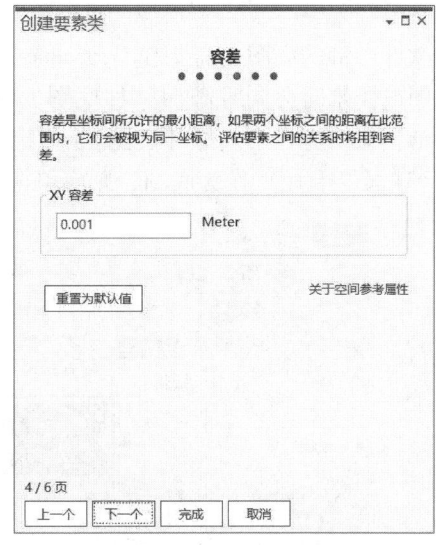

图2.20　设置新建要素容差

在分辨率窗口（图2.21），用户可以为数据设置分辨率，也可以使用系统默认值。完成后，点击【下一个】。

在存储配置窗口（图2.22），用户可以为数据指定数据库的存储配置，可以使用默认关键字，也可以使用配置的关键字，一般选择默认。点击【完成】，则完成要素的创建。其他类型的要素创建步骤与此相同。

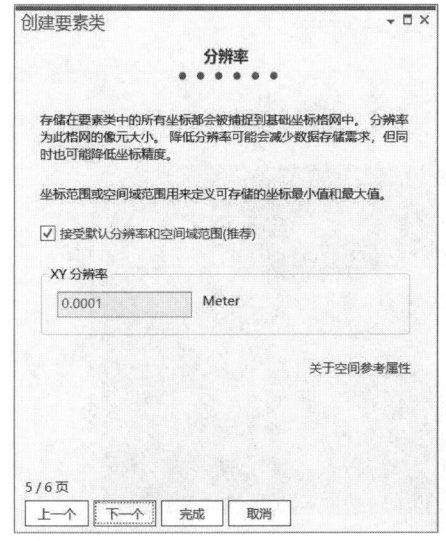

图2.21　设置新建要素分辨率

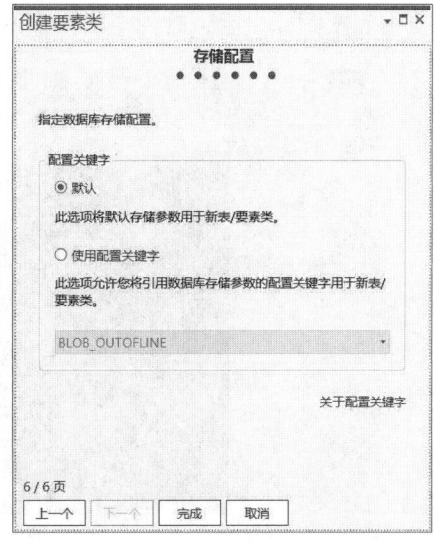

图2.22　设置新建要素存储配置

2.3 其他基础操作

2.3.1 添加或更换地图或场景底图

软件自带的底图，需要在 GeoScene Pro 软件能够连接互联网的情况下才能加载。默认新建地图或场景时会同时添加一种底图。在 GeoScene Pro 工程中，选择【地图】或【场景】选项卡。在功能栏中选择【底图】，鼠标单击要作为底图的底图图标，如需添加"天地图影像"（球面墨卡托）作为底图，则应单击"天地图影像"图标，如图 2.23 所示。

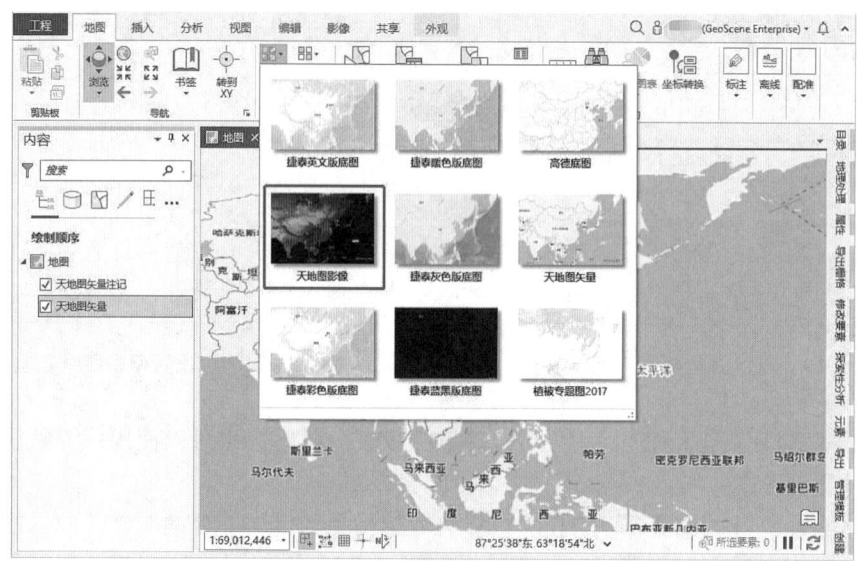

图 2.23 选择需要添加的底图

点击底图图标之后，软件会切换地图底图，如图 2.24 所示。

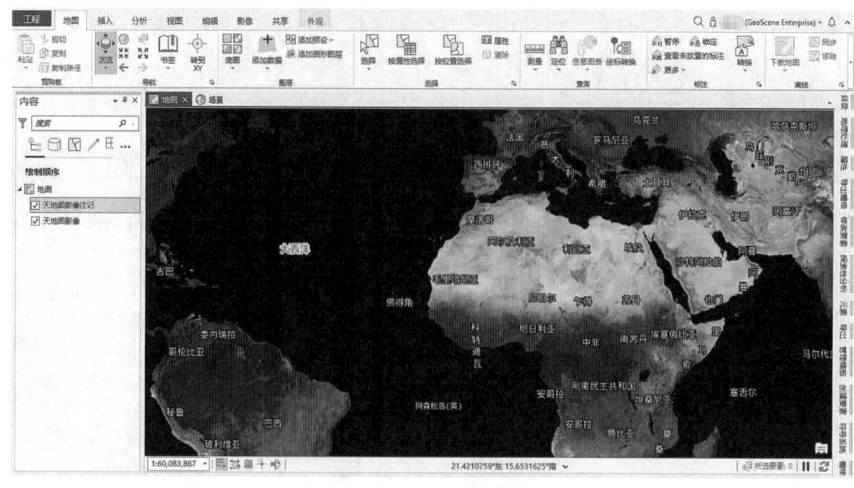

图 2.24 添加底图后效果

至此，在 GeoScene Pro 的地图或场景中完成了底图的选择或切换。

2.3.2 添加文件夹链接

在 GeoScene Pro 工程中，可以通过【添加文件夹】按钮为工程添加文件夹链接，使用户可以在 GeoScene Pro 中快速访问已链接的文件夹中的数据，如图 2.25 所示。

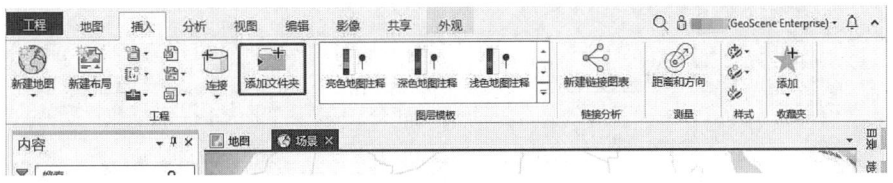

图 2.25　选择添加文件夹

在弹出的窗口中，导航到需要链接的文件夹，如图 2.26 所示。

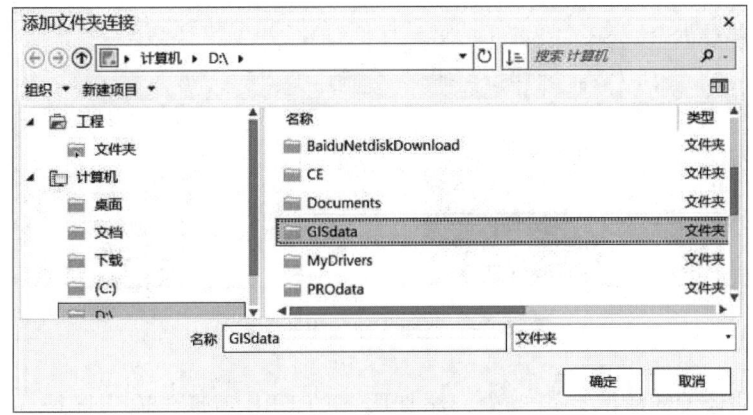

图 2.26　添加文件夹链接窗口

点击【确定】，则可以在目录面板中快速访问已链接的文件夹，如图 2.27 所示。

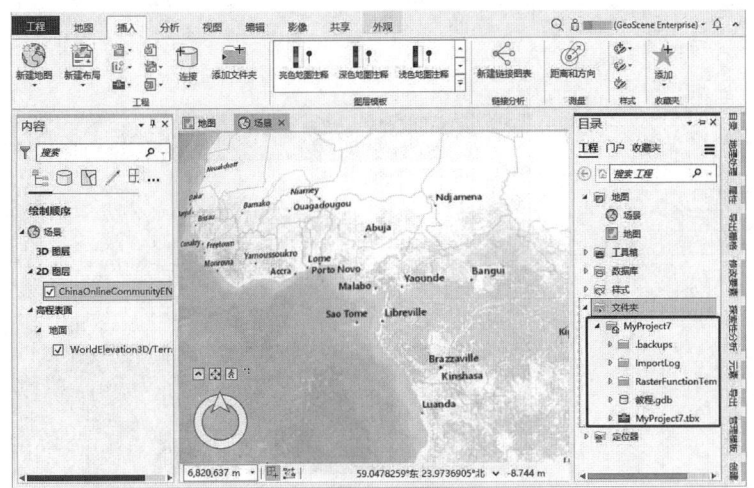

图 2.27　添加文件夹链接后效果

15

2.3.3 添加服务

GeoScene Pro 支持加载开放地理空间信息联盟（OGC）标准的地图服务以及 GeoScene Server 发布的服务到地图或场景中。在 GeoScene Pro 中添加服务的步骤如下：

（1）将需要添加地图服务的地图或者场景设置为活动视图。

（2）点击【地图】→【图层】→【添加数据】，如图 2.28 所示。

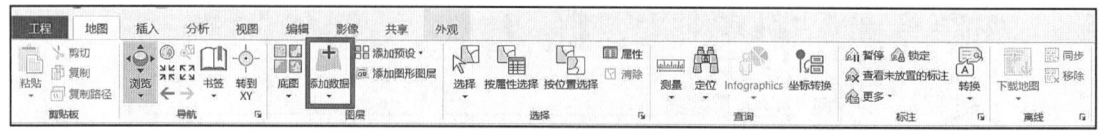

图 2.28 选择添加数据

（3）在添加数据下拉菜单中，选择【路径中的数据】，如图 2.29 所示。

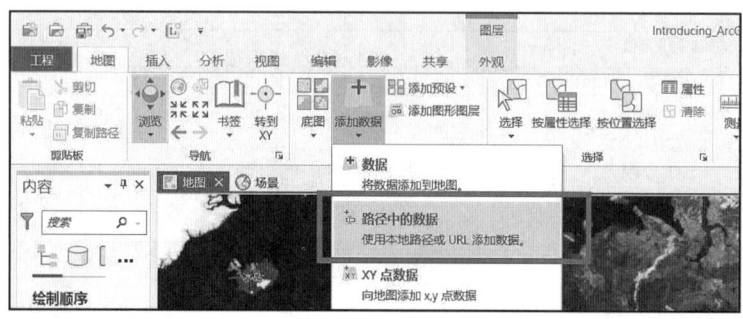

图 2.29 选择【路径中的数据】

（4）在【路径中的数据】窗口中，添加服务的 URL 地址，输入地址，点击【添加】，即可把服务添加到地图或场景中。如添加高德地图的影像地图服务，路径地址为 https://webst01.is.autonavi.com/appmaptile?style=6&x={x}&y={y}&z={z}，如图 2.30 所示。

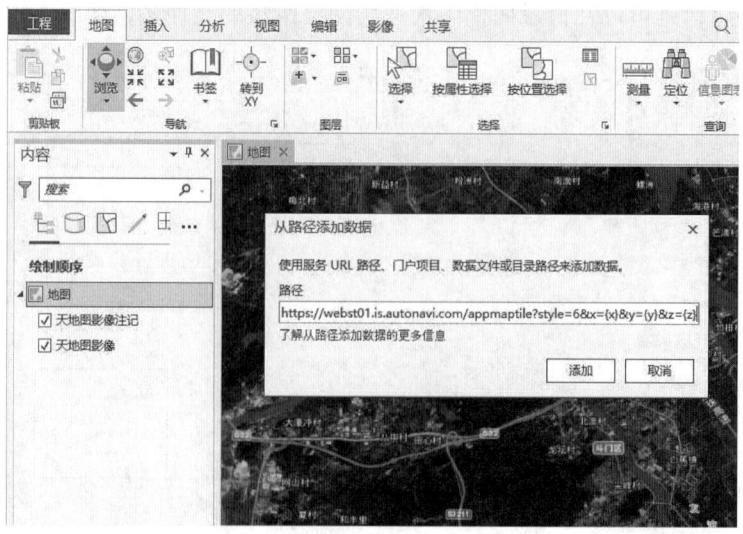

图 2.30 添加影像地图服务

点击【添加】按钮,则服务被添加到地图中,如图 2.31 所示。

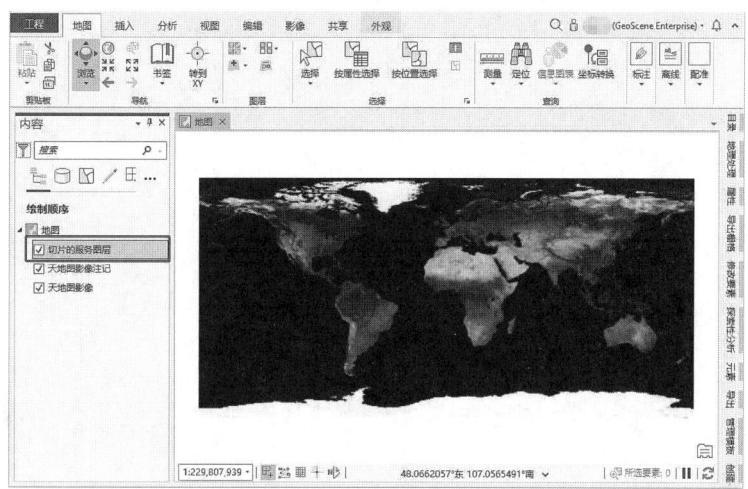

图 2.31　添加服务后效果

第❷篇

数据管理

第 3 章 数据采集与管理

3.1 空间数据采集

空间数据采集是指对现有的地图、遥感影像、文本资料、外业观测成果等不同来源的数据进行处理，使之成为 GIS 软件能够识别和分析的格式，这往往是构建一个具体的 GIS 系统的第一步。当建立一个 GIS 系统时，需要用到地图数据、遥感影像数据、统计数据、实地考察数据以及文本资料数据。在使用这些数据前，需要考虑数据源是否满足系统的功能需求、所选数据源的使用经验以及系统成本。

空间数据采集的方式有图形数据采集和属性数据采集。图形数据采集实际上就是图形数字化的过程，主要包括手扶跟踪矢量化和扫描跟踪矢量化两种方法；属性数据采集主要使用键盘输入、连接属性数据表等方式。目前常用的图形数据采集方式是扫描跟踪矢量化，其基本过程是：首先使用具有合适分辨率和扫描宽度的扫描仪和扫描图像处理软件对纸质地图进行扫描，生成栅格图像，然后经过几何校正、去噪、细线、地理配准等一系列处理后完成矢量化。

对栅格数据的矢量化有以下两种方式：

（1）自动跟踪矢量化。通过特定的软件将图像上的线条自动转化为矢量要素，工作速度快、效率高，但是由于扫描的地图中包含多种信息，部分区域系统难以自动识别和分辨，后期需要大量的处理与编辑工作。

（2）鼠标跟踪矢量化。鼠标跟踪矢量化又分为全手工矢量化和半自动矢量化。全手工矢量化是指操作者逐点跟踪目标线，完成目标线的矢量化。半自动矢量化是指操作者先指定一条线的起点，然后利用软件对其进行跟踪，直至不能判断这条线去向的位置为止，如交叉点、断点等，然后由操作者重新指定新的起点，重复操作，直至完成目标线的跟踪。该方法兼顾了人工判断特征和软件自动化的优势，矢量化速度快，后期编辑工作量小，是目前常用的方法。

3.2 地理配准

栅格数据可以通过卫星影像、航空摄像机和扫描地图等多种来源获取。现代化的卫星影像和航空摄像机往往具有相对准确的位置信息，但可能需要在进行细微调整后，才能与其他 GIS 数据对齐。扫描的地图和历史数据中通常不包含空间参考信息。在这种情况下，用户需要使用准确的位置数据来使栅格数据对齐，或将其地理配准到地图坐标系。地图坐标系通过地图投影（将弯曲的地球表面描绘到平面上的方法）来定义。

地理配准中控制点的选择要遵循五个原则：①变换公式是 n 次多项式，则控制点的个数最少为 $\frac{(n+1)(n+2)}{2}$。②应选取图像上易分辨且较精细的特征点。③在特征变化大的地区应多选点。④图像边缘处要多选点。⑤尽可能满幅、均匀地选点。

3.2.1 地理配准工具条介绍

启动 GeoScene Pro，导入并在内容选项卡选择栅格数据，之后在【影像选项卡】中选择【地理配准选项卡】。【地理配准选项卡】包含对栅格数据集进行地理配准所需的所有工具。【地理配准】工具条如图 3.1 所示，其对应的功能（准备、校正、检查、控制点表、保存）见表 3.1 至表 3.5。

（1）准备组中的工具能够帮助用户设置源栅格和目标数据集。

（2）校正组中包含用于导入或创建控制点的工具，用户还可帮助选择变换源栅格或将源栅格重置为默认位置。

（3）检查组中的工具可用于地理配准结果的质量控制。用户可以使用控制点表查看每个控制点的残差，也可以选择、缩放以及删除控制点。

（4）控制点表和检查组用于检查控制点的质量。控制点表可以提供已创建的控制点对的相关信息，其每行均表示一个控制点对，并列出起点坐标、经校正坐标和残差。误差的总和由均方根（RMS）误差表示。

（5）保存组中的工具可用于保留变换的结果。用户可以保存到当前栅格、保存到新栅格数据集或将控制点另存为文本文件。

图 3.1 【地理配准】工具条

表 3.1 【地理配准】工具条——准备

按钮	工具	说明
	搜索	在输入地址、地名或坐标值时进行位置查找
	设置空间参考系	用于设置地图的坐标系
	适应显示范围	将要进行地理配准的栅格置于当前地图显示范围之内
	移动	平移要进行地理配准的栅格。可以手动平移栅格，也可按住 A 键在文本框中指定 x 和 y 平移
	比例	调整要进行地理配准的栅格大小。 用户可以手动选择进行缩放的锚点位置。在地图上的栅格中心位置，将光标悬停在锚点上，然后按 Ctrl 键。出现折点指针时，将锚点拖动到所需位置。 用户可以手动缩放该栅格，也可按下 A 键以指定文本框中的比例因子
	旋转	旋转要进行地理配准的栅格。 用户可以手动选择旋转的锚点位置。在地图上的栅格中心位置，将光标悬停在锚点上，然后按 Ctrl 键。当出现折点指针时，将锚点拖动到所需位置。 用户可以手动旋转该栅格，也可按下 A 键以指定文本框中的旋转度数

续表 3.1

按钮	工具	说明
	翻转	水平或垂直翻转栅格
	固定旋转	将栅格向左旋转 90° 或向右旋转 90°

表 3.2　【地理配准】工具条——校正

按钮	工具	说明
	自动地理配准	根据目标栅格自动创建源栅格的控制点。为了能够进行自动配准，源栅格与目标栅格必须在地理位置、光谱分辨率和空间分辨率等方面相对接近
	导入控制点	将控制点导入地理配准会话中 如果控制点已经存在于控制点表中，则可以选择是否替换现有控制点 • 是：删除现有控制点，然后从文件中导入控制点 • 否：不删除现有控制点。将导入的控制点附加到现有控制点 • 取消：不导入任何控制点
	添加控制点	添加控制点对，以便对栅格进行地理配准。首先，单击要进行地理配准的栅格位置，然后在目标上选择相应位置
	变换	设置要使用的变换。在设置变换前，需要最小数量的控制点以供各种变换
	自动应用	使用创建的每个控制点对更新显示。如果不希望在创建每个控制点后更新显示，则可以关闭此选项
	应用	以当前的控制点和变换更新显示。关闭自动应用后，此选项非常有用
	重置	将栅格重置为其原始位置

表 3.3　【地理配准】工具条——检查

按钮	工具	说明
	打开控制点表	显示包含控制点和残差的表
	选择控制点	选择地图显示范围内的控制点对并高亮显示
	缩放至所选控制点	以所选控制点为中心显示并放大。如要继续进行放大并接近该控制点，请多次单击此工具
	删除所选控制点	删除所选控制点
	全部删除	删除所有控制点 当选择删除所有控制点时，系统将提示用户确认该选择 • 是：删除所有控制点 • 否：不删除控制点 • 取消：不删除任何控制点

表 3.4 【地理配准】工具条——控制点表

按钮	工具	说明
	导入控制点	将控制点导入地理配准会话中
	导出控制点	将控制点保存为地理配准文本文件
	添加控制点	在表中添加空行。如果用户希望手动输入控制点坐标，则此工具能起到很大作用。 默认情况下，此控制点处于不可用状态。选中使用控制点复选框，以激活控制点
	缩放至所选项	以所选控制点为中心显示并放大。如要继续进行放大并接近该控制点，需多次单击此工具
	删除所选项	删除所选控制点
	全部删除	删除所有控制点。 当选择删除所有控制点时，系统将提示用户确认该选择 ● 是：删除所有控制点 ● 否：不删除控制点 ● 取消：不删除任何控制点
	度、分、秒	在十进制度、度、分和秒之间切换坐标。 此选项仅在地图坐标系支持度、分和秒时可用
	显示残差 （以米为单位）	将残差从度切换为米。 仅以度为单位显示残差时，此选项才可用
	使所选内容可见	使在地图中选择的控制点在控制点表中可见。 如果存在许多控制点，有时很难在控制点表中找到与在地图中选择的控制点相对应的行。在使用此工具时，它将显示在控制点表视图中正确突出显示的行
	变换	设置要使用的变换。在设置变换前，需要最小数量的控制点以供各种变换
	使用控制点	在地理配准计算和校正中打开和关闭控制点。取消选中的控制点行将不会在栅格校准中使用，且不会具有影响均方根（RMS）误差的值

表 3.5 【地理配准】工具条——保存

按钮	工具	说明
	保存	以指定的控制点和变换更新当前栅格
	另存为新	根据指定的控制点和变换创建栅格数据集
	导出控制点	将控制点保存为地理配准文本文件。 注：保存 GeoScene Pro 工程不会保存地理配准会话的当前状态。导出控制点，然后关闭工程

3.2.2 地理配准的步骤

对栅格进行地理配准以指定 X、Y 或度/分/秒（DMS）坐标。当地理配准到特定的目标坐标时，用户必须在图像中选择合适的明确定义的对象，如道路交叉点、人行横道或类似的地平面要素。

（1）在 GeoScene Pro 中添加要进行地理配准的源栅格。在内容窗格中，单击要进行地理配准的源栅格图层。单击影像选项卡，然后单击地理配准以打开地理配准选项卡。

（2）在准备组中单击设置 SRS。如果栅格数据集已有空间参考，系统会自动将其用作地图和地理配准会话的坐标系；如果栅格数据集没有空间参考，则会出现地图属性对话框，用户可以为地理配准会话选择坐标系。默认的空间参考是地图的当前坐标系。

（3）在校正组中，首先关闭自动应用工具，这样在创建控制点时图像就不会移动。然后，单击添加控制点工具以创建控制点。如图 3.2、图 3.3 所示，要添加控制点，首先应单击要进行地理配准的栅格（源图层）上的某个位置，然后输入相应的 X 和 Y 坐标。选取三个以上的控制点进行重复操作，具体流程如下。

a. 在要进行地理配准的栅格（源图层）中，单击一个已知位置。
b. 单击右键打开目标坐标对话框。
c. 输入此位置相应的 X 和 Y 坐标。
d. 单击【确定】。

图 3.2　输入已知控制点坐标

图 3.3　输入若干控制点坐标

(4）在变换下拉菜单 ![icon] 中选择要使用的变换。之后，在校正组中，再次打开自动应用工具 ![icon]。各变换方法需要的控制点数量见表 3.6。

表 3.6　各变换方法需要的控制点数量

类型	控制点数量
零阶多项式	最少需要一个控制点
一阶多项式	最少需要三个控制点
相似多项式	最少需要三个控制点
投影变换	最少需要四个控制点
二阶多项式	最少需要六个控制点
三阶多项式	最少需要十个控制点
样条函数变换	最少需要十个控制点

（5）单击检查组上的控制点表按钮 ![icon]，以估算每个控制点的残差。使用控制点表删除所有不需要的控制点。或者，也可以编辑不准确的点，方法是选择这些点并移动折点。如果对当前配准结果（如图 3.4 所示）满意，则可停止输入控制点。在保存组中，选择用户希望保留地理配准信息的方式。

图 3.4　地理配准结果

3.3　空间校正

GIS 数据通常来自多个源。在使用这些数据时，不同数据源之间的空间与属性差异有时会导致数据出现不一致性。合并工具有助于协调来自多个源的数据，并获得最理想的分析与制图数据质量。相对于自身维护或想要使用的数据，一些数据会在几何上发生变形或偏移。GeoScene Pro 的合并工具可以通过空间校正、边匹配和橡皮页变换帮助提高数据的定位精度。这些工具可以自动从输入数据集中查找空间上的相应要素，生成边匹配连接线或橡皮页变换连接线，并利用这些连接线执行边匹配或橡皮页变换校正。用户也可以将要素属性从一个源要素传递到另一个源的匹配要素。

3.3.1 空间校正的方法

在 GeoScene Pro 中，可使用的空间校正方法如空间校正仿射/相似变换，可用于在坐标系内移动、平移数据或者转换单位。如果要在坐标系之间转换数据，则应该先对数据进行投影。橡皮页变换用于纠正几何变形；边匹配是沿着某一图层的边要素与邻接图层的要素对齐；属性传递是在图层之间复制属性。

3.3.2 空间校正变换

空间校正变换即根据已知相应控制点之间的变换链接，通过缩放、平移及旋转方式，将输入要素的坐标从一个位置转换到另一个位置。

（1）输入要素可以是点、线、面或栅格。

（2）输入链接要素为代表已知相应控制点间变换链接的线。链接的起点为源控制点位置，链接的端点为相应目标控制点位置。

（3）变换操作可以在直角或平面坐标系中执行。最好选择投影坐标系（PCS）。如果使用带有纬度和经度值的地理坐标系（GCS），则可能会导致意外变形或计算错误，且所有输入必须处于同一坐标系。

（4）所有输入要素均通过仿射、相似及投影三种方法之一进行变换；每种方法都需要一定的最少变换链接数，其中，仿射变换至少需要三个变换链接；投影变换至少需要四个变换链接；相似变换至少需要两个变换链接。

1. 变换工具

当位移链接小于或等于三个时，可选用变换工具，空间校正的变换工具使用步骤如下。

（1）在【编辑】选项卡中，关闭拓扑，选择捕捉首选项，然后显示修改要素窗格。

　a. 在管理编辑组中，单击拓扑箭头，然后选择关闭拓扑。

　b. 在捕捉组中，单击捕捉下拉菜单，然后启用捕捉首选项。

　c. 要在编辑要素时暂时关闭捕捉，请按住空格键。在要素组中，单击修改。

（2）展开对齐并单击变换；单击变换方法下拉箭头，然后选择变换方法。

　a. 仿射：不同程度地缩放、旋转、平移、反映和倾斜要素（至少需要三个位移链接）。

　b. 相似：均匀缩放、旋转、平移和反映要素（至少需要两个位移链接）。

（3）绘制适当数量的两点位移链接，以定义要变换的要素的起点和目的地位置。对于可绘制的链接数量没有限制。当绘制活动方法所需的最少位移链接时，RMS 误差将显示在窗格顶部。

　a. 单击添加新链接。线段构造工具栏显示在地图的底部，如图 3.5 所示。

　b. 针对要变换的要素，捕捉边或折点的起点。

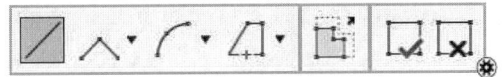

图 3.5　线段构造工具栏

c. 捕捉新目标位置的端点。

2. 变换要素

当位移链接大于四个时，使用【变换要素】处理工具，在【分析】选项卡中，选择【工具】后搜索【变换要素】，如图 3.6 所示。

（1）输入要素可以是点、线、面或栅格。

（2）输入链接要素为代表已知相应控制点间变换链接的线。链接的起点为源控制点位置，链接的端点为相应目标控制点位置。

（3）所有输入要素均通过仿射、投影及相似三种方法之一进行变换，其中，仿射变换至少需要三个变换链接；投影变换至少需要四个变换链接；相似变换至少需要两个变换链接。

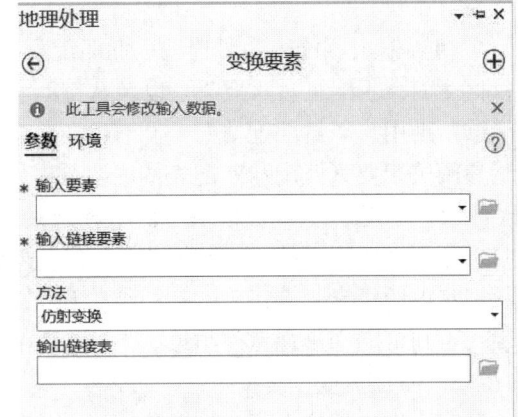

图 3.6　【变换要素】窗口

（4）变换的结果取决于输入链接的质量。链接应起始于已知的源位置，结束于相应的目标位置，即控制点。控制点建得越好，变换的结果就越准确。链接中源位置与目标位置的坐标用于派生变换参数，它们是源控制点和目标控制点之间的最佳拟合。

3.3.3　橡皮页变换要素

由于数据收集方式不一致或其他原因，来自不同数据源并覆盖相同区域的线要素（例如由市政府维护的道路和来自商业数据提供商的同一城市的道路）可能无法完全对齐。对应要素之间的空间平移常常不统一。如果某个源的数据精度低于其他源的数据，则可以通过橡皮页变换调整来提高数据精度，方法为使用该工具生成橡皮页变换链接，然后使用橡皮页变换要素工具执行调整。这两组线要素称为源要素与目标要素。

1. 生成橡皮页变换链接

生成橡皮页变换链接查找源线要素与目标线要素在空间上匹配的位置，并生成表示从源位置到相应目标位置的橡皮页变换链接的线。在【分析】选项卡中，选择【工具】后搜索【生成橡皮页变换链接】，如图 3.7 所示。

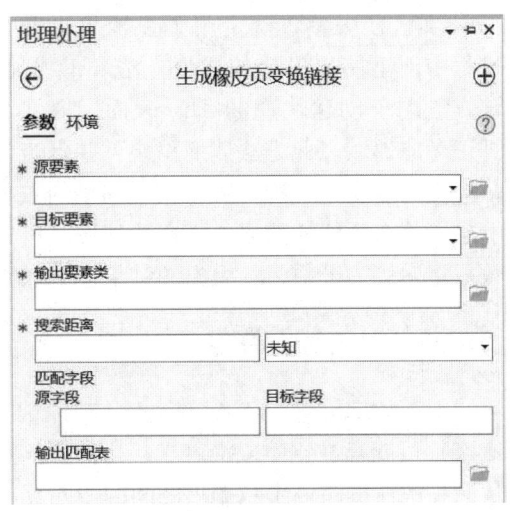

图 3.7　【生成橡皮页变换链接】窗口

（1）输入范围的并集，用作处理范围。参与源要素与目标要素的计数会在处理消息中报告。

（2）输出要素类包含表示常规橡皮页变换链接（该链接是橡皮页变换要素工具的输入链接）的线。常规链接将源位置连接至匹配但不相同的目标位置。

（3）搜索距离参数用于查找匹配候选项。使用足以获取相应要素间大多数偏移的距离，但是距离不可过大，以防止出现对过多候选项的不必要处理并避免得出错误匹配的潜在风险。

（4）输出匹配表为可选项。此匹配表可提供完整的要素匹配信息，其中包括源 FID 与目标 FID、匹配组、匹配关系以及从空间和属性匹配条件中获取的匹配置信度级别。此信息能够帮助用户了解匹配情况，并有助于进行后检查、后编辑和进一步分析。有关详细信息，请参阅关于要素匹配与匹配表的内容。

（5）要素匹配精度取决于两个输入的数据质量、复杂程度和相似程度。在预处理过程中，用户需要尽可能减少数据错误，并选择相关要素作为输入。通常情况下，如果某个输入数据集内的要素具有正确的拓扑结构和有效的几何，且本身为单部件、无重复，这将非常有用；否则可能会出现意外结果。

2. 橡皮页变换要素

利用指定的橡皮页变换链接，通过橡皮页变换对输入要素进行空间调整修改，从而使输入要素更好地与所需目标要素对齐。具体操作为在【分析】选项卡中，选择【工具】后搜索【橡皮页变换要素】，如图 3.8 所示。

（1）该工具旨在结合生成橡皮页变换链接工具使用。橡皮页变换根据指定的橡皮页变换连接线进行空间校正，从而使输入要素位置更加准确，与目标要素位置对齐。输入链接要素表示常规链接；输入点要素表示在橡皮页变换过程中保持源位置不动的标识链接。输入链接要素与标识链接要素均必须具有 SRC_FID 与 TGT_FID 字段。

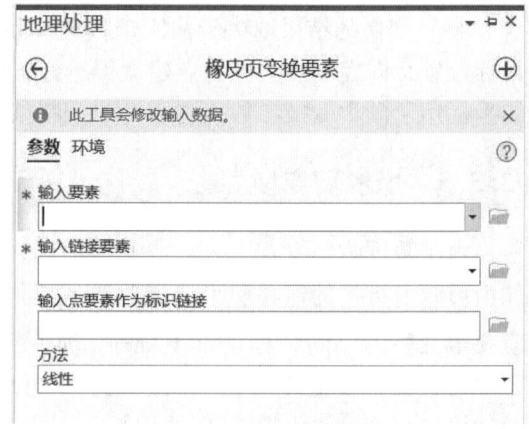

图 3.8 【橡皮页变换要素】窗口

（2）方法参数确定用于在橡皮页变换过程中创建临时 TIN 的插值方法。①线性：该方法用于创建快速的 TIN 表面，但并不真正考虑邻域。此方法速度稍快，并且当许多橡皮页变换链接均匀分布在要调整的数据上时，将产生优质结果。②自然邻域：该方法稍慢，但当橡皮页变换连接线不是很多并且在数据集中较为分散时，得出的结果会更加精确。在这种情况下使用线性法则不够精确。

3.3.4 边匹配要素

由于数据采集方式不一致或其他原因，单独的相邻数据集的线要素（例如相邻国家的道路）可能存在空隙或沿着连接边的方向发生偏移，对此，可使用该工具生成边匹配链接，从而一次性解决两个数据集之间的边匹配问题，然后使用边匹配要素工具对要素进行调整，从而使要素相互连接。这两组线要素称为源要素和相邻要素。该工具在指定搜索距离内查找没有相交但是彼此对应的源线与相邻线，并生成表示源线与相邻线之间边匹配链接（也称为位移链接）的线。

1. 生成边匹配变换链接

沿着源数据区域及其相邻数据区域的边缘查找匹配但是已断开的线要素，并生成从源线到相匹配相邻线的边匹配链接。在【分析】选项卡中，选择【工具】后搜索【生成边匹配链接】，如图 3.9 所示。

（1）输出要素类使用与输入要素相同的坐标系。输出要素类包含通过以下字段表示边匹配链接的线要素。①SRC_FID：链接起点处的源要素 ID。②ADJ_FID：链接终点处的相邻要素 ID。③EM_CONF：表示边匹配置信度级别的值。这些值说明了在搜索距离内发现的候选项数量、属性匹配情况和源要素与相邻要素之间的连续性。该值范围为 0 ~ 100（不包括 0），其中 100 表示最高的置信度级别。EM_CONF 值越大，链接正确的可能性就越大。

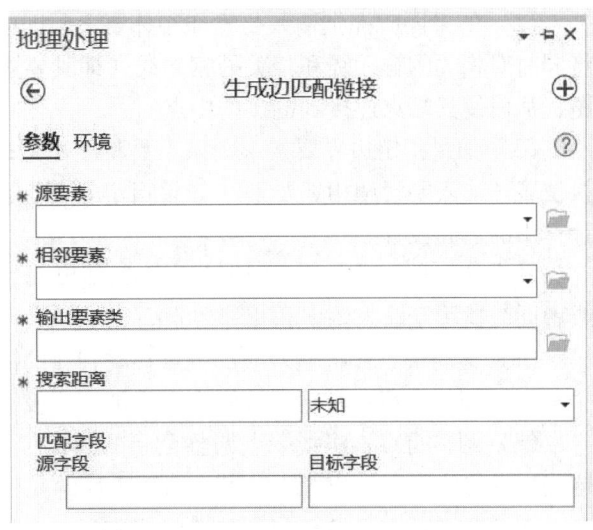

图 3.9 【生成边匹配链接】窗口

（2）搜索距离参数用于查找匹配候选项。使用足以获取相应要素间大多数偏移的距离，但是距离不可过大，以防止出现对过多候选项的不必要处理并避免得出错误匹配的潜在风险。

2. 边匹配要素

以指定的边匹配链接为指导，通过在空间上调整输入线要素的形状对其进行修改，这样这些输入线要素便可以与相邻数据集中的线互相链接。具体操作为在【分析】选项卡中，选择【工具】后搜索【边匹配要素】，如图 3.10 所示。

该工具应结合生成边匹配链接工具使用。该工具以生成边匹配链接工具创建的输入链接要素为指导，在空间上调整输入线的形状，这样输入线便可与沿着边缘区域的相邻线要素正确链接。输入链接要素必须具有SRC_FID 和 ADJ_FID 字段。

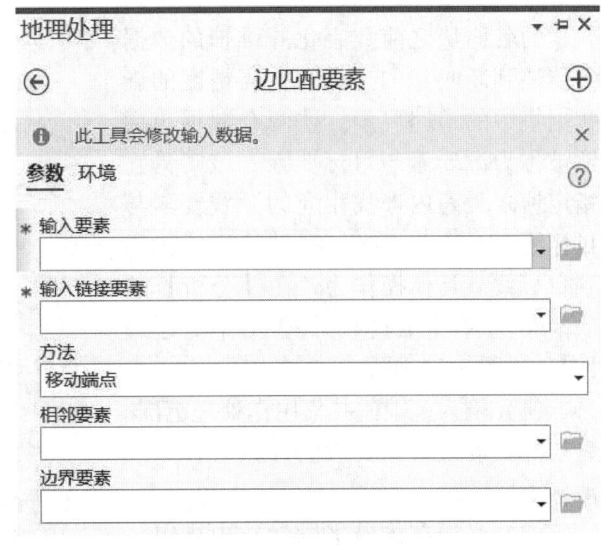

图 3.10 【边匹配要素】窗口

该工具从边匹配链接获取新的链接位置，然后对相应要素进行修改，使其端点链接到新的位置。根据所提供的输入（输入要素、相邻要素和边界要素），相应地确定新的链接位置，并调整相关要素。此调整可确保链接匹配的要素，如下所述：

（1）如果仅提供输入要素，则边匹配链接的端点将视为新的链接位置。对边匹配链接相关的输入线（即要素 ID 与链接的 SRC_FID 值相匹配）进行调整，从而使输入线的端点位于链接端点处。这样可确保输入线与所需相邻要素互相链接，这些要素应该已参与边匹配链接的生成。

（2）如果同时提供输入要素和相邻要素，则边匹配链接的中点将被视为新的链接位置，将同时对相关的输入线和相关的相邻线（即其要素 ID 与链接的 ADJ_FID 值相匹配）进行调整，从而使其端点连接到链接的中点。

（3）如果指定边界要素，则该工具将距离边匹配链接中点最近的边界位置用作新的链接位置。输入要素和相邻要素（如果指定）都会经过调整，从而使这些要素的端点链接到计算出的边界位置。

方法参数具有三个边匹配选项用来调整要素。如上所述，每个选项仅适用于输入要素，或者同时适用于输入要素和相邻要素。

（1）移动端点：将输入线的端点移动到新的链接位置。

（2）添加线段：在输入线端点处添加直线段，从而使输入线端点位于新的链接位置。

（3）调整折点：将线端点调整至新的链接位置。同时会对其余折点进行调整，从而使这些折点的位置变化朝着线的另一端逐渐减少。

3.3.5 传递属性

查找源线要素与目标线要素空间上匹配的位置，并将指定属性从源要素传递到互相匹配的目标要素。属性传递一般用于将属性从某数据集中的要素复制到另一数据集中的对应要素。例如，可以用于将道路要素的名称从之前数字化并维护的数据集传递到新收集的、具有更高精度的新数据集中的道路要素。这两个数据集通常被称为源要素与目标要素。该工具在指定搜索距离内查找相应的源线要素与目标线要素，并将指定属性从源线传递到目标线。具体操作为，在【分析】选项卡中选择【工具】后搜索【传递属性】，如图 3.11 所示。

（1）输入范围的并集用作处理范围。参与源要素与目标要素的计数会在处理消息中报告。

（2）必须在传递字段参数中指定一个或多个字段。如果传递字段的名称与目标要素表中某字段的名称相同，为使名称唯一，传递字段的名称将追加_1

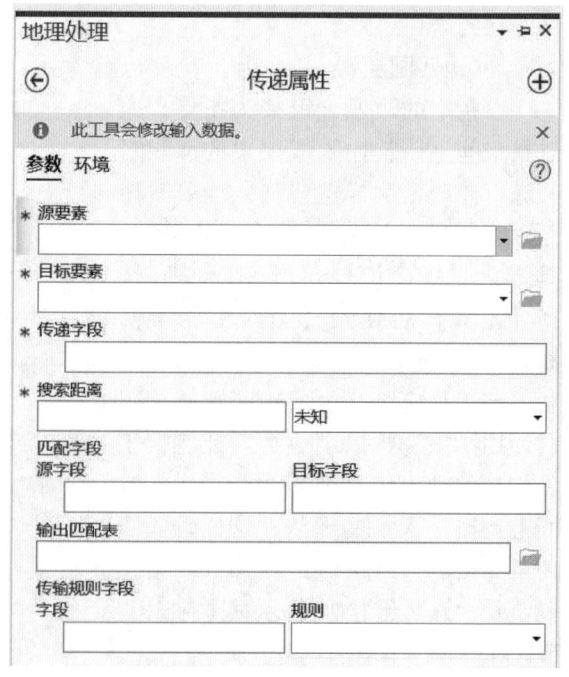

图 3.11 【传递属性】窗口

(或_2、_3等)。当多个源要素与一个或多个目标要素匹配时,仅会将来自其中一个源要素的字段值传递至目标要素。如果源字段值丢失,则不会发生任何属性传递。

(3)搜索距离参数用于查找匹配候选项。使用足以获取相应要素间大多数偏移的距离,但是距离不可过大,以防止出现对过多候选项的不必要处理并避免得出错误匹配的潜在风险。

(4)输出匹配表为可选项。此匹配表可提供完整的要素匹配信息,其中包括源 FID 与目标 FID、匹配组、匹配关系以及从空间和属性匹配条件中获取的匹配置信度级别。此信息能够帮助用户了解匹配情况,并有助于进行后检查、后编辑和进一步分析。有关详细信息,请参阅关于要素匹配与匹配表。

(5)传递规则字段参数可以通过设置规则来控制 $m:n$ 匹配的属性传递,其中多个源要素与一个或多个目标要素相匹配。如果未设定规则,则将从最长的匹配源要素传递属性。但是,为了更好地指导传递,可以使用基于属性的规则,并且每个规则由字段名称和值定义。找到 $m:n$ 匹配后,该工具将检查指定字段和规则值,并确定通过以下三种方式传递属性的源要素:

a. 如果 m 个源要素中只有一个在规则列表的第一个字段中具有规则值,则将使用该源要素进行传递。

b. 如果 m 个源要素中有多个源要素具有规则值,或者没有源要素具有规则值,则其为连接。如果未指定更多规则,则将使用最长的源要素进行传递。否则,将检查列表中的下一个规则以断开连接。

c. 该过程将持续进行,直至完成对所有规则的评估。如果无法确定用于传递的源要素,则将使用最长的源要素进行传递

3.4 空间数据管理

空间数据管理就是按照一定的方式和规则对数据进行归并、存储、处理的过程。在 Geoscene Pro 中,可以通过 GeoScene 地理数据库对空间数据进行管理。GeoScene 地理数据库是存储在通用文件系统文件夹或多用户关系数据库管理系统(DBMS)(如 Oracle、Microsoft SQL Server、PostgreSQL 或 IBM DB2)中的各种类型地理数据集的集合。地理数据库大小不一;拥有不同数量的用户;可以小到只是基于文件构建的小型单用户数据库,也可以大到成为可供许多用户访问的大型工作组、部门及企业级地理数据库。

1. 数据集

数据集是地理数据库的一个重要概念,它是用户在 GeoScene 中组织和使用地理信息的主要途径。地理数据库包含三种主要数据集类型:表、要素类以及栅格数据集。创建这些数据集类型的集合是设计和构建地理数据库的第一步。用户通常是以构建若干上述三种基本数据集来开始构建地理数据库的。但地理数据库不仅仅是数据集的集合,其在 GeoScene 中具有以下含义:

(1)地理数据库是 GeoScene 的原生数据结构,并且是用于编辑和数据管理的主要数据格式。虽然 GeoScene 使用大量地理信息系统(GIS)文件格式的地理信息,但其专用于使用和利用地理数据库的功能。

(2)它是地理信息的物理存储,主要使用 DBMS 或文件系统。通过 GeoScene 或通过使

用 SQL 的数据库管理系统，可以访问和使用数据集集合的此物理实例。

（3）地理数据库具有全面的信息模型，用于表示和管理地理信息。此信息模型以一系列用于保存要素类和属性的表的方式来实现。此外，高级 GIS 数据对象可添加以下内容：真实行为；用于管理空间完整性的规则；以及用于处理核心要素和属性的空间关系的工具。

（4）地理数据库软件逻辑提供了 GeoScene 中使用的通用应用程序逻辑，用于访问和处理各种文件以及各种格式的所有地理数据。该逻辑支持处理地理数据库，包括支持处理 shapefile、计算机辅助绘图（CAD）文件、不规则三角网（TIN）、格网、影像、地理标记语言（GML）文件和大量其他 GIS 数据源。

（5）地理数据库具有一个管理 GIS 数据工作流的事务模型。

2．地理数据库

GeoScene Pro 中存在不同类型的地理数据库，如文件地理数据库、移动地理数据库以及企业级地理数据库。其中，文件地理数据库是专为支持地理数据库的完整信息模型而设计的，它包含网络数据集、Terrain 数据集、关系类等，GeoScene Pro 的所有用户均可免费获取此地理数据库。文件地理数据库可由单用户进行编辑，但不支持地理数据库版本管理。使用文件地理数据库，如果要在不同的要素数据集、独立要素类或表中进行编辑，则可以同时使用多个编辑器进行编辑。文件地理数据库可以提供以下内容：

（1）为所有用户提供广泛适用、简单且可伸缩的地理数据库解决方案。

（2）可跨操作系统使用的便携式地理数据库。

（3）扩展后能够处理大型数据集。

（4）使用性能和存储能力都得到优化的高效数据结构。文件地理数据库所使用的存储空间约为 shapefile 和个人地理数据库所必需的要素几何存储空间的三分之一。文件地理数据库还允许用户将矢量数据压缩为只读格式，以进一步降低存储要求。

（5）在涉及属性的操作中，其性能优于 shapefile，同时针对数据大小的限制也较 shapefile 宽松。

3．移动地理数据库

移动地理数据库将自动提供给所有 GeoScene Pro 用户，并提供使用属性域、子类型和关系类来处理简单数据时所需的地理数据库功能。移动地理数据库提供的功能包括条件值、关系类、编辑者追踪和附件的使用。移动地理数据库可由单用户进行编辑，但不支持地理数据库版本管理。移动地理数据库可以提供以下内容：

（1）为所有用户提供广泛适用且简单的地理数据库解决方案。

（2）创建、显示和查询 GIS 数据的功能。

（3）编辑简单数据（例如点、多点、线几何、面和真曲线）的功能。

（4）可跨操作系统使用的便携式地理数据库。

（5）使用经过优化的高效数据结构，以提高性能并降低成本和管理工作。

4．企业级地理数据库

企业级地理数据库可以与各种 DBMS 存储模型配合使用。它们充分利用 DBMS 的基础架构以支持以下内容：

（1）超大型连续 GIS 数据集。

（2）许多并发用户。

（3）长事务和版本化工作流。

（4）关系数据库支持 GIS 数据管理，提供关系数据库在可扩展性、可靠性、安全性、备份和数据完整性方面的优势。

（5）所有受支持的数据库管理系统的原生 SQL 空间类型。

（6）可扩展以满足大量用户使用的高性能要求。

第 4 章 空间数据编辑

空间数据编辑是对空间数据进行处理、修改和维护的过程。通常来讲，采集的空间数据在几何图形和空间属性上往往存在错误或者不够完善的地方，需要通过后续的编辑对其进行修改和处理。空间数据编辑是 GeoScene Pro 软件的基本功能，包括图形数据编辑、属性数据编辑、网络编辑、拓扑编辑等。本章主要介绍图形数据编辑，包括要素编辑、注记编辑和尺寸注记编辑。

4.1 GeoScene Pro 编辑简介

编辑地理数据是在地图上创建、修改或删除图层上要素和相关数据的过程。每个图层都链接至用于定义和存储要素的数据源，通常为地理数据库要素类或要素服务。GeoScene Pro 软件的编辑工具支持从常规制图应用程序到特定行业的各种工作流。用户可以编辑来自地理数据库的数据、要素服务、GeoPackage、SQLite 数据库中的数据、shapefile，以及来自移动设备上的 Collector 应用程序的数据。

可以执行的编辑类型包括以下七种工作流：
（1）创建或修改 2D 和 3D 要素。
（2）创建或修改注记要素、字体的类型、样式和文本大小。
（3）编辑要素属性和相关记录，并添加或移除文件附件。
（4）从头开始创建 3D 要素或导入 3D 模型。
（5）拉伸 2D 要素并将其符号化为 3D 要素。
（6）重新定位和转换包含只读数据集（如 CAD 工程图）的要素。
（7）修整、替换或编辑要素几何，同时保留现有属性。

4.2 要素编辑

4.2.1 数据编辑的环境设置

要素编辑就是矢量数据的编辑。编辑数据时，一般需要先进行编辑环境的设置，如选择设置、捕捉设置等，以提高空间数据编辑的效率和准确性。

1. 选择设置

要保护要素图层以避免在应用程序级别进行编辑，请按图层打开或关闭编辑功能，或使用编辑命令禁用所有编辑工具和要素模板。要查看地图或场景中图层的编辑权限，请使用状态窗口。主要包括以下三个方面：启用和禁用编辑，指定哪些图层可以编辑，查看图层编辑权限。

（1）启用和禁用编辑。如图 4.1 所示，在【编辑】选项卡的【管理编辑内容】组中，编辑按钮用于在应用程序级别启用和禁用编辑工具和要素模板。它可以在不具有数据源更改权限的情况下，防止意外编辑要素数据。

启用编辑：可编辑，用于启用所有编辑工具和要素模板。

禁用编辑：停止编辑，用于禁用所有编辑工具和要素模板。

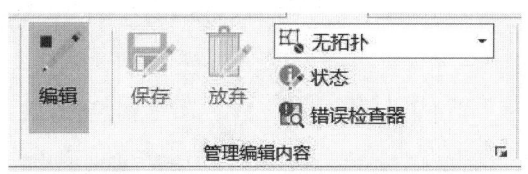

图 4.1　管理编辑内容组

（2）指定哪些图层可以编辑。如图 4.2 所示，在【内容】窗格中的按编辑列出选项卡 ✎ 上，可以指定可编辑的图层，单击按编辑列出选项卡 ✎，然后取消选中该图层即无法编辑选中图层。在默认情况下，将它们添加到地图或场景时，会对可编辑图层自动启用编辑。这些设置适用于当前地图或场景，请不要更改在数据源中授予的权限。

若仅想将一个图层设置为可编辑图层，要在地图或场景中使图层转变为可编辑状态，请右键单击图层，然后单击【将此图层设为唯一可编辑图层】，如图 4.3 所示。

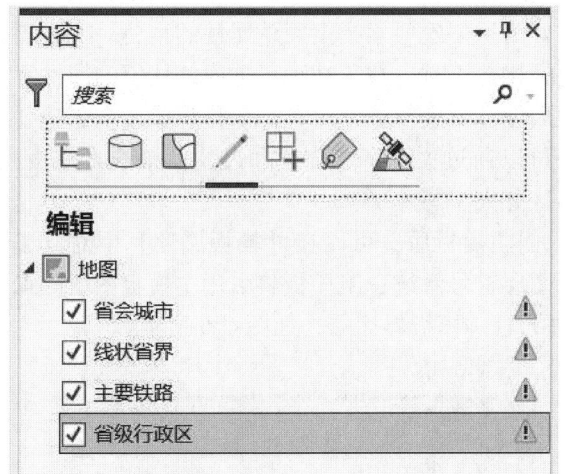

图 4.2　【内容】窗口　　　　　　图 4.3　设置此图层为唯一可编辑图层

（3）查看图层编辑权限。在【编辑】选项卡的【管理编辑内容】组中，点击【状态】 ● 将打开一个对话框，用来报告有关工程中图层的编辑权限和源信息。

2. 捕捉设置

在【编辑】选项卡的【捕捉】组中，捕捉 ⌐ 用于控制单击要素几何时指针的准确性。这些设置包含一组可配置的捕捉代理，这些捕捉代理可将指针捕捉到指定几何（例如折点或线中点）。

（1）打开或关闭捕捉。在【编辑】选项卡的【捕捉】组中，单击捕捉 ⌐。还可以单击活动地图或场景底部状态栏中的捕捉 ⌐。随后的每次单击均可以打开或关闭捕捉。

（2）启用捕捉代理。启用开启捕捉时用户希望其处于活动状态的捕捉代理，例如，当在 LAS 数据集图层上使用云数据时，捕捉到面的折点和边或捕捉到点要素。

在编辑选项卡的捕捉组中，单击捕捉下拉箭头 ⌐。还可以单击活动地图或场景底部状态栏中的捕捉 ⌐。单击捕捉代理以将其启用或禁用，如图 4.4 所示。

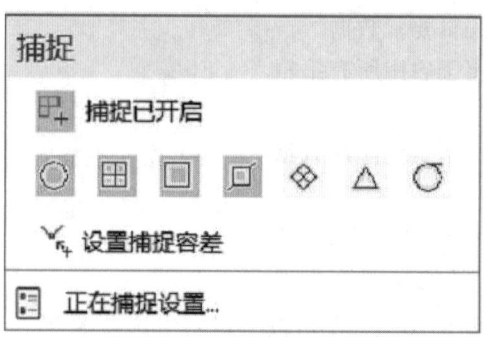

图 4.4 捕捉代理窗口

4.2.2 使用创建要素窗口

启动编辑后，GeoScene Pro 将启动【创建要素】窗口，如图 4.5 所示。在【创建要素】窗口中选择某要素模板后，将基于该要素模板的属性建立编辑环境；此操作包括设置要存储新要素的目标图层、激活要素构造工具，并做好为所创建要素指定默认属性的准备。要素模板包含用于创建要素的主要工具。要素模板包括构造工具、覆盖地理数据库默认值的属性字段值，以及用于在指定图层上创建要素的其他属性。要素模板及符号和名称将显示在创建要素窗格中。单击模板可以显示其工具选项板。可以通过关键字、描述和过滤器来搜索模板，以显示用于创建特定内容的模板。搜索条件不区分大小写。

要素模板需在【管理模板】窗格中创建。创建模板后，可以在【模板属性】中对其进行配置。随模板名称一同显示的符号派生自源图层符号系统；组模板将引用主模板图层。点击【创建要素】窗口中的【管理模板】即可进入管理模板界面，如图 4.6 所示。

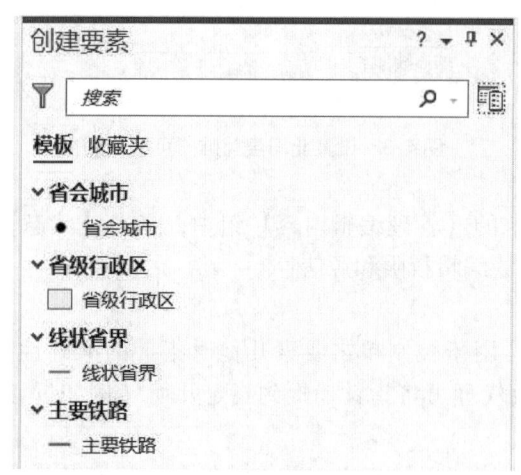

图 4.5 【创建要素】窗口

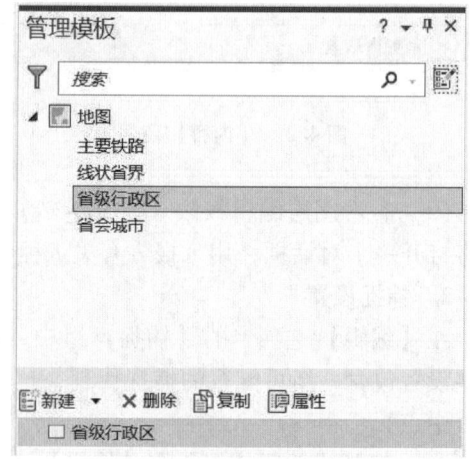

图 4.6 【管理模板】窗口

进入【管理模板】窗口后，展开地图并单击图层。为该图层定义的要素模板将显示在模板框中。在窗格的工具条上，单击新建箭头，然后单击模板，模板属性随即打开，如图 4.7 所示。

在【常规】→【名称】文本框中输入名称，在【描述】文本框内可使用用户和用户组织能够在窗格中搜索和查找到的可选描述来记录模板。在【标签】文本框中，几何类型的关键字将自动生成。可将其删除或添加其他标签。单击【确定】，即可以保存模板，退出窗口。

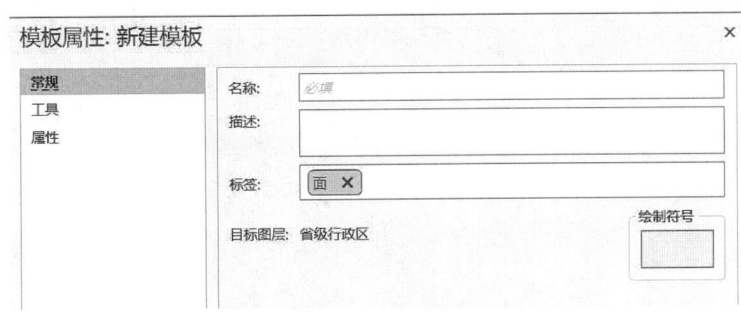

图 4.7　模板属性窗口

4.2.3　创建新要素

创建要素的入口是创建要素模板，因此创建要素的操作是从创建要素模板开始的。创建要素有创建点要素、创建线要素和创建面要素三种形式。

1. 创建点要素

在【创建要素】窗格中，点要素模板包括【点】和【线末端的点】。这些工具将在指定位置或地图上临时构造线的末端创建单点和多点要素。创建点要素的步骤如下：

（1）在【编辑】选项卡的【要素】组中，单击创建。在窗格中单击点要素模板。单击工具选项板旁边的前行箭头，如图 4.8 所示。活动模板的工具选项板和要素属性表将出现在窗格内。在属性表中，输入要应用到新要素的属性值。

（2）在【编辑】选项卡的【捕捉】组中，单击【捕捉】，启用捕捉首选项并将指针移回地图。单击【点】，之后单击地图，或单击鼠标右键，然后单击绝对 X、Y、Z 或按 F6 键，在对话框中输入值，然后按 Enter 键。如果要创建多点要素且已完成添加点的操作，请单击右键，然后单击完成，或按 F2 键，如图 4.9 所示。

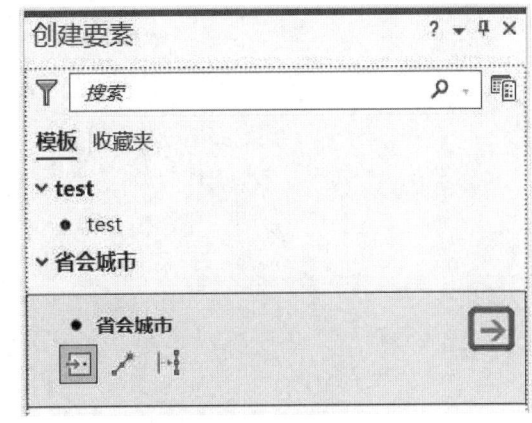

要在临时构造线（此临时构造线是用户在地图中创建的）的末端生成点要素，请单击线末端的点，创建临时构造线，然后单击完成。

图 4.8　创建点要素窗口

2. 创建线末端的点步骤

（1）在【编辑】选项卡的【要素】组中，单击创建。在窗格中单击点要素模板。单击工具选项板旁边的前行箭头，如图 4.10 所示。活动模板的工具选项板和要素属性表将出现在窗格内。在属性表中，输入要应用到新要素的属性值。

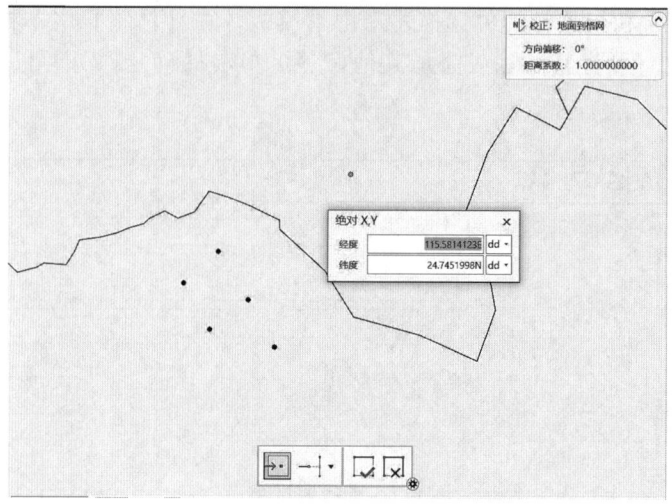

图 4.9 创建点要素

（2）在【编辑】选项卡的【捕捉】组中，单击【捕捉】，启用捕捉首选项并将指针移回地图。单击【线末端的点】，之后单击地图，或单击鼠标右键，右键单击并使用快捷菜单指定 X、Y、Z 坐标位置、距离以及方向。如果要创建多点要素且已完成添加点的操作，请单击右键，然后单击完成，或按 F2 键，如图 4.11 所示。

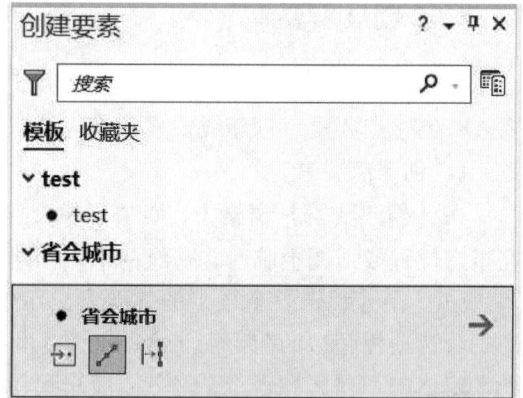

图 4.10 创建线末端的点窗口

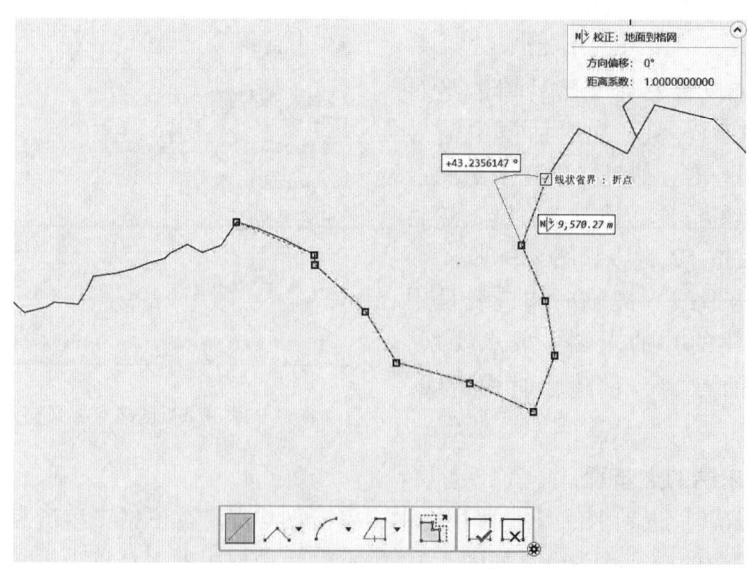

图 4.11 创建线末端的点

（3）在【创建要素】窗格中，点图层要素模板包括【沿线创建点】。该工具将沿地图中已选的现有折线要素创建单点和多点要素，将以均匀间距或以可变距离创建要素。

3. 沿线创建点要素步骤

在【编辑】选项卡的【要素】组中，单击创建。在窗格中单击点要素模板，再单击工具选项板旁边的前行箭头，活动模板的工具选项板和要素属性表将出现在窗格内。在属性表中，输入要应用到新要素的属性值。

在【编辑】选项卡的【捕捉】组中，单击【捕捉】，启用捕捉首选项并将指针移回地图。单击【沿线的点】，共有三种功能可选，创建结果如图 4.12 所示：

（1）【点数】选项卡，选择一条线后，在【点数】框中，输入想要创建的点要素数。

（2）【等距】选项卡，选择一条线后，在【距离】框中，输入各个要素均匀分布的距离。

（3）【可变距离】选项卡，选择一条线后，在构建表中，单击第一个可用的【距离】字段，输入距离，然后按输入。单击【点数】字段，输入想要以此距离创建的点数，然后按 Enter 键。

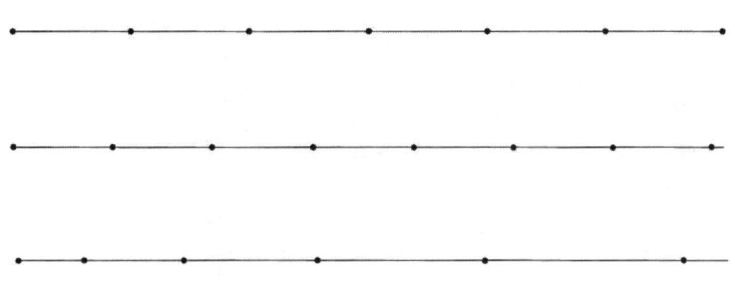

图 4.12　从上至下依次为点数处理结果、等距处理结果、可变距离处理结果

4. 创建线要素

在【创建要素】窗格中，折线模板工具可创建单部件和多部件折线要素。用于创建曲线段、90°角或追踪现有要素的相关工具，将显示在活动视图底部的构造工具条中。

在【编辑】选项卡的【要素】组中，单击创建。在窗格中单击点要素模板。单击工具选项板旁边的前行箭头，活动模板的工具选项板和要素属性表将出现在窗格内。在属性表中，输入要应用到新要素的属性值。创建线要素活动模板条上的工具如图 4.13 所示。

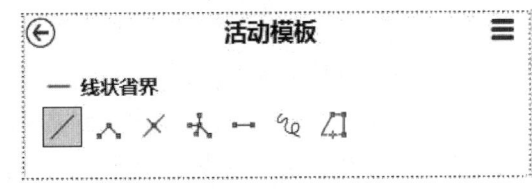

图 4.13　线要素活动模板

（1）创建线的流程。线工具可创建具有多个折点的连续线要素。草绘几何图形时，可以单击构造工具条上的工具来创建圆弧、90°角以及追踪现有要素。单击线，单击地图以创建第一个折点，或单击右键并指定一个 X、Y 位置。移动指针并单击地图以创建每个后续折点并绘制其余几何图形，或单击右键并指定 X、Y、Z 坐标位置或距离和方向。要完成草图并创建径向要素，请单击完成。

（2）创建两点线要素。单击 2 点线，单击地图以创建第一个折点，或右键单击并指定一个 X、Y 位置。移动指针并单击地图以创建第二个折点，或右键单击并指定 X、Y、Z 坐标位置或距离和方向。要完成草图并创建两点线要素，请单击完成 ⏎。

（3）创建径向要素。径向 ⼈ 工具会创建一系列源自同一位置的两点径向线。第一次单击将建立原点，随后的单击将为每条线创建端点，继而完成当前草图。单击径向 ⼈，单击地图以创建第一个折点，或单击右键并指定一个 X、Y 位置。移动指针并单击地图以创建每个后续的两点径向线，或单击右键并指定每个端点的 X、Y、Z 坐标位置，或者指定距离和方向。要完成草图并创建径向要素，请单击完成 ⏎。

（4）手绘要素。手绘 ✎ 工具通过在地图上拖动指针来创建任意形状的折线要素。完成草图后，所有线段均将转换为贝塞尔曲线。单击手绘 ✎，单击地图以创建第一个折点，或右键单击并指定一个 X、Y 位置。在地图上移动指针以绘制其余几何。要完成草图并创建要素，请单击地图。

5. 创建面要素

在【创建要素】窗格中，面图层的要素模板包括用于创建单部件和多部件面要素的构造工具。其他工具会显示在构造工具条上，其中包括可用于创建连续的弧和曲线的工具。

在【编辑】选项卡的【要素】组中，单击创建 🗔。在窗格中单击点要素模板。单击工具选项板旁边的前行箭头 →，活动模板的工具选项板和要素属性表将出现在窗格内。在属性表中，输入要应用到新要素的属性值。创建面要素模板条上的工具如图 4.14 所示。

图 4.14　面要素模板条

（1）创建多边形要素。单击面 ◇，使用以下一种或多种方法创建面要素，单击地图，移动指针，然后再次单击地图；右键单击并使用快捷菜单指定 X、Y、Z 坐标位置、距离以及方向；使用"构造"工具条上的工具将其他线段包括在一系列连接的弧、曲线或直线中。要完成多部件要素的组成部分，请右键单击，并单击完成部件 🗎。要完成要素，请右键单击，然后单击完成 ⏎。

（2）创建圆形和椭圆形要素。

单击圆形 ◯，使用以下方法之一创建中心点：单击地图；单击鼠标右键，单击绝对 X、Y、Z ⚏，键入坐标值，然后按 Enter 键。

使⚏用以下方法之一指定半径：拖动指针，然后单击地图；单击鼠标右键，单击 Radius ◯，键入半径值，然后按 Enter。该工具会自动完成要素。

创建椭圆要素同理，单击椭圆 ◯，使用以下方法之一创建中心点：单击地图；单击鼠标右键，单击绝对 X、Y、Z ⚏，键入坐标值，然后按 Enter 键。

使用以下方法之一指定角度，拖动指针，然后再次单击地图；单击鼠标右键并使用快捷菜单上的命令。

使用以下方法之一指定长轴长度，拖动指针，然后单击地图；单击鼠标右键，单击宽度 ▭，键入总长度，然后按 Enter 键。指定短轴同理。

(3) 手绘要素。手绘工具 ◊ 可使用指针创建任意形状的面。在完成草图后，所有线段都将转换为贝塞尔曲线。单击手绘 ◊，单击地图，拖动指针，然后创建要素。要完成该要素，请单击地图，完成 ↵ 会自动运行，且线段会转换为贝塞尔曲线。

(4) 创建相邻面要素。在【创建要素】窗格中，面自动完成构造工具将自动草绘与其他面要素共享的边界线段。将在接触面要素或与其他面要素相交，并且从可追踪连续路径处的第一个折点和最后一个折点之间推断形成共享边界。

单击自动完成面 ⌸，单击要与新要素共享边界的面要素内的第一个折点，可以使用以下一种或多种方法创建剩余线段：使用活动工具拖动并单击指针；右键单击并使用快捷菜单指定 X、Y、Z 坐标位置、距离以及方向；使用"构造"工具栏上的工具将其他线段包括在一系列连接的弧、曲线或直线中。单击面要素内的最后一个折点，以使新要素至少在两个位置处与边界相交。创建自动完成面如图 4.15 所示，其结果如图 4.16 所示。

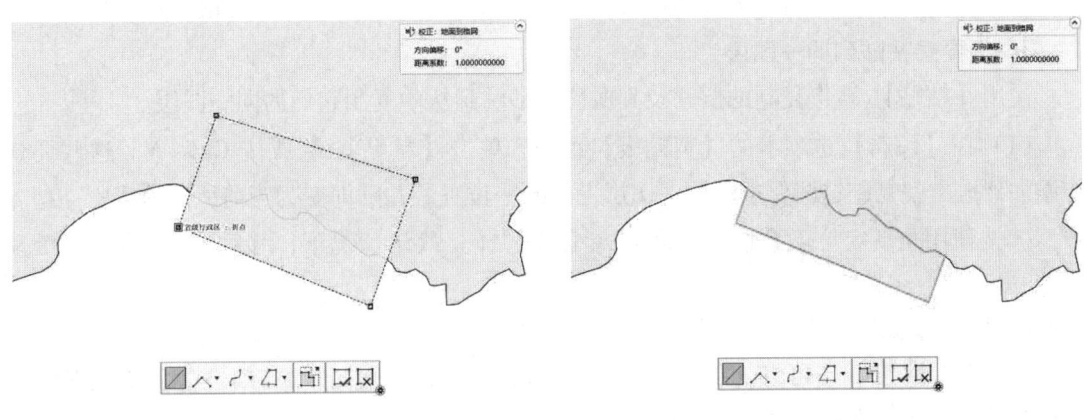

图 4.15　创建自动完成面　　　　　　　图 4.16　创建自动完成面结果

单击自动完成手绘面 ⌸，单击要与新要素共享边界的面要素内的第一个折点，在面边界上拖动指针，然后草绘新要素，单击面要素内的最后一个折点，以使新要素至少在两个位置处与边界相交。该工具将沿着推断的连续路径自动追踪第一个和最后一个折点之间的共享边界线段。创建自动完成手绘面如图 4.17 所示，其结果如图 4.18 所示。

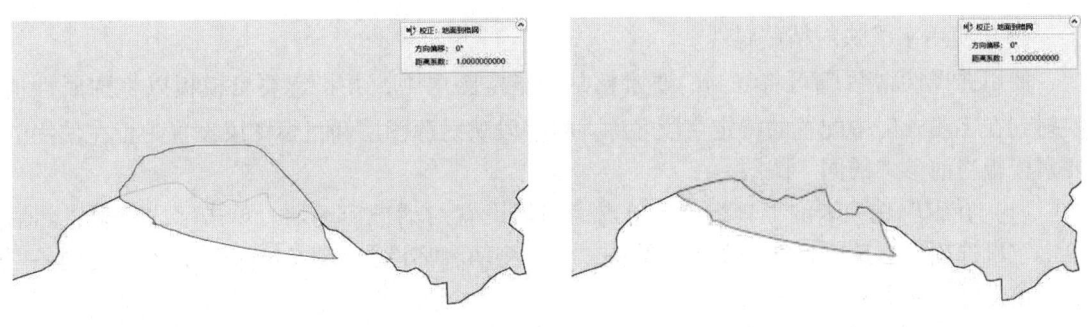

图 4.17　创建自动完成手绘面　　　　　　图 4.18　创建自动完成手绘面结果

4.2.4 基于现有要素创建要素

使用【剪贴板】组中【编辑】选项卡上的工具,从当前地图中复制或剪切要素,并将其粘贴到同一个地图或另一个地图中,粘贴位置与复制位置相同。

1. 复制所选要素

使用复制将所选要素及其属性值复制到剪贴板上。

(1) 在编辑选项卡的选择组中,单击选择 ▶,然后选择要复制的要素。

(2) 在编辑选项卡的剪贴板组中,单击复制 📋 或按 Ctrl + C。

2. 剪切所选要素

使用【剪切】将所选要素及其属性值复制到剪贴板并从地图中删除这些要素。

(1) 在【编辑】选项卡的【选择】组中,单击【选择】▶,然后选择要复制的要素。

(2) 在【编辑】选项卡的【剪贴板】组中,单击【剪切】✂ 或按 Ctrl + X。

3. 将要素粘贴到同一图层

使用【粘贴】📋将复制的要素及其属性值粘贴到从中复制它们的同一图层。

(1) 在【编辑】选项卡的【剪贴板】组中,单击【粘贴】📋 或按 Ctrl + V。这些要素将添加到地图中复制这些要素的同一图层上的同一位置,并随即变为当前所选内容。

(2) 使用重新定位工具移动、旋转或缩放选择。默认情况下,移动 ✥ 工具处于活动状态。

4. 粘贴到指定图层

使用选择性粘贴 📋 可将复制的要素粘贴到指定图层中,并自动将属性值复制到匹配的字段名称中,或使用默认源地理数据库值对其进行覆盖。

(1) 在编辑选项卡的剪贴板组中,单击选择性粘贴或按 Ctrl + Alt + V。

(2) 单击图层,然后单击下拉箭头并选择图层。如果剪贴板包含多个几何类型,请选择要粘贴的要素类型。

(3) 选中或清除保留源属性值,单击【确定】。

(4) 使用重新定位工具移动、旋转或缩放选择。默认情况下,移动 ✥ 工具处于活动状态。

(5) 使用字段映射粘贴属性。

使用选择性粘贴 📋 可将复制的要素粘贴到指定图层中,并指定要素模板以将源属性值映射到在字段映射中配置的特定字段名称。将字段映射源图层和目标图层设置为正在使用的要素模板当前参考的同一图层。

(1) 在编辑选项卡的工具组中,单击编辑器设置对话框启动器。单击字段映射,然后单击字段选项卡。单击目标和源下拉箭头,然后将两者都设置为要素模板正在参考的同一图层。单击【确定】。

(2) 单击【选择性粘贴】或按 Ctrl + Alt + V。

(3) 单击【模板】,单击下拉箭头,然后选择正在参考设置为字段映射源图层和目标图层的同一图层的要素模板。

(4) 取消选中保留源属性值,单击【确定】。

(5) 使用重新定位工具移动、旋转或缩放选择。在默认情况下，移动✥工具处于活动状态。

4.2.5 修改要素

【修改要素】窗格✎包含标准编辑工具以及适用于扩展模块的专用工具。大多数工具使用指针以交互方式来编辑要素。一些工具的操作类似于地理处理工具，并且需要参数和单击【运行】按钮。

要显示整个编辑工具列表，请单击【所有工具】。单击【我的工具】可访问收藏夹的可自定义集合，而工具列表也会显示在【编辑】选项卡的【工具】组中的工具库内。

(1) 自定义工具显示和排序。工具选项包括将工具显示为大图标或小图标、将工具显示在单列中或进行自动排列以填充整个窗格，以及按字母顺序列出工具或按功能类别对工具进行分组。单击修改要素选项≡。可将显示改为大图标或小图标或按功能排序。

(2) 搜索工具。搜索将仅显示名称包含指定文本字符串的工具。

要清除搜索框，请使用以下任一方法：单击文本字符串的末尾，然后按 Backspace 键，直到完全移除文本为止或单击删除✕。

要调出保存在搜索历史记录中的文本字符串，请单击下拉箭头，然后单击该文本条目。

(3) 拓扑编辑。打开拓扑编辑可使用于执行拓扑编辑内容的工具可用的条件下。工具上还会显示要素和边选项卡，用于在编辑要素和拓扑边之间进行切换，例如，编辑折点⌐。

4.3 注记编辑

4.3.1 创建注记

在【创建要素】窗格中，注记图层的要素模板包含相应的构造工具，这些构造工具可用于创建水平、平直和弯曲的注记要素以及随沿要素边界的文本。可以在窗格中输入文本字符串，或者使用快捷菜单将字符串替换为标注表达式或地图图层中的字段值。创建要素之前，可以更改样式格式并覆盖符号属性。

1. 创建水平注记

只需单击一次即可创建水平注记。可以在创建要素之前设置角度，也可以编辑文本的折点，并拖动其中一个重合的基线折点。

(1) 在【编辑】选项卡中，设置捕捉首选项，然后显示【创建要素】窗格。在【捕捉】组中，启用捕捉首选项。在【创建要素】窗格中，选择一个注记要素模板并设置属性值。指定文本字符串和格式。

(2) 要更改对齐或插入属性，请单击相应的按钮。要更改字体、样式或其他格式属性，请单击格式下拉箭头。单击构造工具并创建注记要素。单击水平注记A，单击地图以创建文本，或单击鼠标右键，然后使用绝对 X、Y、Z ⌖。

2. 创建平直注记

单击两次即可创建平直注记。第一个点将放置文本，第二个点将设置角度。完成要素后，基线会变得不可见。

（1）在【编辑】选项卡中，设置捕捉首选项，然后显示【创建要素】窗格。在【捕捉】组中，启用捕捉首选项。在【创建要素】窗格中，选择一个注记要素模板并设置属性值。指定文本字符串和格式。

（2）要更改对齐或插入属性，请单击相应的按钮。要更改字体、样式或其他格式属性，请单击格式下拉箭头。单击构造工具并创建注记要素。单击平直，单击地图以创建文本，或单击鼠标右键，然后使用绝对 X、Y、Z。移动指针或按 A 以指定角度，或单击鼠标右键，然后使用快捷菜单。

3. 创建弯曲的注记

单击三次或三次以上即可创建弯曲注记。第一个点将放置文本，第二个点将设置角度，第三个点将创建一条贝塞尔曲线。完成要素后，基线会变得不可见。

（1）在【编辑】选项卡中，设置捕捉首选项，然后显示【创建要素】窗格。在【捕捉】组中，启用捕捉首选项。在【创建要素】窗格中，选择一个注记要素模板并设置属性值。指定文本字符串和格式。

（2）要更改对齐或插入属性，请单击相应的按钮。要更改字体、样式或其他格式属性，请单击格式下拉箭头。单击构造工具并创建注记要素。单击弯曲，单击地图以创建文本，或单击鼠标右键，然后使用绝对 X、Y、Z。

拖动指针以绘制曲线的形状，然后单击地图以创建终点。拖动指针来绘制曲线的形状，然后单击地图。

4. 创建随沿要素

创建随沿要素的文本时，将沿线或面边界对文本进行换行。可以使用标准注记或要素关联注记创建随沿要素的文本。

（1）在【编辑】选项卡中，设置捕捉首选项，然后显示【创建要素】窗格。在【捕捉】组中，启用捕捉首选项。在【创建要素】窗格中，选择一个注记要素模板并设置属性值。指定文本字符串和格式。

（2）要更改对齐或插入属性，请单击相应的按钮。要更改字体、样式或其他格式属性，请单击格式下拉箭头。单击构造工具并创建注记要素。单击随沿要素，单击要在其上封装文本的线或面要素。悬停鼠标时请沿边界移动指针要更改文本和边界要素之间的距离，请在按下 Ctrl 键的同时移动指针。

5. 创建牵引线注记

单击两次即可创建牵引线注记。第一点将创建牵引线起点，第二点将绘制牵引线并将文本放置在地图上。

（1）在【编辑】选项卡中，设置捕捉首选项，然后显示【创建要素】窗格。在【捕捉】组中，启用捕捉首选项。在【创建要素】窗格中，选择一个注记要素模板并设置属性值。指定文本字符串和格式。

（2）要更改对齐或插入属性，请单击相应的按钮。要更改字体、样式或其他格式属性，请单击格式下拉箭头，单击构造工具并创建注记要素。单击牵引线注记，单击地图以创建牵引线起点，或单击鼠标右键，然后单击绝对 X、Y、Z。

4.3.2 修改注记

添加牵引线可创建一条限定到最近选择边界控点的两点线。用户可以拖动要素或牵引线端点绘制线或在限制线的位置移动线。

1. 添加或删除牵引线

添加牵引线可创建一条限定到最近选择边界控点的两点线。用户可以拖动要素或牵引线端点绘制线或在限制线的位置移动线。

（1）在【编辑】选项卡的【要素】组中，单击【修改】。展开【对齐】并单击【注记】。在该窗格中，单击【选择注记】并选择该注记要素。

（2）如果选择多个要素，请在列表中单击一个项目使其在地图中闪烁，然后右键单击要编辑的要素，并单击快捷菜单上的【仅选择此项】。

（3）右键单击文本，然后单击【添加牵引线】。

（4）要绘制牵引线，请执行以下操作之一：将鼠标悬停在高亮显示的折点上，直到指针变为【移动折点】指针，然后拖动端点；将鼠标悬停在选择边界上，直到指针变为移动指针，然后拖动文本。

（5）单击完成。要从现有注记要素删除牵引线，请使用选择注记选择要素，右键单击文本，然后单击删除牵引线。

2. 更改注记曲率

要更改现有注记要素的曲率，请先选择此要素，然后右键单击文本并选择曲率类型。

（1）在【编辑】选项卡的【要素】组中，单击【修改】。展开【对齐】并单击【注记】。在该窗格中，单击【选择注记】并选择该注记要素。

（2）如果选择多个要素，请在列表中单击一个项目使其在地图中闪烁，然后右键单击要编辑的要素，并单击快捷菜单上的【仅选择此项】。

（3）右键单击文本，将鼠标悬停在曲率上方，然后单击以下曲率类型之一：①水平——将弯曲注记更改为水平注记；②平直——将弯曲注记更改为平直注记；③弯曲——将水平或平直注记更改为弯曲注记。

（4）单击完成。

3. 将注记转换为多部件

将文本转换为多部件注记可将文本字符串中的单词分离为一系列可编辑和重定位的单个词元素。

（1）在【编辑】选项卡的【要素】组中，单击【修改】。展开【对齐】并单击【注记】，在该窗格中，单击【选择注记】并选择该注记要素。

（2）如果选择多个要素，请在列表中单击一个项目使其在地图中闪烁，然后右键单击要编辑的要素，并单击快捷菜单上的【仅选择此项】。

（3）右键单击文本，然后单击转换为多部件。

（4）将鼠标悬停在单词上，直到指针变为移动指针，然后将单词拖动到新位置。

（5）单击完成。

4. 翻转注记

翻转所选注记要素会将其旋转 180°。

（1）在【编辑】选项卡的【要素】组中，单击【修改】。展开【对齐】并单击【注记】。在该窗格中，单击【选择注记】并选择该注记要素。

（2）右键单击要素，然后单击翻转。

（3）单击完成。

5. 移动、旋转或缩放注记

要移动所选注记要素，将鼠标悬停在选择边界，直到指针变为移动指针，然后拖动要素。

（1）在【编辑】选项卡的【要素】组中，单击【修改】，展开【对齐】并单击【注记】。在该窗格中，单击【选择注记】并选择该注记要素。

（2）如果选择多个要素，请在列表中单击一个项目，使其在地图中闪烁，然后右键单击要编辑的要素，并单击快捷菜单上的【仅选择此项】。

（3）移动：将鼠标悬停在选择边界上，直到指针变为移动指针，然后拖动要素。

（4）旋转：将鼠标悬停在选择边界控点附近，直到指针变为旋转指针，然后拖动要素。

（5）缩放：将鼠标悬停在选择边界控点上，直到指针变为缩放指针，然后拖动控点。

（6）单击完成。

6. 堆叠或取消堆叠注记

堆叠注记要素会向要素添加一行文本，并移动一个或多个单词来填充新行。用户可以堆叠注记要素直到每个单词单独占据一行。

（1）在【编辑】选项卡的【要素】组中，单击【修改】，展开【对齐】并单击【注记】。在该窗格中，单击【选择注记】并选择该注记要素。

（2）右键单击要素，然后单击【堆叠】。

（3）单击完成。

要取消堆叠现有注记要素，请使用选择注记选择要素，单击鼠标右键，然后单击取消堆叠。

4.4 尺寸注记编辑

4.4.1 创建尺寸注记

1. 创建对齐尺寸

对齐尺寸工具将创建可沿构造基线测量真实距离的尺寸。这些工具将在创建要素窗格中提供，其中包含可根据尺寸图层创建要素的要素模板。

（1）对齐。对齐尺寸工具将使用三个点来创建包含延长线的对齐尺寸。如图 4.19 所示，前两个点用于定义基线的起点和终点，第三个点用于定位尺寸注记线高度以及生成的延长线。

a. 在编辑选项卡中，选择捕捉首选项，然后显示创建要素窗格。

b. 窗格中选择尺寸注记要素模板，然后单击对齐尺寸。

c. 单击地图创建起始基线点，移动指针并单击地图以创建终止基线点，移动指针以预览尺寸

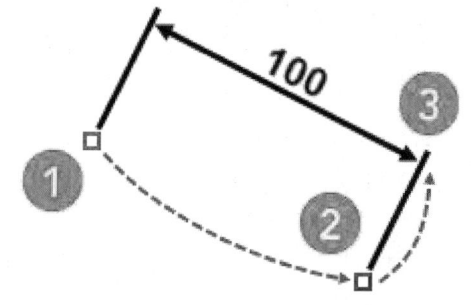

图 4.19　对齐尺寸

注记线高度,单击地图以创建尺寸。

(2) 简单对齐。简单对齐尺寸工具将使用两个构造点来创建不包含延长线的对齐尺寸。如图 4.20 所示,第一个点用于定义基线起点;第二个点用于定义基线终点,并自动完成该要素。

a. 在编辑选项卡中,选择捕捉首选项,然后显示创建要素窗格。

b. 在窗格中选择尺寸注记要素模板,然后单击简单对齐 。

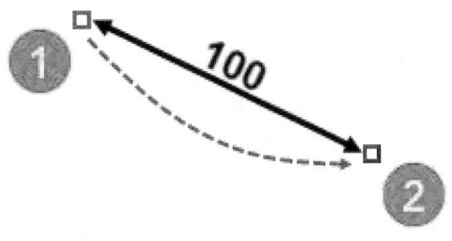

图 4.20 简单对齐

c. 单击地图创建起始基线点,移动指针并单击地图,以创建终止基线点并完成尺寸。

2. 创建线性尺寸

(1) 线性尺寸。线性尺寸工具将使用三个点来创建垂直或水平尺寸。如图 4.21 所示,前两个点用于定义基线的起点和终点,第三个点用于定位尺寸注记线并确定其水平或垂直方向。

a. 在编辑选项卡中,选择捕捉首选项,然后显示创建要素窗格。

b. 在窗格中选择尺寸注记要素模板,然后单击线性尺寸 。

图 4.21 线性尺寸

c. 单击地图以创建基线起点。移动指针并单击地图以创建基线终点。移动指针以指定垂直或水平尺寸。要设置尺寸注记线高度并完成要素,请单击地图。

(2) 旋转线性。旋转线性尺寸工具将使用四个点来创建旋转的垂直或水平尺寸。如图 4.22 所示,前两个点用于定义基线的起点和终点,第三个点用于定位尺寸注记线高度,第四个点用于定义延长线旋转角度。

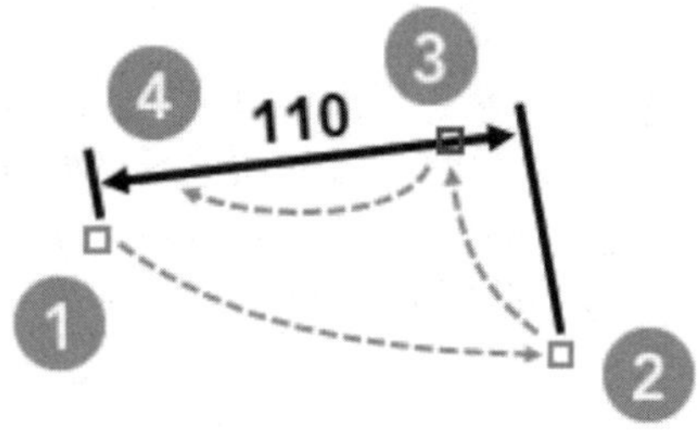

a. 在编辑选项卡中,选择捕捉首选项,然后显示创建要素窗格。

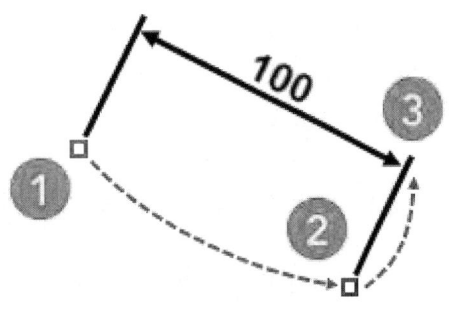

b. 在窗格中选择尺寸注记要素模板,然后单击旋转线性尺寸 。

图 4.22 旋转线性尺寸

c. 单击地图以创建基线起点。移动指针并单击地图以创建基线终点。移动指针以指定垂直或水平尺寸。单击地图以创建尺寸注记线将沿其旋转的径向控制点。单击地图以设置旋转角度并完成尺寸。

4.4.2 编辑尺寸注记

在【修改要素】窗格中,用户可以使用编辑简单要素的工具来修改尺寸。用户可以编辑和拖动构成尺寸几何的折点,也可以在【属性】窗格中编辑这些折点和单个样式属性。

1. 编辑尺寸几何

（1）可以使用"折点"工具拖动尺寸的各个元素以编辑尺寸几何。例如，用户可以拖动基线点并使其捕捉到要素、移动和旋转尺寸文本，或拖动和重新定位尺寸注记线。

（2）在编辑选项卡的要素组中，单击【修改】。展开修整并单击折点。在该窗格中，单击活动选择并选择要编辑的要素。

（3）如果选择多个要素，请在列表中单击一个项目使其在地图中闪烁，然后右键单击要编辑的要素，并单击快捷菜单上的仅选择此项。

（4）在编辑选项卡的捕捉组中，启用捕捉首选项。

（5）可以通过执行以下一项或多项操作来修改尺寸：①要编辑基线、尺寸注记线或延伸线的折点，请将鼠标悬停在折点上，直至指针变为折点指针，然后单击折点并将其拖动到新位置。②要移动尺寸文本，请将鼠标悬停在文本上，直至指针变为移动指针，然后单击并拖动文本。③要旋转尺寸文本，请将鼠标悬停在边界框的角上，直至指针变为旋转指针，然后单击并拖动文本。

（6）单击完成。

2. 编辑尺寸样式

用户可以将选定尺寸更改为尺寸注记要素类中存在的任何预定义样式。要编辑各个特征，可以使用尺寸选项卡上的控件或覆盖属性选项卡上的符号属性。

（1）在【编辑】选项卡的选择组中，单击属性。单击选择并选择尺寸要素。可右键单击列表中的要素并使用快捷菜单上的下列命令来优化选择内容。①闪烁：使所选要素在地图中闪烁。②缩放至：将视图缩放至所选要素。③平移至：将视图平移至所选要素。④仅选择此项：从所选内容中移除所有其他要素。⑤取消选择：从所选内容中移除此要素。

（2）单击【尺寸】选项卡。可以通过执行以下一项或多项操作来修改尺寸。①展开样式以更改样式。单击下拉菜单，然后选择一种样式。②展开文本以修改或恢复文本值、方位角或放置。③展开尺寸注记线以绘制或隐藏尺寸注记线，或更改箭头符号系统。④展开延伸线以更改尺寸注记线，并绘制或隐藏延伸线。

（3）单击【应用】。

第 5 章　空间参考与变换

地理信息的一个基本的特征就是具有空间属性。将地理信息的空间属性用数学的方式表达在 GIS 中是非常重要和基础的。地理空间的数学基础是 GIS 数据定位、量算、转换和参与空间分析的基准。GIS 是围绕空间数据的采集、加工、存储、分析和表现展开的。通常由于原始数据在数据结构、数据组织、数据表达等方面与用户所需的信息系统不一致，而需要对原始数据进行转换与处理，例如执行投影变换、不同格式的数据之间的转换等处理。这些数据转换与处理都可以利用 GeoScene Pro 中的工具实现。本章将对投影变换、数据格式转换进行简单介绍。

5.1　空间参考与地图投影

5.1.1　空间参考

空间参考是用于存储各要素类和栅格数据集坐标属性的坐标系。比较常用的坐标系有两种：大地坐标系和投影坐标系。坐标系中关于值的取值范围称为坐标域，一般来说，定位地理位置只需要 X 和 Y 坐标。可选的 Z 和 M 坐标用来存储高程值和里程值（高程值 Z 可用于 3D 分析，里程值 M 可用于线性参考等）。

5.1.2　大地坐标系

地球表面为高低不平、极其复杂的自然表面，用数学公式对如此复杂曲面上测量及制图的各类数据进行计算处理是难以实现的。但地球表面的高差相对于地球半径而言是极小的。可以设想用一个与地球形状基本吻合的、并用数学公式表达的面当作地球的形状，以便在此基础上进行计算。这个用数学公式表达的、模拟地球形状的形体就是所谓的椭球体。椭球体只定义了地球形状，而没有描述与地球之间的位置关系。调整椭球体的位置，使之拟合地球表面，这种与地球相对定位的椭球体被称为大地基准。

椭球体与地球表面定位后，也就是大地基准确定后，就可以划分经线和纬线，形成以经纬度为单位的大地坐标系。大地坐标系又称地理坐标系，指人们通常说的以经纬度为单位的坐标系。

5.1.3　投影坐标系

投影坐标系始终基于地理坐标系，而后者是基于球体或旋转椭球体的。大地坐标系是一个以经纬度为单位的不可展曲面。而地图是一个平面，而且在实际应用中经常需要量算长度和面积，因此需要将坐标系从曲面转换为平面，并将坐标值单位由度转换为长度单位（如米），这种转换方法称为地图投影。投影后平面的、以米为单位的坐标系被称为投影坐标系。

目前，我国大于 1∶50 万比例尺的各类地形图都采用高斯－克吕格投影。高斯－克吕格投影属于等角投影，没有角度变形。常用的 1954 北京坐标系和 1980 西安坐标系的投影坐标系采用的就是高斯－克吕格投影。

5.2 投影变换

当数据的空间参考系统（坐标系、投影方式等）与用户的需求不一致时，就需要对数据进行投影变换。

5.2.1 定义投影

坐标系的信息通常从数据源获得。如果数据源具有已定义的坐标系，GeoScene Pro 可将其动态投影到不同的坐标系中；反之，则无法对其进行动态投影。因此，在对未知坐标系的数据进行投影时，需要先使用定义投影工具为其添加正确的坐标信息。此外，如果某一数据集的坐标系不正确，也可使用该工具进行校正。

定义投影的操作步骤如下。

（1）启动工具箱，在工具箱中单击【数据管理工具】→【投影和变换】→【定义投影】，打开【定义投影】窗口，如图 5.1 所示。

（2）在【定义投影】窗口中，在【输入数据集或要素类】框输入数据。

（3）单击【坐标系】文本框右边的 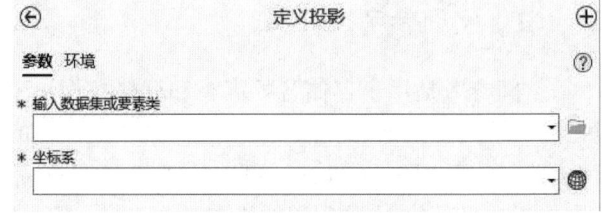 按钮，打开【坐标系】窗口，

图 5.1 【定义投影】窗口

如图 5.2 所示。【当前 XY】和【当前 Z】表示原始数据的坐标系。若为"〈无〉"，则表明原始数据没有定义坐标系。

（4）定义投影的方法有以下三种：

a. 地理坐标系是利用地球表面的经纬度表示的；投影坐标系是将三维地球表面上的经纬度坐标经过数学换算到二维平面上的坐标系。垂直坐标系可以定义高度或深度值的原点，除非要将数据集与使用不同垂直坐标系的其他数据合并，否则不需要使用该系统。

在定义坐标系之前，要了解数据源，以便选择合适的坐标系。

b. 当已知原始数据与某一数据的投影相同时，可单击【坐标系】窗口

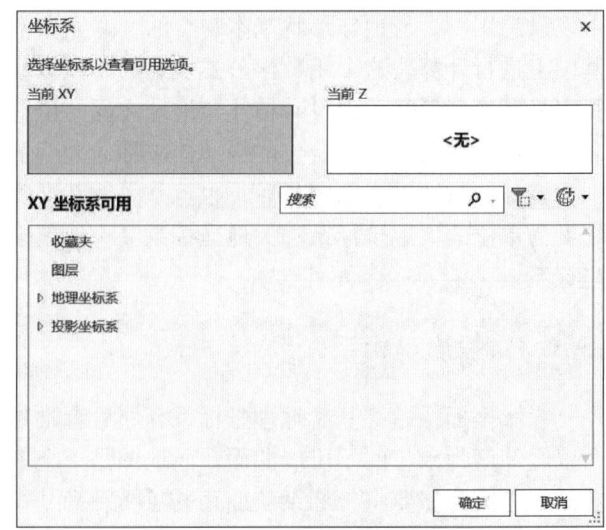

图 5.2 【坐标系】窗口

中的 按钮，选择【导入坐标系】，浏览具有该坐标系的数据，用该数据的投影信息来定义原始数据。

c. 单击【坐标系】对话框中的 按钮，选择【新建地理坐标系】或【新建投影坐标系】。图 5.3 为【新建地理坐标系】窗口，定义时需要定义或选择基准面、角度单位和本初子午线等。图 5.4 为【新建投影坐标系】窗口，定义投影坐标系包括选择投影类型、设置投影参数及线性单位等。因为投影坐标系是以地理坐标系为基础的，所以在定义投影坐标系时还需要选择或新建一个地理坐标系。

图 5.3 　【新建地理坐标系】窗口　　　　图 5.4 　【新建投影坐标系】窗口

（5）在完成定义投影坐标系后，单击【保存】按钮，返回图 5.2【坐标系】窗口，在【详细信息】文本框中可以浏览投影坐标系的详细信息。

（6）单击【运行】按钮，完成定义投影坐标系的操作。

5.2.2　投影变换

投影变换是指将一种地图投影转化为另一种地图投影，主要包括投影类型、投影参数和椭圆参数等的改变。在【工具箱】的【数据管理工具】下的【投影和变换】工具集中，有栅格和要素两种类型的数据变换。

采用不同坐标系的数据，需要对其进行投影变换，以便该数据与其他地理数据集成。矢量数据的投影变换通过投影工具实现。该工具不仅能实现矢量数据在大地坐标系和投影坐标系之间的相互转换，还可以实现两种坐标系自身之间的转换。需要注意的是，对于包含未定义或未知坐标系的矢量数据，在使用该工具之前必须先使用【定义投影】工具为其定义坐标系。

1. 矢量数据投影变换

矢量数据投影变换的操作步骤如下：

（1）启动工具箱，在工具箱中单击【数据管理工具】→【投影和变换】→【投影】，打开【投影】窗口，如图5.5所示。

（2）在【投影】窗口中，输入【输入数据集或要素类】数据，指定【输出数据集或要素类】的保存路径和名称，并在【输出坐标系】文本框中设置输出数据的坐标系。

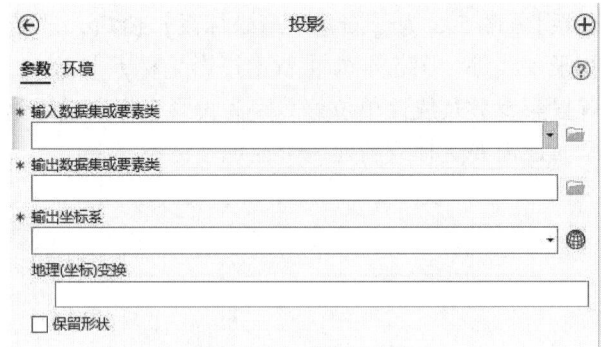

图 5.5 【投影】窗口

（3）【地理（坐标）变换】是可选项，用于实现两个地理坐标系或基准面之间的变换。当输入和输出坐标系的基准面相同时，地理（坐标）变换为可选参数。如果输入和输出基准面不同，则必须指定地理（坐标）变换。

（4）单击【运行】按钮，完成操作。

2. 栅格数据的投影变换

栅格数据的投影变换是指将栅格数据集从一种地图投影变换到另一种地图投影。利用【投影栅格】工具可以实施栅格数据的投影变换，其操作步骤如下：

（1）启动工具箱，在工具箱中单击【数据管理工具】→【投影和变换】→【栅格】→【投影栅格】，打开【投影栅格】窗口，如图5.6所示。

（2）在【投影栅格】窗口中，选择【输入栅格】数据，指定【输出栅格数据集】的保存路径和名称，在【输出坐标系】文本框中设置输出数据的坐标系。

（3）【地理（坐标）变换】用于实现两个地理坐标系或基准面之间的变换。

（4）【重采样技术】有四种选择，分别为最邻近、双线性插值法、三次卷积插值法、多数重采样法。

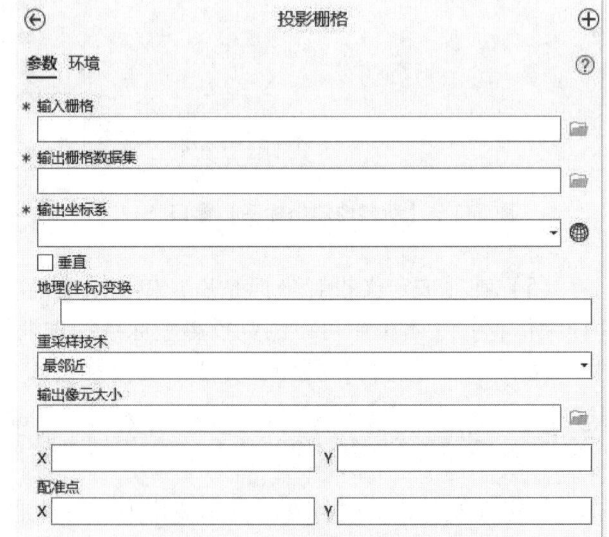

图 5.6 【投影栅格】窗口

（5）【输出像元大小】指定输出数据的栅格大小，默认为所选栅格数据集的像元大小。

（6）【配准点】用于指定左下角的点以对输出像元进行定位。

（7）单击【运行】按钮，执行投影变换。

5.2.3 数据变换

数据变换指的是对数据进行放大、缩小、翻转、移动、扭曲等几何位置、形状和方位等操作。对矢量数据的操作在功能区中的【编辑】选项卡中实现。栅格数据的相应操作在工具箱中【数据管理工具】的【投影和变换】工具集中，如翻转、镜像、扭曲、平移、旋转、重设比例。

1. 翻转

翻转指将栅格数据沿着通过数据中心点的水平轴线，将数据进行上下翻转。

（1）启动工具箱，在工具箱中单击【数据管理工具】→【投影和变换】→【栅格】→【翻转】，打开【翻转】窗口，如图 5.7 所示。

（2）在【输入栅格】文本框中，选择需要进行翻转的数据（位于 \ data \ ch5 \ section1 \ dem.tif）。

（3）在【输出栅格数据集】文本框中，指定输出文件的路径和名称。

图 5.7　【翻转】窗口

（4）单击【运行】按钮，执行数据翻转操作。图 5.8 是栅格数据的翻转结果。左边为原始数据，右边为翻转结果。

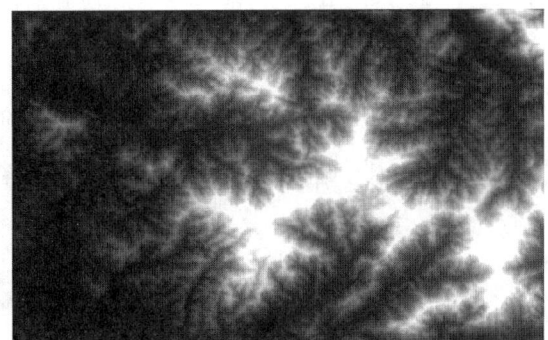

图 5.8　翻转前后的图像对比

2. 镜像

镜像指将栅格数据沿着通过数据中心点的垂直轴线，将数据进行左右翻转。

（1）启动工具箱，在工具箱中单击【数据管理工具】→【投影和变换】→【栅格】→【镜像】，打开【镜像】窗口，如图 5.9 所示。

（2）在【输入栅格】文本框中，选择需要进行镜像的数据（位于 \ data \ ch5 \ section1 \ dem.tif）。

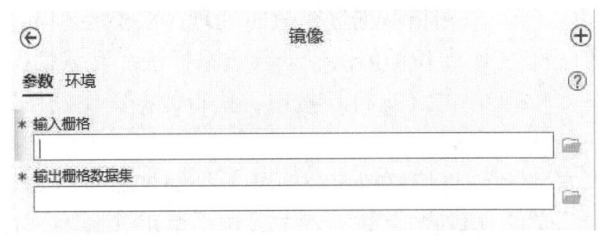

图 5.9　【镜像】窗口

（3）在【输出栅格数据集】文本框中，指定输出文件的路径和名称。

（4）单击【运行】按钮，执行数据镜像操作。图 5.10 是栅格数据的镜像结果。图 5.10a 为原始数据，图 5.10b 为镜像结果。

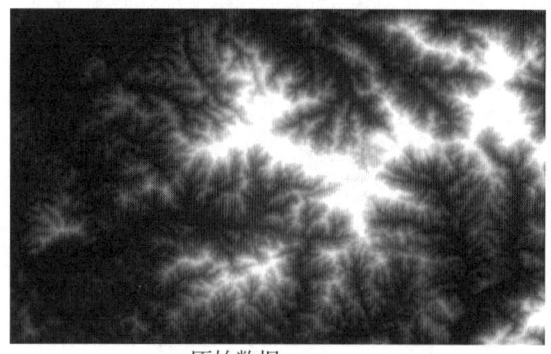 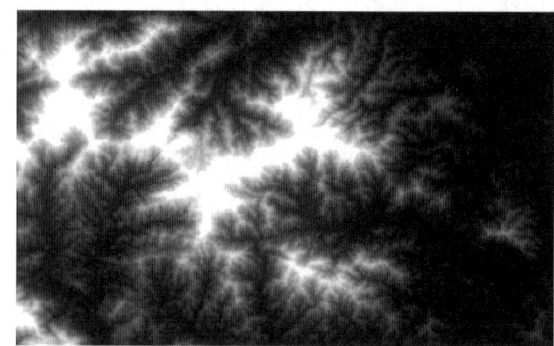

a. 原始数据　　　　　　　　　　　　　　　　b. 镜像结果

图 5.10　镜像前后的图像对比

3. 扭曲

扭曲指将栅格数据通过输入的控制点进行多项式变换。

（1）启动工具箱，在工具箱中单击【数据管理工具】→【投影和变换】→【栅格】→【扭曲】，打开【扭曲】窗口，如图 5.11 所示。

（2）在【输入栅格】文本框中，选择需要进行扭曲的数据。

（3）在【源控制点】的【X】【Y】文本框中分别输入输入数据集控制点的 X、Y 坐标。

（4）在【目标控制点】【X】【Y】文本框中分别输入输出就数据集控制点的 X、Y 坐标。

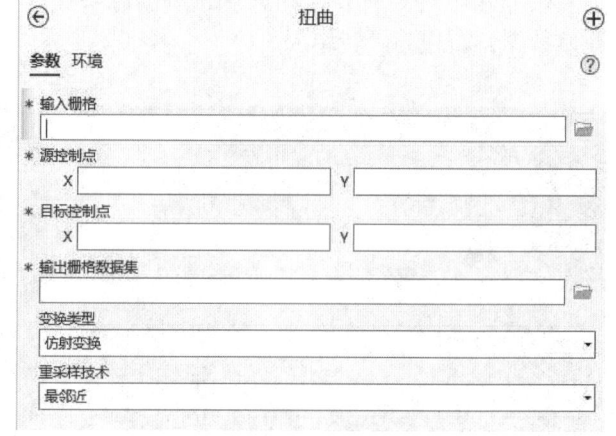

图 5.11　【扭曲】窗口

（5）在【输出栅格数据集】文本框中，指定输出文件的路径和名称。

（6）【变换类型】可选择数据转换的类型，包括仅平移、相似变换、仿射变换、二阶多项式变换、三阶多项式变换、优化全局精度和局部精度、样条函数变换和投影变换。

（7）对栅格数据进行扭曲处理，必然会引起数据的重采样。可选择最邻近、双线性插值法、三次卷积插值法、众数重采样法。默认情况下为最邻近。

（8）单击【运行】按钮，执行数据镜像操作。

4. 平移

平移指将栅格数据分别沿 X 轴和 Y 轴移动指定的距离。

（1）启动工具箱，在工具箱中单击【数据管理工具】→【投影和变换】→【栅格】→【平移】，打开【平移】窗口，如图 5.12 所示。

图 5.12 【平移】窗口

(2) 在【输入栅格】文本框中,选择需要进行平移的数据(位于 \ data \ ch5 \ section1 \ dem.tif)。

(3) 在【输出栅格数据集】文本框中,指定输出文件的路径和名称。

(4) 在【X 坐标平移值】和【Y 坐标平移值】文本框设置在 X 方向上和 Y 方向上平移的距离。

(5) 【输入捕捉栅格】为可选项,可以浏览确定某一栅格数据,与结果数据合并。

(6) 单击【运行】按钮,执行数据平移操作。图 5.13 是栅格数据的平移结果。

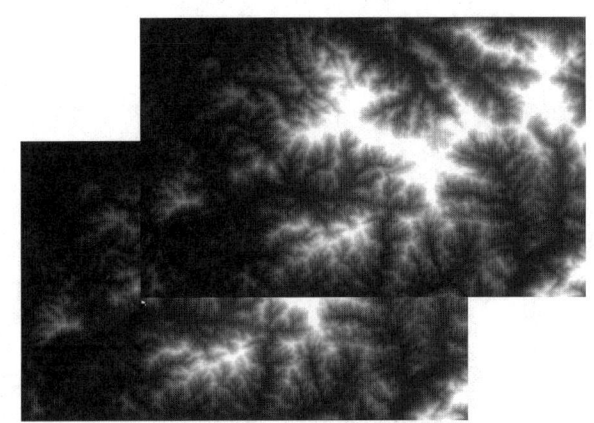

图 5.13 平移结果

5. 旋转

旋转指将栅格数据沿着指定的中心点旋转指定的角度。

(1) 启动工具箱,在工具箱中单击【数据管理工具】→【投影和变换】→【栅格】→【旋转】,打开【旋转】窗口,如图 5.14 所示。

(2) 在【输入栅格】文本框中,选择需要进行旋转的数据(位于 \ data \ ch5 \ section1 \ dem.tif)。

(3) 在【输出栅格数据集】文本框中,指定输出文件的路径和名称。

(4) 在【Angle】文本框中设置旋转的角度。

(5) 【枢轴点】为可选项,选择

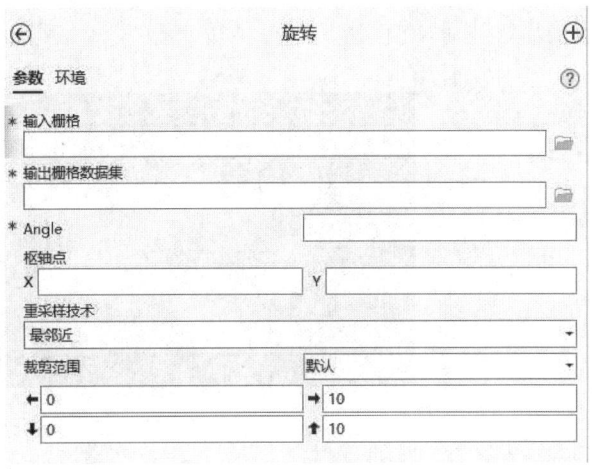

图 5.14 【旋转】窗口

旋转栅格所围绕的点。如果留空,输入栅格数据集的左下角将用作枢轴。

(6) 旋转栅格数据,需要对数据进行重采样。【重采样技术】是可选项,可选择最邻近、双线性插值法、三次卷积插值法、众数重采样法。默认情况下为最邻近。

(7) 单击【运行】按钮,执行数据旋转操作。图 5.15 是栅格数据的旋转结果。

6. 重设比例

重设比例指将山歌数据按照指定比例分别沿 X 轴和 Y 轴放大或缩小。

(1) 启动工具箱,在工具箱中单击【数据管理工具】→【投影和变换】→【栅格】→【旋转】,打开【重设比例】窗口,如图 5.16 所示。

(2) 在【输入栅格】文本框中,选择输入进行重设比例操作的数据(位于 \ data \ ch5 \ section1 \ dem.tif)。

(3) 在【输出栅格数据集】文本框中,指定输出文件的路径和名称。

(4) 在【X 比例因子】和【Y 比例因子】文本框分别设置数据在 X 方向上和 Y 方向上的比例系数,值必须大于 0。

(5) 单击【运行】按钮,执行数据重设比例操作。图 5.17 是栅格数据的重设比例结果。

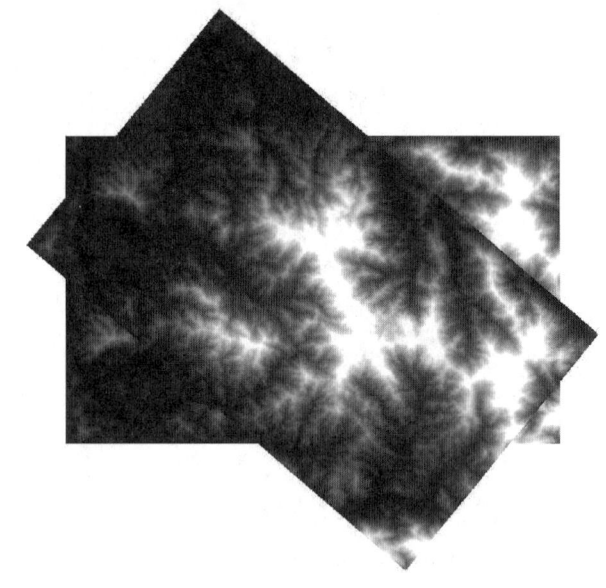

图 5.15　旋转结果

图 5.16　【重设比例】窗口

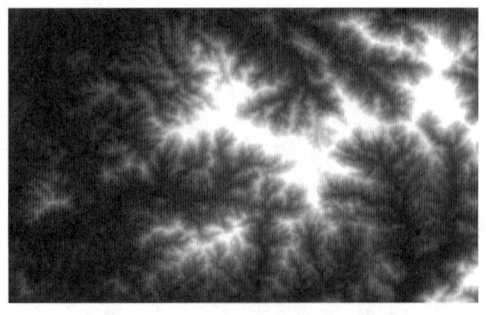

图 5.17　重设比例结果

5.3 数据格式转换

空间数据的来源有很多,例如地图、工程图、规划图、照片、航空与遥感影像等,因此空间数据也有多种格式。在实际应用中,往往要根据应用需要对数据的格式进行转换。转换是数据结构之间的转换,而数据结构之间的转化又包括同一数据结构不同组织形式间的转换和不同数据结构间的转换。

5.3.1 数据结构转换

地理信息系统的空间数据结构主要有栅格结构和矢量结构,它们是表示地理信息的两种不同方式。在地理信息系统中,栅格数据和矢量数据具有不同的特点和适用性,为了在一个系统中可以兼容这两种数据,以便进一步地分析处理,常常需要进行两种结构的转换。

1. 栅格数据向矢量数据的转换

以将栅格数据转换为面状矢量数据为例,具体操作步骤如下:

(1)启动工具箱,在工具箱中单击【转换工具】→【由栅格转出】→【栅格转面】,打开【栅格转面】窗口,如图 5.18 所示。

(2)在【输入栅格】文本框中选择需要转换的栅格数据。

(3)【字段】为可选项,用于将输入栅格中像元值指定给输出数据集中的面,栅格字段可为整型或字符串型字段。

(4)在【输出面要素】文本框中指定输出的面状矢量数据的路径与名称。

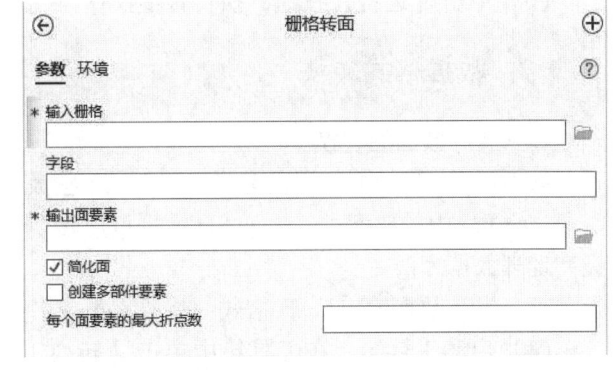

图 5.18 【栅格转面】窗口

(5)【简化面】为可选项(默认情况下为"选择"),选中简化面,则输出的面将平滑处理为简单的形状,若未选中,面的边将与输入栅格的像元边缘完全保持一致。

(6)【创建多部件要素】也是可选项(默认情况下为"不选择"),用于指定输出面是由单部分要素还是多部分要素组成。

(7)【每个面要素的最大折点数】(默认情况下为空)用于将面细分为更小的面的折点限制。如果留空,则输出面不会被分割。

(8)单击【运行】按钮,执行转换操作。

2. 矢量数据向栅格数据的转换

(1)启动工具箱,在工具箱中单击【转换工具】→【转为栅格】→【要素转栅格】,打开【要素转栅格】窗口,如图 5.19 所示。

(2)在【输入要素】文本框中选择需要转换的矢量数据。

(3)在【字段】窗口选择数据转换是所依据的属性值。

(4)在【输出栅格】文本框指定输出的栅格数据的路径与名称。

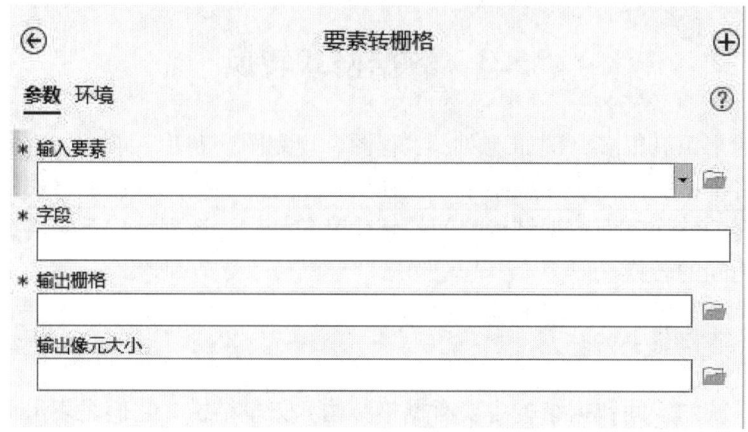

图 5.19 【要素转栅格】窗口

（5）在【输出像元大小】文本框输入输出栅格的大小，可以通过数值进行定义，也可以从现有栅格数据集获取。

（6）单击【运行】按钮，执行转换操作。

5.3.2 数据格式转换

1. CAD 数据的转换

CAD 数据是一种常用的数据类型，例如大多数的工程图、规划图都是 CAD 格式。GeoScene Pro 中的要素类，shapefile 数据可以转换成 CAD 数据，CAD 数据也可以转换成要素类和地理数据库。

第一类，数据输出 CAD 格式：将要素类或者要素层转换成 CAD 数据。

（1）启动工具箱，在工具箱中单击【转换工具】→【转为 CAD】→【导出为 CAD】，打开【导出为 CAD】窗口，如图 5.20 所示。

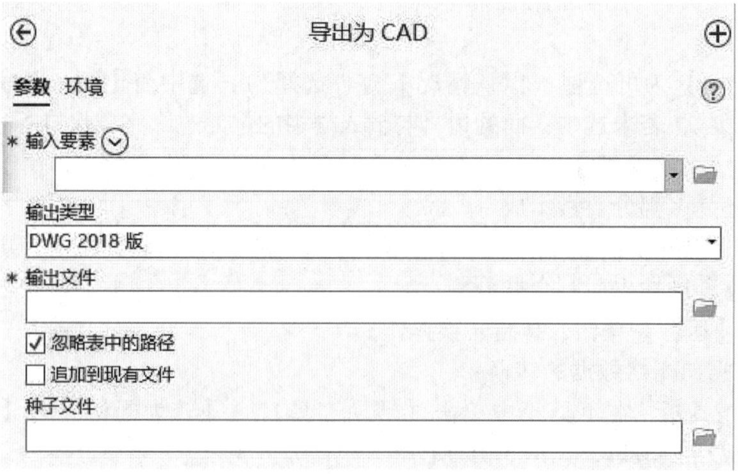

图 5.20 【导出为 CAD】窗口

(2) 在【输入要素】文本框中选择需要转换的要素,可以选择多个数据层。

(3) 在【输出类型】文本框中选择输出的 CAD 文件版本,默认情况下为 DWG 2018 版。

(4) 在【输出文件】文本框指定输出的 CAD 图形的路径与名称。

(5)【忽略表中的路径】为可选按钮(默认情况下为"选择")。在"选择"状态下,将忽略文档实体字段中的路径,并将所有实体的输出添加到单个 CAD 文件;未"选择"状态下,将使用文档实体字段中的路径和每个实体的路径,使每个 CAD 部分写入单独文件。

(6)【追加到现有文件】为可选按钮(默认情况下为"不选择")。在"选择"状态下,可将输出的数据添加到已有的 CAD 文件中。

(7) 若上一步为选择状态,则在【种子文件】文本框中浏览确定所需的已有 CAD 文件。

(8) 单击【运行】按钮,执行转换操作。

第二类,CAD 的输入转换:将 CAD 数据转换成要素类和数据表。

(1) 启动工具箱,在工具箱中单击【转换工具】→【转出至地理数据库】→【CAD 至地理数据库】,打开【CAD 至地理数据库】窗口,如图 5.21 所示。

(2) 在【输入 CAD 数据集】文本框中选择输入需要转换的 CAD 文件。

(3) 在【输出地理数据库】文本框键入输出的地理数据库的路径和名称。

(4) 在【数据集】文本框中输入要创建的要素数据集名称。

(5) 由于 CAD 注记被视为 GeoScene Pro 中的点,因此不需要【参考比例】这个参数。

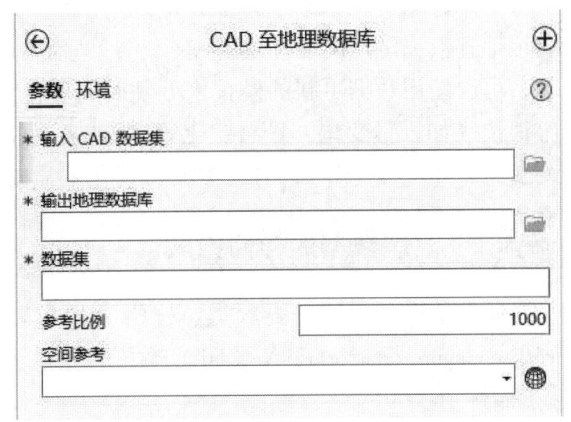

图 5.21 【CAD 至地理数据库】窗口

(6)【空间参考】是可选项,用于设置输出地理数据库的空间属性。

(7) 单击【运行】按钮,执行转换操作。

2. 栅格数据与 ASCⅡ文件的转换

栅格数据向 ASCⅡ文件的转换步骤如下:

(1) 启动工具箱,在工具箱中单击【转换工具】→【由栅格转出】→【栅格转 ASCⅡ】,打开【栅格转 ASCⅡ】窗口,如图 5.22 所示。

(2) 在【输入栅格】文本框中选择输入需要转换的栅格数据。

(3) 在【输出 ASCⅡ栅格文件】文本框键入输出的 ASCⅡ文件的路径与名称。

(4) 单击【运行】按钮,执行转换操作。

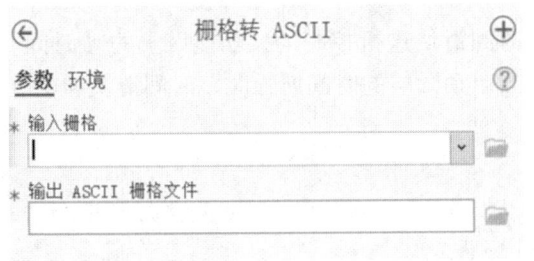

图 5.22 【栅格转 ASCⅡ】窗口

第6章　空间数据可视化表达

空间数据可视化是有效传输与表达地理信息，挖掘空间数据之间的内在联系，揭示地理现象内在规律的重要手段。它通过运用地图学、计算机图形学和图像处理技术，将地学信息的输入、处理、查询、分析与预测的结果采用符号、图形、图像并结合图表、文字、表格、动画等方式在屏幕上表示出来，具有动态性、交互性等典型特征。空间数据可视化是 GIS 的基本功能和立足点。本章主要讲述时态数据可视化、动画制作、图表和报表的制作。

6.1　时态数据可视化

空间数据有三个基本特征，即几何图形、属性和时间。时态数据可视化是按照时间顺序展示地理数据随时间变化的趋势。当地理数据描述的地理现象变化缓慢或者忽略时间问题时，可以使用数据更新的模式来处理时间变化的影响；但是，当被描述的对象随时间推移变化很快（如云量变化、日照变化等），或者一些历史数据也需要保存时（如地籍变更、海岸线变化、环境变化等），时态数据可视化就显得十分重要。

6.1.1　时态数据的存储方式

时间信息可存储于要素类、栅格目录和表中，也可以存储于网络通用数据格式（network common data form，NetCDF）数据或追踪图层内。时态数据的有效存储是时态数据可视化的第一步。

对于要素图层，有两种方式随时间推移而显示要素。一是每个要素的形状和位置保持不变，但属性值可随时间推移而发生变化，例如，行政区形状和位置不发生变化，但人口随时间发生了变化；二是每个要素的形状或位置随时间推移发生了变化，如对于随时间推移而可视化的飓风轨迹，要用点要素来表示飓风在特定时间所处的位置。

栅格目录用于存储表示随时间推移而发生变化的栅格。例如，表示海洋温度随时间变化的栅格，需要在栅格目录属性表中包含一个时间字段，用来标记每个栅格的有效时间。

6.1.2　时态数据的显示

1. 工具

时态数据的显示是使用与视频播放器类似的时间滑块进行控制的。功能区上的【时间】上下文选项卡可提供更多用于显示数据的设置。当启动图层的时间属性时，时间滑块和功能区选项卡将变为可用。

2. 时态数据的显示实例

（1）将位于"\ data \ ch6 \ section1 \ data \ 人口数据.xlsx"的 Sheet $ 添加到地图中，导入数据如图 6.1 所示，原始数据如图 6.2 所示。

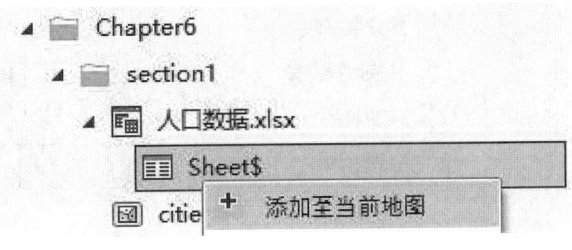

图 6.1　导入数据

FID	CityName	pop_2010	pop_2000	pop_1990	pop_1982	pop_1964	pop_1953	ObjectID *
0	A	861022	800950.697674	729131.267796	648116.682486	433522.864539	340284.823029	1
1	B	609239	566733.953488	515916.20709	458592.18408	306750.624803	240777.570489	2
2	C	1022321	950996.27907	865722.602703	769531.202403	514736.590236	404031.860468	3
3	D	817686	760638.139535	692433.445184	615496.395719	411703.274729	323157.986443	4
4	E	671343	894204	858670	758080	507076.923077	398019.562855	5
5	F	861960	1006886	997669	939063	660001	778726	6
6	G	858895	907219	897126	808663	617777	745327	7
7	H	973850	1145874	1115127	1032408	684632	537387.755102	8
8	I	3873102	4173449	759557	675161.777778	451613.229283	354484.481384	9
9	J	533330	180382	152914	145962.271785	97633.626612	76635.499695	10
10	K	309514	287920	262102.867547	232980.326708	155839.683417	122323.142399	11
11	L	319820	164440	137400	133062.256613	89004.853921	69862.522701	12
12	M	144378	134305.116279	122262.281547	108677.583597	72694.035851	57059.682772	13
13	N	294039	497564	517999	489499	208449	216436	14
14	O	257764	430530	429533	407243	261451	234911	15

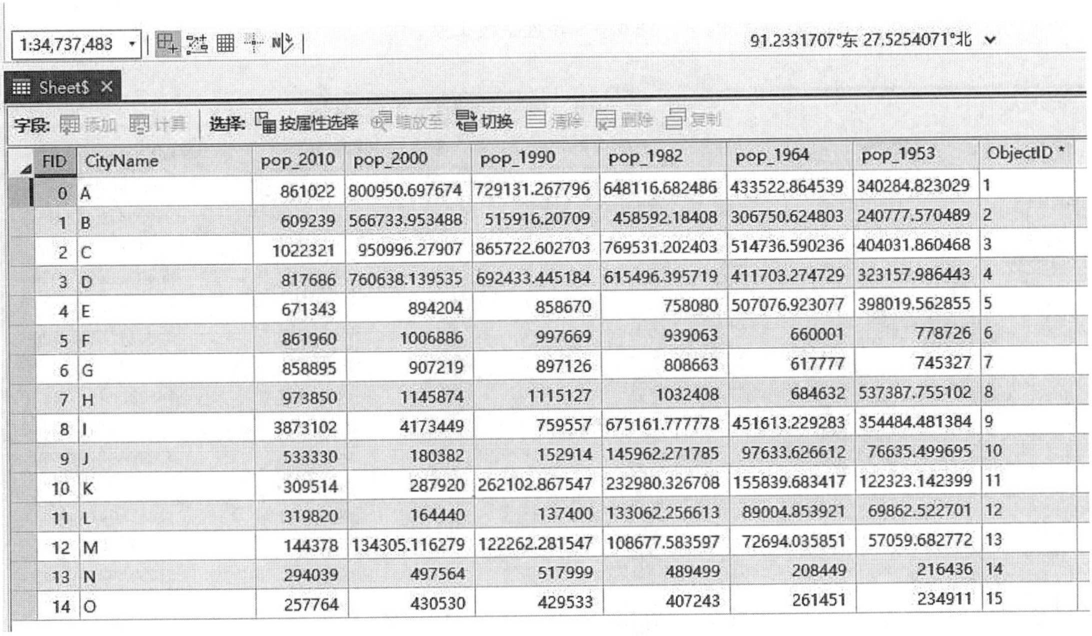

图 6.2　原始数据表格

由于在“Sheet $ ”表中，地理单位（城市）为行，时间单位（年）及相关属性（人口）为列，需要将唯一时空值存储为单独行，才能使时态数据在 GeoScene Pro 中获得最佳效果。因此，需要对独立表格进行相关处理。

第一步，对独立表格进行转置字段，如图 6.3 所示，选择【数据管理工具】→【字段】→【转置字段】，打开对话框，并进行参数设置：

a. 设置输入表为独立表格（Sheet $ ），设置输出表的输出路径及名称。

b. 设置要转置的字段（输入表中包含要进行转置的数据值的字段或列），如图 6.4 所示：pop_1953、pop_1964、pop_1982、pop_1990、pop_2000 和 pop_2010。

c. 设置转置的字段、值字段和属性字段：①转置的字段（该字段用于存储已转置字段的字段名）：year；②值字段（该字段用于存储已转置字段的相应值）：population；③属性字段（来自输入表的要被包含在输出表中的附加属性字段）：CityName。

d. 点击【运行】按钮，获得转置字段后的输出表，如图 6.5 所示。

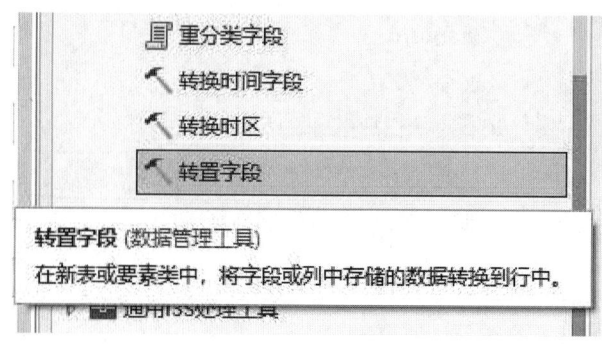

图 6.3　转置字段工具

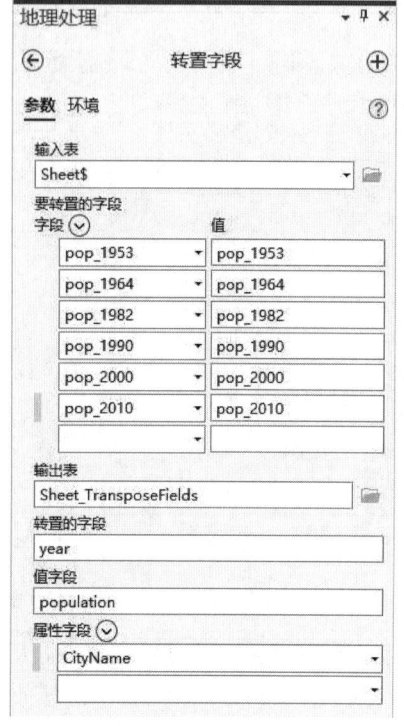

图 6.4　参数设置　　　　　　　　　　　　　图 6.5　输出表

第二步，对输出表中的错误字段进行更正。右键选择输出表，打开属性表，并进行字段更正。

a. 由于 GeoScene Pro 处理 Excel 表时，将包含混合数据类型（包括数字和空值的组合）值的字段输出为文本字段，如本例中的 population 字段，如图 6.6 所示。需要向输出表添加数值字段（图 6.7），并依据当前存储为文本的 population 字段计算并填入数值（图 6.8）。字段更正结果如图 6.9 所示。

第 6 章 空间数据可视化表达

图 6.6 字段类型错误

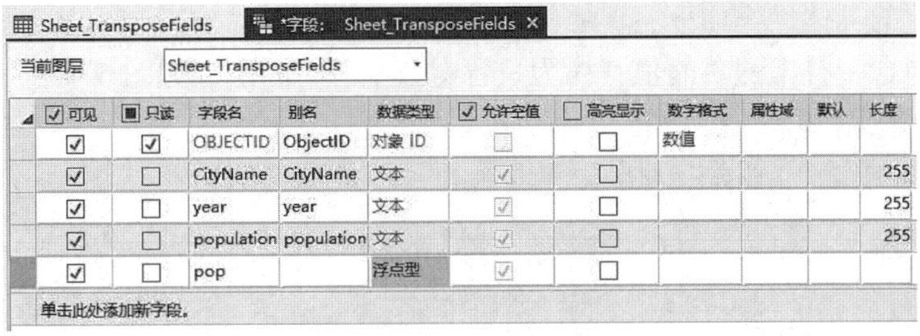

图 6.7 添加数值字段

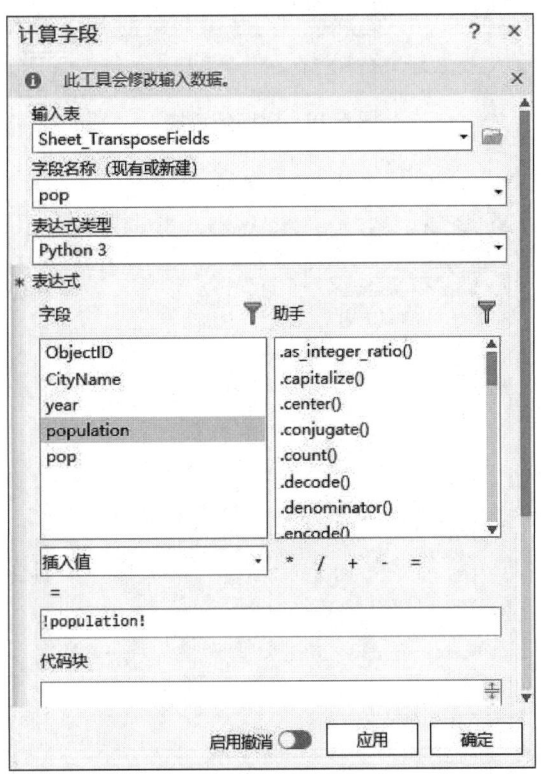

图 6.8 计算字段

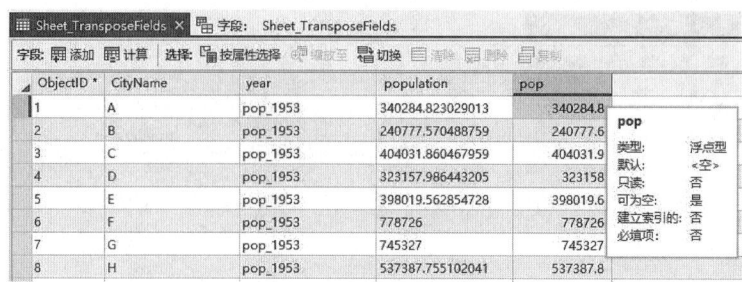

图 6.9 字段更正结果

b. 对于被储存为文本字段的时间值，则需通过【转换时间字段】工具将其转换为日期格式，参数设置的具体操作如下：

首先，将包含字符串的时间值替换为只含有数字的时间值，如图 6.10、图 6.11 所示。

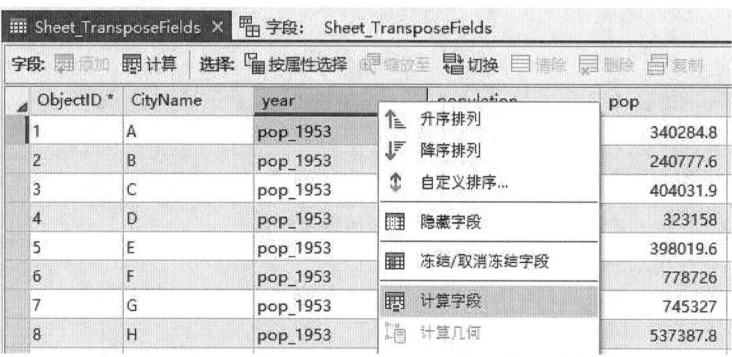

图 6.10 时间值替换

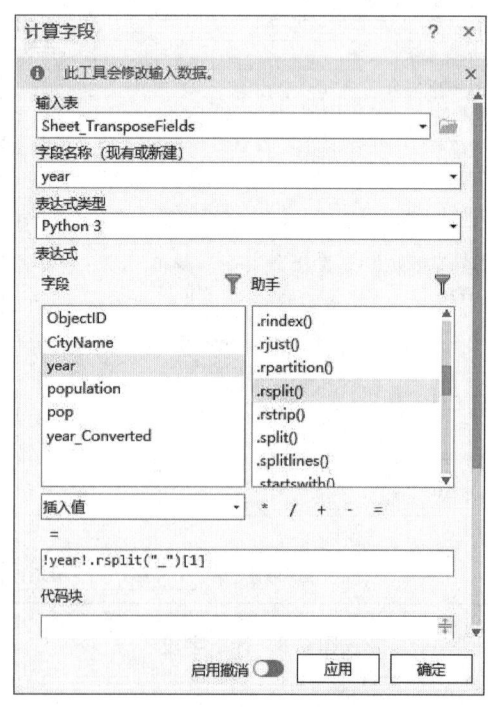

图 6.11 通过【计算字段】工具进行时间值替换

接着，设置输入表为转置字段的输出表（Sheet_TransposeFields），设置输入时间字段和格式，以及输出时间字段及类型，如图 6. 12、图 6. 13 所示。

c. 最后删除错误格式字段。字段更正结果如图 6. 14 所示。

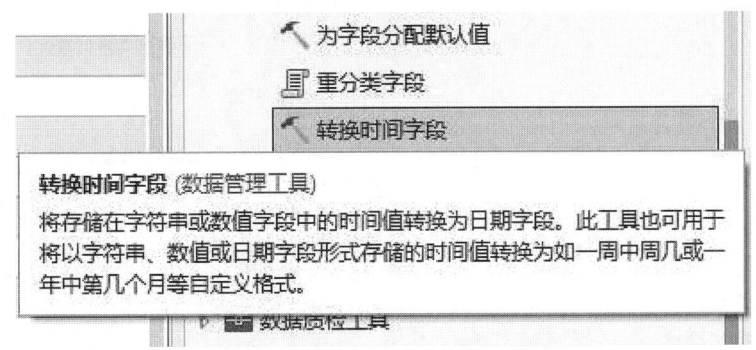

图 6. 12　转换时间字段

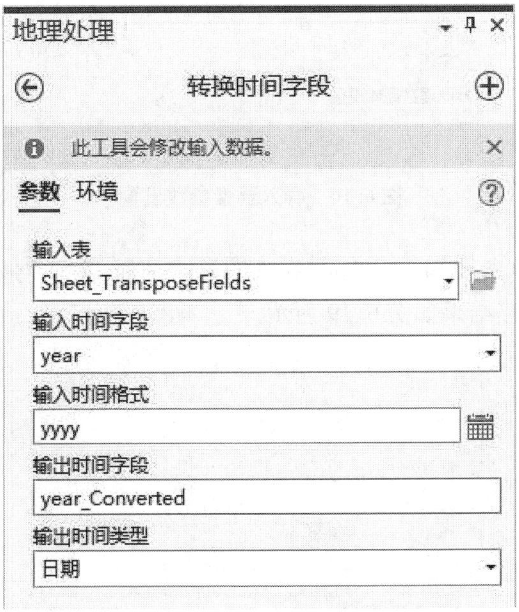

图 6. 13　参数设置

ObjectID *	CityName	pop	year_Converted
1	A	340284.8	1953/1/1
2	B	240777.6	1953/1/1
3	C	404031.9	1953/1/1
4	D	323158	1953/1/1
5	E	398019.6	1953/1/1
6	F	778726	1953/1/1
7	G	745327	1953/1/1
8	H	537387.8	1953/1/1
9	I	354484.5	1953/1/1
10	J	76635.5	1953/1/1
11	K	122323.1	1953/1/1
12	L	69862.52	1953/1/1
13	M	57059.68	1953/1/1
14	N	216436	1953/1/1
15	O	234911	1953/1/1
16	A	433522.9	1964/1/1
17	B	306750.6	1964/1/1
18	C	514736.6	1964/1/1
19	D	411703.3	1964/1/1

图 6. 14　字段更正结果

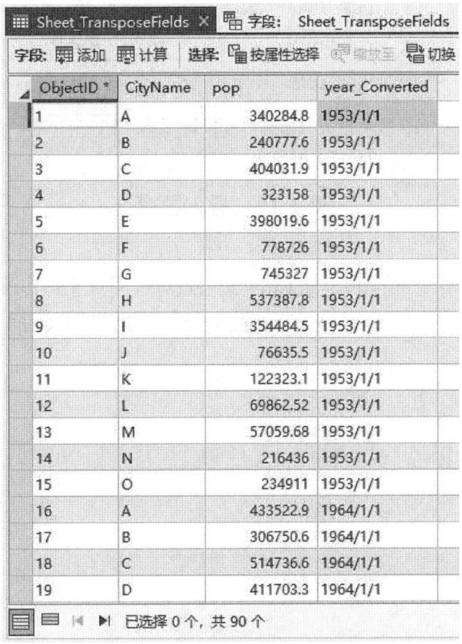

（2）将人口数据表格与区县级矢量数据连接。

要使时态数据可视化，需要将时态独立表格与空间矢量数据进行连接。通过连接，可以使两个表格数据关联，实现对其中一个表（通常是独立表）属性的查询或符号化。连接的前提是两个数据表格间存在公共属性。在本例中，cities 图层属性表和 Sheet_TransposeFields 表都有一个包含城市名称的字段。

需要注意的是，在一对多连接的情况下，如果使用 shapefile 或 dBASE 表等非数据库数据创建连接，则仅连接第一条匹配记录并显示在图层的属性表中。如果使用地理数据库数据创建连接，则返回所有匹配记录。因此，需要确保 cities 图层要素和 Sheet_TransposeFields 表在同一个地理数据库中。

a. 由于 Sheet_TransposeFields 表创建位置为项目默认地理数据库，需要将 cities 图层要素导入项目默认地理数据库，如图 6.15、图 6.16 所示。

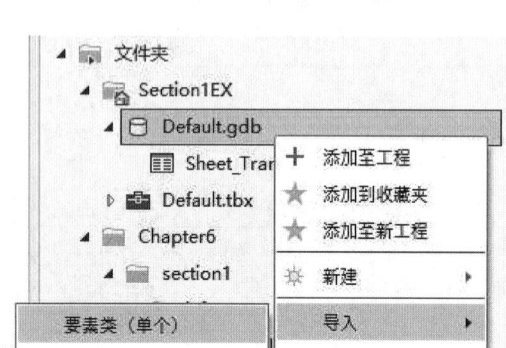

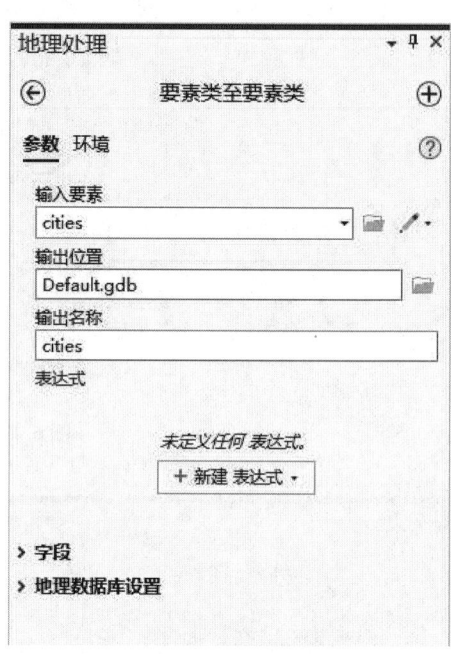

图 6.15　导入要素　　　　　　　　图 6.16　导入要素参数设置

b. 将项目默认地理数据库中的 cities 图层要素和 Sheet_TransposeFields 表添加至当前地图，并进行连接，如图 6.17、图 6.18 所示。连接结果如图 6.19 所示。

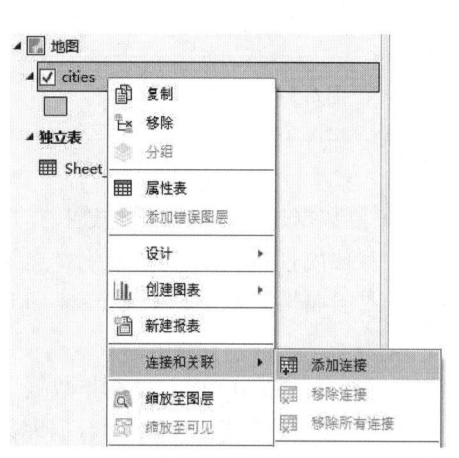

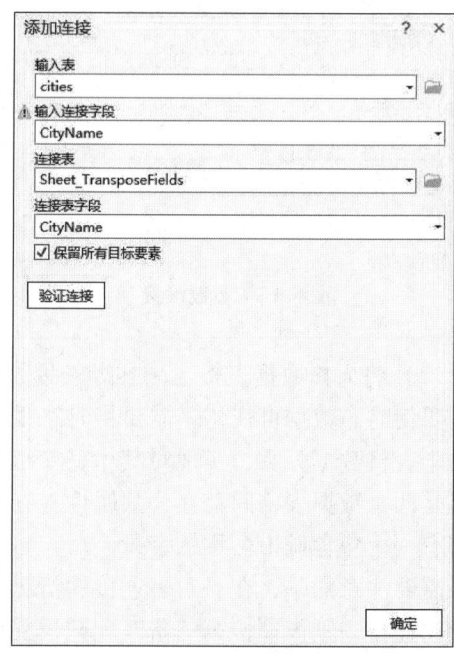

图 6.17　添加连接　　　　　　　　图 6.18　参数设置

OBJECTID *	Shape *	Id	CityName *	Shape_Length	Shape_Area	OBJECTID	CityName	pop	year_Conve
1	面	1	A	5320842.228821	1533968615286.630615	1	A	861022	2010/1/1
1	面	1	A	5320842.228821	1533968615286.630615	16	A	800951	2000/1/1
1	面	1	A	5320842.228821	1533968615286.630615	31	A	729131	1990/1/1
1	面	1	A	5320842.228821	1533968615286.630615	46	A	648117	1982/1/1
1	面	1	A	5320842.228821	1533968615286.630615	61	A	433523	1964/1/1
1	面	1	A	5320842.228821	1533968615286.630615	76	A	340285	1953/1/1
2	面	2	B	5401415.149803	1467589587670.246826	2	B	609239	2010/1/1
2	面	2	B	5401415.149803	1467589587670.246826	17	B	566734	2000/1/1
2	面	2	B	5401415.149803	1467589587670.246826	32	B	515916	1990/1/1
2	面	2	B	5401415.149803	1467589587670.246826	47	B	458592	1982/1/1
2	面	2	B	5401415.149803	1467589587670.246826	62	B	306751	1964/1/1
2	面	2	B	5401415.149803	1467589587670.246826	77	B	240778	1953/1/1
3	面	3	C	5072310.34531	1521830806374.072266	3	C	1022320	2010/1/1
3	面	3	C	5072310.34531	1521830806374.072266	18	C	950996	2000/1/1
3	面	3	C	5072310.34531	1521830806374.072266	33	C	865723	1990/1/1
3	面	3	C	5072310.34531	1521830806374.072266	48	C	769531	1982/1/1
3	面	3	C	5072310.34531	1521830806374.072266	63	C	514737	1964/1/1
3	面	3	C	5072310.34531	1521830806374.072266	78	C	404032	1953/1/1
4	面	4	D	7857182.505199	2352237527282.744629	4	D	817686	2010/1/1
4	面	4	D	7857182.505199	2352237527282.744629	19	D	760638	2000/1/1
4	面	4	D	7857182.505199	2352237527282.744629	34	D	692433	1990/1/1

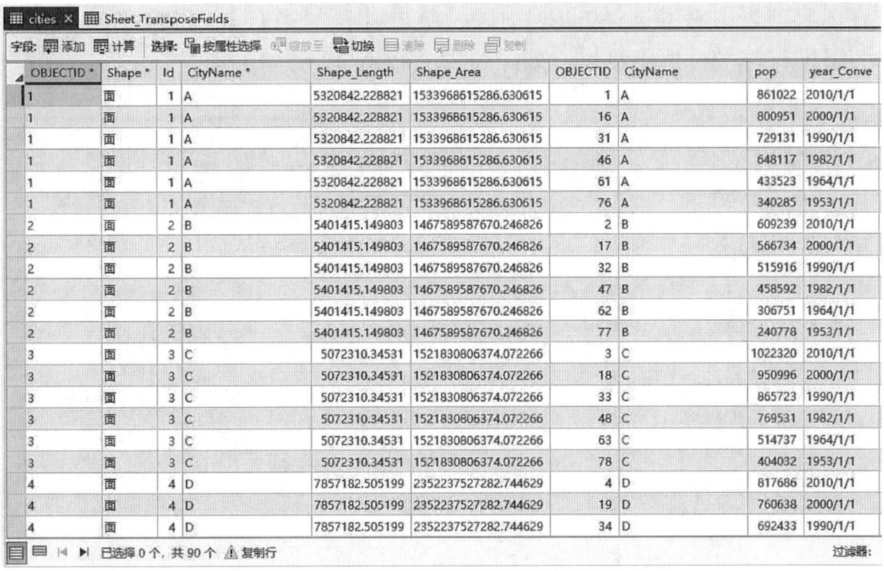

图 6.19　连接结果

（3）在内容列表中右键选择 cities 图层，打开【图层属性】窗口，单击【时间】标签，切换到【时间】选项卡，并进行时间属性设置，如图 6.20 所示。

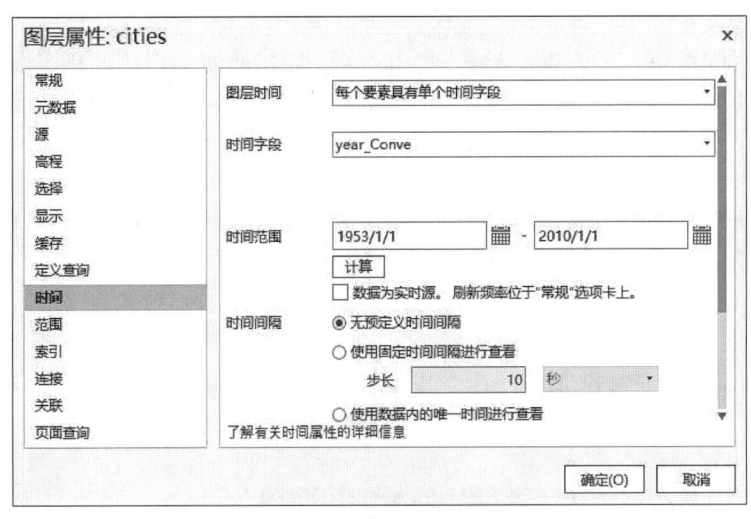

图 6.20　【图层属性】窗口

a. 单击【图层时间】下拉菜单，选择“每个要素具有单个时间字段”。当选择“无”时，该图层不启用时间；如果时间戳存储在单个属性字段中，则使用“每个要素具有单个时间字段”；如果要素的开始时间和结束时间存储在两个单独的字段中，则使用“每个要素具有一个开始和结束的时间字段”，在这种情况下，要素会在某个特定时间段内显示，具体取决于开始时间字段和结束时间字段中的时间值。

b. 在【时间字段】下拉框中选择“日期格式”的时间字段“year_Conve”。

c. 单击【确定】按钮，此时工具条【时间滑块】处于可用状态。

（4）在内容列表中右键选择 cities 图层，单击【符号系统】，根据"pop"字段（人口数据）对图层进行符号可视化显示，如图 6.21、图 6.22 所示。

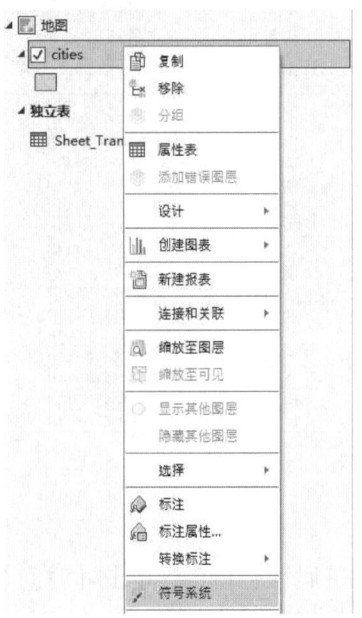

图 6.21　符号系统　　　　　　　　　　图 6.22　符号系统参数设置

（5）在【时间滑块】的左侧，单击禁用时间可将其切换为启用时间，如图 6.23 所示。单击【时间滑块】工具条上的播放按钮，效果是一个动画过程，截取瞬时图，如图 6.24 所示。

图 6.23　时间滑块

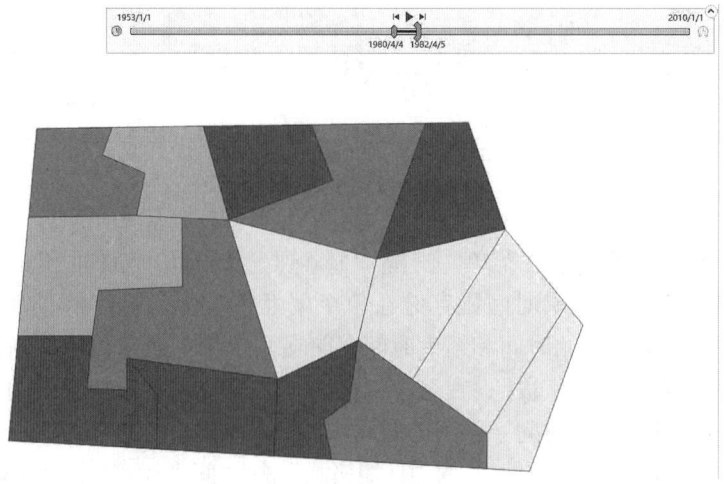

图 6.24　动画截取

(6) 功能区切换到【时间】选项卡,在【回放】组的速度条中,拖动滑块到合适的位置,可以调整播放的速度,单击播放按钮观察效果,也可以单击【时间滑块】上的播放按钮来播放数据。

(7) 单击功能区【工程】→【保存】,即可保存时态地图。

6.1.3 时态地图的保存和导出

除了可以将时态数据可视化对象打印输出外,还可以用以下方法保存和导出时态地图可视化对象。

1. 保存为时态地图

使用时间滑块可随着时间变化对启用了时间的数据集交互执行可视化。此外,也可以创建时态地图,用于在特定时间对已启用时间的数据集执行可视化。可以保存时态地图,在下次打开地图文档时,地图将基于时间滑块上的时间显示数据,时间滑块属性也将随地图一起保存。

2. 导出为视频

创建回放动画并将其导出为视频文件,可以和无法访问 GeoScene Pro 的其他人共享工作成果。动画由关键帧以及关键帧之间的过渡组成。

(1) 将功能区切换到【视图】选项卡,点击【动画】组的添加动画按钮,即可以为当前地图创建动画。空白的动画时间轴窗格显示在地图视图下。在功能区上,【动画】上下文选项卡随即出现在地图下方。

(2) 在功能区的【地图】选项卡下方,单击【动画】选项卡,在【创建】组中,单击导入按钮,然后单击时间滑块步长。如图 6.25 所示,动画时间轴窗格将填充 6 个关键帧,第一关键帧表示零秒(00:00.000)处的动画,后续的每个关键帧对应不同时间段的人口数据。如图 6.26 所示,根据需要设置关键帧的过渡效果,如果关键帧之间的时间间隔较长,一般设置为步进。

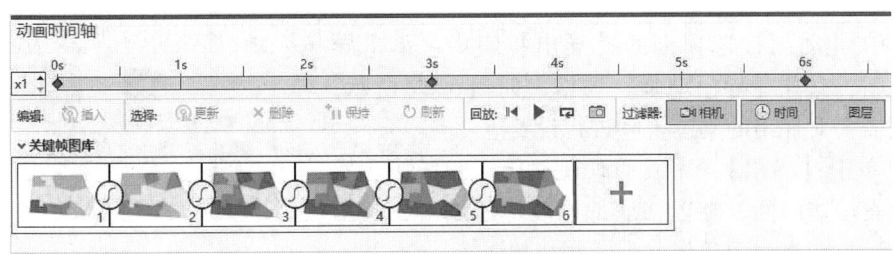

图 6.25 创建关键帧

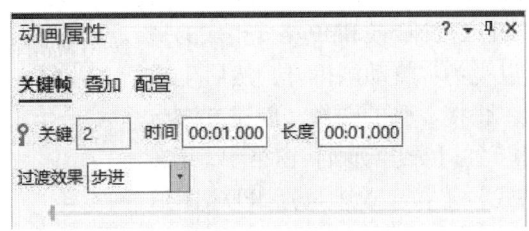

图 6.26 设置关键帧过渡效果

（3）在【动画】选项卡的【回放】组中，可以根据实际数据量设置关键帧长度与动画持续时间。如图6.27所示，在本例中，将持续时间设置为00：05.000，总计151帧。

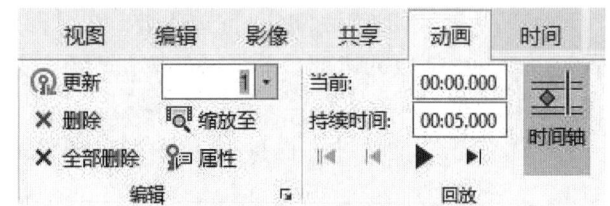

（4）在【动画】选项卡的【叠加】组中，可以添加标题等动态文本，从而在动画播放时更新显示数据代表的年份，如图6.28所示。

图 6.27　关键帧长度与动画持续时间设置

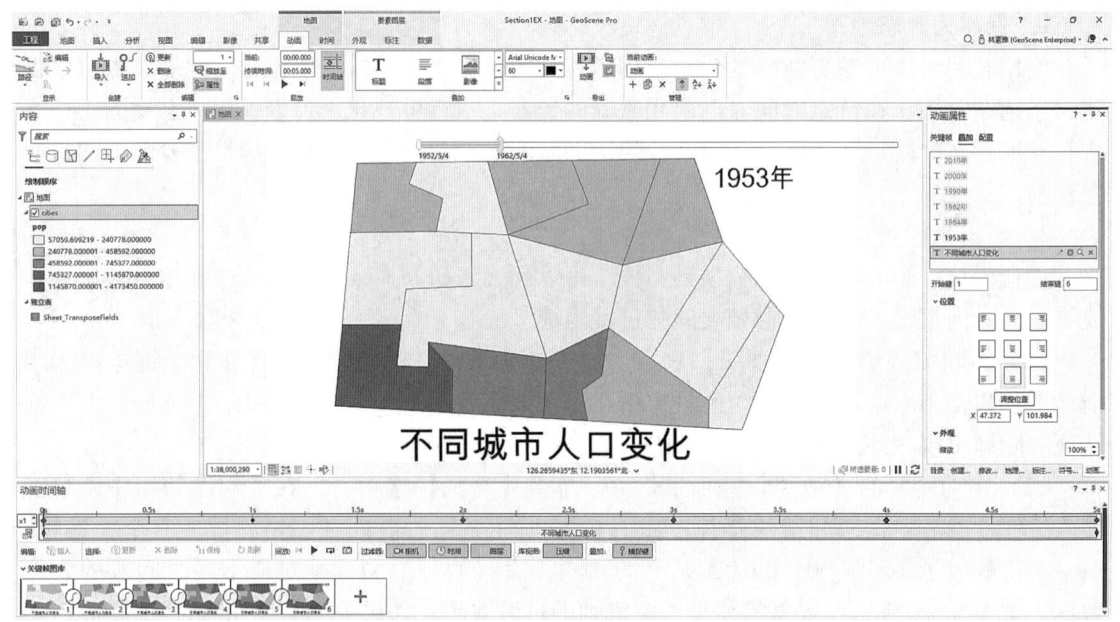

图 6.28　添加动态文本

（5）在【动画】选项卡的【导出】组中，单击导出动画按钮，打开【导出动画】窗格，如图6.29所示，可以根据需要对导出的动画视频进行设置。

（6）单击【导出】，完成动画视频导出的操作。导出需要花费一些时间，在窗格底部可以追踪进度。导出过程结束后，窗格左下角将显示播放视频链接。

3. 导出为连续图像

可以选择将时间可视化对象导出为一组连续的图像，这些连续图像是以JPEG、TIFF、PNG或BMP格式生成的一系列动画图片。该过程可以视为：将动画拆开，然后生成一系列类似连环漫画册的一张接一张的图像，创建方法与【导出至视频】相同，其中，在【导出动画】窗格中，【文件导出设置】的【媒体格式】下拉菜单中选择JPEG图像顺序（.jpg）、TIFF图像顺序（.tif）、PNG图像顺序（.png）或BMP图像顺序（.bmp）。

图 6.29　【导出动画】窗口

6.2 动画制作

动画是对一个对象（如一个图层）或一组对象（如多个图层）的属性变化进行可视化的展现。使用动画可以对视角的变化、文档属性的变更和地理移动等这些动作进行存储，并在需要时重新播放。动画可以使文档变得生动，本节介绍在 GeoScene Pro 中制作动画的方法。

6.2.1 创建动画

在 GeoScene Pro 中，如果要以动画形式呈现对象属性，则必须创建动画轨迹并将其绑定到对象。轨迹由一组关键帧组成，关键帧是动画的基本结构单元，用于存储地图及其图层的属性。在一个轨迹中需要两个或更多关键帧，以创建出能够显示变化的动画。

在 GeoScene Pro 中有三种方法可以创建动画：以动画形式呈现视图、以动画形式呈现图层和以动画形式呈现随时间变化的数据。

1. 创建动画工具

在 GeoScene Pro 中，将功能区切换到【视图】选项卡，点击【动画】组的添加动画按钮，即可以为当前地图创建动画。空白的动画时间轴窗格显示在地图视图下。在功能区上，【动画】上下文选项卡随即出现在地图下方。

可以单击【动画】选项卡中【管理】组中的创建动画按钮 +，创建新的空白动画，如图 6.30 所示。

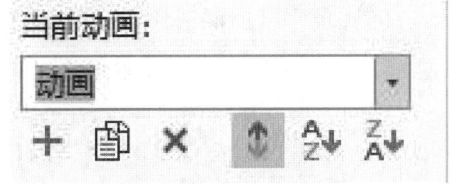

图 6.30 【动画】选项卡【管理】组

2. 播放动画工具

当完成创建动画轨迹后，可以通过【时间滑块】工具自动播放动画，也可以使用【动画】选项卡中的【回放】组进行播放。另外，还可以使用【动画时间轴】窗格手动播放动画。

（1）自动播放动画。当完成创建动画轨迹后，在【动画】选项卡中的【回放】组单击播放按钮可播放所有选中轨迹的动画。还可以更改动画持续时间，如果缩短持续时间，动画将以更快的速度播放。

（2）手动播放动画。在【动画时间轴】窗格中，可以单击并拖动当前时间指示器（红色的较细垂直时间线）来手动播放动画，手动播放动画还可定位到动画中的某一特定点并显示相关数据。

3. 以动画形式呈现视图

以动画形式呈现视图，创建的动画保存在"地图视图"轨迹中。在 GeoScene Pro 中，视图属于显示画面中可见数据的一部分，以动画形式呈现视图的方法是：对"地图视图"轨迹中的每个关键帧，利用缩放工具和平移按钮来改变视图范围。具体操作步骤如下：

（1）将功能区切换到【视图】选项卡，点击【动画】组的添加动画按钮，为当前地图创建动画。空白的【动画时间轴】窗格显示在地图视图下。在功能区上，【动画】上下文选项卡随即出现在地图下方。

（2）利用缩放、平移等操作导航到想要捕捉的地图视图位置。

（3）在【动画时间轴】窗格中，点击【创建第一个关键帧】。

（4）导航到新位置，单击【动画时间轴】窗格中的【关键帧图库】下的追加下一个关键帧按钮 ＋，添加新的关键帧。

（5）重复步骤（4），直至创建了动画所必需的所有关键帧。

（6）单击【时间滑块】上的播放按钮，预览动画效果。

4. 以动画形式呈现图层

在 GeoScene Pro 中，可以创建一个更改图层属性（如透明度和可见性）的动画，所创建的动画包含在"地图图层"轨迹内。创建"地图图层"轨迹是为了使某些图层变得透明，以便其他图层能够随着动画的播放而可见，或者按照顺序显示不带时间字段的数据等。

（1）将功能区切换到【视图】选项卡，点击【动画】组的添加动画按钮，为当前地图创建动画。空白的【动画时间轴】窗格显示在地图视图下。在功能区上，【动画】上下文选项卡随即出现在地图下方。

（2）更改想要捕捉的图层属性。在【内容】窗格中选中要展示的图层，在【外观】选项卡下的【效果】组中将透明度设置为"100%"（此时为全透明的）。

（3）在【动画时间轴】窗格中点击【创建第一个关键帧】。

（4）接下来分别将透明度设置为"75%""50%""25%""0%"，单击【动画时间轴】窗格中的【关键帧图库】下的追加下一个关键帧按钮 ＋，分别创建另外四个关键帧。

（5）单击【时间滑块】上的播放按钮 ▶，预览动画效果。

5. 以动画形式呈现随时间变化的数据

以动画形式呈现随时间变化的数据（时间动画）与时态数据可视化所取得的效果相似。

（1）在启用时间的视图内，在【视图】选项卡中的【动画】组上单击添加动画 ＋。将显示【动画】上下文选项卡，可在其中为当前地图或场景构建动画。

（2）在【时间】选项卡上，将时间滑块配置为动画的开始时间。或者设置时间跨度选项。

（3）返回【动画】选项卡，并单击追加以创建首个关键帧。这个关键帧是时间感知型的。若要获取另一个开始位置，可以选择将摄像机导航到另一个视点并单击追加。

（4）将时间滑块设置到动画的结束时间，或者更新时间跨度选项。

（5）单击追加创建一个时间感知型关键帧。要调整总回放时间，可以选择更改动画的持续时间值。

（6）单击播放 ▶，查看动画。

6.2.2 编辑动画

创建动画通常要求迭代更新和改进。如果所做的动画不满足需求，可以通过添加、更新或移除动画中的关键帧对动画进行编辑，直到满意为止。常见的编辑命令位于【动画】选项卡上。使用【动画时间轴】窗格 可选择一个或多个关键帧以删除、更新、过滤属性，或调整两个关键帧之间的过渡类型。可在【动画属性】窗格 上对关键帧和叠加层元素的各个属性进行完全访问。

1. 修改关键帧属性

删除关键帧。如果有不必要的关键帧，可以通过删除单个关键帧来改善动画路径，也可以一次删除多个关键帧，或移除所有关键帧并关闭动画。在【动画时间轴】窗格中的【关键帧库】中选择一个或多个关键帧。右键单击并选择【删除所选项】或按 Delete 键。

更改关键帧。创建动画时，将基于地图中关键帧之间的距离或间距自动生成关键帧之间的时序以及动画的持续时间。可以更改各个关键帧之间的行程时长或者整个动画的持续时间，还可以更改关键帧之间的过渡类型。

（1）在【动画】选项卡的【编辑】组中，单击展开【关键帧列表】并选择要更新的关键帧。

（2）在【关键帧列表】中，展开时间视图菜单，选择【关键帧长度】以查看关键帧之间的时间量，而非累积时间量。

（3）在要编辑的过渡旁边的【关键帧列表】中选择时间，然后输入过渡的新值。或者更改所选关键帧旁边列出的过渡类型。

（4）按 Enter 键，或单击更新关键帧按钮以应用更新，将在【回放】组中自动更新动画新的总持续时间。

插入新关键帧。插入关键帧按钮 插入 可以在当前时间创建一个关键帧。具体操作步骤如下：

（1）在【回放】组中，单击重置返回至动画的开头，或者使用上一关键帧和下一关键帧逐一播放关键帧以到达想要添加新关键帧的区域。

（2）单击播放 以查看需要更改的动画部分。

（3）在需要停止的地方单击暂停，然后插入新的关键帧。还可以在当前时间框中直接输入时间值，然后单击缩放至。该值所表示的时间处不能存在关键帧。

（4）单击更新关键帧，即可完成操作。

2. 动画叠加

叠加是屏幕上的元素，可为动画的关键帧添加细节和信息。共有四种叠加类型：文本、图像、动态文本和形状。文本可为静态文本或动态文本。静态文本将以标题和段落的形式添加，动态文本将在动画回放期间根据时间、范围或照相机视点等地图属性而变化。也可以对叠加进行分组，以便更轻松地重新定位一组相关叠加，或将其复制到另一个关键帧以进行重用。

第一类，插入文本。在 GeoScene Pro 中，可以将以下文本叠加添加到动画中：标题、轮廓标题、阴影标题、段落、轮廓段落和版权。具体操作步骤如下：

（1）在【动画】选项卡的【叠加】组中，打开叠加库下拉菜单。

（2）单击要添加的文本元素。

（3）提供要使用的文本。可以直接输入或将其复制粘贴到文本框中。对于版权文本，可以接受默认设置或提供自己的文本。段落文本将在给定形状内自动换行。

（4）单击关闭按钮，以提交文本并关闭叠加的编辑会话。

可以在【动画属性】窗格中进行其他编辑以更新叠加，其中包括覆盖文本、调整字体属性和重新定位。

第二类，插入图像。可以将以下图像叠加添加到动画中：图像（居中）、水印（包含透明度）以及全屏（调整比例以适应屏幕）。由于【锁定视图大小】默认处于打开状态，如果重新定位图像，则在最终导出时可能会将该图像切断。具体操作步骤如下：

（1）单击图像叠加。对于图像，在【叠加图像】窗口导航至要叠加的文件。选择后图像将被添加到视图的中心；对于水印，图像将以50%的透明度放置在右下角；对于全屏，将添加图像并调整比例以适应屏幕大小。

（2）单击关闭按钮❌，以添加叠加并关闭编辑会话。

（3）如果需要进行进一步编辑，在【动画属性】窗格选择【叠加】即可。

第三类，插入动态文本。动态文本叠加元素将使用动态标签。这些标签可以与其他动态和静态文本标签合并到一个元素中，以进一步自定义文本。每种类型的动态文本叠加（地图时间、地图范围和视点）都会显示预定义的格式数量，可以在现有元素中插入或移除一段文本。插入动态文本的具体操作步骤如下：

（1）从【动画时间轴】窗格中选择需要插入动态文本的关键帧。

（2）展开叠加库下拉菜单，选择动态文本叠加类型：地图范围、地图时间或视点。动态文本预设将作为所选关键帧的可编辑文本框添加到视图。

（3）根据需要移动、格式化和编辑叠加。

（4）单击关闭按钮❌，以退出屏幕编辑并应用叠加。

（5）使用动画属性窗格选择叠加，以进行进一步编辑。

第四类，插入形状。形状可以引起人们对动画中核心要素的关注。在 GeoScene Pro 中，可以将以下四种形状叠加添加到动画中：点、椭圆、矩形和箭头。无法单独保存叠加形状或将其导出到要素图层。插入形状的具体步骤如下：

（1）展开叠加库下拉菜单，然后选择四种形状叠加元素之一。选择的形状将被直接添加到视图中，但用户可以对其进行重新定位。

（2）单击关闭按钮❌，以退出屏幕编辑并应用叠加。

（3）使用【动画属性】窗格选择叠加，以进行详细编辑。

6.2.3 导出和共享动画

当创建动画成功后，可以将动画保存为视频、连续的图像、包含动画的地图文档（.aprx）等。

1. 将动画导出为视频文件

与导出时态可视化对象到视频文件的方法类似。在【动画】选项卡的【导出】组中，单击导出动画按钮 🎬，打开【导出动画】窗格，可以根据需要对导出的动画视频进行设置。另外，还可以单击展开【文件导出设置】和【高级动画导出设置】，进行进一步设置，如调整每秒帧数、分辨率等。

2. 将动画导出为连续图像

创建动画后，可以将动画导出为连续图像的集合。这些连续图像是以 JPEG、TIFF、PNG 或 BMP 格式生成的一系列动画图片。在【导出动画】窗格中，【文件导出设置】的【媒体格式】下拉框中选择 JPEG 图像顺序（.jpg）、TIFF 图像顺序（.tif）、PNG 图像顺序

(.png）或 BMP 图像顺序（.bmp）。

3. 保存动画轨迹

在保存 GeoScene Pro 文档时，已创建的动画轨迹将被保存在文档中。单击快速访问栏的保存按钮 ，系统会为动画追加一个现有文档，如果没有任何文档，系统会对包含动画的新文档发出一个添加文档名的提示。

6.3 图表制作

图表是数据的一种图形表达形式，是对数据进行可视化的重要手段。借助图表可视化数据有助于发现数据中的模式、趋势、关系和结构。将图表和地图一起使用，可浏览数据并帮助讲述故事。

典型的图表是在笛卡尔网格上绘制的，其刻度显示在两条互相垂直的轴（X 轴和 Y 轴）上。通常，自变量在水平轴（X 轴）上表示，因变量在垂直轴（Y 轴）上表示。图表上显示的每个数据点都由数据源中两个（或多个）字段值的交点来定义。数据点在图表中并不一定显示为一个点，根据图表类型的不同，一个数据点可以由一个圆点、一条线、一个矩形或其他一些图形表示。

6.3.1 创建图表

图表类型的选择依据以下几个方面：要显示数据中的数据趋势、关系、分布还是比例，是为了追踪短时间内的变化还是长时间内的变化，是否比较整体的各部分，要比较不同组的事物还是要追踪在一段时间内的变化，是否确定不同事物之间的关系等。

1. 创建不同类型的图表

GeoScene Pro 提供了多种图表类型（如条形图、直方图、箱形图、散点图、直线图、剖面图、散点图矩阵等），不同的图表类型便于展示特定种类的信息。

第一，创建图表的基本步骤。

(1) 将图层添加到地图中，使其显示在【内容】窗格中。

(2) 在图层的上下文【数据】选项卡上，单击【可视化】组中的【创建图表】。或者，可以右键单击【内容】窗格中的图层，然后单击【创建图表】。

(3) 从菜单中选择要创建的图表类型。随即将显示一个图表窗口，在定义图表变量之前，此图表将保留为空。如图 6.31 所示，【图表属性】窗格随即显示，可在此处定义图表变量、属性和标题文本。新图表将添加到【内容】窗格【按绘制顺序列出】选项卡中源图层下的【图表】部分中。

(4) 在【图表属性】窗格的【数据】选项卡上，选择创建图表所需的属性字段。

(5) 根据要创建的图表类型，可根据需要调整其他属性，例如，数值字段、聚合或变换。

(6) 在【图表属性】窗格的【常规】选项卡上，可编

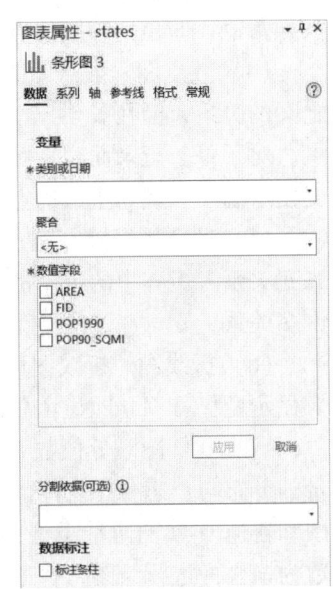

图 6.31 【图表属性】窗口

辑图表和轴标题并提供相应描述。

（7）在【图表属性】窗格的【格式】选项卡，可以对格式属性进行配置，也可以通过【图表格式】上下文功能区进行配置，格式属性包括轴标题、轴标注、描述文本、图例标题、图例文本和引导标注所使用的字体的大小、颜色和样式，格网和轴线的颜色、宽度和线型，以及图表的背景颜色等。

第二，不同类型图表的用途。各种类型图表的创建步骤都是相同的，不同类型的图表的用途如下：

（1）条形图。条形图使用比例条柱长度来表示值，以对分类数据进行汇总和比较。条形图由 x 轴和 y 轴组成。x 轴表示与一个或多个条柱对应的离散类别。每个条柱的高度与一个根据 y 轴测量的数值相对应。

（2）直方图。通过测量某些值在数据集中显示的频数，直方图直观地概述了连续型数字变量的分布。了解数据分布是数据探索过程中的一个重要步骤。直方图中的 x 轴是一个数字行，该行已被拆分成数字范围或图格。对每个图格而言，已绘制相应的条，其中条的宽度表示图格范围，条的高度表示落入此范围内的数据点数。

（3）箱形图。箱形图通过其四分位数来显示和比较数值的分布与集中趋势。四分位数是基于五个关键值（最小值、第一四分位数、中值、第三四分位数和最大值）将数值分为四个相等组的方法，如图 6.32 所示。

图表的方框部分显示数据值中间 50% 的数据，也称为四分位距或 IQR。描绘数据值中值的线，将方框一分为二。IQR 可表明一组值的差异。IQR 较大时，表示值散布的范围较大；而 IQR 较小时，则表示大多数值都落在中心附近。箱形图还可以显示介于须线内但延伸到方框外的最小和最大数据值以及异常值，即超出须线的点（视情况而定）。

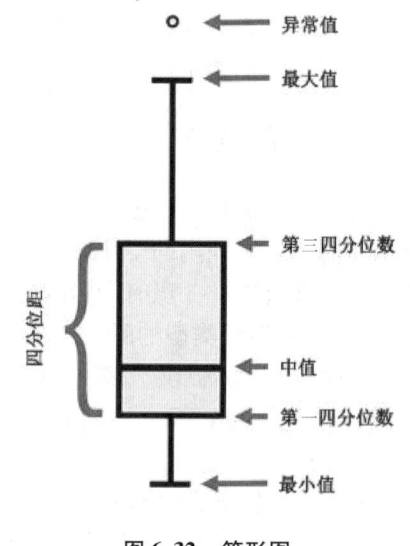

图 6.32　箱形图

（4）散点图。散点图能够可视化两个数值变量之间的关系，即在 X 轴与 Y 轴上分别显示这两个变量。对于每条记录而言，每当两个变量在图表中相交便绘制一个点。生成的点将构成一个有序结构，两个变量之间的关系随即形成。

（5）散点图矩阵。散点图矩阵是散点图的格网（或矩阵），用于可视化变量组合之间的二元关系。矩阵中的每个散点图可视化一对变量之间的关系，之后便可以在一个图表中探索许多关系。

（6）折线图。折线图可用于显示随着时间或距离等连续范围发生的变化。使用折线图来显示变化可以立即显示总体趋势，还可以同时对多个趋势进行比较。

（7）Q-Q 图。分位数-分位数图（Q-Q 图）是一种探索性工具，用于评估一个数值变量的分布与正态分布之间的相似性，或两个数值变量分布之间的相似性。Q-Q 图有正态 Q-Q 图和普通 Q-Q 图两种类型：正态 Q-Q 图以数值变量的分位数为纵坐标，以正态分布的分位数为横坐标进行绘图；普通 Q-Q 图则以一个数值变量的分位数为纵坐标，以第二个数值变量的分位数为横坐标进行绘图。

如果做比较的分位数的分布相同,则绘制的点将会形成一条呈 45°倾斜的直线。绘制的点偏离直线越远,做比较的分布相似度越低。

(8) 剖面图。剖面图允许使用 3D 线几何可视化连续距离的高程变化。使用剖面图可视化高程变化适用于同时显示多个 3D 线要素的高程变化。可以在【内容】窗格中创建所有 3D 线图层的剖面图。

(9) 矩阵热点图。矩阵热点图可以分析两个分类字段之间的关系,这些关系可以通过数字字段计数或汇总进行可视化。矩阵热点图中的每个单元格对应于列和行字段的交点类别,并且共享这两个类别值的所有记录都将聚合到同一单元格中。

(10) 日历热点图。日历热点图通过将事件聚合到日历格网中显示时态数据中的模式。日历热点图可用于显示事件模式在一年内或一周内如何波动。在年视图中,日历格网中的每一行对应一个月,每列对应一个月中的某一天。在星期视图中,日历格网中的每一行对应一周中的某一天,每列对应一天中的某一小时。日历热点图中的每个单元格对应由行和列的交集定义的特定日历单元,并且共享这两个维度的所有事件将聚合到同一单元格中。

(11) 数据时钟。数据时钟可直观地将时态数据汇总到两个维度,以揭示随时间变化的季节性或周期性模式和趋势。数据时钟是一个圆形图表,可将较大的时间单位划分为多个环,并以较小的时间单位将其细分为楔形,从而创建一组时间图格。

使用与每个时间段内发生的计数值或汇总值相对应的分级色彩对图格进行符号化。可通过留意同心环是否随时间的变化(从圆的中心向外移动)改变值来检查总体时态趋势,通过留意圆的不同部分周围楔形的值是否变化来检查季节性或周期性模式。

2. 对图表使用系列

初始图表可以根据表或图层的所选字段绘制,当将其他字段作为新系列添加时,在图表中也可以显示该字段。因此,可以向一个图表添加多个系列,各个系列的数据可以来自同一个输入数据集或来自其他图层。

(1) 添加系列。多个系列可以为 x 轴上的每个离散类别值显示多个数值或系列。可以通过添加多个数值字段或通过设置分割依据类别字段,创建多系列条形图。

在【图表属性】窗格中【数据】选项卡下的【数值字段】单击选择按钮 ┃ ＋ 选择 ┃,勾选要添加的字段后,单击【应用】。或者,在【图表属性】窗格中【数据】选项卡下的【分割依据】文本框中选择字段,可以基于分割依据字段中的唯一值将数据分割至多个系列中,为分割依据字段中的每个值添加一个单独的系列或栏。

需要注意的是,如果添加了多个数值字段,将无法应用分割依据类别。并且,具有多个唯一值的类别字段不适用于将字段分割成多个系列。

(2) 命名系列。图表中的各个系列将应用该字段在数据库中的名称。在【图表属性】窗格中的【系列】选项卡下有系列的列表,包含字段、符号和标注。单击【标注】下的文本框,输入名称即可对系列名称进行修改。

(3) 更改系列顺序。在系列的列表中选中某一行,单击上移所选行按钮 ↑ 或下移所选行按钮 ↓,将其向上或向下移动到合适的位置。

(4) 移除系列。在【图表属性】窗格中【数据】选项卡下的【数值字段】,单击要移除的字段右侧的删除所选行按钮 × 即可。

6.3.2 显示和查询图表

创建图表后，它将自动显示在 GeoScene Pro 的一个独立窗口中。如果该图表窗口已关闭，可以在【内容】窗格【图表】列表中双击要打开的报表，或者右键单击要打开的报表，在弹出的菜单中单击【打开】。

在 GeoScene Pro 中可以将图表作为一个元素添加到布局中，还可以向布局添加多个图表，这些图表可以是多次复制同一图表而产生的，也可以是与地图中各种数据集相关联的不同图表。当更改图表所依赖图层中的要素或属性时，显示在布局上的图表会自动更新，对图表的更改也将反映在这些副本中。

1. 向布局中添加图表

要向布局添加图表，必须先添加含图层（其中包括图表）的地图框。具体步骤如下：在【插入】选项卡【工程】组中单击【新建布局】后，在【插入】选项卡【地图框】组单击【新建地图框】按钮，在【布局视图】单击并拖动以创建地图框。之后，单击展开【图表框】，选择要添加的图表，在【布局视图】上的合适位置单击并拖动以添加图表。

2. 在布局中修改图表

修改【布局视图】中图表的具体操作步骤如下：在布局视图中，右击图表，然后在弹出菜单中单击【属性】，打开【格式化图表框】窗口，对图表的内容、显示、大小和位置进行更改。更改的内容实时显示在布局中。

3. 在布局中创建图表副本

在布局中可以创建同一图表的多个副本，并且与数据源的更改动态关联。具体操作步骤如下：

（1）在布局中，单击要复制的图表将其选中。
（2）右键单击选定的图表，然后在弹出菜单中单击【复制】。
（3）右键单击布局，然后在弹出菜单中单击【粘贴】。
（4）图表的副本将出现在布局中，使用鼠标指针拖动图表到合适的位置。

另外，还可以通过将图表再次添加到布局中创建图表副本。

6.3.3 修改和管理图表

通过控制图表的视觉特性，可以进一步高效地显示数据。例如，可以选择要使用的字段、添加标题、标注轴以及更改图表标记的颜色。通过访问图表属性对话框来更改图表所使用的常规外观和数据。

1. 修改图表

要更改图表的常规属性，右键单击图表，然后在弹出菜单中单击【属性】，打开图表属性窗口，单击【格式】标签，切换到【格式】选项卡。

单击【文本元素】选项卡 A ，如图 6.33 所示。可以对图例文本、图例标题、描述文本、轴标题、轴标注、参考线标注、数据标注、图表标题的字体、字号以及颜色进行修改。

单击【符号元素】选项卡 ，如图 6.34 所示。可以对背景色、轴线、格网线进行修改。

第 6 章　空间数据可视化表达

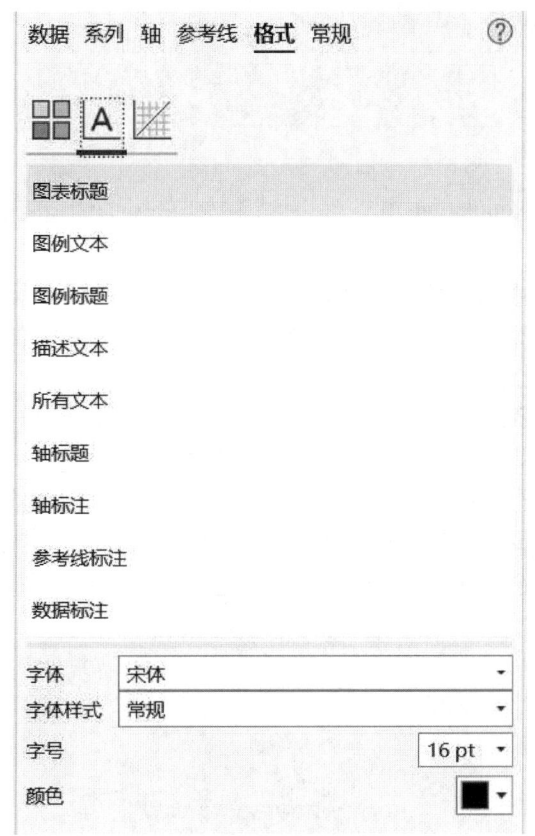

图 6.33　【文本元素】选项卡

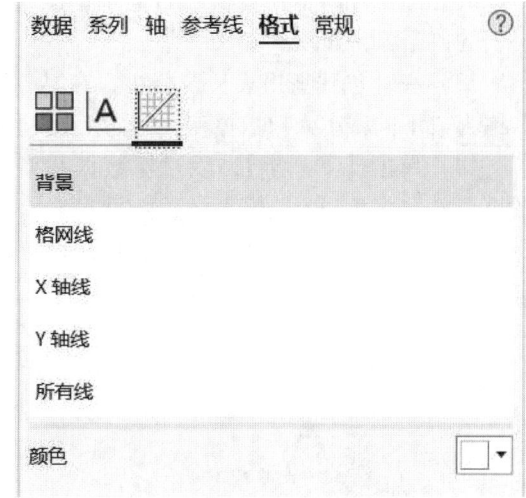

图 6.34　【符号元素】选项卡

2. 管理图表

GeoScene Pro 地图文档中可能包含多个图表，这些图表都会显示在【内容】窗格中，可以在此窗格中对图表进行打开、复制、删除和重命名操作。具体操作步骤如下：右键单击要进行操作的图表，在弹出菜单中选择【打开】、【复制】或【删除】。选中要重命名的图表，单击该图表的名称，使其处于可编辑状态，然后输入新名称，即可完成重命名操作。

6.3.4　导出图表

使用图表窗口中的导出按钮 ，将图表导出为图形文件，该功能支持导出 SVG、JPG 和 PNG 格式。指定相应的扩展名（.svg、.jpg 或 .png），以设置导出的图形文件的类型。还可以将某些图表导出为表，包括图表中显示的汇总字段和值。支持此功能的图表有条形图、折线图、直方图、箱形图、数据时钟、日历热点图和矩阵热点图。该功能支持地理数据库表和 CSV 格式。

6.4　报表制作

报表是将地图要素属性信息用可控表格方式展示出来，报表所展示的信息是地图上储存的地理数据或者直接从独立表格里提取出来的数据。生成报表，从而以格式良好的多页形式

79

共享信息。报表中可以包含表格形式的属性列表和/或摘要信息。

6.4.1 创建报表

创建报表的操作步骤如下：

（1）将位于"\ data \ ch6 \ section4 \ CitiesPopulation. dbf"不同城市人口数据变化报表数据添加到地图中，使其显示在【内容】窗格中。

（2）在【插入】选项卡的【工程】组中，单击新建报表按钮打开【创建新报表】窗格。或者，在【内容】窗格中右键单击图层，然后单击【新建报表】打开窗格，直接设置报表的数据源，如图 6.35 所示。

（3）在【创建新报表】窗格中，在【报告名称】和【数据源】文本框中，设置报表的名称为"不同城市人口数据变化"，以及设置报表所基于的数据源为"CitiesPopulation"。

（4）单击【下一个】，以过滤数据并指定报表中的字段，如图 6.36 所示。单击【行】下拉菜单，选择一个选项来设置数据过滤，选择【所有行】则在报表中使用所有数据，选择【按表达式过滤】则仅在报表中使用由自定义查询定义的数据。在【字段】列表框中勾选要包含在报表中的字段。

图 6.35 【设置数据源】窗口

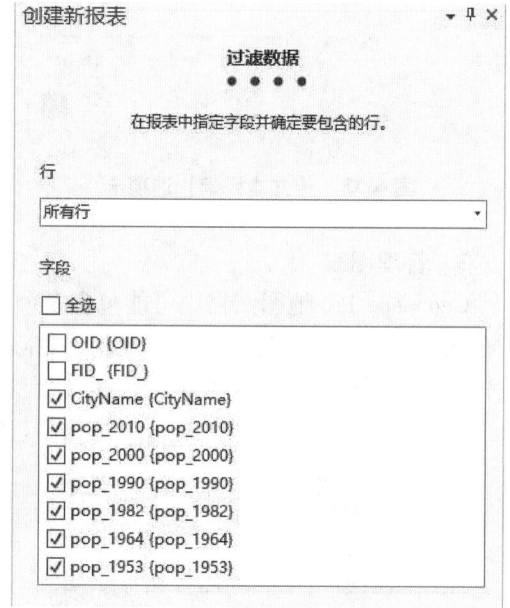

图 6.36 【过滤数据】窗口

（5）单击【下一个】，可以选择分组数据和添加排序规则，如图 6.37 所示。如果需要对报表进行分组，可以在【分组和排序】列表框中添加项目。组织报表的一种方法是按共同值分组信息，记录分组更容易理解报表并发现数据的内在模式。在默认情况下，分组排列顺序采用升序。可以添加汇总统计数据，包括计数、平均值、中值、最小值、最大值、标准差和总和。

（6）单击【下一个】，可以设计报表模板、样式和页面设置，如图 6.38 所示。页面设置选项包括页面单位、大小、方向、页边距。还可以创建自定义页面大小，或者可以从打印机选择页面大小。

（7）单击【完成】，以创建报表视图。

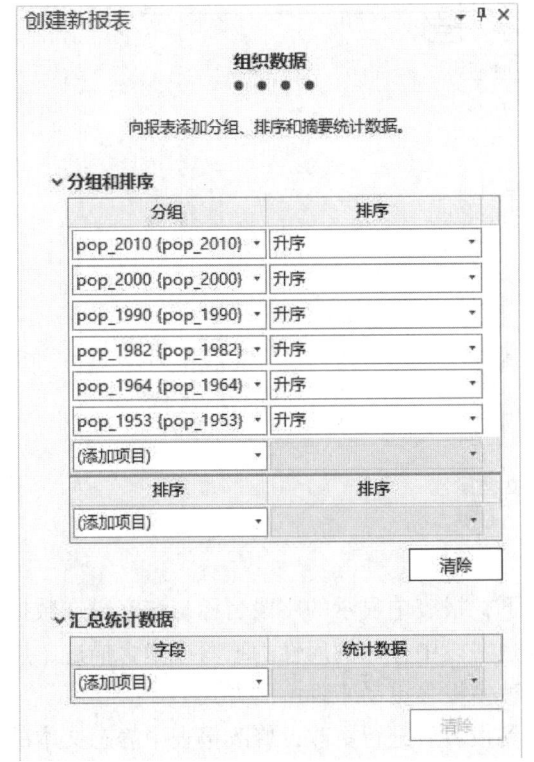

图6.37 组织数据

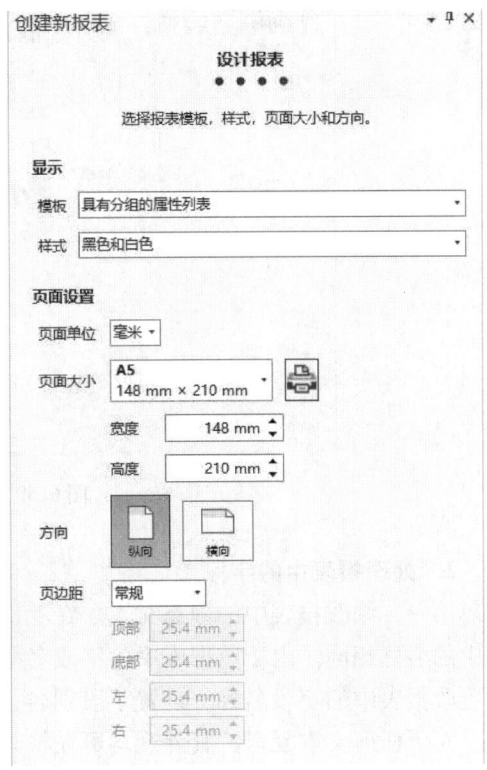

图6.38 设计报表

6.4.2 报表整理

报表的一个关键特征是它包含多个节，每一节都表示报表中的某一特定区域。可以通过各节获取所需信息并按照一致的格式对其进行排列，通过操作节内容和设置大小、颜色等属性可控制报表的外观。报表中有七个节。其中五个是标准节：依次为"报表表头""页眉""详细资料""页脚"和"报表表尾"。分组为可选项，如果使用分组，则报表每组会具有两个附加节："组表头"和"组页脚"。

1. 设置报表大小

根据使用报表的意图，可以选择适当的尺寸。如果要将报表打印在纸张上，可根据需要调整纸张大小；如果想把报表整合到地图布局中，就需要将页面大小设置为接近地图布局中可用空间的大小。具体的操作步骤如下：

（1）在【内容】窗格中，右键单击报表，选择【属性】，打开【报表文档属性】，如图6.39所示。

（2）单击【页面设置】，可以对页面大小、方向、页边距进行设置。

（3）单击【确定】，接受所做更改并关闭该窗口。

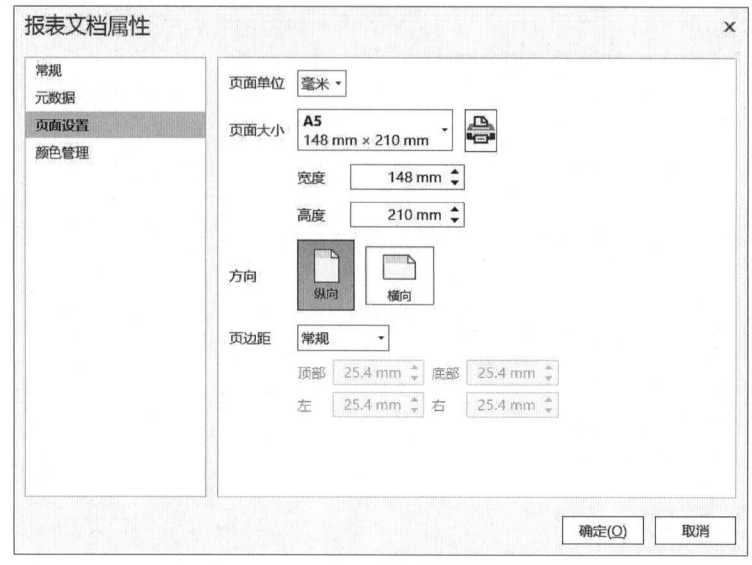

图 6.39　报表文档属性

2. 处理报表中的字段

第一，修改报表中的静态文本。在默认情况下，报表中显示的字段名称与该字段在数据库中的名称相同。由于数据库中的字段名称通常是字段中存储的属性的缩写或隐含描述，所以更改报表中的字段名称、设置字段别名，是一种使报表更易于理解的方式。

对于任何文本元素，其外观均可在将其添加到报表后进行更改，修改报表中静态文本的方法有三种：

（1）在【文本】选项卡下的【格式】选项卡中，可以修改文本符号、大小和位置。

（2）在【内容】窗格中，展开报表节并双击静态文本元素，以打开格式化文本窗格并访问其他属性。

（3）双击报表视图中的静态文本元素，然后直接在视图中键入元素的新文本。单击所选元素之外的任意位置以提交更改。

第二，在报表中设置字段的显示宽度。GeoScene Pro 会自动确定字段的显示宽度以容纳数据，如果所有字段的宽度超出报表的宽度，字段将会换行。在【元素】窗格中，可以修改报表元素的大小和位置。具体操作步骤如下：

（1）单击选中报表视图中的元素，右击选择【属性】。

（2）在【元素】窗格中的【文本】选项卡下单击放置按钮 ，输入所需的宽度和高度值，以及放置的位置的 X、Y 值。或在报表视图中，单击要修改的元素，将鼠标放置在元素边框上出现箭头，手动调整大小和位置。

第三，改变报表的行间距。如果想要增大或减小报表中记录之间的垂直距离，可以调整行间距。具体操作步骤如下：

（1）在【内容】窗格中选择报表的某一节，或者在报表视图中单击选中需要改变的节。

（2）在【格式】选项卡下的【大小】组的【高度】文本框中输入所需的值，或可以通过在报表布局中向下拖动页脚节来手动更改【高度】值，以此更改报表的行间距。

3. 添加报表元素

第一，在报表中添加图像。

（1）选择报表中想要添加图像的节。

（2）在【插入】选项卡的【图形】组上，单击新建图片按钮 以打开插入图片对话框。

（3）导航至图像，然后单击【打开】。

（4）单击并拖动矩形，将图像放置在报表的选定节中。图像只能放在选定节中。

（5）可选择在内容窗格中展开报表节，然后双击图像元素以打开格式化图片窗格并修改其他属性。

第二，添加静态文本。

（1）选择报表中想要添加文本的节。

（2）在【插入】选项卡的【文本】组中，单击新建矩形文本按钮。

（3）单击放置文本元素，或者单击矩形并将其拖动为报表选定节的大小。

（4）选择文本元素后，可在文本选项卡的格式选项卡上调整所含文本的外观、符号属性（字体、字号和颜色）、对齐方式、大小和位置。可以选择在【内容】窗格中展开报表节，然后双击文本元素以打开【格式化文本】窗格并修改其他属性。

第三，添加动态文本。

（1）选择报表中想要添加动态文本的节。

（2）在【插入】选项卡的【文本】组中，单击动态文本。

（3）从库中选择动态文本元素。使用库是添加动态文本元素最常用的方法，也可以在【格式化文本】窗格中直接键入动态文本元素。

（4）在报表视图中单击以将动态文本元素置于报表的选定节中。或者，可单击并拖动框以放置动态文本元素。

6.4.3 报表的生成和输出

1. 保存报表

保存报表会创建一份可以打印、共享或加载到其他地图文档中的报表文档。报表保存为报表文档文件（.rptx），可以在工程之间共享报表，也可以使用 GeoScene Pro 与其他人共享。报表文件包括报表文档视图、所添加的一切元素、对其图层或数据源的引用，以及对任何补充页面的引用。数据不会包含在报表文件中。如果无法在预期位置找到该数据（例如数据源被移动或工程中不存在图层），则必须在【报表属性】窗口中修复数据源。保存报表的具体步骤如下：

（1）单击【共享】选项卡的【另存为】组中的新报表文件按钮 。

（2）在【将报表另存为 RPTX 文件】窗口中，导航到保存该报表的位置。

（3）输入报表的名称。

（4）单击【保存】按钮，完成操作。

2. 将报表导出为 PDF

导出报表可以将报表保存为 PDF 格式，具体操作步骤如下：

（1）在【共享】选项卡的【导出】组中，单击将报表导出为 PDF 按钮。

（2）在【导出报表】窗格中，在【名称】文本框中指定保存 PDF 文件的位置以及保存的 PDF 文件的名称。

（3）在【字体】组中，确认已选中【嵌入字体】以支持导出报表能够正确显示。如果读取 PDF 的用户未安装 Esri 字体，内容仍可以正确显示。

（4）单击【导出】，完成将报表导出为 PDF。导出完成后，窗格底部会显示一个绿条，表明导出已经完成，单击【查看导出的文件】，以在默认的 PDF 查看器中打开导出的 PDF。之后，可以与其他人进行共享。

3. 导入报表

报表保存为文件后，可以通过导入报表来打开报表的设计要素和修改，如添加字段、脚注或图片等，这样就不必在每次修改时都创建报表。导入报表的操作步骤如下：

（1）在【插入】选项卡的【工程】组中，单击【新建报表】下拉菜单，然后单击导入按钮。

（2）导航至要添加的报表定义文件（.rptx）的位置。

（3）将其选中并单击【确定】。报表随即会添加到工程中，并打开报表视图。任何关联的地图也将被添加到工程中。

第 7 章　地图制图

地图作为信息载体，以符号、图形和文字的形式，呈现了大量关于自然和社会经济现象的位置、形状、分布和动态变化的信息，表达了它们严格的空间和几何关系，它是人们日常生活的重要工具，也是人们记录和认识客观地理环境的最佳手段，一直在人类社会的发展中发挥着重要作用。制图是一个非常复杂且高度专业化的过程。本章主要介绍地图制作过程中使用地图装饰元素（图片名称、图例、坐标格网等）的数据符号化、地图标注、制图合成以及地图制作和输出的方法。

7.1　数据符号化

符号化有两个含义：在地图设计工作中，地图数据的符号化是指利用符号将连续的数据进行分类分级、概括化、抽象化的过程。而在数字地图转换为模拟地图过程中，地图数据的符号化指的是将已处理好的矢量地图数据恢复成连续图形，并附之以不同符号表示的过程。这里所讲的符号化是指后者。

符号化的原则是按实际形状确定地图符号的基本形状，以符号的颜色或者形状区分事物的性质，例如用点、线、面符号表示呈点、线、面分布特征的交通要素，点表示标志建筑或特定地点，线表示公路和铁路，面用来表示地区。

GeoScene Pro 符号化方法可分为几类：使用一个符号符号化图层、按类别符号化图层、按数量符号化图层，以及使用符号属性符号化图层。

（1）使用一个符号符号化图层：所谓单一符号设置，就是采用大小、形状、颜色都统一的点状、线状或面状符号来表达制图要素。这种符号设置方法忽略了要素在数量、大小等方面的差异，只能反映制图要素的地理位置而不能反映要素的定量差异，然而，正是由于这种特点，其在表达制图要素的地理位置上具有一定的优势。

（2）按类别符号化图层：根据数据层要素属性值来设置地图符号的方式是分类符号表示方法，将具有相同属性值和不同属性值的要素分开，属性值相同的采用相同的符号，属性值不同的采用不同的符号。利用不同形状、大小、颜色、图案的符号来表达不同的要素。这种分类的表示方法能够反映出地图要素的数量或者质量的差异，可以对地理信息的决策作用提供支持。

（3）按数量符号化图层又包括分级色彩、分级符号、比率符号以及图表符号等。

a. 分级色彩：分级色彩表示方法就是将要素属性数值按照一定的分级方法分成若干级别之后，用不同的颜色来表示不同级别。每个级别用来表示数值的一个范围，从而可以明确反映制图要素的定量差异。色彩选择和分级方案是分级色彩表示方法中的重要环节，因为颜色的选择和分级的设置要取决于制图要素的特征，只有合理的配色方案和科学的分级方法，才能将地图中要素的宏观分布规律体现得清晰明确。这种方法多用于人口密度分布图、粮食产量分布图等。

b. 分级符号：与分级色彩设置有相似之处，分级符号设置就是采用不同的符号来表示不同级别的要素属性数值。符号形状取决于制图要素的特征，而符号的大小取决于分级数值的大小或者级别高低。这种表示方法一般用于表示点状或者线状要素。多用于表达人口分级图、道路分级图等。它的优点是可以直观地表达制图要素的数值差异，其中，制图要素分级和分级符号表示是关键的环节。

  c. 比率符号：在分级符号表示方法中，属性数据被分为若干级别，当数值处于某一级别范围内的时候，其表示符号都是一样的，无法体现同一级别不同要素之间的数量差异。比率符号表示方法是按照一定的比率关系，来确定与制图要素属性数值对应的符号大小，一个属性数值就对应了一个符号大小，这种一一对应的关系使得符号设置表现得更细致，不仅可以反映不同级别的差异，也能反映同级别之间微小的差异。但是如果属性数值过大，则不适合采用此种方法，因为比率符号过大会严重影响地图的整体视觉效果。

  d. 图表符号：这是专题地图中经常应用的一类符号，用于表示制图要素的多项属性。常用的统计图有饼状图、柱状图、累计柱状图等。饼状图主要用于表示制图要素的整体属性与组成部分之间的比例关系，柱状图常用于表示制图要素的两项可比较的属性或者是变化趋势，累计柱状图既可以表示相互关系与比例，又可以表示相互比较与趋势。

7.1.1 矢量数据符号化

  无论点状、线状还是面状要素，都可以根据要素的属性特征采取单一符号、分类符号、分级符号、分组色彩、比率符号、组合符号和统计图形等多种表示方法实现数据的符号化，编制符合需要的各种地图。由于单一符号设置是 GeoScene Pro 默认的表示方式，其设置非常简单，下面介绍其他几种常用的符号设置方法。

1. 分类符号设置

（1）打开位于"\ data \ ch7 \ section1 \ 道路. shp" 道路图层。

（2）在道路图层上点右键打开【符号系统】窗口。在主符号系统点击下拉菜单，出现"使用一个符号符号化图层""按类别符号化图层"，以及"按数量符号化图层"三个类别。其中，按类别符号化图层是按照属性值进行分类。

（3）选择【按类别符号化图层】下的【唯一值】选项，在【字段】中选择 fclass，即街道的分级，之后便会出现等级字段：bridleway、cycleway、footway、motorway 等，如图 7.1 所示。

到此步骤为止，已经将不同级别的道路进行了分类，如果对系统默认的符号样式不满意，可以单击【符号】下的线段，打开【格式化线符号】窗口，选择合适的符号，也可以单击【属性】按钮，改变该符号的一些其他属性，包括颜色、线宽度、偏移等，如图 7.2 所示，并点击右上角的【列表】，将修改好的符号进行保存，从而得到一幅让自己满意的交通网络图，如图 7.3 所示。

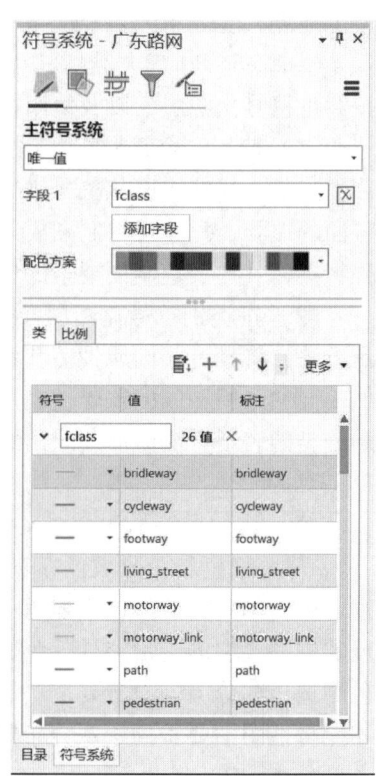

图 7.1 设置唯一值

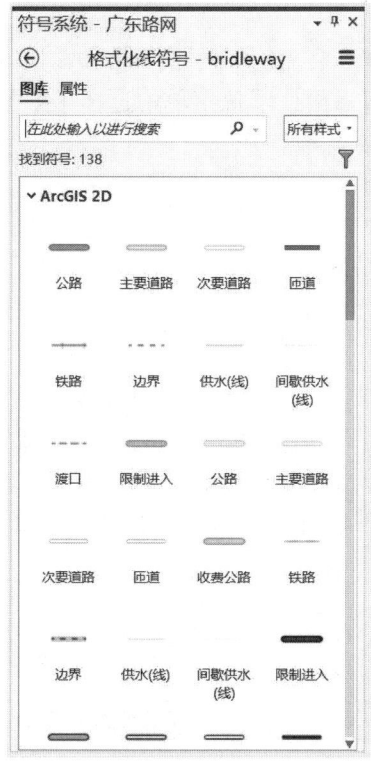 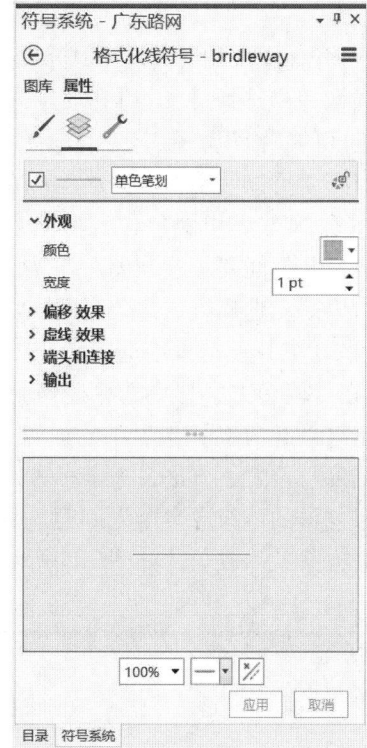

a. 图库　　　　　　　　　　　　　　　　b. 属性

图 7.2　符号系统【格式化符号】窗口

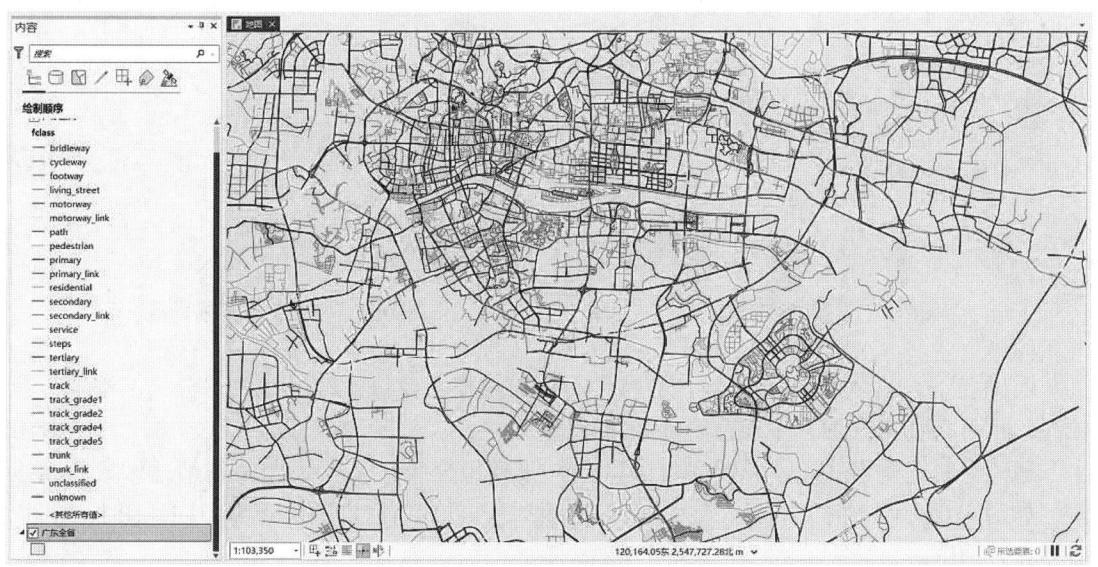

图 7.3　交通网络

2. 按数量符号化图层

（1）分级色彩。

a. 加载位于"\data\ch7\section1\省.shp"的区划图层，包含某地面积以及人口信息。

b. 打开该图层的【符号系统】窗口。单击【主符号系统】下的【分级色彩】，在【字段】下拉菜单中选择【人口】，表示人口总数，在【归一化】下拉菜单中选择【面积】，表示某一地区的总面积。做这两个选择实际上是将人口数除以面积，可以得到人口密度的数据。人口密度可以使用分级方法体现在的地图中，如图 7.4 所示。

c. 【分级方法】中包含自然断点分级法（Jenks）、分位数、相等间隔、定义的间隔、手动间隔、几何间隔、标准差 7 种方法，根据数据的分布特点，既可以选择给定的分类方法，也可以手动选择合适的分类间隔。

d. 在【类】复选框中选定划分类别。

e. 在【配色方案】中选择适当的色带，也可以按照需要自己定制一个分级色彩方案：

点击【配色方案】选项中的设置配色方案格式，在【配色方案编辑器】，通过更改颜色、透明度、位置、方法、极坐标方向以及配色方案类型，生成新的分级色彩方案。

如果这样的分级方案令人满意，那么可以点击下方的【保存到样式】按钮，这样新的分级色彩方案就生成了，如图 7.5 所示。

图 7.4　设置分级色彩

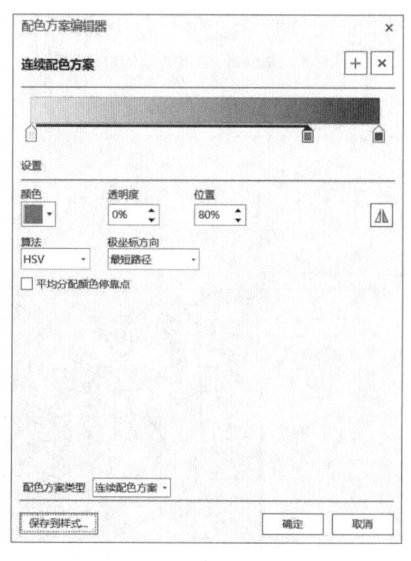

图 7.5　配色方案编辑器

f. 在下方的【类】或【比例】表格中，可以根据需要修改符号样式、分类上限值以及标注，也可在【直方图】中通过滑动条来修改。

通过对制图要素的具体设置，可以得到一张利用分级色彩方法表示的某地区人口密度图，如图 7.6 所示。由于不同人口密度具有色彩差异，人口密度的宏观分布在地图上就可以看得比较清晰。

与此类似的分级色彩方案还有二元色彩、未归类的颜色，但由于操作步骤非常相似，在此不重复介绍。

（2）分级符号设置。

首先，打开位于"\ data \ ch7 \ section1 \ 省.shp"的区划图层。如图 7.7 所示，在省.shp 图层上单击右键打开【符号系统】窗口，进入【主符号系统】选项卡，选中其列表

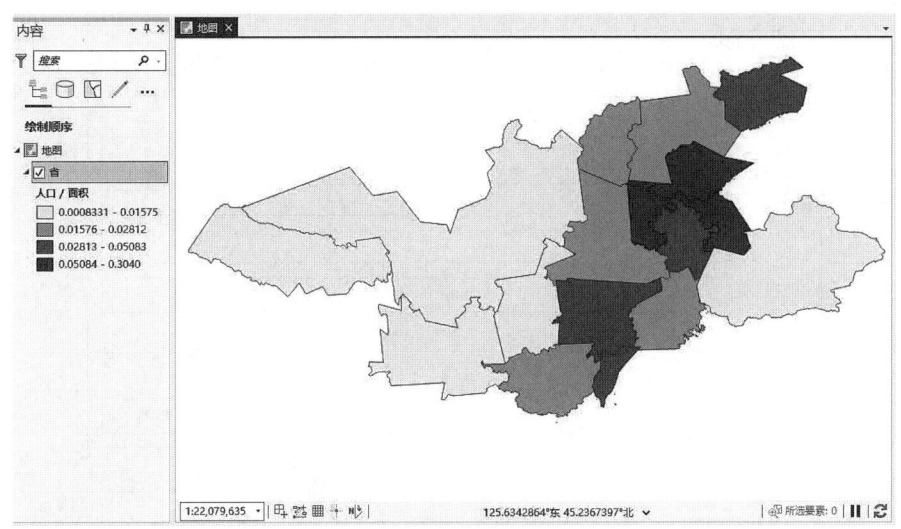

图 7.6 人口密度分布

中【按数量符号化图层】下的【分级符号】。

【分级符号】里面的参数设置与【分级色彩】大致相同。通过改变【字段】与【归一化】里面的不同字段，可以改变符号代表的意义。这里选择【字段】为人口，【归一化】为面积。在【方法】中可以改变分级的计算方法，在【类】中可以改变分级的类别数量。在【最小大小】和【最大大小】中可以设置符号的极限尺寸，如要便于观察可以将尺寸调大。

接下来，可以对分级符号做一些样式的设置：单击【模板】旁边的符号，打开【格式化点符号】窗口，对符号进行一些初步的设置，如在【图库】中选择合适的模板以及在【属性】中改变符号的尺寸、颜色，如图 7.8 所示，也可以点击右上角【列表】中的【将点符号另存为】，保存修改好的符号，如图 7.9 所示。

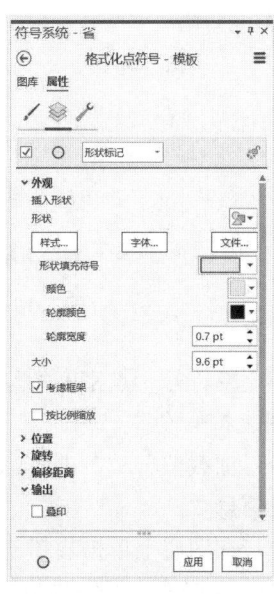

图 7.7 设置分级符号　　　　　　　图 7.8 设置模板属性

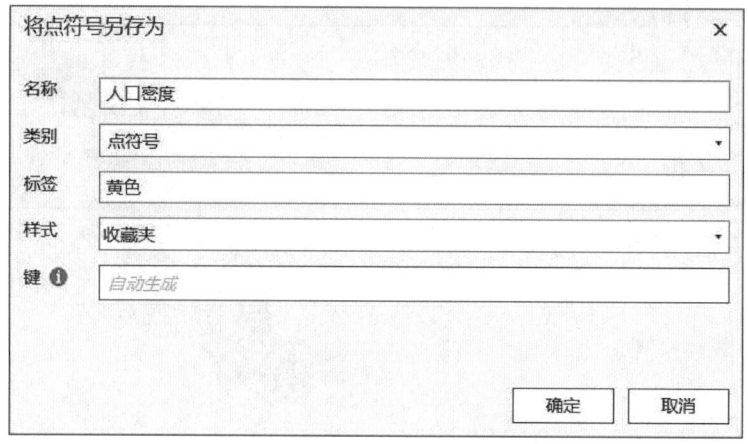

图7.9 【将点符号另存为】窗口

（注：在默认情况下，分级符号的大小是一定的，不会随地图在屏幕上的缩放而变化）

最终效果如图7.10所示。

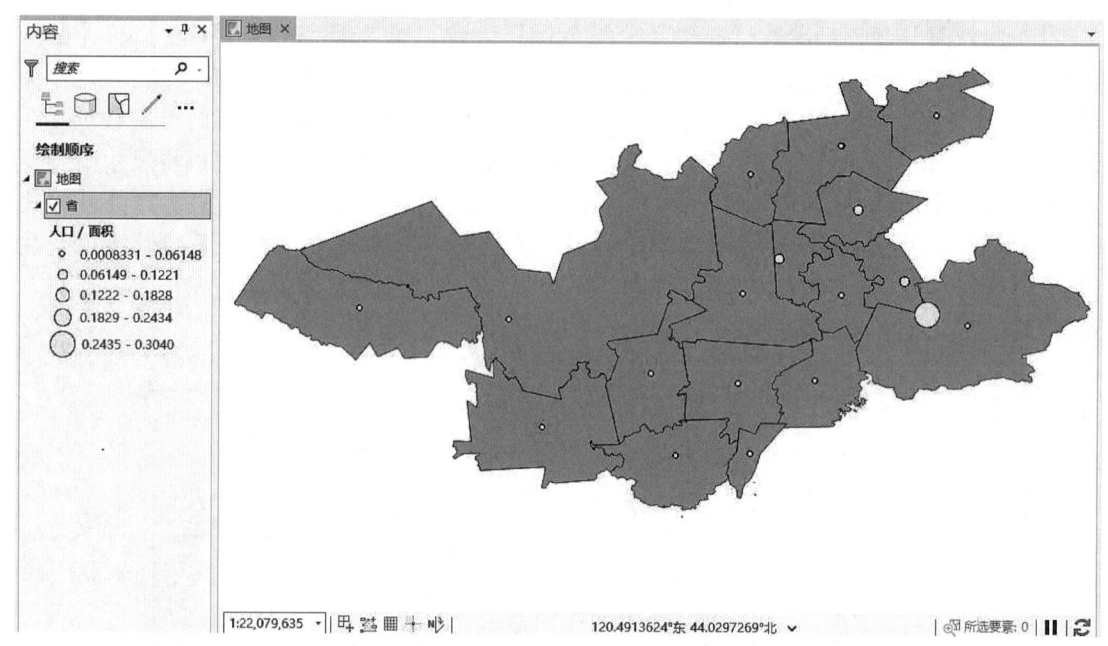

图7.10 完成分级符号设置的人口密度分布

另外，比率符号、点密度的设置过程与分级符号化非常相似，在此不重复叙述。

（3）图表符号设置。

第一步，加载位于"\ data \ ch7 \ section1 \ 省.shp"的区划图层，其包含2019年三大产业的产值信息。

第二步，在图层上单击右键进入【符号系统】窗口，进入【主符号系统】选项卡，选中其列表中【按数量符号化图层】下的【图表】，如图7.11所示。

第三步，在【图表类型】下有【条形图】、【饼图】和【堆叠图】三个选项，这里为了更好地展示三大产业之间的比例关系，选择【饼图】作示范。

第四步，在【字段】选项下，将第一、第二和第三产业的信息添加其中，并根据用户需求与喜好更改上方的色带、符号样式以及标注。

第五步，在【大小类型】选项中有【固定大小】、【所选字段总和】以及【字段】三种方式，在【固定大小】设置下饼图只反映三大产业的比例关系，在【所选字段总和】设置下饼图的大小反映产业总值的大小，在【字段】设置下饼图的大小则可以反映指定字段的大小（如面积、人口等）。

第六步，选择好合适的【大小类型】后，可以进行相应的参数、外观设置，如图例的显示、饼图的方向、是否在 3D 模式下显示，以及对应的倾斜度、厚度等。

完成所有的设置后，即可以得到一幅某地区产业结构图，既展示了不同地区生产总值的大小关系，又可以显示出各地区内的产业结构关系，如图 7.12 所示。

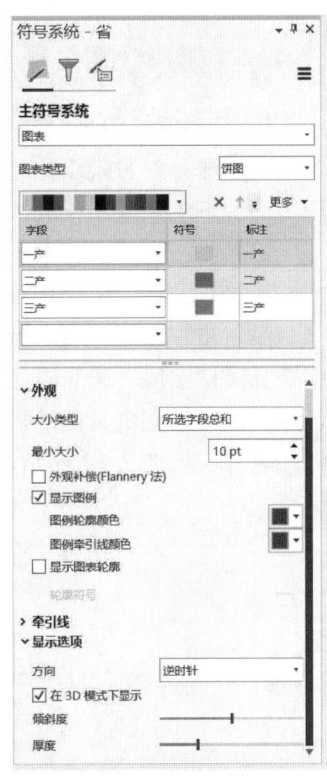

图 7.11　设置图表

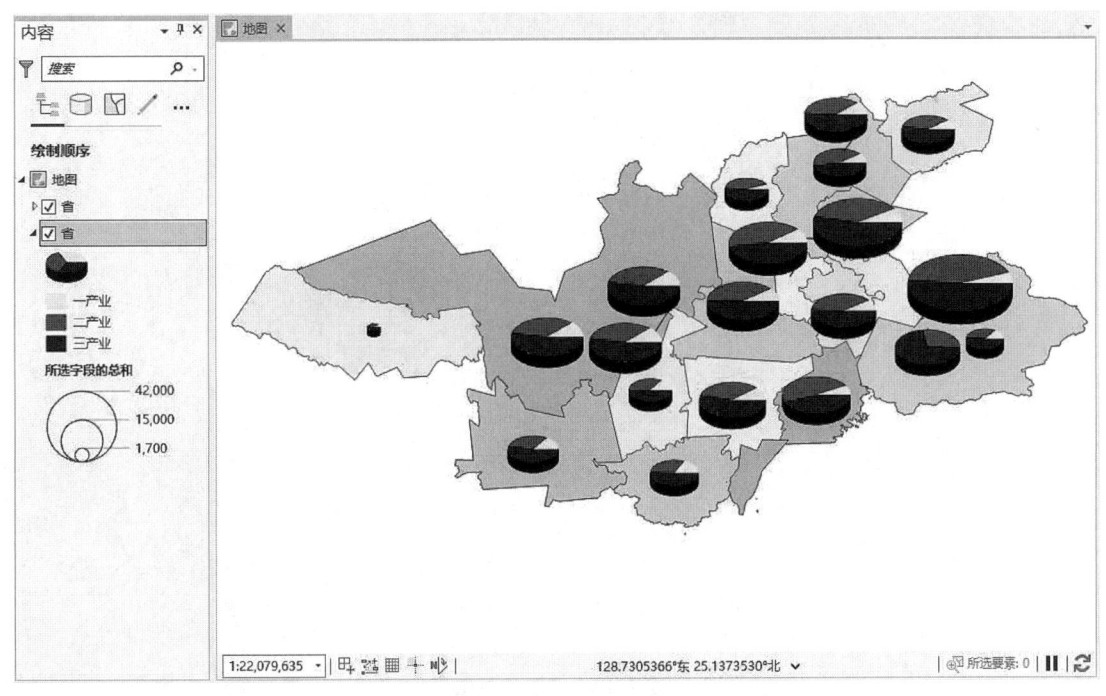

图 7.12　产业结构

7.1.2 栅格数据符号化

1. 分类栅格符号设置

分类栅格符号表示法是表达专题栅格数据的一种常用方法，类似于分类色彩符号法，利用不同的颜色来表示不同的专题类别。

第一步，打开栅格数据（例如地表覆盖栅格图像）。

第二步，在内容表中地表覆盖栅格图像上单击右键打开【符号系统】窗口。

第三步，在【主符号系统】选项卡的列表框中选择【唯一值】，在【字段 1】下拉菜单中选择属性字段【Value】，这是类别的名称。用户可以在【配色方案】中选择软件自带的色带，也可以根据自己的需要在下方表格里的【颜色】一列改变各个图例的颜色样式以及标注名称，如图 7.13 所示。

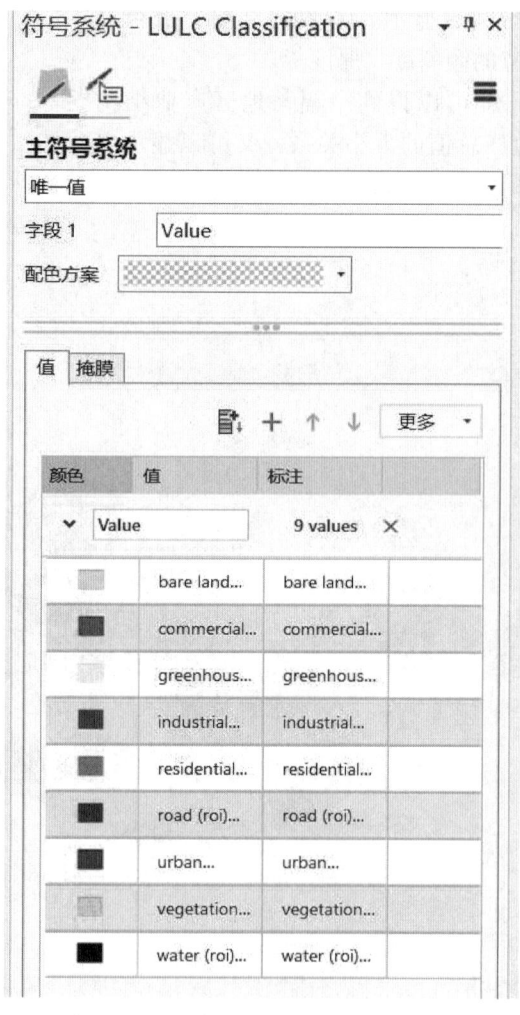

图 7.13　设置唯一值

完成分类栅格符号设置后，返回主窗口，结果如图 7.14 所示。

图 7.14　土地利用覆盖图

2. 分级栅格符号设置

分级栅格符号表示法不同于分类栅格符号表示法，它是表示栅格数据类型的分级图，多用于制作地势图、植被指数图、地下水位图等。

第一步，打开位于"\ data \ ch7 \ section1 \ DEM.tif"的 DEM 栅格图像。

第二步，在内容表中栅格图像上单击右键打开【符号系统】窗口。

第三步，在【主符号系统】选项卡列表框中选择【分类】符号化方法，其他参数与矢量数据的分级符号设置类似，在【字段】中选择代表高程值的"无字段"，【归一化】选择"无字段"，【方法】选择"分位数"，【类】选为"5"，【配色方案】选择适当的色带，如图 7.15 所示。若想进一步调整分级，可以在下方的【类】、【掩膜】、【直方图】选项框中，对【颜色】、【上限值】和【标注】等选项进行修改。

完成分级栅格符号设置后，结果如图 7.16 所示。

图 7.15　主符号系统【分类】窗口

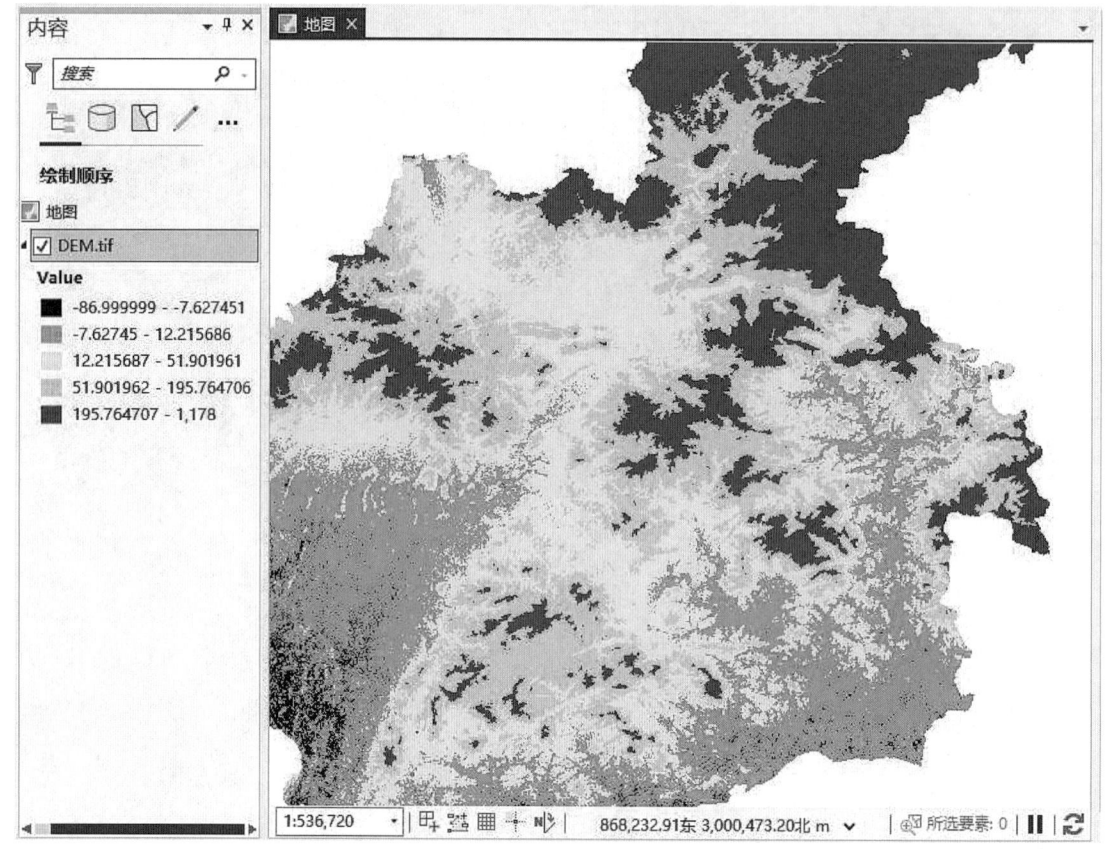

图 7.16　完成分级栅格符号设置后的 DEM 影像

3. 栅格数据波段设置

栅格影像是栅格数据中的主要类型，组成影像的像元属性值一般在 0 ～ 255 连续变化，对于单波段图像，影像的灰度反映像元的属性值，对于多波段图像，影像的色彩同时取决于红、绿、蓝三个波段的综合作用。所以栅格影像地图的设置工作主要是像元属性值的灰度或者彩色表达。

多波段影像色彩设置可以通过随时调整波段的组合来达到理想的效果。

第一步，打开位于"\ data \ ch7 \ section1 \ ZY3. tif"的栅格影像，该影像包含蓝、绿、红和近红外四个波段。

第二步，在内容表中栅格图像上单击右键打开【主符号系统】窗口，如图 7.17 所示。

第三步，在【主符号系统】列表框选择【RGB】合成方式，彩色合成方式中又包括真彩色合成与假彩色合成。真彩色合成指的是【红色】、【绿色】、【蓝色】选项分别对应【Band_3】红光波段、【Band_2】绿光波段、【Band_1】蓝光波段。假彩色合成则是三种色彩与波段并非一一对应，这里对图像采用真彩色合成。而【Alpha】选项是用于透明度掩膜的波段，这里暂时用不到，选择【无】。

第四步，【拉伸类型】选项中包含【最小最大】、【百分比截断】、【标准差】、【直方图均衡化】、【自定义】、【直方图规定化】和【GeoScene】七种方式，可以根据不同影像的特点选择合适的拉伸类型和相应的 Gamma 等参数，也可以单击【拉伸类型】后方的直方图按钮,打开直方图窗口进行自定义设置,如图 7.18 所示。

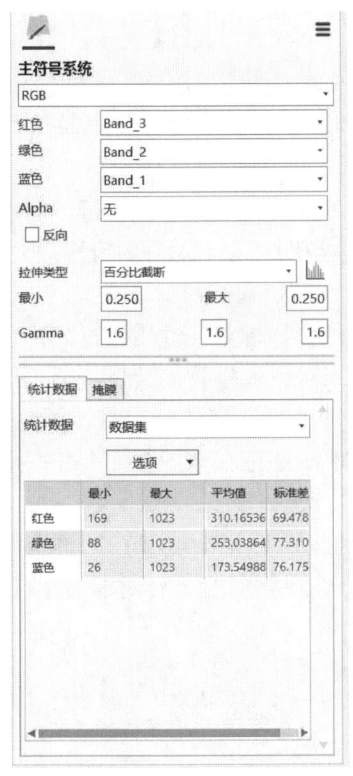

图 7.17 主符号系统【RGB】合成窗口

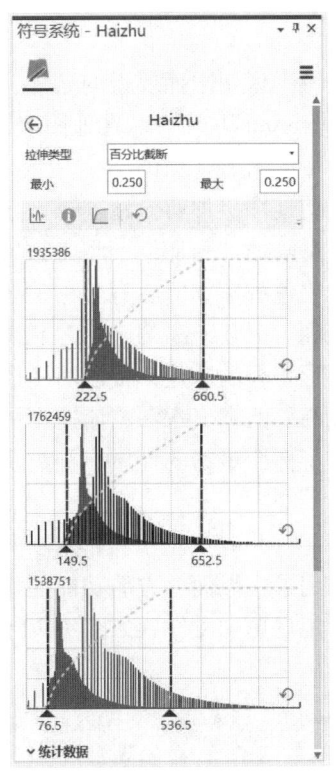

图 7.18 符号系统【直方图】窗口
(从上至下依次为红、绿、蓝三个波段)

在直方图窗口中分别调节红、绿、蓝三个波段的直方图,改变影像的彩色效果。可以选择直方图中某一区域读取其信息,还可实现裁剪和计算累计频率。在下方还可以查看与波段相关的统计数据。

完成波段设置后的栅格影像如图 7.19 所示。

图 7.19 完成波段设置后的栅格影像

7.2 地图标注

在地图上说明图面要素的名称、质量与数量特征的文字或数字的操作，统称为地图注记（cartographic annotation）。在地图上，只有将表示要素和现象的图形符号与说明这些要素的名称、质量、数量特征的文字和数字符号结合起来，形成一个有机整体，即地图的符号系统，才能使地图更加有效地进行信息传输。否则，只有图形符号而没有注记符号的地图，是一种令人费解的"盲图"。地图上的注记分为名称注记、说明注记和数字注记三种。名称注记用于说明各种事物的专有名称，如山脉名称，江、河、湖、海名称，居民地名称，地区、国家、大洲、大陆、岛屿名称等。说明注记用于说明各种事物种类、性质或特征，它可以用于补充图形符号的不足，常以简注形式表示。数字注记用于说明事物的数量特征，例如地形高程、比高、路宽、水深、流速、承载压力等。同时，借助不同字体、字号、颜色的注记，能够进一步标明事物的性质、种类及数量差异。因此，地图注记在地图图面上与图形符号相辅相成。

GeoScene Pro 对地图标注功能进行了整合与简化，将地图注记功能从右键单击图层的属性中固定到了主界面上方的功能区里，与【数据】和【外观】并列，让【标注】功能更加简便，对用户更加友好，如图 7.20 所示。

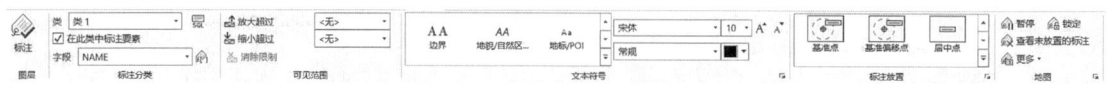

图 7.20 【标注】工具条

如图 7.20 所示，【标注】工具条有六个分区，从左到右分别是图层、标注分类、可见范围、文本符号、标注放置和地图。

第一个分区是图层。该分区只有【标注】一个按钮，点击该按钮便可对当前图层进行标注。

第二个分区是标注分类。该分区包含两个选项条，分别是【类】与【字段】。在【类】这一选项条中，可以选择或创建标注所属大类，也可以点击后方的【SQL】按钮，对当前标注分类进行结构化查询；在【字段】这一选项条中，选择的是标注所属的字段，同样可以点击后方的【表达式】按钮，设置当前标注分类的标注表达式，如图 7.21 所示。

 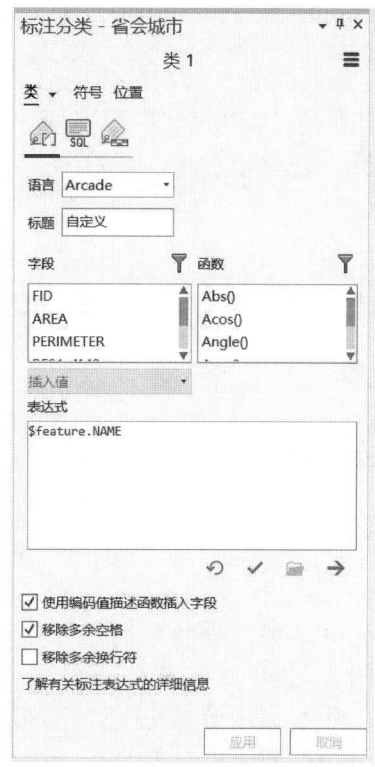

a. SQL 查询　　　　　　　　　　　b. 表达式查询

图 7.21　标注分类查询

第三个分区是可见范围，该分区的功能是选择标注分类可见的最大或最小缩放级别。对于【放大超过】选项，可以选择一定比例尺进一步缩小地图，标注分类将不可见；对于【缩小超过】选项，可以选择一定比例尺进一步放大地图，标注分类将不可见，如图 7.22 所示。

第四个分区是文本符号，该分区主要调整标注文本的字体、大小、颜色等样式。其中 GeoScene Pro 软件自带了一些样式方案，如感兴趣点、效果、盾形路牌符号、注释、布局等样式，如图 7.23 所示。如要对文本符号做进一步修改，可以点击该分区右下角的拓展按钮，打开【标注分类】中的【符号】窗口进行操作，如图 7.24 所示。

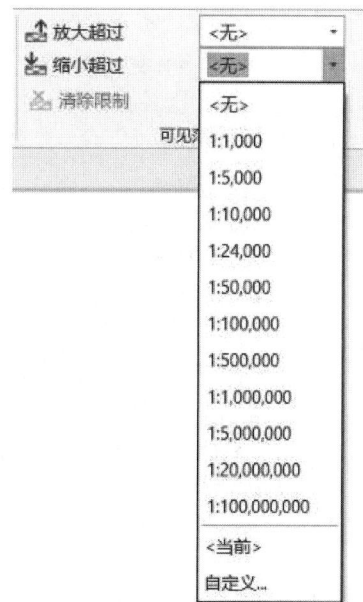

图 7.22　可见范围分区

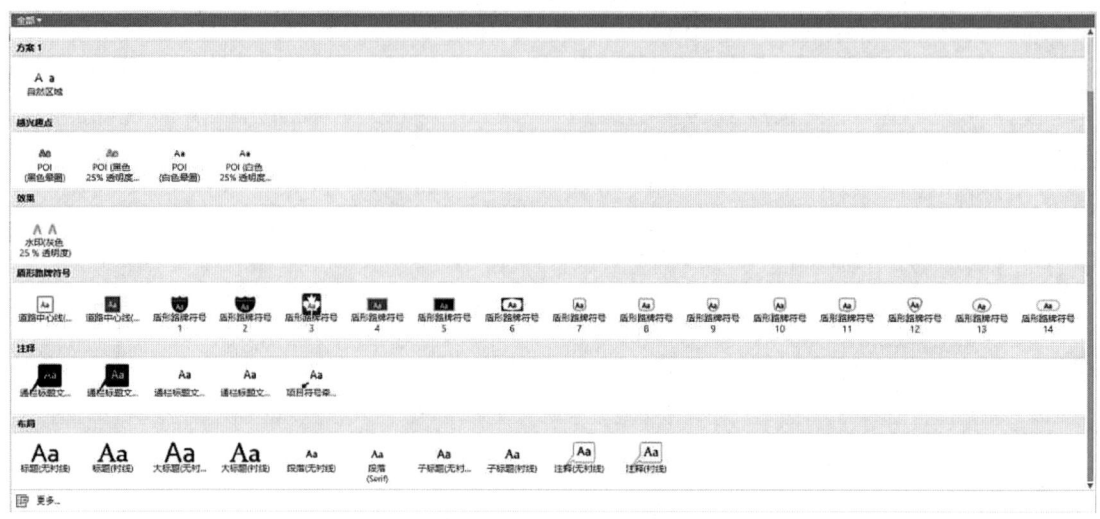

图 7.23　文本符号样式

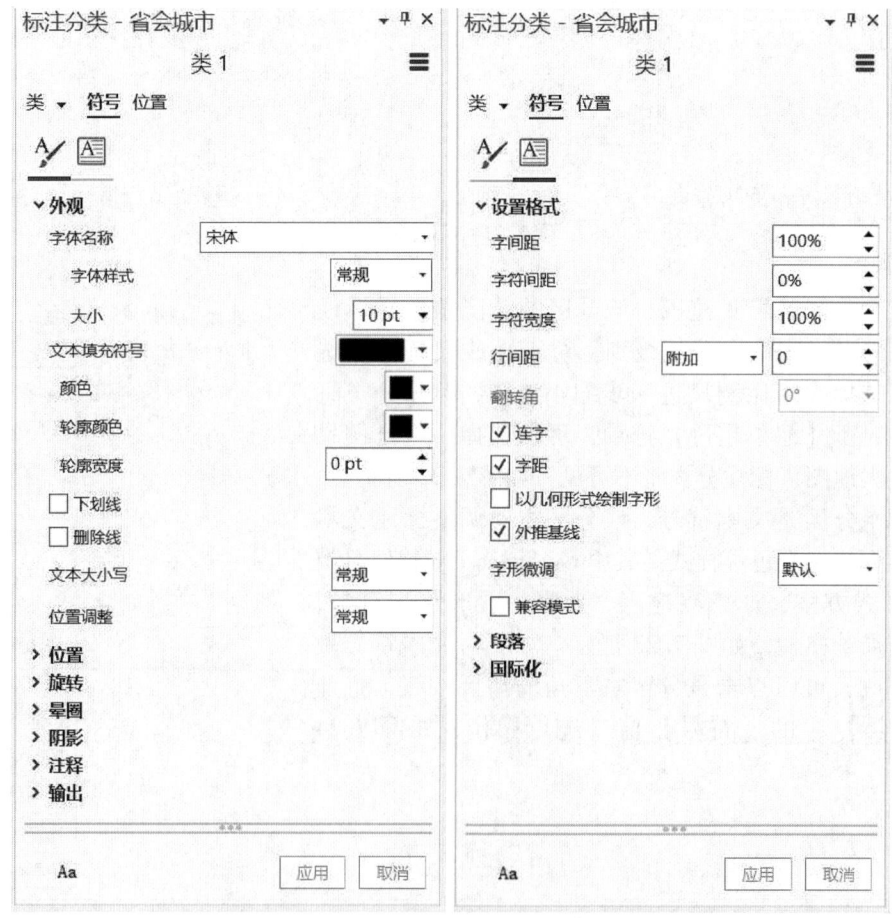

图 7.24　标注分类中的【符号】窗口

第五个分区是标注放置，该分区用来设置标注在地图中摆放位置。对于点、线、面状要素，GeoScene Pro 提供了不同的标注放置方案，如图 7.25 所示。如果想对标注放置样式进行修改，可以点击该分区右下角的拓展按钮，打开【标注分类】中的【位置】窗口进行操作，如图 7.26 所示。

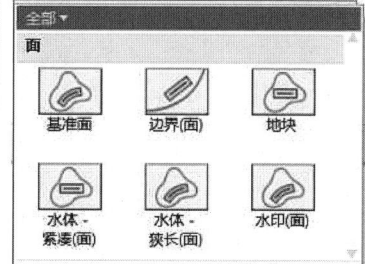

图 7.25　标注放置样式

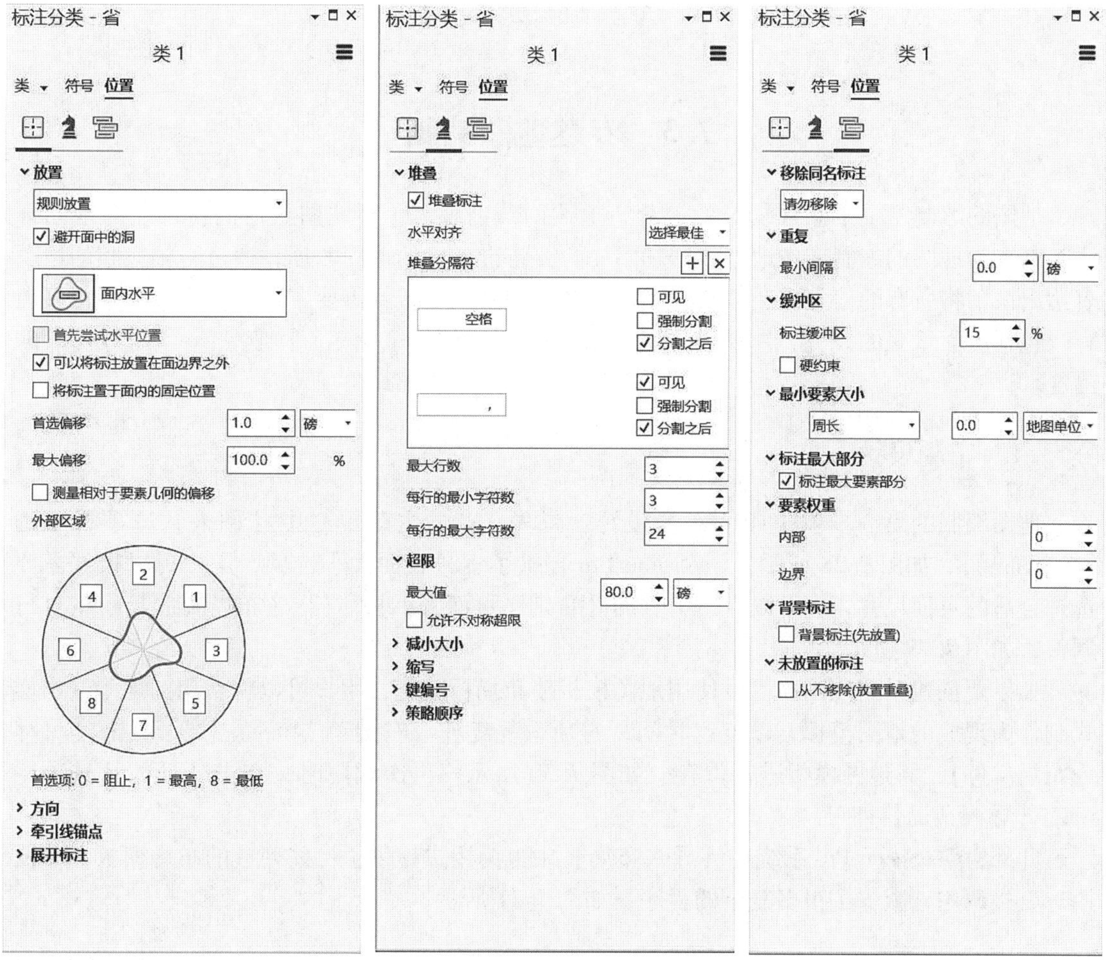

图 7.26　标注分类中的【位置】窗口

第六个分区是地图，该分区主要是全局性的地图标注功能，例如暂停当前地图标注、锁定当前地图标注、查看未放置的标注，以及设置标注优先级、设置标注权重等操作，如图7.27所示。

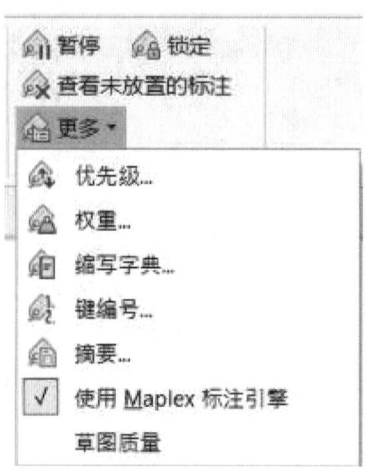

图 7.27　地图标注功能分区

7.3　专题地图编制

地图的编制是一个非常复杂的过程，上述两节内容，包括地图数据的符号化与地图标注，都在为地图的编制准备地理数据。然而，要将准备好的地图数据，通过一幅完整的地图表达出来，将所有的信息传递出来，满足生产、生活中的实际需要，这个过程涵盖了很多内容，包括版面纸张的设置，制图范围的定义，制图比例尺、图名、图例、坐标网等要素的确定。

7.3.1　布局设计

地图编制的第一步就是版面布局设计。首先，点击主菜单栏中【插入】选项栏下的【新建布局】，如图 7.28 所示。GeoScene Pro 提供了多种页面大小选项，用户可以根据需要选择合适的页面尺寸，也可以点击下方的【自定义页面大小】，打开【布局属性】窗口自行调整，如图 7.29 所示。

如果要创建系列地图，可以使用地图模板使布局标准化，用户可以将常用的地图输出样式制作为现成的地图模板，以节省时间，避免重复工作。右键单击布局图层，点击【另存为布局文件】，将地图模板进行保存，如图 7.30 所示。再次调用时，点击【插入】选项栏下的【导入布局】即可。

此外，GeoScene Pro 系统在【导入布局】中也为用户提供了一些现成的布局模板，方便用户直接调用，减少了很多复杂的程序，如图 7.31 所示。

第 7 章　地图制图

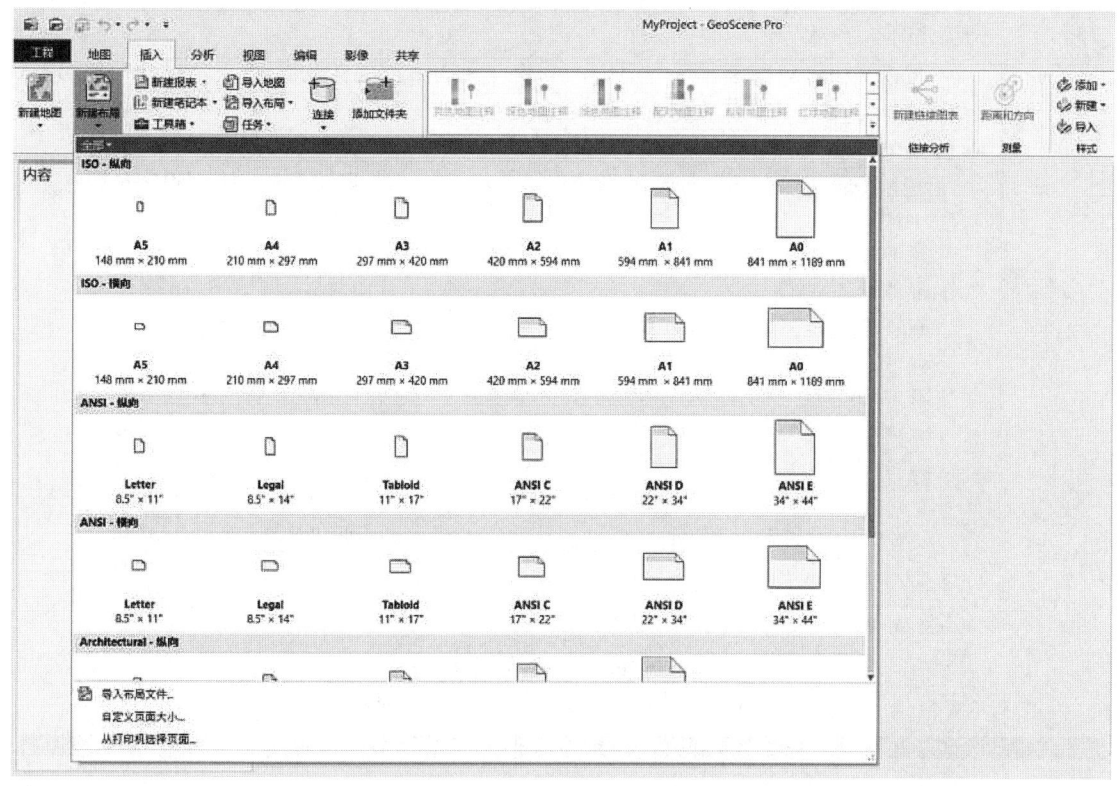

图 7.28　【新建布局】窗口

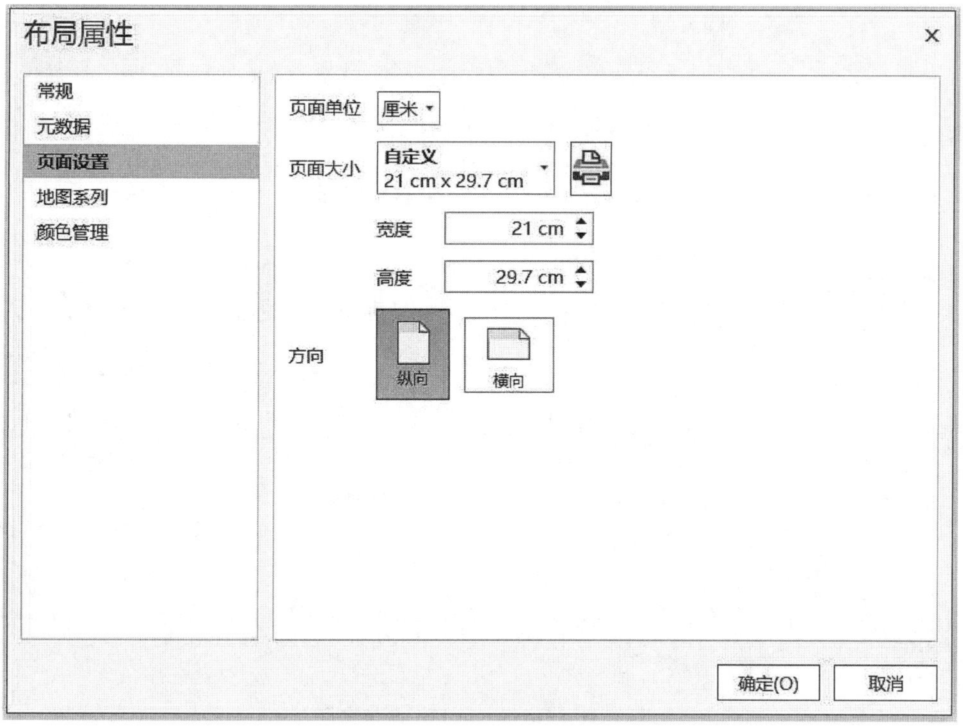

图 7.29　【布局属性】窗口

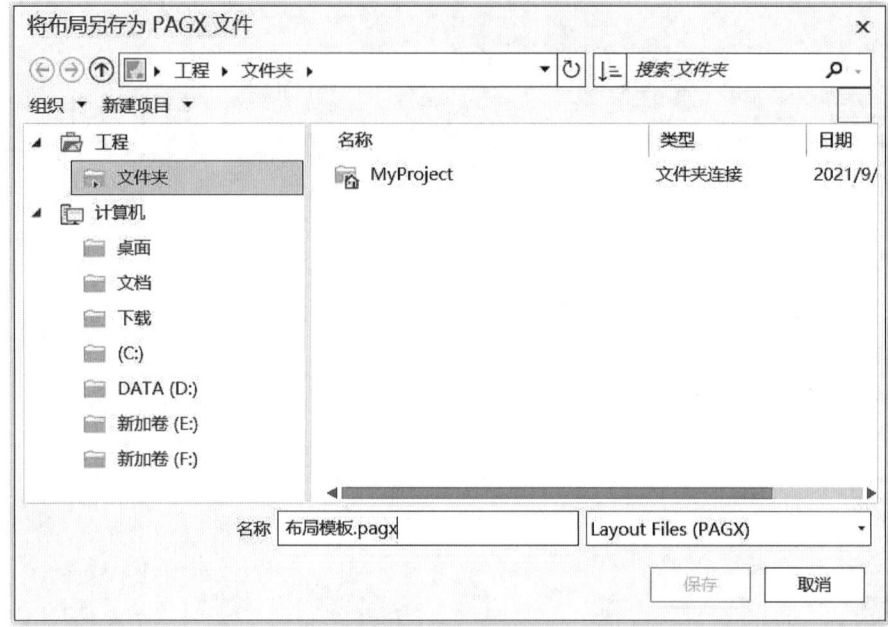

图 7.30 布局文件保存

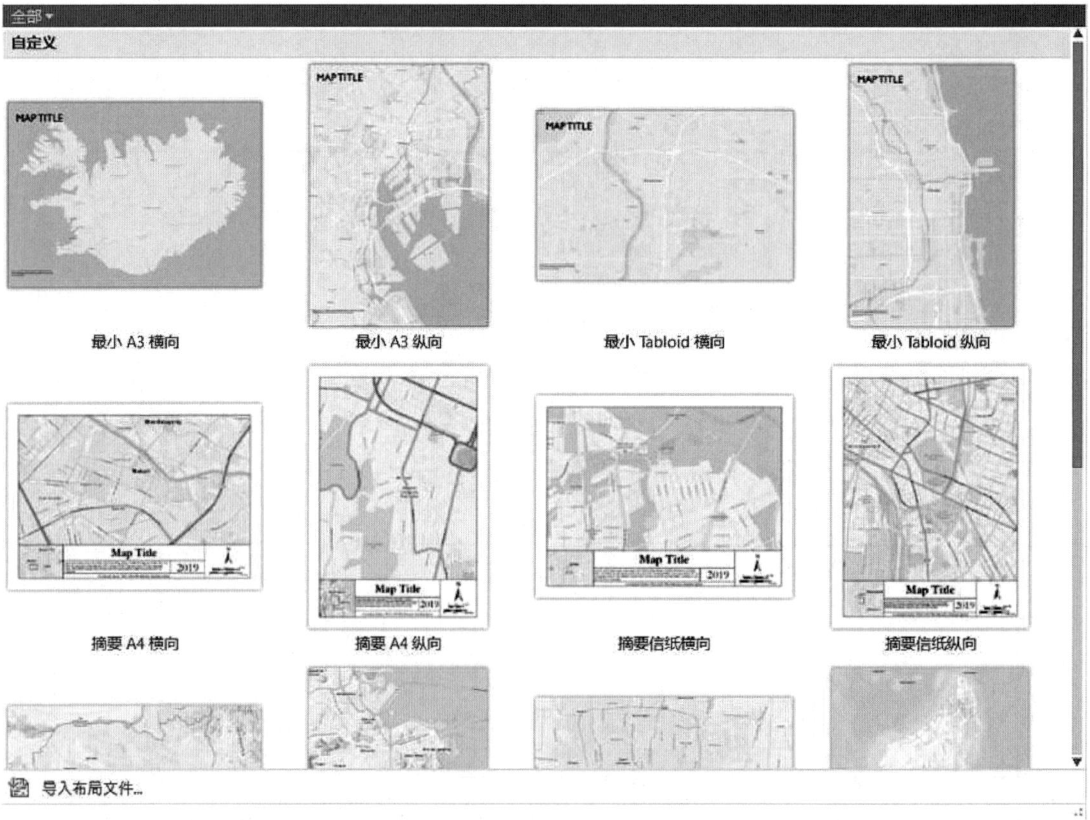

图 7.31 GeoScene Pro 自带布局

7.3.2 制图数据操作

一幅地图通常包括若干个数据框,如果需要设置数据组的框架风格,添加、复制数据组或者调整数据组的尺寸等操作,就需要在布局模式下进行相关操作。

1. 设置地图框

当地图中含有多个地图框时,可为每个地图框设置图框样式。其操作步骤如下:

(1) 在内容列表中的地图框上单击右键,在弹出菜单中,单击【属性】,打开【格式化地图框】窗口。该窗口包含四个标签,分别是【选项】、【显示选项】、【显示】以及【放置】。选择第三个【显示】选项卡即可进行图框样式设置,如图 7.32 所示。

(2) 在该选项卡中,分别对【边框】、【背景】和【阴影】进行设置。点击【边框】下的【符号】,对边框的样式、颜色和宽度进行修改,在下面的【X 间距】、【Y 间距】中可以设置边框的边距,调整【圆角】的百分比可以调整拐角的圆滑程度。设置【背景】和【阴影】的方法与设置边框类似。

(3) 点击【地图框】第四个标签【放置】进入数据框布局设置,可以对数据框的大小、位置以及旋转角度进行修改,如图 7.33 所示。

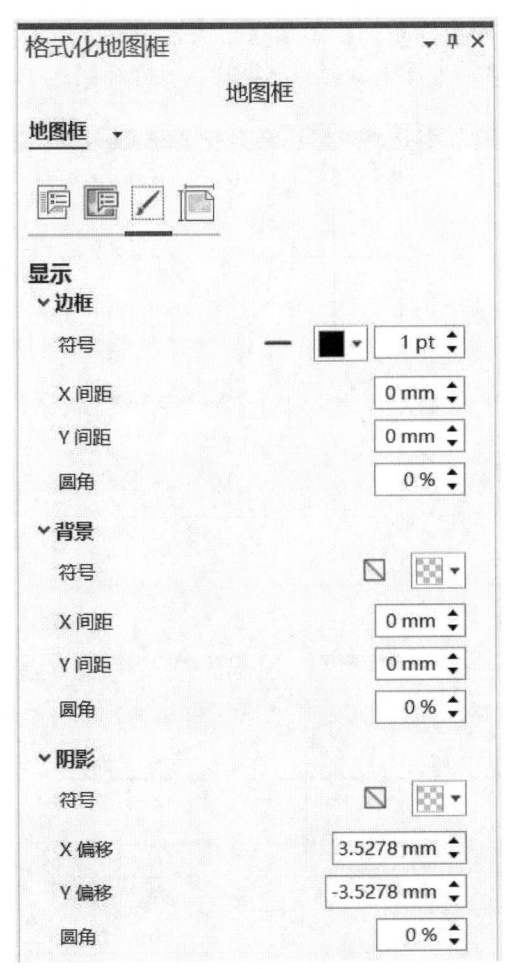
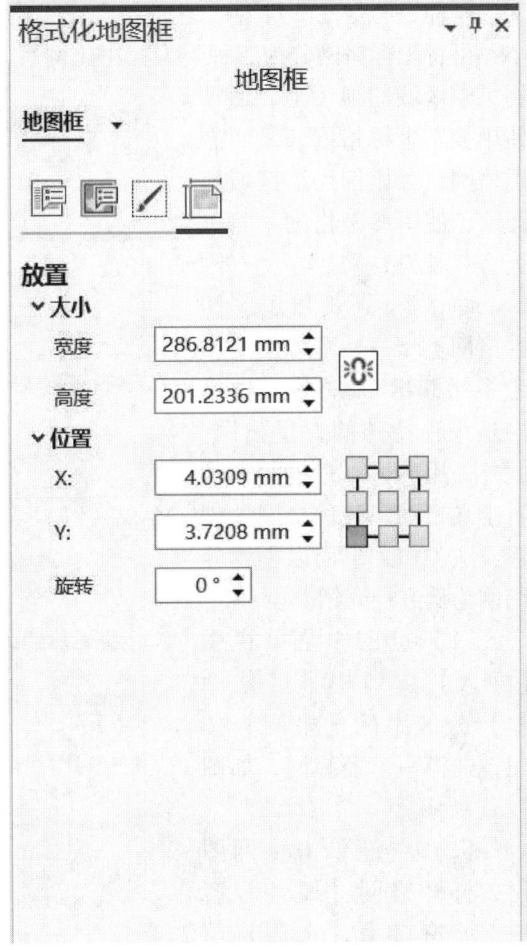

图 7.32 【格式化地图框】中的【显示】窗口　　图 7.33 【格式化地图框】中的【放置】窗口

2. 添加地图框

简单的地图通常只有一个数据框，但当用户想通过添加额外的数据来补充说明主数据时，如显示插图或概略图，则需要添加地图框。选择主菜单栏中【插入】选项栏下的【地图框】分区，如图 7.34 所示，点击【矩形】或【修整】选择地图框的形状，之后点击【地图框】，则可以布局界面中添加一个新地图框。

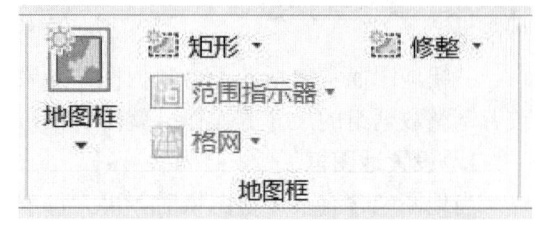

图 7.34 【地图框】功能分区

如果要对当前地图框内的数据进行操作，需点击主菜单栏中【布局】选项栏下的【激活】按钮，使当前图层处于激活状态；如果要对地图布局进行操作，则需点击【关闭激活】按钮，使当前图层处于布局状态。这两种状态下的菜单栏会有所差别。

当要在地图上布置的两个地图框的图层数据内容相同时，可以采用直接复制地图框的方法来实现，直接右键点击要复制的数据框，选择【复制】并【粘贴】，即可完成对地图框的复制。

3. 绘制坐标格网

坐标格网是地图重要的组成要素，反映地图的坐标系和投影信息。根据制图区域的大小，可将坐标格网分为三种类型：小比例尺大区域的地图上，坐标格网通常是经纬网；中比例尺中区域的地图上，通常使用投影坐标格网，又叫方里格网；大比例尺小区域地图上，使用参考格网。除以上三种格网类型外，GeoScene Pro 还提供了第四种格网类型——军事格网参考系（MGRS）格网，该格网是一种特殊的方里格网。此外，用户可以根据其需求自定义格网。四种格网的创建方法类似，下面以创建经纬网为例进行介绍。

（1）点击主菜单栏中【插入】选项栏下【地图框】分区中的【格网】按钮，选择一个经纬网，如图 7.35 所示。

（2）右键单击格网图层，打开格网【属性】窗口。该窗口由【选项】与【组件】两部分组成，首先

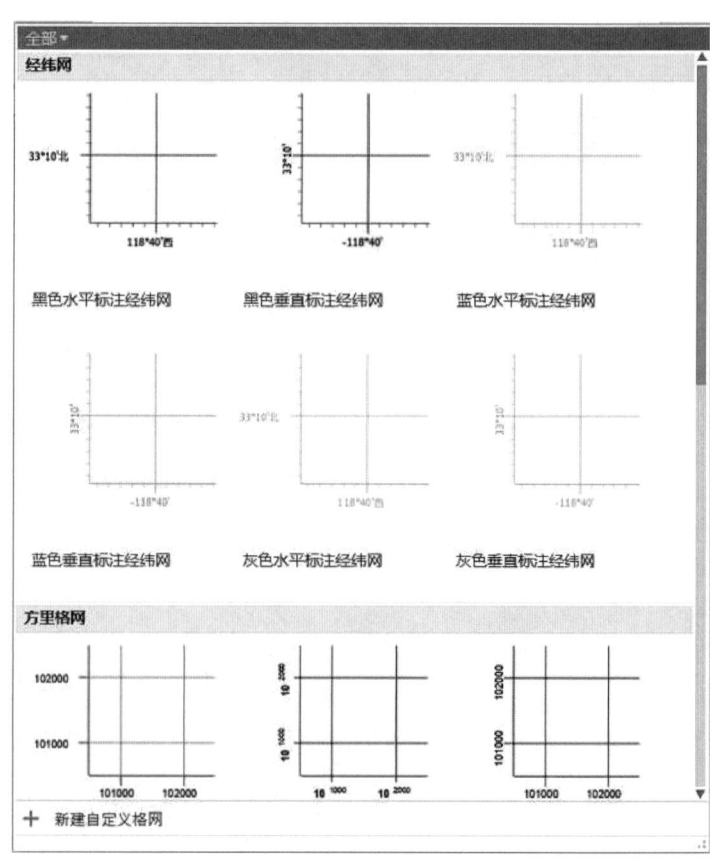

图 7.35 【格网】选项框

打开【选项】标签,如图 7.36 所示。

(3) 在【选项】一栏中,【常规】操作包含对格网名称及格网可见性的修改,【间隔】操作可以自动设置格网间隔,【原点】操作可以自定义格网原点,【内图廓线】操作可以更改内图廓线的样式,【边和角】操作可以定义地图格网边的最小长度,如果对地图进行过裁剪操作,可以在【格网边界】里使用地图裁剪的形状作为格网边界。

(4) 在修改好【选项】后,点击打开旁边的【组件】选项栏,如图 7.37 所示。在这一栏中,用户可以根据其需求添加不同组件,如格网线、刻度、标注、拐角标注、相交点、内部标注和内部刻度,对于添加好的每种组件,用户都可以对其参数、样式等进行修改。这里以【刻度】为例,点击【组件】栏中的【刻度】选项,下面会出现【间隔】、【外观】、【可见】三类参数。其中,【间隔】参数可以修改格网的间隔大小,如果在前面【选项】栏中勾选了自动间隔,这里的【间隔】将显示基于地图比例自动确定间隔,不可更改;【外观】选项中可以修改刻度的长度、偏移以及符号样式;【可见】选项则是确定刻度在地图上显示的位置。其他组件参数设置与此类似,不做重复说明。

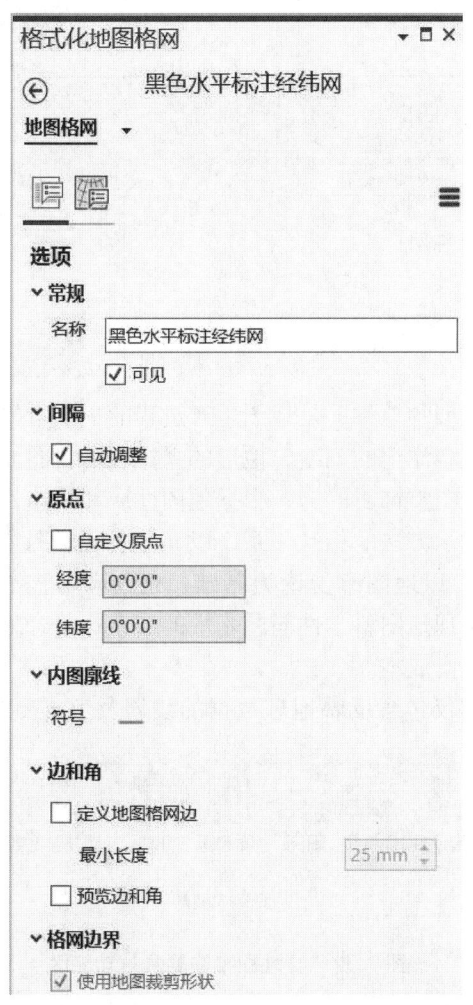
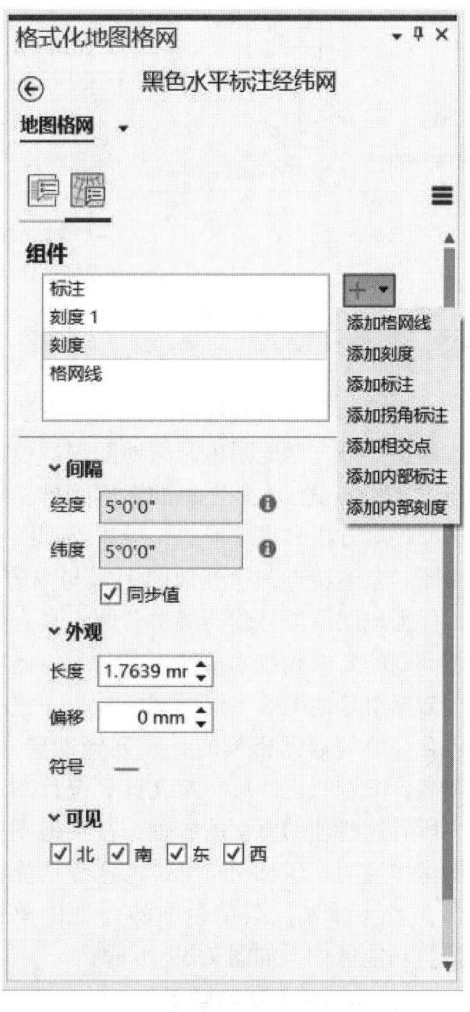

图 7.36 【格式化地图格网】中的【选项】窗口　　图 7.37 【格式化地图格网】中的【组件】窗口

设置好的经纬网如图 7.38 所示。

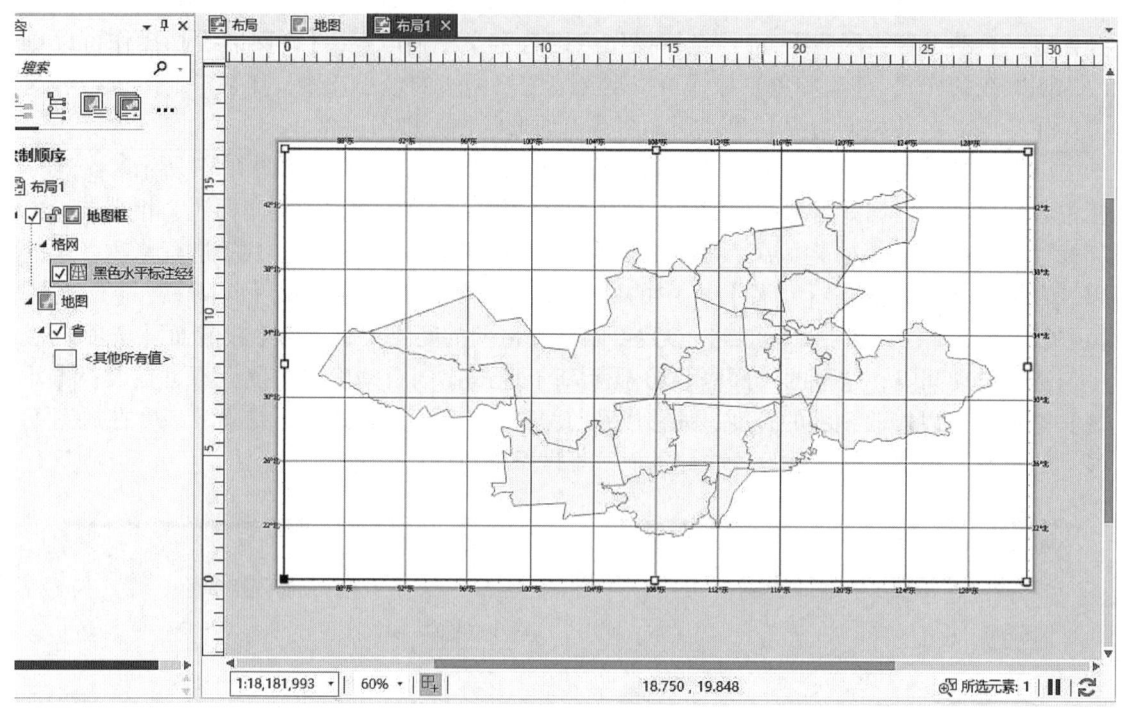

图 7.38　地图经纬网

7.3.3　地图整饰

地图整饰是地图表现形式、表示方法和地图图型的总称，是地图生产过程的一个重要环节。地图整饰包括地图色彩与地图符号设计，线划和注记的刻绘，地形的立体表示，图面配置与图外装饰设计，地图集的图幅编排和装帧。地图整饰目的为：根据地图性质和用途，正确选择表示方法和表现形式，恰当处理图上各种表示方法的相互关系，以充分表现地图主题及制图对象的特点，达到地图形式与内容的统一；以地图感受论为基础，充分应用艺术法则，保证地图清晰易读，层次分明，富有美感，实现地图科学性与艺术性的结合；符合地图制版印刷的要求和技术条件，有利于降低地图的生产成本。

数据组是地图的主要内容，一幅完整的地图不仅包含反映地理数据的线划及色彩要素，还包含与地理数据相关的一系列辅助要素，如图名、图例、比例尺、指北针、统计图表等，所有这些辅助要素的放置，都在地图整饰操作中说明。GeoScene Pro 将这些功能都整合在了【插入】菜单栏中的【地图整饰要素】功能区中，如图 7.39 所示。

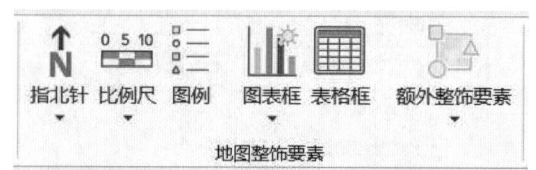

图 7.39　【地图整饰要素】功能区

1. 添加与修改标题等文本

（1）点击主菜单栏中的【插入】选项，找到其中的【图形与文本】窗格。

（2）左侧的选项卡中包含【矩形文本】、【多边形文本】等文本格式以及【矩形】、

【圆】等图形格式，如图 7.40 所示，选择一个合适的文本或图形作为标题的样式（以矩形文本为例）。

(3) 双击文本图层，打开【格式化文本】窗口，对标题的文本内容及文本样式进行逐项修改，如图 7.41 所示。

除了文本与图形等静态样式以外，GeoScene Pro 还提供了动态文本样式，包括时间、坐标统计数据等，如图 7.42 所示，用户可根据其喜好进行添加。

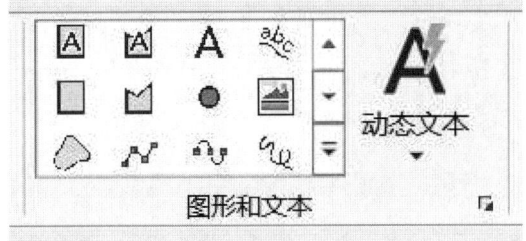

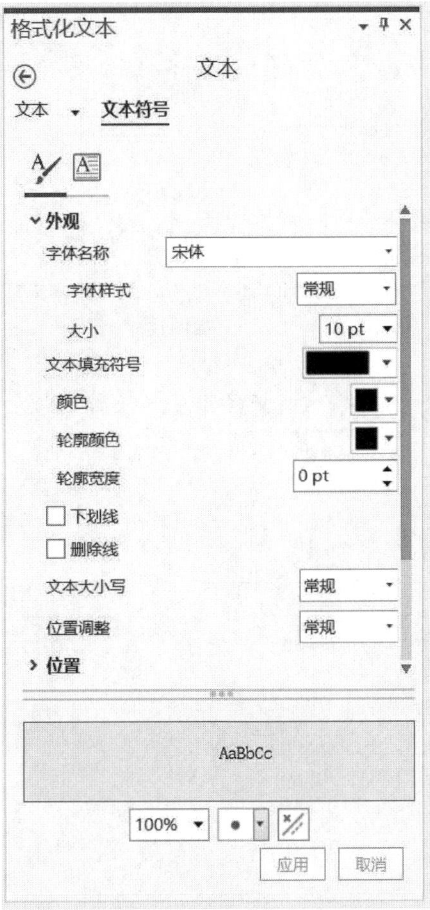

图 7.40　【图形与文本】窗格

图 7.41　【格式化文本】窗口 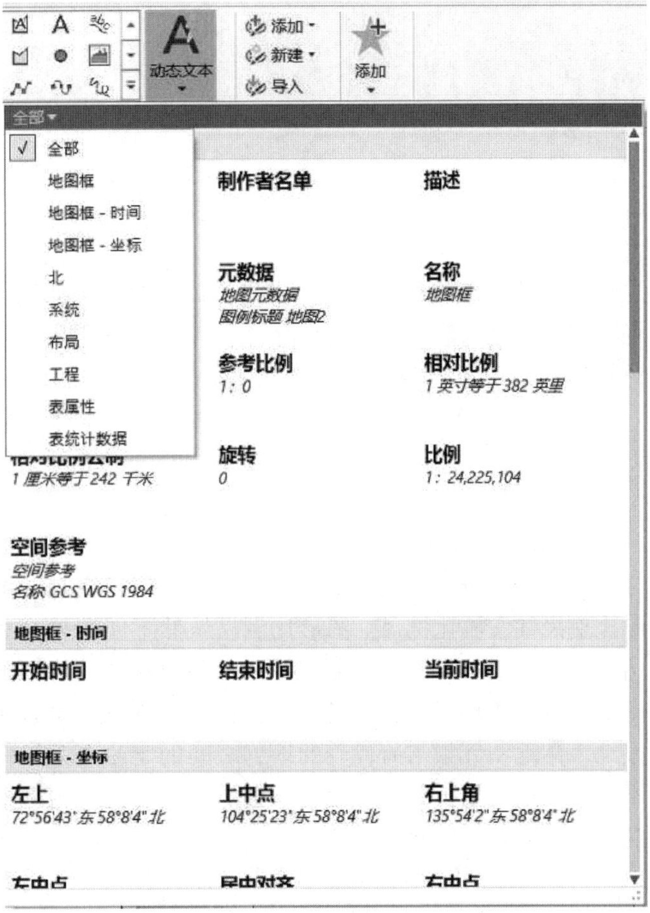　　　　图 7.42　动态文本库

2. 添加与修改指北针

(1) 点击【地图整饰要素】功能区中的【指北针】，打开【选择指北针】窗口，如图 7.43 所示。

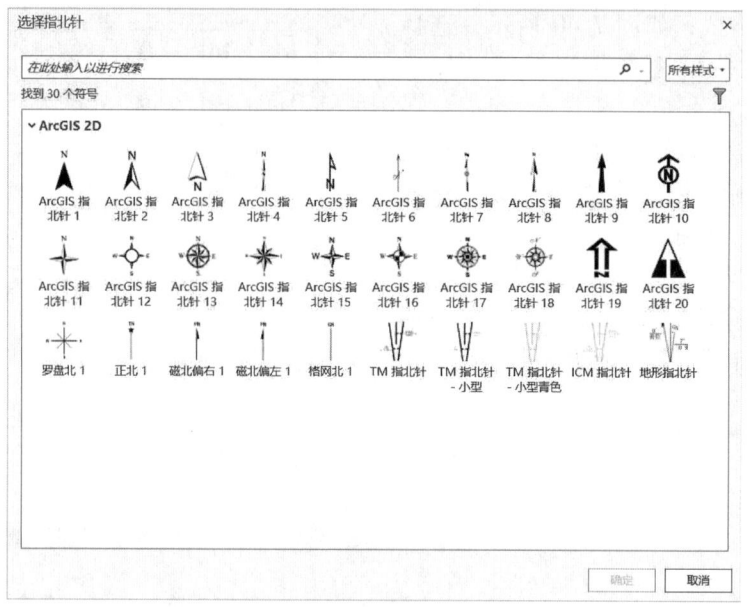

图 7.43 【选择指北针】窗口

（2）在列表框中选择需要的指北针类型，将其设置在地图上，之后双击图中的指北针，打开【格式化指北针】窗口，如图 7.44 所示。

（3）在该窗口中，可以对指北针的颜色、大小、角度、角度对齐、晕圈符号进行修改，在窗口下方可以预览修改后的指北针样式。

3. 添加与修改比例尺

在 GeoScene Pro 系统中，有两种类型的比例尺：图形比例尺和文本比例尺。图形比例尺虽然不能明显地表达制图比例，但可以用于地图量测，并且标注数值会随图形比例尺矩形框缩放而发生变化；文本比例尺可以明显地表达地图元素与所代表的地物之间的定量关系，但不能直接用于地图量测，而且不会随文本比例尺矩形框的缩放而变化。因此，两种比例尺各有其优缺点。

（1）点击【地图整饰要素】功能区中的【比例尺】，打开【选择比例尺】窗口，如图 7.45 所示。

图 7.44 【格式化指北针】窗口

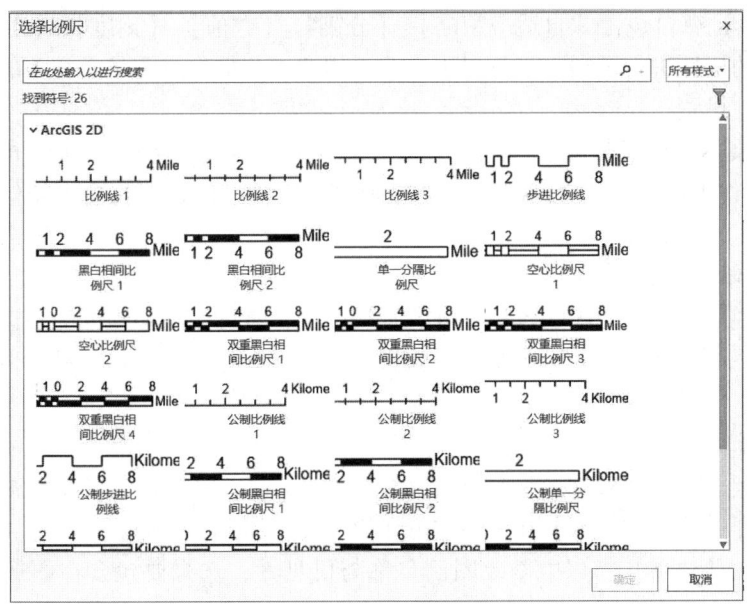

图 7.45 【选择比例尺】窗口

（2）选择所需的比例尺类型，将其设置在地图上，之后双击图上的比例尺，打开【格式化比例尺】中的【属性】窗口，如图 7.46 所示。

图 7.46 【格式化比例尺】中的【属性】窗口

（3）【属性】窗口包含【自适应策略】、【分割】、【数值】、【刻度】、【条块】五大类选项，对比例尺的属性进行了精细划分以供修改，用户可根据自身需求及相关的制图规范对以上参数进行逐一设置。

（4）对于文本比例尺来说，它是使用文字来表示地图的比例尺，如 1 cm = 100 km，表示地图上 1 cm 代表地面上 100 km。创建与修改文本比例尺的过程与文本类似，一般使用1: n 的格式来代表文本比例尺。

4. 添加与修改图例

图例用来说明地图上使用的各种符号的确切含义，有助于增强地图的易读性。图例包含两部分内容：一部分是用于表达地图符号的点、线、面图标，另一部分是对地图符号含义的标注和说明。

（1）添加和编辑图例。

第一步，点击【地图整饰要素】功能区中的【图例】，将图例设置在地图上，之后双击图上图例，打开【格式化图例】中的【选项】窗口，如图 7.47 所示。

第二步，在【选项】窗口中修改图例名称与可见性，选择要包含在图例的地图框，并调整图例与地图的同步性。

第三步，点击【图例项】下的【显示】按钮，在【多个项目】窗口中可以对图例的【显示】、【排列】、【调整大小】、【要素显示选项】和【缩进】等进行修改，如图 7.48 所示。

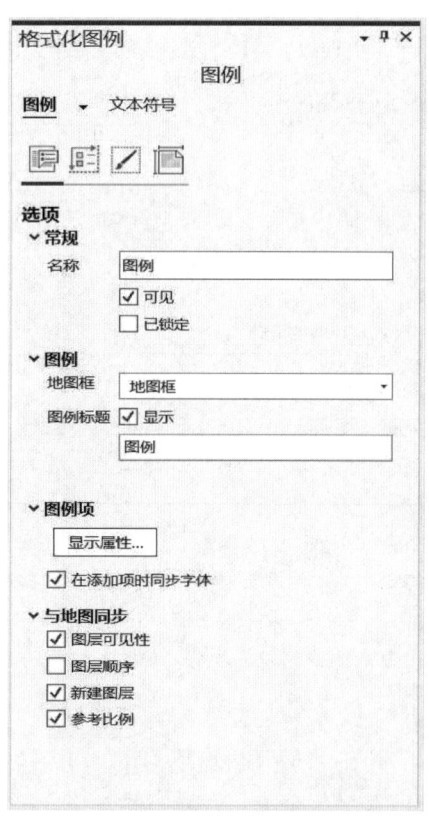

图 7.47 【格式化图例】中的【选项】窗口

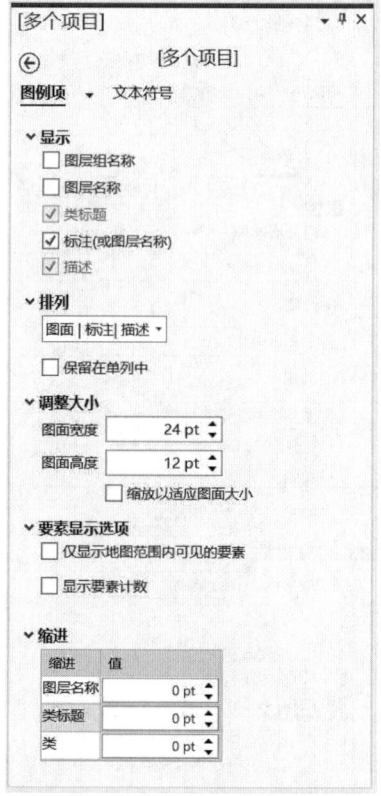

图 7.48 【多个项目】窗口

第四步，打开【格式化图例】中的【排列】窗口，对图例排列的【自适应策略】、【自动换行】和【间距】进行修改，如图7.49所示。

第五步，打开【格式化图例】中的【显示】窗口，对图例的【边框】、【背景】、【阴影】进行修改，如图7.50所示。

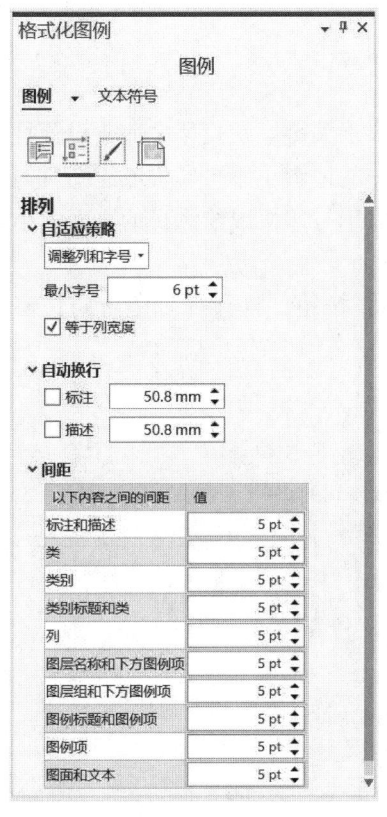

图7.49 【格式化图例】中的【排列】窗口

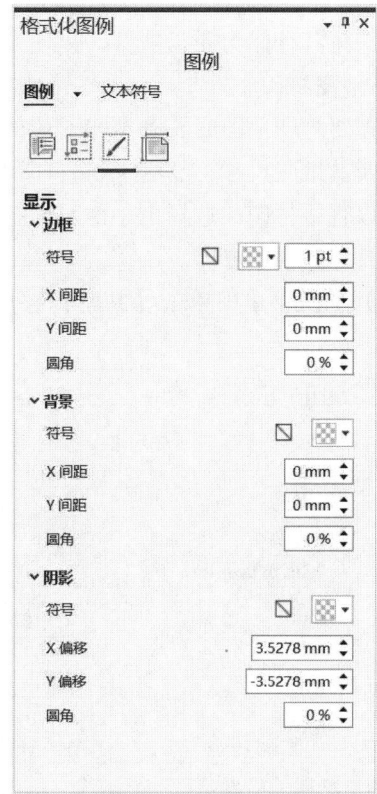

图7.50 【格式化图例】中的【显示】窗口

（2）将图例转换为图形。

如果希望能更精确地控制组成图例的各项元素，可将图例转换为图形。一旦将地图图例转换为图形后，它便不再链接到初始数据，并且不会响应对地图进行的更改。因此，最好在地图的图层和符号系统完成后再将图例转换为图形。

第一步，右键单击已创建的图例，在弹出的列表中，单击【转换为图形】，即可将图例转换为图形。

第二步，右键单击已转换为图形的图例，在弹出列表中，单击【取消分组】，将图形进行分组，以便可以单独编辑组成图例的单个元素（图面、文本等），如图7.51所示。

第三步，双击图例的单个元素，打开【格式化符号】窗口，可设置【文本】、【大小】、【样式】等；也可以同时选中几个元素，在单击右键弹出的菜单中单击【分组】，将这几个元素重新组合。

除文本、指北针、比例尺、图例外，若有与地图框相关

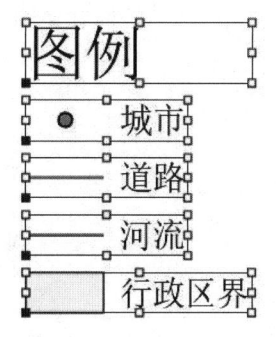

图7.51 取消分组后的结果

的图表、表格等数据，也可以在【地图整饰要素】分区中找到相应功能来实现。

7.3.4 地图打印与导出

通常，编制好的地图可以通过两种方式输出：一是通过打印机或绘图仪将编制好的地图打印输出，二是将编制好的地图转换为通用格式的栅格图形，如 bmp、gif、jpeg、pdf 和 tif 等格式，将其存储为磁盘文件，以便在多个系统中应用。

1. 地图打印

当需要打印地图时，确定相对应的打印机或绘图仪很关键。在打印之前要设置打印机或绘图仪及其纸张尺寸，然后进行打印预览，如果要打印的地图小于打印机或绘图机的页面大小，可以直接打印或选择更小的页面打印；如果地图大于打印机或绘图机的页面大小，则可以分幅打印或强制打印。

（1）在主菜单中单击【共享】菜单栏下的【打印】按钮，打开【打印布局】窗口，如图 7.52 所示。

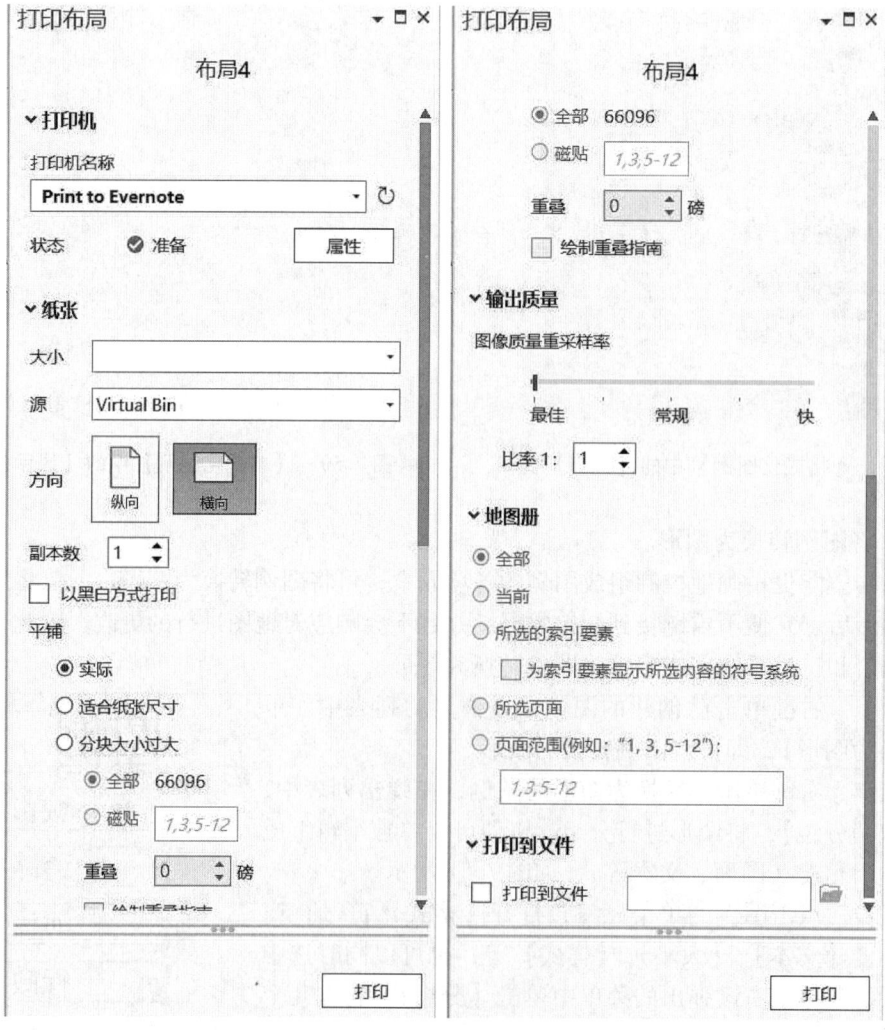

图 7.52 【打印布局】窗口

(2)在【打印机】选项中，设置打印机的型号以及相关参数。

(3)在【纸张】选项栏中，设置纸张的大小、方向以及打印份数，之后根据地图与纸张的大小关系，在【平铺】列表栏中勾选相应选项进行正常打印、缩放打印或者分幅打印。

(4)在【输出质量】选项框中，设置图像质量重采样率。

(5)若要对构建的地图册打印，则在【地图册】选项栏中设置相应的打印范围。

(6)勾选【打印到文件】复选框，打开【打印到文件】窗口，确定打印文件目录和路径。

(7)最后单击【打印】按钮，即可打印文件。

2. 地图导出

可将地图文件转换为其他格式的文件，以便在其他环境中共享。其操作步骤如下：

(1)在主菜单中单击【共享】菜单栏下的【布局】按钮，打开【导出布局】窗口，如图7.53所示。

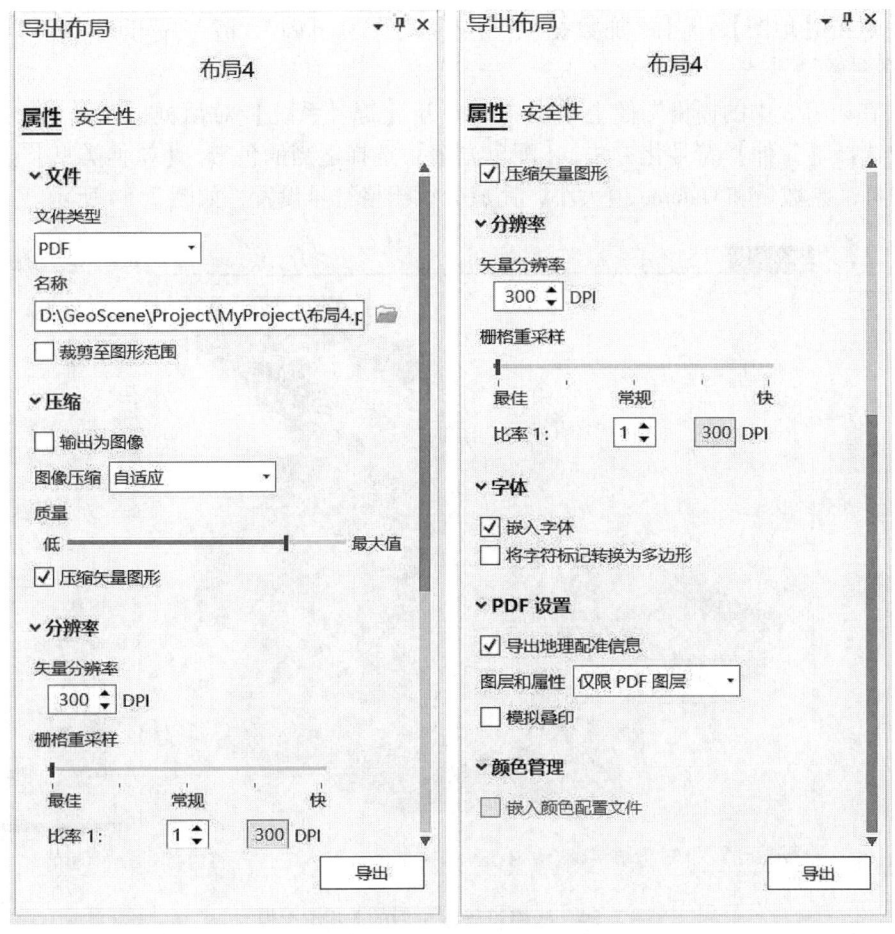

图7.53 【导出布局】窗口

(2)在【导出布局】窗口中，单击【文件类型】下拉菜单，选择要保存的文件格式；在【名称】文本框中输入存储文件的位置和名称。

(3)在【压缩】选项卡下可以设置图像压缩参数，在【分辨率】选项卡下可以设置图像的矢量分辨率、栅格重采样等参数。

（4）在【字体】选项卡中可以勾选【嵌入字体】或【将字符标记转换为多边形】，在【PDF 设置】选项卡中可以勾选【导出地理配准信息】或【模拟叠印】等选项。

（5）在【安全性】选项卡中可以设置密码来限制文件的打开。

（6）单击【导出】按钮，输出编制好的地图。

7.4 综合制图案例

通过制作 DEM 专题地图，掌握 GeoScene Pro 中数据符号化等数据处理方法和综合制图流程，获得使用 GeoScene Pro 进行专题题图绘制、解决实际问题的能力。

使用到的数据主要包括 DEM 栅格数据等，操作步骤如下。

1. 制图数据操作

（1）点击【插入】→【新建地图】，创建图层。

（2）点击【地图】→【添加数据】，导入位于"\ data \ ch7 \ section1 \ DEM. tif"的 DEM 栅格图像。

（3）在内容表中的栅格图像上单击右键打开【符号系统】对话框，在【主符号系统】选项卡中选择【拉伸】符号化方法，【配色方案】选择适当的色带，【拉伸类型】选择标准差，设置标准差数量和 Gamma 值大小，完成分级栅格符号设置，如图 7.54 所示。

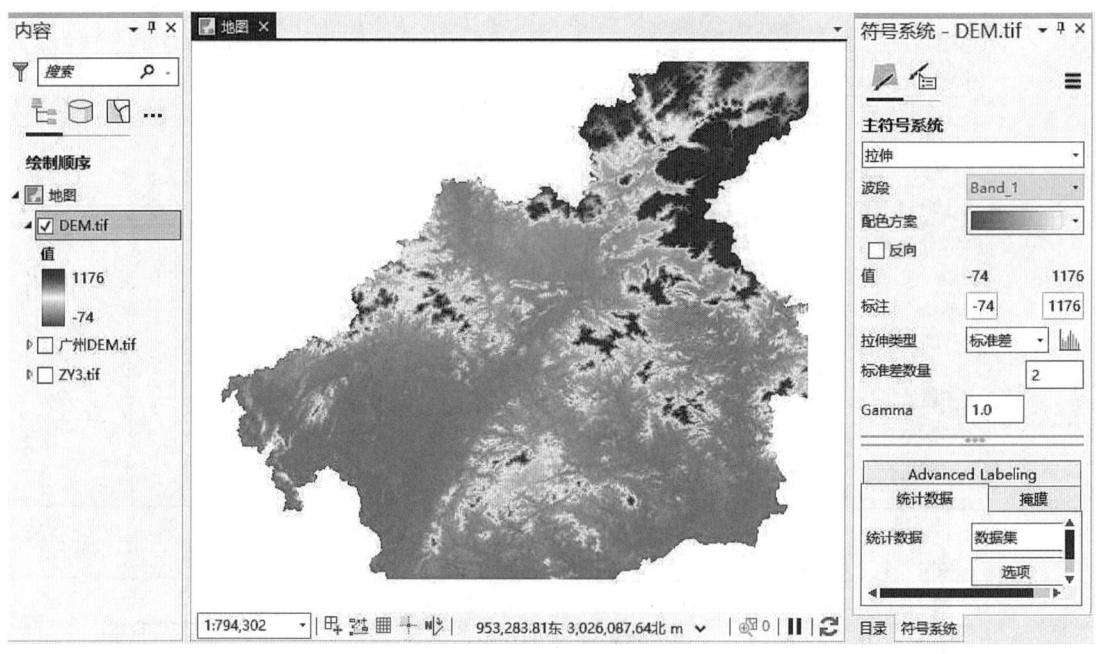

图 7.54 栅格符号设置后的 DEM 影像

2. 新建布局

（1）点击【插入】→【数据框】，根据需要选择尺寸合适的纵向 A4 页面。

（2）点击【插入】→【数据框】，设置地图数据范围，如图 7.55 所示。

第 7 章 地图制图

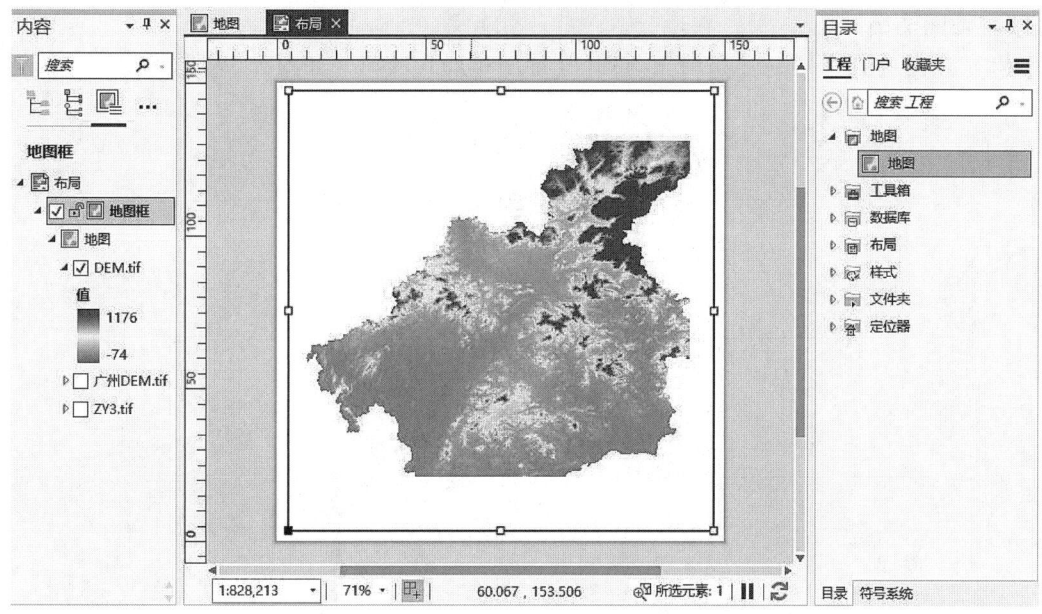

图 7.55 新建布局

3. 地图整饰

（1）点击【插入】→【指北针】，在页面左上角插入指北针并设置指北针格式。
（2）点击【插入】→【比例尺】，在页面右下角插入比例尺并设置比例尺格式。
（3）点击【插入】→【图例】，在页面左下角插入图例并设置图例格式。
（4）点击【插入】→【格网】，为地图添加经纬网并设置格网格式（结果如图 7.56 所示）。

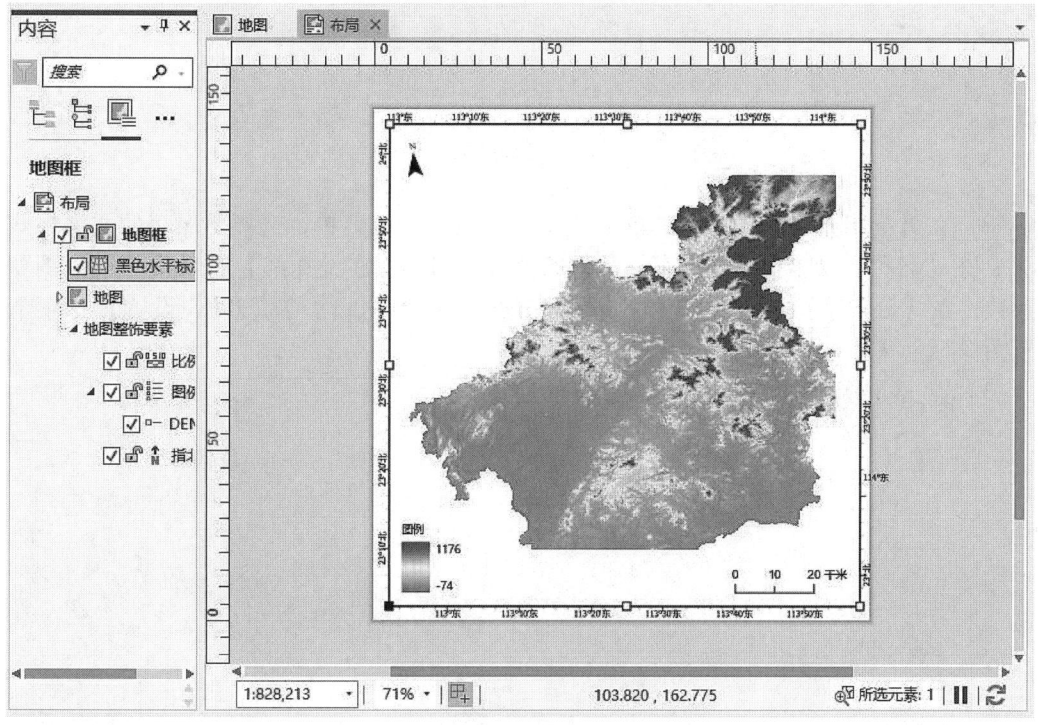

图 7.56 地图整饰

115

4. 地图输出

(1) 点击【共享】→【布局】，打开【导出布局】窗口，如图7.57所示。

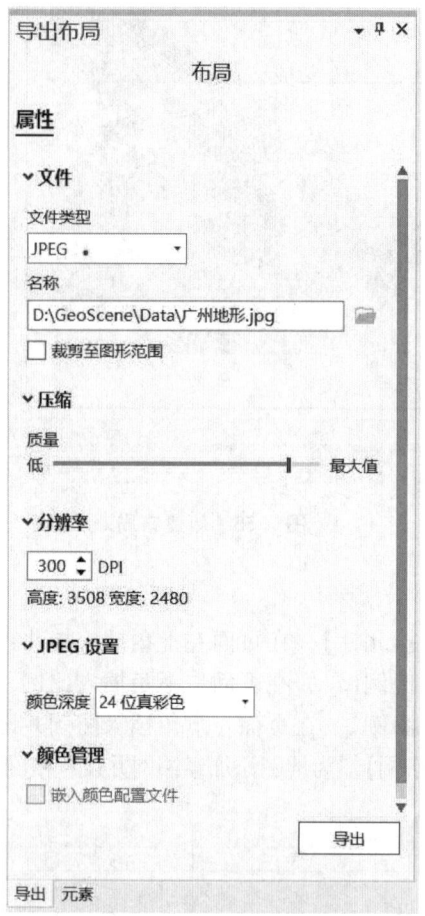

图7.57 【导出布局】窗口

(2) 在【导出布局】窗口中，单击【文件类型】下拉菜单，选择要保存的文件格式为JPEG；在【名称】文本框中输入存储文件的位置和名称；在【压缩】选项卡下设置图像压缩参数；在【分辨率】选项卡下设置图像的分辨率为300 dpi；在【JPEG设置】选项卡下设置图像颜色深度。

(3) 点击【导出】按钮，输出编制好的地图。

第 3 篇

地理分析与建模

第 8 章 矢量数据的空间分析

空间分析是空间数据综合分析技术的总称,是地理信息系统的核心部分,在地理数据的应用中发挥着重要作用。从数据模型的角度来看,空间分析分为两种:矢量数据的空间分析和栅格数据的空间分析。GIS 不仅可以满足用户的导航和地图显示,还可以解决与地理特征的位置和属性有关的问题,例如最近的地方和周围的地方,这些都需要使用矢量数据分析功能。与栅格数据空间分析相比,矢量数据空间分析一般没有模式处理方法,但其表现出分析方法的多样性和复杂性,主要基于点、线、面三种基本形式。在 GeoScene Pro 中,矢量数据的空间分析方法主要有提取分析、叠加分析、邻近分析和统计分析等。本章将对这些方法进行详细介绍。

8.1 提取分析

GIS 数据集中通常会包含超出实际需求的数据。"提取分析"工具允许通过查询(SQL 表达式)或空间和属性提取操作来选择要素类或表中的要素和属性。输出要素和属性将存储于要素类或表中。

8.1.1 裁剪

裁剪(clip)指的是提取与裁剪要素相重叠的输入要素,其用于以其他要素类中的一个或多个要素作为模具来剪切要素类的一部分。裁剪原理如图 8.1 所示。

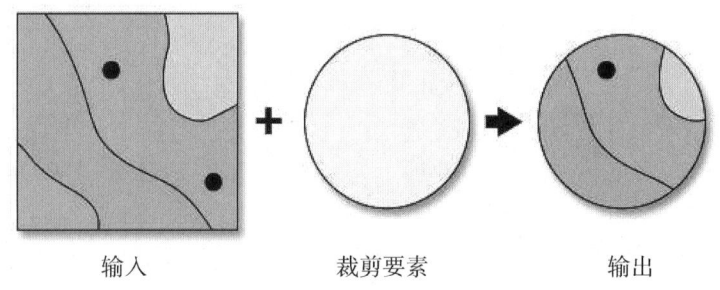

图 8.1 裁剪原理

裁剪要素参数值可以是点、线和面,具体取决于输入要素参数类型。

当输入要素为面时,裁剪要素也必须为面;当输入要素为线时,裁剪要素可以为线或面(如图 8.2、图 8.3 所示)。当用线要素裁剪线要素时,仅将重合的线或线段写入到输出中。

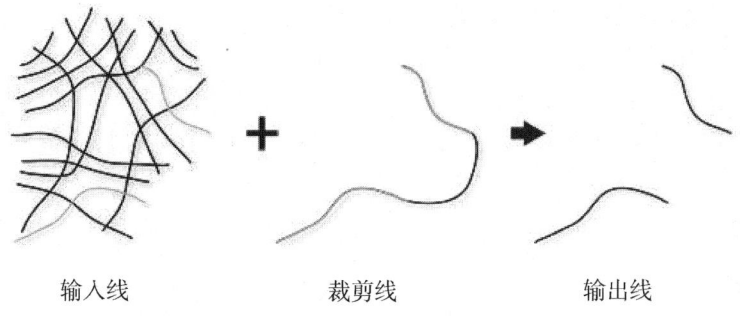

图 8.2　由线要素裁剪的线要素

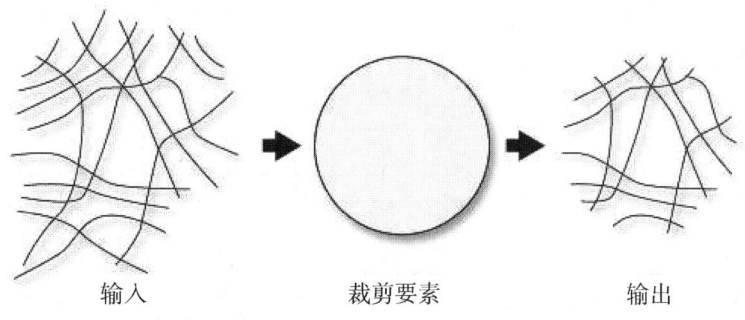

图 8.3　由面要素裁剪的线要素

当输入要素为点时，裁剪要素可以为点、线或面（如图 8.4、图 8.5 所示）。当用点要素裁剪点要素时，仅将重合的点写入到输出中；当用线要素裁剪点要素时，仅将与线要素重合的点写入到输出中。

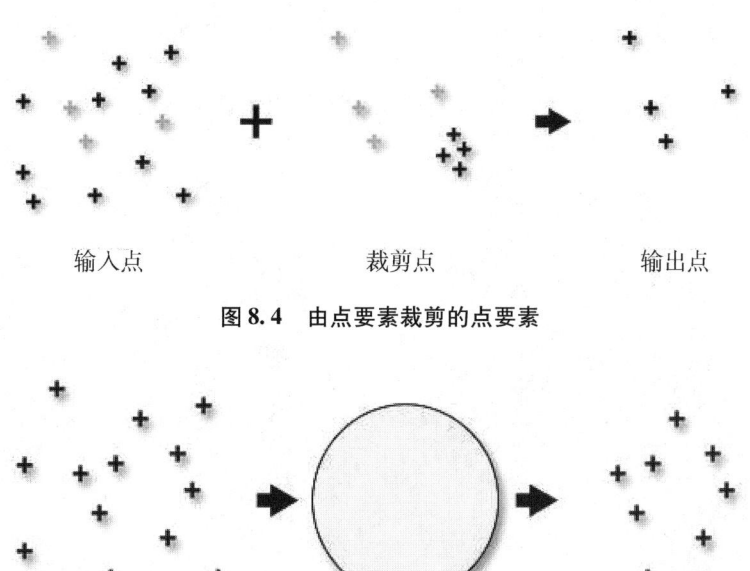

图 8.4　由点要素裁剪的点要素

图 8.5　由面要素裁剪的点要素

输出要素类参数将包含输入要素参数的所有属性。

要素裁剪的操作步骤如下：

（1）加载位于"\data\ch8\section1"的"市.shp"和"area.shp"矢量文件。

（2）在工具箱中点击【分析工具】→【提取分析】→【裁剪】，打开【裁剪】窗口，如图 8.6 所示。

（3）在【裁剪】窗口中，输入【输入要素】、【裁剪要素】数据，指定【输出要素类】的保存路径和名称，如图 8.7 所示。

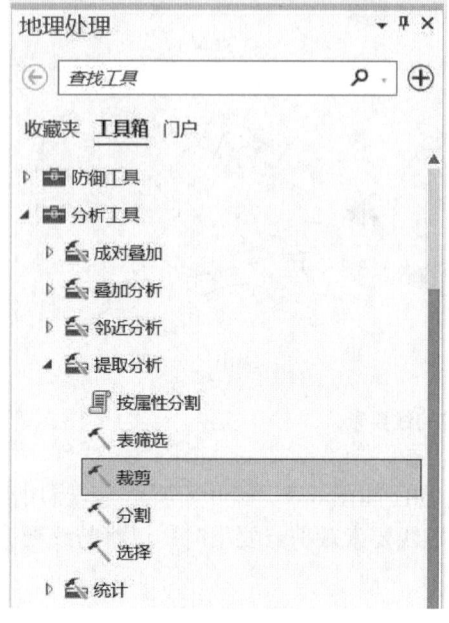

图 8.6　从工具箱中选择裁剪工具

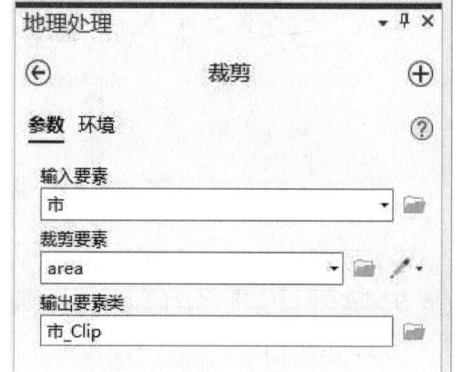

图 8.7　【裁剪】窗口

（4）单击【运行】按钮，完成要素裁剪操作，结果如图 8.8 所示。

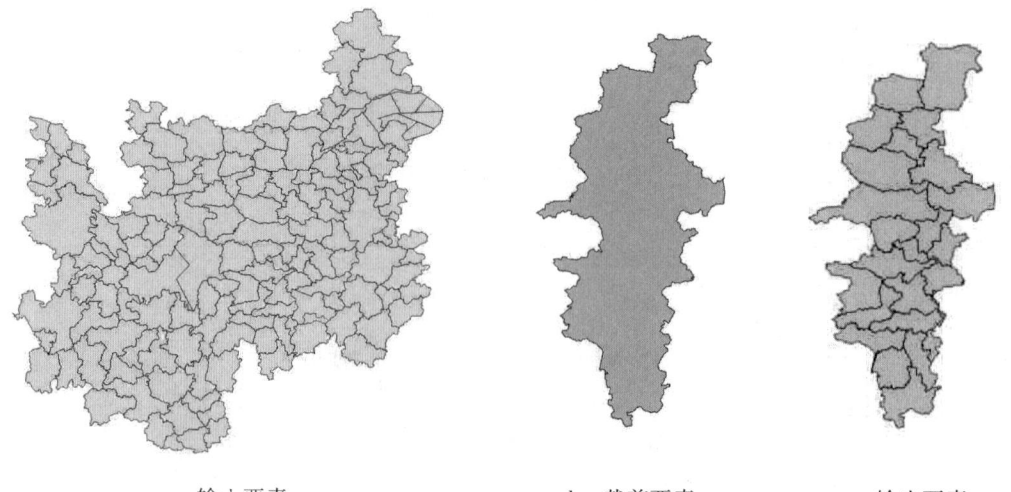

a. 输入要素　　　　　　b. 裁剪要素　　　　　　c. 输出要素

图 8.8　裁剪结果

8.1.2 分割

分割（split）是按照分割区域将输入要素分割成多个输出要素类。分割原理如图 8.9 所示，示例中根据六个叠加分割要素中的四个，将输入要素分割为四个输出要素类，这六个分割要素与六个唯一分割字段值相对应。

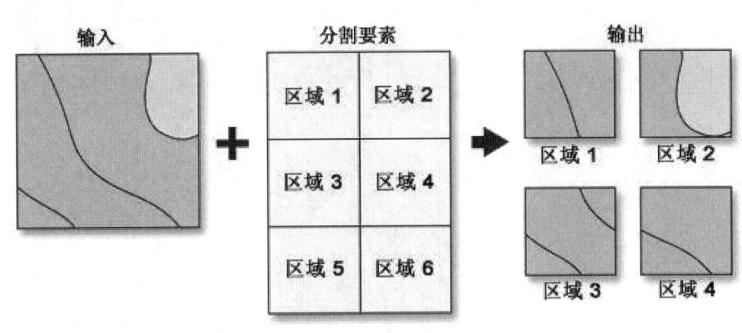

图 8.9 分割原理

分割具有以下特点和需满足条件：

(1) 分割要素数据集必须是面。

(2) 分割字段数据类型必须是字符。其唯一值生成输出要素类的名称。

(3) 分割字段的唯一值必须以有效字符开头。如果目标工作空间是地理数据库，则字段值必须以字母开头。例外情况：shapefile 名称可以使用数字开头，文件夹目标工作空间允许以数字开头的字段值。

(4) 目标工作空间必须已经存在。

(5) 输出要素类的总数等于唯一分割字段值的数量，其范围为输入要素与分割要素的叠加部分。

(6) 每个输出要素类的要素属性表所包含的字段与输入要素属性表中的字段相同。

(7) 根据注记字符串左下角起点所在的分割要素面，对注记要素进行分割并将其保存在输出要素中。

要素分割的操作步骤如下：

(1) 加载位于"\ data \ ch8 \ section1"的"市.shp"和"area.shp"矢量文件。

(2) 在工具箱中点击【分析工具】→【提取分析】→【分割】，打开【分割】窗口。

(3) 在【分割】窗口中，输入【输入要素】、【分割要素】数据以及【分割字段】，并指定【目标工作空间】，如图 8.10 所示。

(4) 单击【运行】按钮，完成要素分割操作，结果如图 8.11 所示。

图 8.10 【分割】窗口

a. 输入要素　　　　　　　　b. 分割要素　　　　　　　　c. 输出要素

图 8.11　分割结果

8.1.3　选择

选择（select）是从输入要素或输入要素图层中提取要素［通常使用选择或结构化查询语言（SQL）表达式］，并将其存储于输出要素类中。

选择表达式或 SQL 表达式可以使用查询构建器构建，也可以直接输入。如果以图层作为输入要素并且未输入任何表达式，则仅将所选要素写入到输出要素类。如果将图层用于输入要素并且输入了表达式，则仅对所选要素执行表达式，并将所选集合中基于表达式的子集写入到输出要素类。如果已具有包含一组选定要素的图层，请改为使用复制要素工具创建要素类。

要素选择的操作步骤如下：

（1）加载位于"\data\ch8\section1"的"市.shp"矢量文件。

（2）在工具箱中点击【分析工具】→【提取分析】→【选择】，打开【选择】窗口。

（3）在【选择】窗口中，输入【输入要素】数据，指定【输出要素类】的保存路径和名称，并按条件构建【表达式】，如图 8.12 所示。

（4）单击【运行】按钮，完成要素选择操作，结果如图 8.13 所示。

图 8.12　【选择】窗口

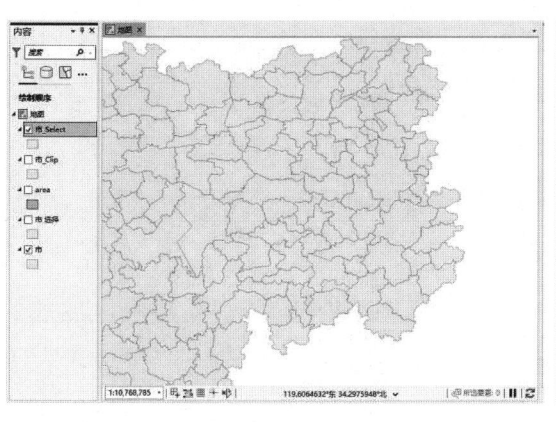   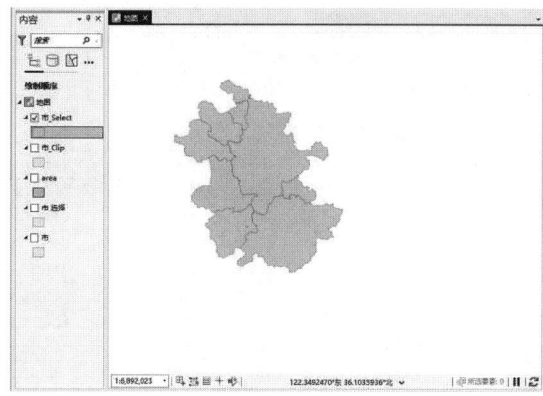

a. 输入要素　　　　　　　　　　　　b. 输出要素

图 8.13　选择结果

8.1.4　表筛选

表筛选（table select）是筛选与结构化查询语言（SQL）表达式匹配的表记录并将其写入输出表。

表筛选的输入可以是 INFO、dBASE 表或地理数据库表、要素类、表视图或 VPF 数据集。表达式参数可以使用查询构建器创建，也可以直接输入。如果为输入表使用表视图并且未输入任何表达式，则仅将所选记录写入输出表。如果为输入表使用表视图并且输入了表达式，则仅对所选记录执行表达式并将所选集中基于表达式的子集写入输出表。

表筛选的操作步骤如下：

（1）加载位于"\data\ch8\section1"的"县.shp"矢量文件。

（2）在工具箱中点击【分析工具】→【提取分析】→【表筛选】，打开【表筛选】窗口。

（3）在【表筛选】窗口中，输入【输入表】数据，指定【输出表】的保存路径和名称，并按条件构建【表达式】，如图 8.14 所示。

（4）单击【运行】按钮，完成要素表筛选操作，结果如图 8.15 所示。

图 8.14　【表筛选】窗口

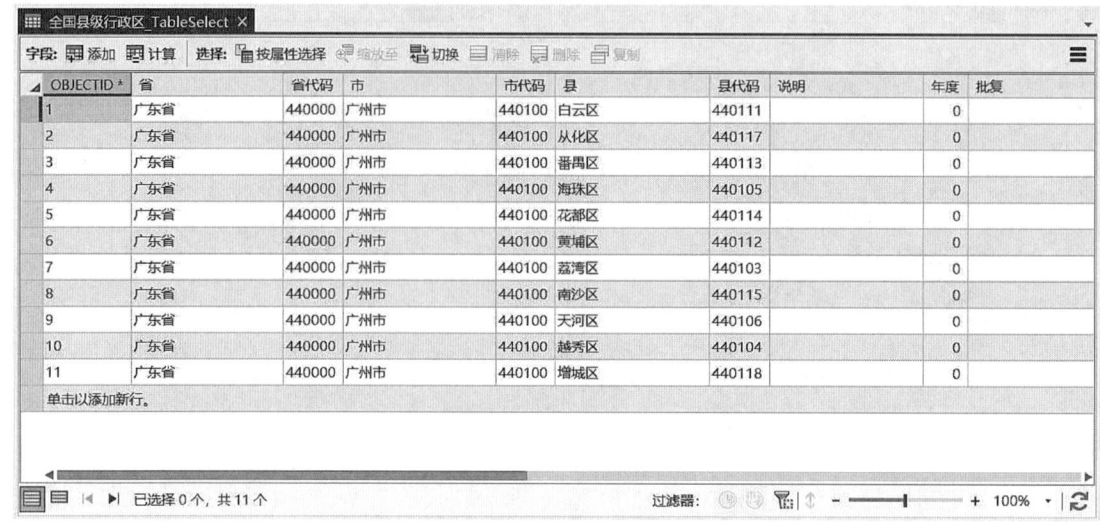

图 8.15　表筛选结果

8.2　叠加分析

"叠加分析"工具集中包含的工具用于叠加多个要素类以合并、擦除、修改或更新空间要素，从而生成新要素类。将一个要素集合与另一个集合叠加时会创建新信息。所有叠加操作都涉及将两组要素合并成一组要素，以确定输入要素间的空间关系。

8.2.1　擦除

擦除（erase）指的是通过将输入要素与擦除要素相叠加来创建要素类。该操作只将输入要素处于擦除要素之外的部分复制到输出要素类。擦除原理如图 8.16 所示。

擦除要素可以为点、线或面，只要输入要素值的要素类型等级与之相同或较低。面擦除要素可用于擦除输入要素中的面、线或点，线擦除要素可用于擦除输入要素中的线或点，点擦除要素仅用于擦除输入要素中的点。

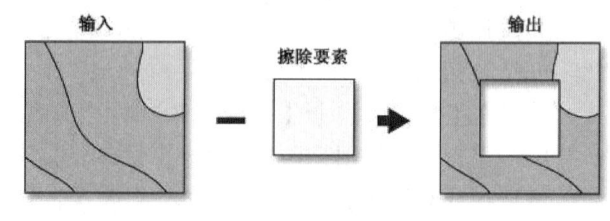

图 8.16　擦除原理

擦除的操作步骤如下：

（1）加载位于"\data\ch8\section1"的"市.shp"和"area.shp"矢量文件。

（2）在工具箱中点击【分析工具】→【叠加分析】→【擦除】，打开【擦除】窗口，如图 8.17 所示。

（3）在【擦除】窗口中，输入【输入要素】、【擦除要素】数据，指定【输出要素类】的保存路径和名称，如图 8.18 所示。

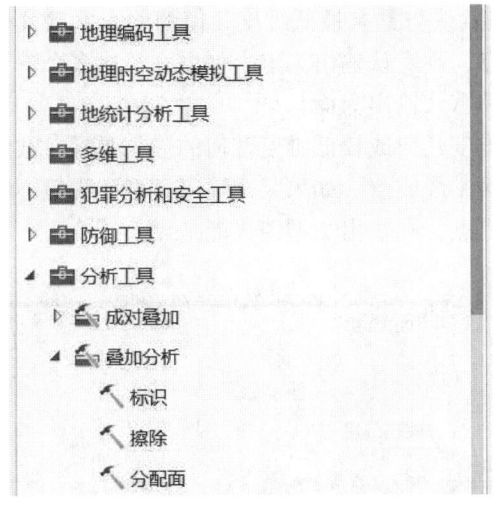

图 8.17　从工具箱中选择擦除工具

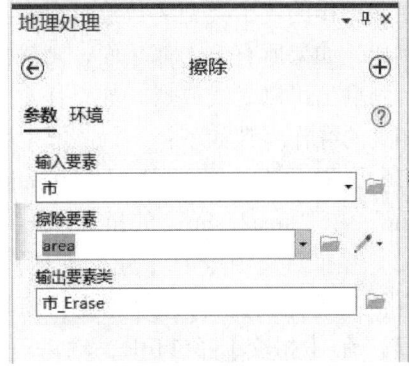

图 8.18　【擦除】窗口

（4）单击【运行】按钮，完成擦除操作，结果如图 8.19 所示。

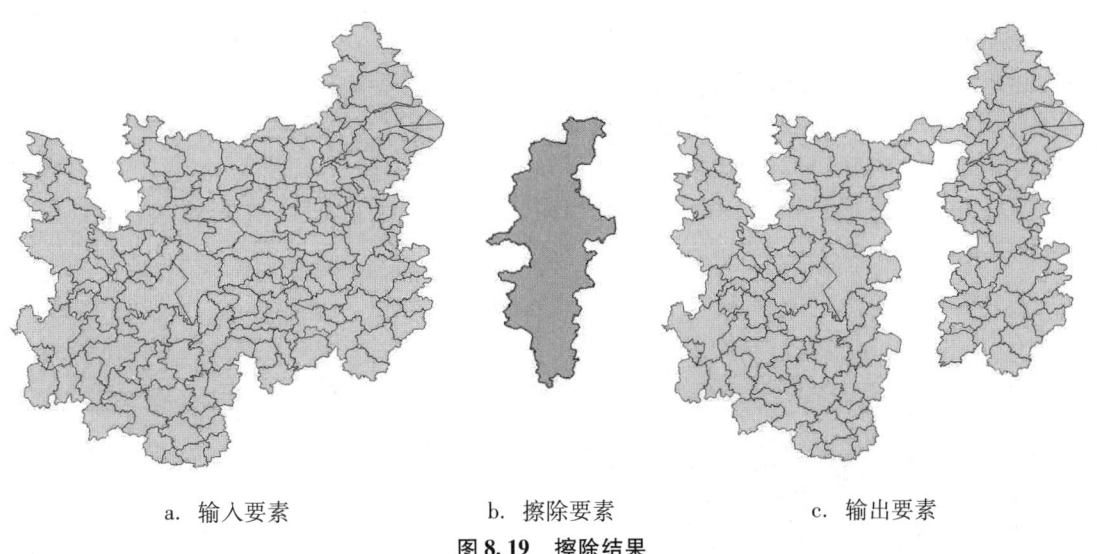

　　a. 输入要素　　　　　　b. 擦除要素　　　　　　c. 输出要素

图 8.19　擦除结果

8.2.2　相交

　　相交（intersect）是计算输入要素的几何交集。所有图层或要素类中相叠置的要素或要素的各部分将被写入到输出要素类。相交原理如图 8.20 所示。

　　相交操作的输入要素参数值必须为简单要素：点、多点、线或面。输入要素不能是复杂要素，如注记要素、尺寸要素或网络要素。如果输入要素具有不同几何类型（如

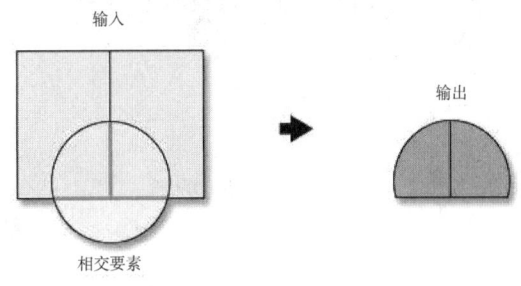

图 8.20　相交原理

面上的线、线上的点等），则输出要素的几何类型默认与具有最低维度几何的输入要素几何类型相同。例如，如果一个或多个输入的类型为点，则默认输出为点；如果一个或多个输入为线，则默认输出为线；如果所有输入都为面，则默认输出为面。

相交操作的输出类型参数值可以是具有最低维度几何或较低维度几何的输入要素参数的值。例如，如果所有输入都是面，则输出可以是面、线或点。如果某个输入类型为线但不包含点，则输出可以是线或点。如果任意一个输入是点，则输出类型值只能是点。

相交的操作步骤如下：

（1）加载位于"\data\ch8\section1"的"市.shp"和"area2.shp"矢量文件。

（2）在工具箱中点击【分析工具】→【叠加分析】→【相交】，打开【相交】窗口。

（3）在【相交】窗口中，输入【输入要素】数据，指定【输出要素类】的保存路径和名称，如图 8.21 所示。

（4）【要连接的属性】下拉框中有三个选项：除要素 ID 外的所有属性、仅要素 ID、所有属性，通过其确定输入要素的哪些属性将传递到输出要素类；【输出类型】下拉框中也有三个选项：与输入相同（面）、线、点。通过其确定输出要素的类型，如图 8.21 所示。

（5）单击【运行】按钮，完成相交操作，结果如图 8.22 所示。

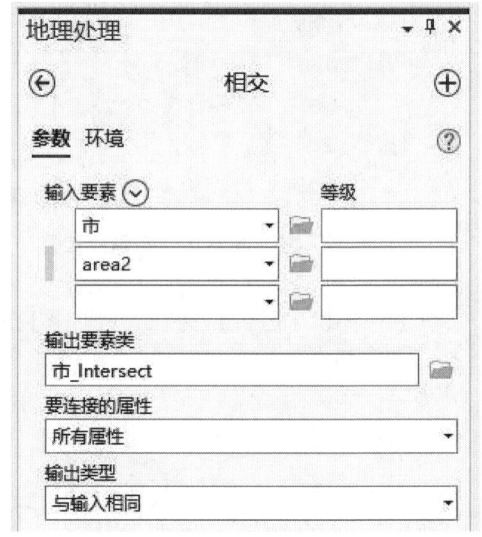

图 8.21　【相交】窗口

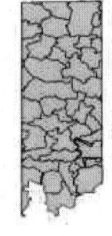

　　a. 输入要素　　　　　　　b. 相交要素　　　　c. 输出要素

图 8.22　相交结果

8.2.3 联合

联合（union）是计算输入要素的几何并集，该操作将所有要素及其属性都写入输出要素类。联合原理如图 8.23 所示。

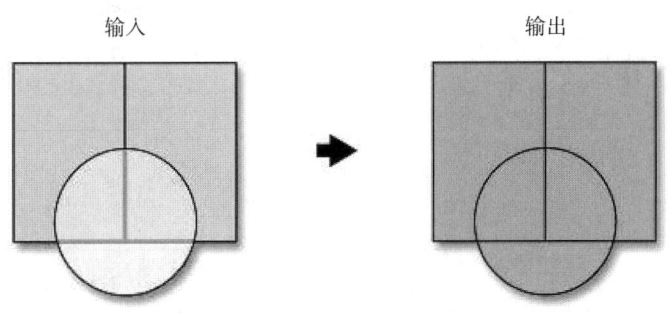

图 8.23 联合原理

在联合分析过程中，输入要素必须是多边形。如果输入要素中有相交的部分，相交部分还会具有相交的输入要素的所有属性。

两个图层进行联合时，在输出要素层中可能会出现被其他要素包围的空白区域，称之为间距，亦称为岛状区域。在操作过程中，可选择是否"允许间隙"，如果不允许，岛状区域将会被填充；反之，岛状区域不会被填充。

联合的操作步骤如下：

（1）加载位于"\data\ch8\section1"的"市.shp"和"area2.shp"矢量文件。

（2）在工具箱中点击【分析工具】→【叠加分析】→【联合】，打开【联合】窗口。

（3）在【联合】窗口中，输入【输入要素】数据，指定【输出要素类】的保存路径和名称，如图 8.24 所示。

（4）【要连接的属性】下拉框中有三个选项：除要素 ID 外的所有属性、仅要素 ID、所有属性，通过其确定输入要素的哪些属性将传递到输出要素类。

（5）单击【运行】按钮，完成联合操作，结果如图 8.25 所示。

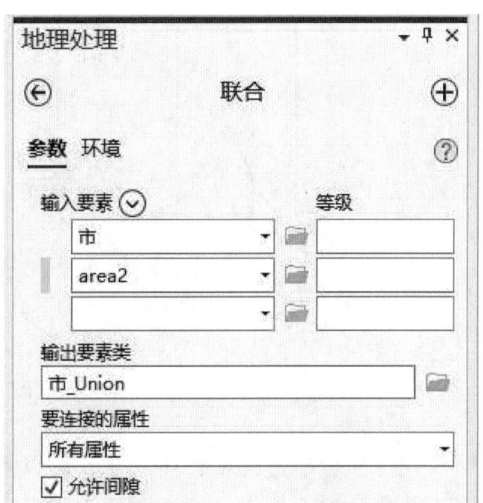

图 8.24 【联合】窗口

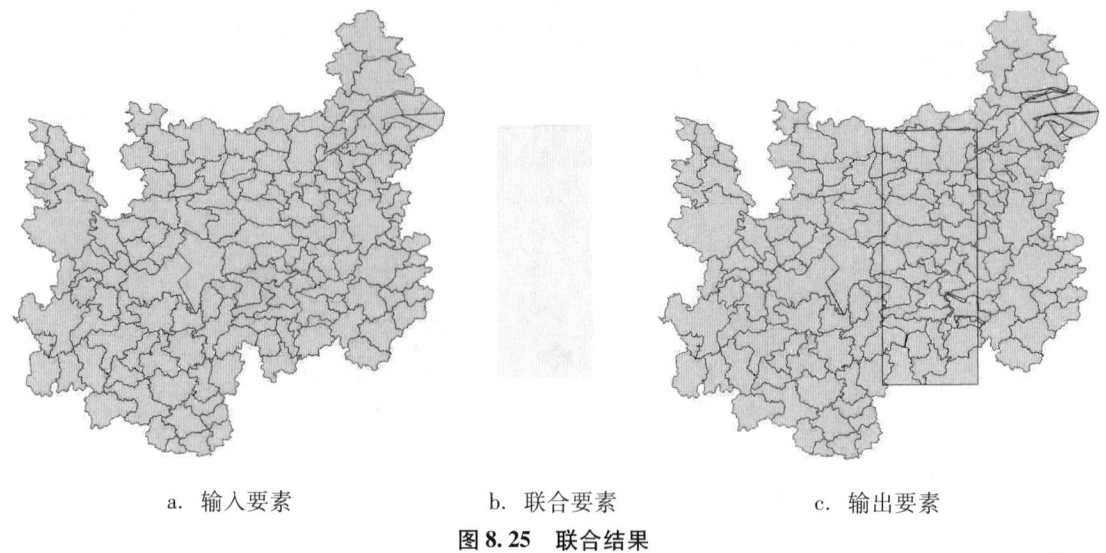

a. 输入要素　　　　　　　b. 联合要素　　　　　　　c. 输出要素

图 8.25　联合结果

8.2.4　标识

标识（identity）是计算输入要素和标识要素的几何交集，与标识要素重叠的输入要素或输入要素的一部分将获得这些标识要素的属性。标识原理如图 8.26 所示。

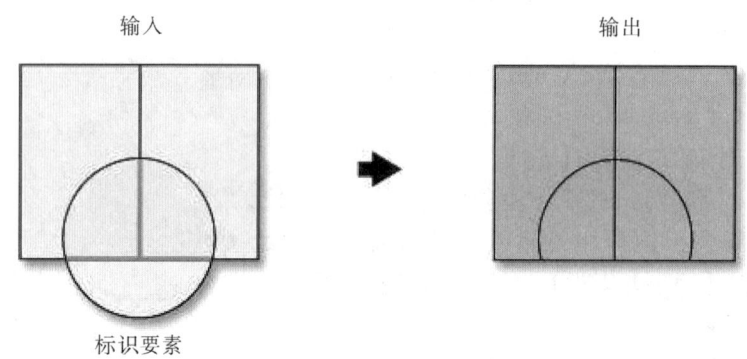

图 8.26　标识原理

在标识分析过程中，输入要素可以是点、多点、线或面。注记要素、尺寸要素或网络要素不能作为输入要素。标识要素必须是面要素，或与输入要素的几何类型相同。

如果在使用此工具时，将点作为输入而将面作为标识要素，那么直接落在面边界上的点将被添加到输出中两次，为每个包含该边界的面各添加一次。如果输入要素为线而标识要素为面，并且勾选了【保留关系】，则输出线要素类将具有两个附加字段 LEFT_poly 和 RIGHT_poly。这些字段用于记录线要素左侧和右侧的标识要素的要素 ID。

标识的操作步骤如下：

（1）加载位于"\data\ch8\section1"的"市.shp"和"area2.shp"矢量文件。

（2）在工具箱中点击【分析工具】→【叠加分析】→【标识】，打开【标识】窗口。

（3）在【标识】窗口中，输入【输入要素】、【标识要素】数据，指定【输出要素类】的保存路径和名称，如图 8.27 所示。

（4）【要连接的属性】下拉菜单中有三个选项：除要素 ID 外的所有属性、仅要素 ID、所有属性，通过其确定输入要素的哪些属性将传递到输出要素类。

（5）单击【运行】按钮，完成标识操作，结果如图 8.28 所示。

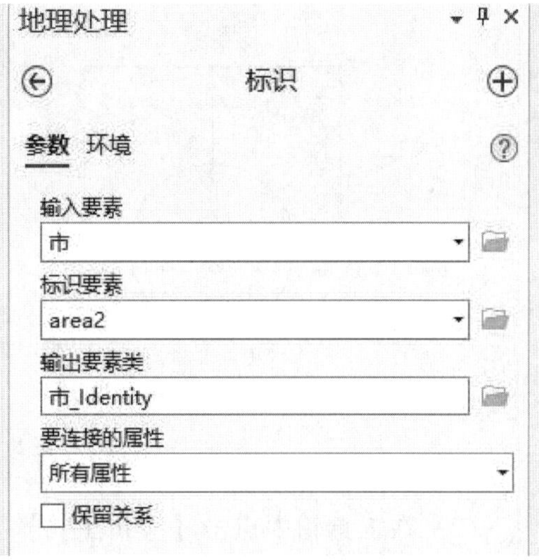

图 8.27 【标识】窗口

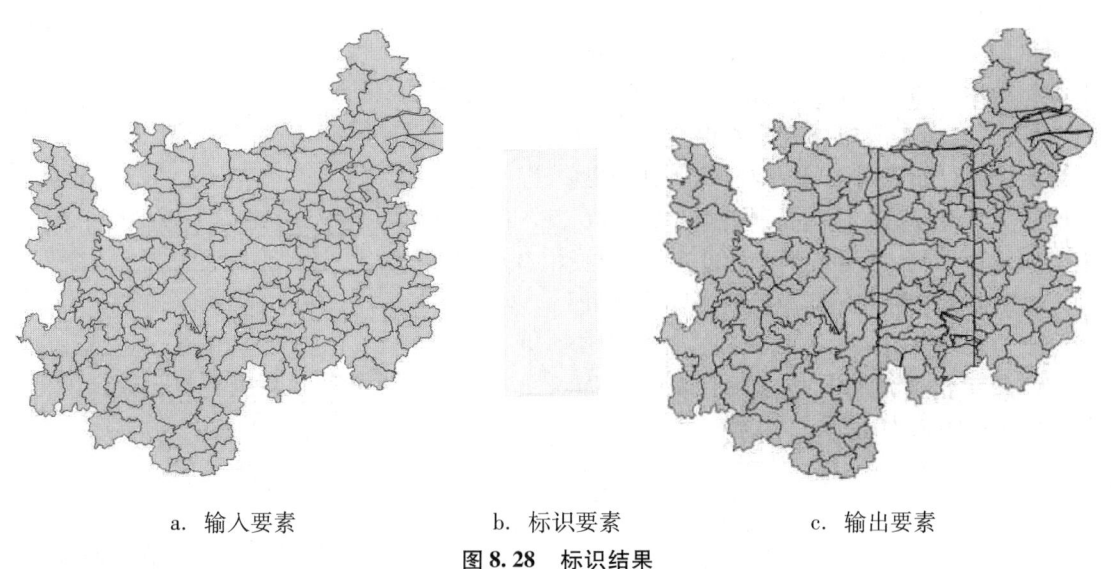

　　a. 输入要素　　　　　　b. 标识要素　　　　　　c. 输出要素

图 8.28 标识结果

8.2.5 更新

更新（update）是指计算输入要素和更新要素的几何交集。在该操作中，输入要素的属性和几何根据输出要素类中的更新要素来进行更新。更新原理如图 8.29 所示。

在更新分析过程中，输入要素和更新要素必须为面。输入要素与更新要素的字段名称必须保持一致。如果更新要素的名称缺少输入要素的名称中的一个或多个字段，则将从输出要素类中移除缺失字段的输入要素字段值。此工具将不修改输入要素，工具的生成结果将写入到新要素类。

更新的操作步骤如下：

（1）加载位于"\data\ch8\section1"的"市.shp"和"area2.shp"矢量文件。

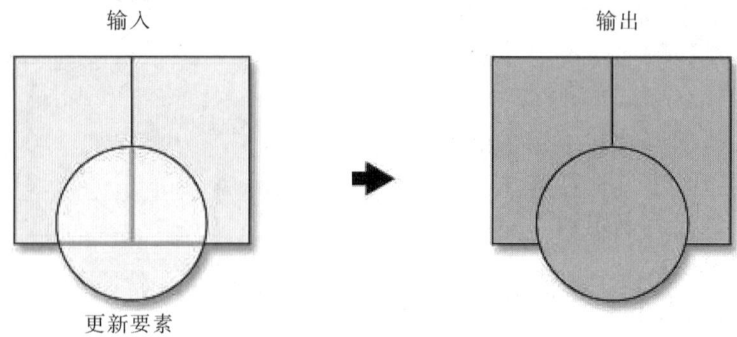

图 8.29　更新原理

（2）在工具箱中点击【分析工具】→【叠加分析】→【更新】，打开【更新】窗口。

（3）在【更新】窗口中，输入【输入要素】、【更新要素】数据，指定【输出要素类】的保存路径和名称，如图 8.30 所示。

（4）【边界】选项指定是否保留更新面要素的边界，如果勾选【边界】，则更新要素的外边界将保留在输出要素类中；如果取消勾选【边界】，则更新要素的外边界将在插入输入要素之后被删除。更新要素的项值优先于输入要素的属性。

（5）单击【运行】按钮，完成更新操作，结果如图 8.31 所示。

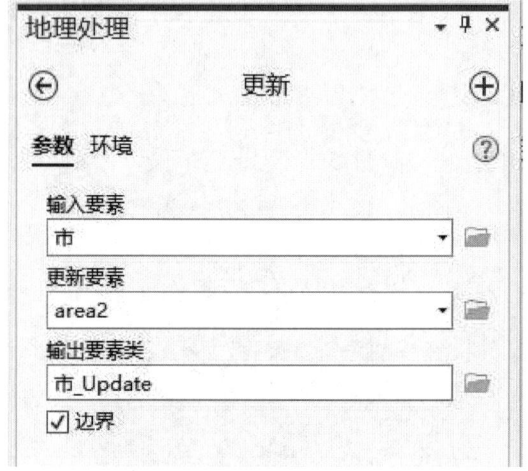

图 8.30　【更新】窗口

a. 输入要素

b. 更新要素

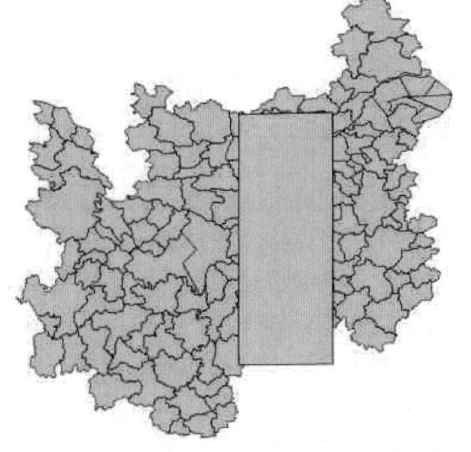
c. 输出要素

图 8.31　更新结果

8.2.6 空间连接

空间连接（spatial join）是根据空间关系将一个要素类的属性连接到另一个要素类的属性，其将目标要素和来自连接要素的被连接属性写入到输出要素类。

空间连接工具需要输入目标要素类和连接要素类。以目标要素类为基准，根据目标要素和连接要素之间指定的空间关系，将连接要素类中的属性信息追加到目标要素类中。例如，如果将某个点要素类指定为目标要素，将某个面要素类指定为连接要素，并选择【位于】作为匹配选项，则每个输出点要素除包含其原始属性外，还将包含其所在面的属性。

如果每个目标要素对应一个连接要素，即一对一，那么连接要素的属性值可以直接添加到目标要素的属性表中。如果一个目标对应多个连接要素，并且希望输出要素类的要素个数与目标要素类相同时，就需要设置连接合并规则。所谓连接合并规则就是对多个连接要素的某个字段进行聚合。聚合后在目标要素属性表中会出现一个新的字段 Join_Count，用于记录每个目标要素有多少个匹配的连接要素。

空间连接的操作步骤如下：

（1）加载位于"\ data \ ch8 \ section1"的"studyarea.shp"和"point.shp"矢量文件。

（2）在工具箱中点击【分析工具】→【叠加分析】→【空间连接】，打开【空间连接】窗口。

（3）在【更新】窗口中，输入【目标要素】、【连接要素】数据，指定【输出要素类】的保存路径和名称，如图 8.32 所示。

（4）【连接操作】选项是在具有相同空间关系的目标要素和连接要素存在一对多关系时，指定输出要素类中目标要素和连接要素之间的连接方式；【保留所有目标要素】选项指定是在输出要素类中保留所有目标要素（称为外部连接），还是仅保留那些与连接要素有指定空间关系的目标要素（称为内部连接）。

（5）【匹配选项】指定用于匹配行的条件，包括相交、包含、位于等选项；【搜索半径】指如果连接要素与目标要素的距离在此范围内，则有可能进行空间连接，且仅当已指定空间关系时，搜索半径才有效。

（6）【字段】选项卡中可以指定输出字段，并指定相应的【合并规则】（如计数、总和、平均值等）。

（7）单击【运行】按钮，完成空间连接操作，结果如图 8.33 所示。其中 Join_Count 属性记录了每个区所包含的公共设施数量。

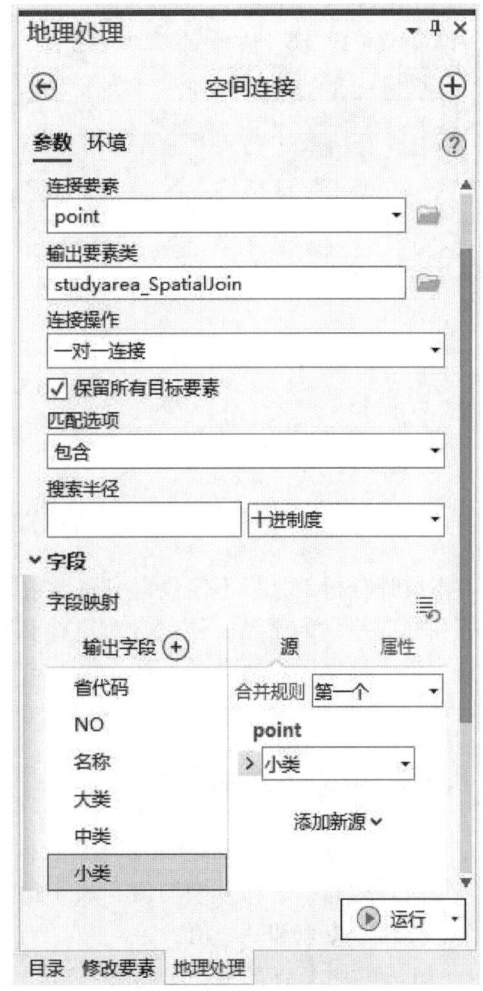

图 8.32 【空间连接】窗口

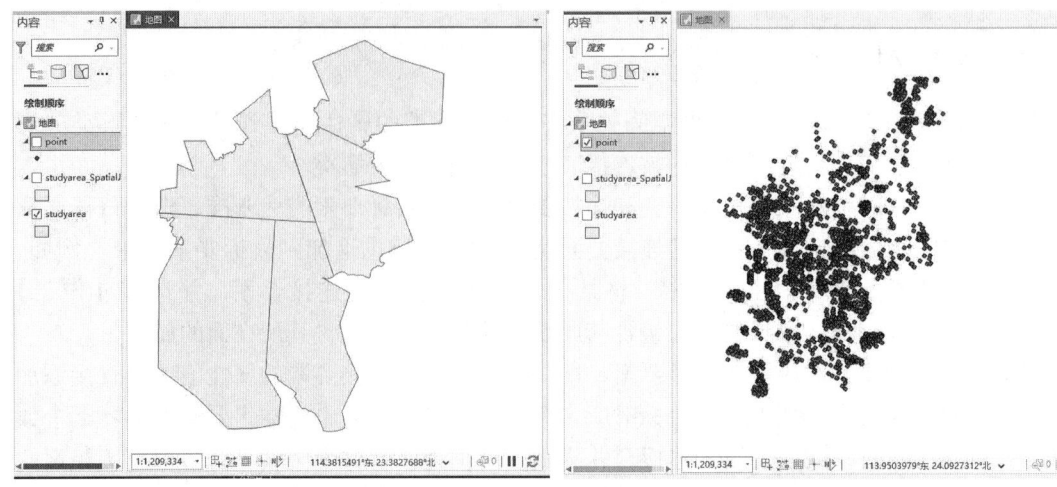

a. 目标要素　　　　　　　　　　　b. 连接要素

c. 输出要素属性表

图 8.33　空间连接结果

8.3　统计分析

统计分析工具集不仅包含对属性数据执行标准统计分析（例如平均值、最小值、最大值和标准差）的工具，还包含对重叠和相邻要素执行面积计算、长度计算和计数统计的工具。该工具集还包括丰富工具，用于向数据添加人口统计等人口状况信息，或森林百分比等景观信息。

8.3.1　汇总统计数据

汇总统计（summary statistics）数据为表中字段计算汇总统计数据，使用此工具可执行以下统计运算：总和、平均值、最小值、最大值、范围、标准差、计数、第一个、最后一个、中值、方差和唯一值。

汇总统计数据的输出结果为表格，表格由包含统计运算结果的字段组成，将使用以下命名约定为每种统计类型创建字段：SUM_＜field＞、MEAN_＜field＞、MIN_＜field＞、MAX_＜field＞、RANGE_＜field＞、STD_＜field＞、COUNT_＜field＞、FIRST_＜field＞、LAST_

<field>、MEDIAN_<field>、VARIANCE_<field>和UNIQUE_<field>（其中<field>是计算统计数据的输入字段的名称）。当输出表是 dBASE 表时，字段名称会被截断为 10 个字符。

汇总统计数据的操作步骤如下：

(1) 加载位于"\data\ch8\section1"的"point.shp"矢量文件。

(2) 在工具箱中点击【分析工具】→【统计】→【汇总统计数据】，打开【汇总统计数据】窗口，如图 8.34 所示。

(3) 在【汇总统计数据】窗口中，输入【输入表】数据，指定【输出表】的保存路径和名称，如图 8.35 所示。

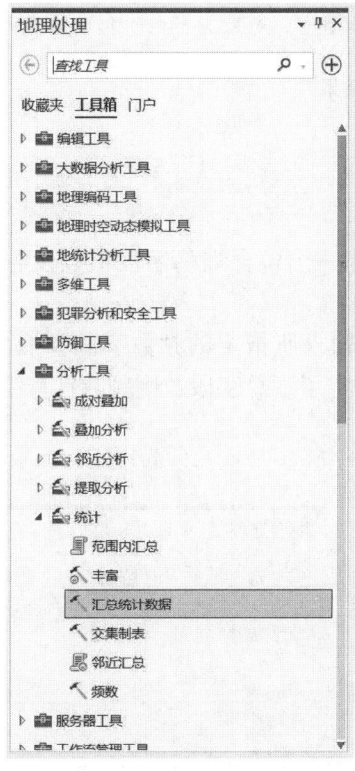

图 8.34　从工具箱中选择汇总统计数据工具

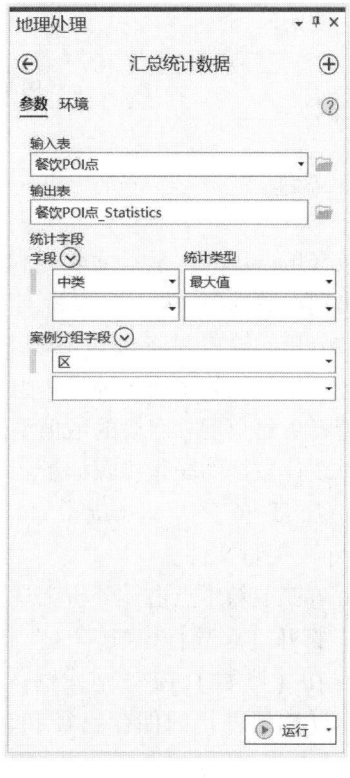

图 8.35　【汇总统计数据】窗口

(4)【统计字段】选项指定包含用于计算指定统计数据的属性值的数值字段，可以指定多项统计数据和字段组合，空值则会被排除在所有统计计算之外。既可使用第一种和最后一种统计来对文本属性字段进行汇总，也可使用任何一种统计来对数值属性字段进行汇总。

(5)【案例分组字段】为可选项，在"输入"中用于为每个唯一属性值（如果指定多个字段，则为属性值组合）单独计算统计数据的一个或多个字段。如果已指定【案例分组字段】，则单独为每个唯一属性值计算统计数据。如果未指定【案例分组字段】，则输出表中将仅包含一条记录。如果已指定一个案例分组字段，则每个案例分组字段值均有一条对应的记录。

(6) 单击【运行】按钮，完成汇总统计数据操作，结果如图 8.36 所示。

图 8.36 汇总统计数据结果

8.3.2 频数

频数（frequency）是指读取表和一组字段，并创建一个包含唯一字段值以及各唯一字段值所出现次数的新表。

频数分析的输出表将包含字段"Frequency"以及输入所指定的频数字段和汇总字段，也可以包含指定频数字段各种唯一组合的频数。如果指定了汇总字段，则频数计算结果的唯一属性值将由每个汇总字段的数值型属性值进行汇总。

汇总统计数据的操作步骤如下：

（1）加载位于"\data\ch8\section1"的"point.shp"矢量文件。

（2）在工具箱中点击【分析工具】→【统计】→【频数】，打开【频数】窗口。

（3）在【频数】窗口中，输入【输入表】数据，指定【输出表】的保存路径和名称，如图 8.37 所示。

（4）【频数字段】用于计算频数统计数据，字段值的每种唯一组合都将作为新的一行包括在输出表中；【汇总字段】为可选字段，该属性字段用于求和或添加到输出表，值将根据频数字段的各种唯一组合进行求和。

（5）单击【运行】按钮，完成频数分析操作，结果如图 8.38 所示。

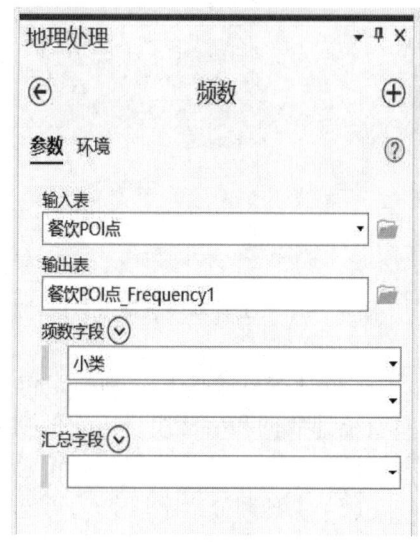

图 8.37 【频数】窗口

OBJECTID	区	FREQUENCY	MAX_中类
1	白云区	16648	茶艺馆
2	从化区	1758	快餐厅
3	番禺区	10156	茶艺馆
4	海珠区	7472	运动场馆
5	花都区	6167	糕饼店
6	黄埔区	4084	自动提款机
7	荔湾区	3744	茶艺馆
8	南沙区	1965	甜品店
9	天河区	11609	糕饼店
10	越秀区	4361	甜品店
11	增城区	4997	茶艺馆

图 8.38　频数分析结果

8.4　邻近分析

人们经常问到的一个基本的 GIS 问题是"什么在什么附近?",例如,两个位置之间的距离是多少? 距某物最近或最远的要素是什么? 一个图层中的每个要素与另一图层中的要素之间的距离是多少? 从某个位置到另一位置最短的街道网络路径是哪条?"邻近分析"就是用于确定一个或多个要素类中或两个要素类间的要素邻近性的工具。该工具集可识别与特定要素最接近的要素,或计算各要素之间的距离。

8.4.1　邻近

邻近(near)分析可计算输入要素与其他图层或要素类中的最近要素之间的距离和其他邻近性信息。图 8.39 显示了邻近距离分析中点与点、点与线和点与面的距离。

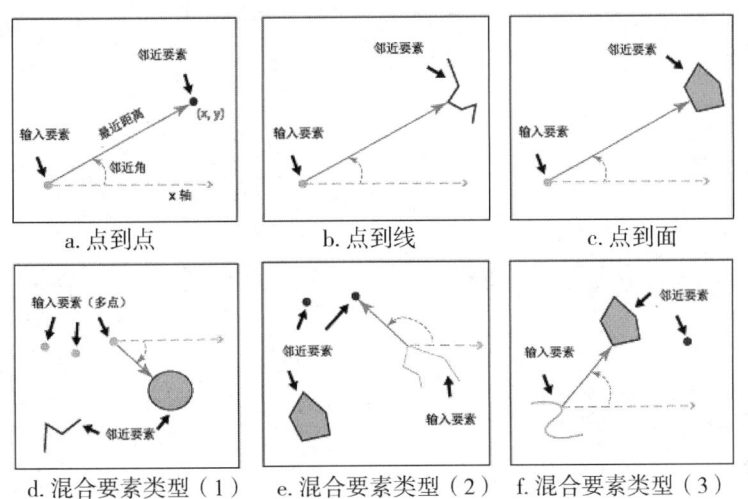

图 8.39　邻近分析原理

在邻近工具中不产生输出结果要素类或表格数据，其执行结果是在输入要素的属性表中添加若干记录近邻要素信息的字段。在【生成近邻表】工具中，执行结果将生成新的近邻表格。

邻近分析的操作步骤如下：

（1）加载位于"\data\ch8\section1"的"point.shp"矢量文件。

（2）在工具箱中点击【分析工具】→【邻近分析】→【邻近】，打开【邻近】窗口，如图 8.40 所示。

（3）在【邻近】窗口中，输入【输入要素】、【邻近要素】数据，如图 8.41 所示。

（4）【搜索半径】用于搜索邻近要素的半径，如果未指定任何值，则会考虑所有邻近要素；【位置】选项指定是否将邻近要素上最近位置的 x 和 y 坐标分别写入 NEAR_X 和 NEAR_Y 字段；【角度】选项指定是否计算邻近角并将其写入输出表的 NEAR_ANGLE 字段；【方法】选项确定是使用椭球体上的最短路径（测地线）还是使用地平（平面）方法。

（5）【字段名称】选项指定将在处理过程中添加的属性字段的名称，如果不使用此参数或将从此参数中排除要添加的任何字段，则将使用默认字段 NEAR_FID 和 NEAR_DIST。

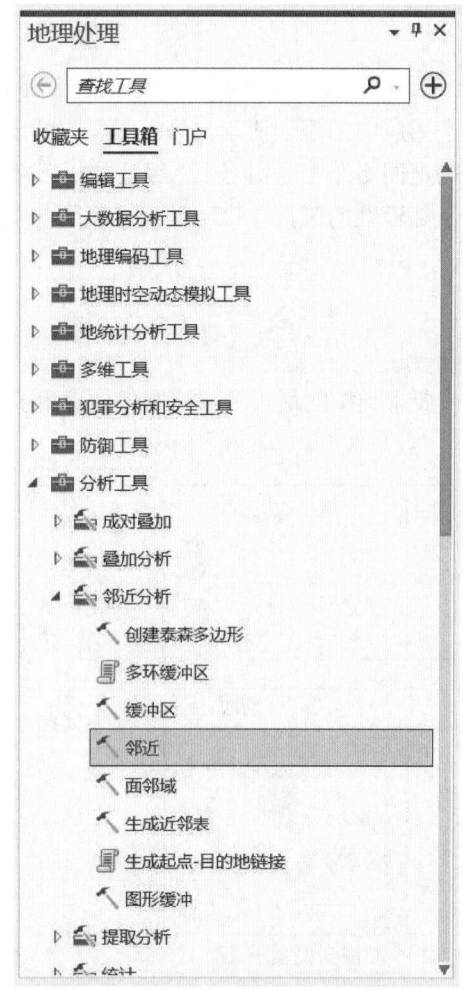

图 8.40　从工具箱中选择邻近工具

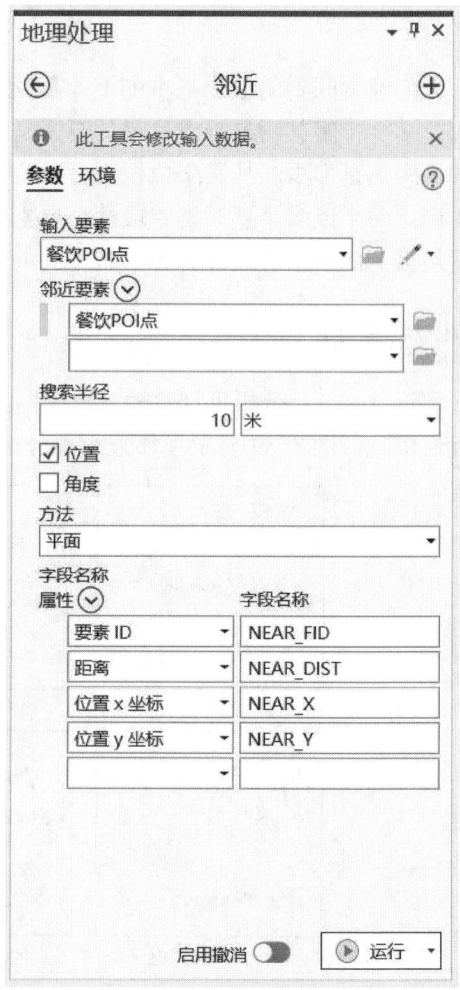

图 8.41　【邻近】窗口

（6）单击【运行】按钮，完成邻近分析操作，结果如图 8.42 所示。

OBJECTID *	Shape *	名称	WGS84_经	WGS84_纬	NEAR_FID	NEAR_DIST	NEAR_X	NEAR_Y
1	点	浏阳蒸菜热干面(新华店)	113.901983	23.895492	2	0.03646	113.865706	23.891847
2	点	成亨酒楼	113.865706	23.891847	1	0.03646	113.901983	23.895492
3	点	津珍饭店	114.006453	23.878853	5	0.029099	113.997155	23.851279
4	点	食尚转转锅	113.793755	23.862345	11	0.070093	113.750121	23.807489
5	点	绝味鸭脖(高德汇店)	113.997155	23.851279	3	0.029099	114.006453	23.878853
6	点	雅星堂农庄	114.039369	23.84603	5	0.042539	113.997155	23.851279
7	点	广州市从化吕田高俊农…	113.961402	23.829342	18	0.018673	113.960711	23.810711
8	点	吕田服务区小圆满自助…	113.890617	23.820262	23	0.044709	113.891484	23.775561
9	点	绿新阁美食	113.949415	23.814552	12	0.001532	113.949415	23.813677
10	点	福田宾馆	113.946373	23.814075	15	0.000781	113.94572	23.813646
11	点	刘职酒家	113.750121	23.807489	41	0.046671	113.741947	23.761539
12	点	田园农家美食	113.949415	23.813677	9	0.001532	113.948157	23.814552
13	点	聚福楼新菜馆	113.94689	23.81329	10	0.00094	113.946373	23.814075
14	点	生生活酒楼	113.94499	23.81184	16	0.000392	113.944755	23.811525
15	点	老街坊酒楼	113.94572	23.813646	10	0.000781	113.946373	23.814075

图 8.42 邻近分析结果

【生成近邻表】工具和【邻近】工具的操作基本一致，仅增加了【输出表】选项，确定近邻表的输出路径和名称即可，在此不作重复介绍。

8.4.2 缓冲区分析

缓冲区（buffer analysis）是为了识别某一地理实体对周围地物的影响而在其周围建立的具有一定宽度的多边形区域。缓冲区分析是用来确定不同地理要素的空间邻近性或接近程度的一种分析方法。地理要素通常抽象为点、线和面，因此，缓冲区分析主要基于点、线和面进行，如图 8.43 所示。

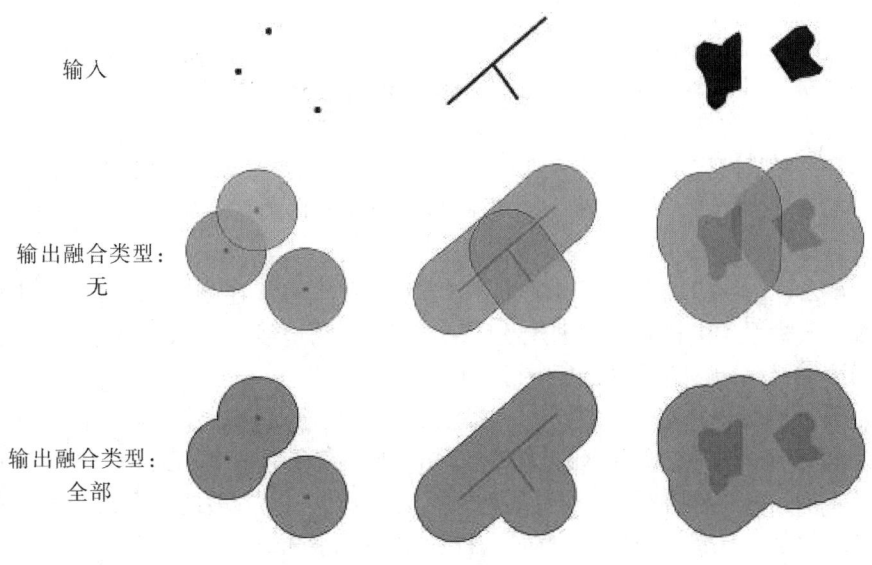

图 8.43 缓冲区生成

缓冲区的操作步骤如下：

（1）加载位于"\ data \ ch8 \ section4"的"line.shp"矢量文件。

（2）在工具箱中点击【分析工具】→【邻近分析】→【缓冲区】，打开【缓冲区】窗口。

（3）在【缓冲区】窗口中，输入【输入要素】数据，指定【输出要素类】的保存路径和名称，如图8.44所示。

（4）【距离】选项指定与要缓冲的输入要素之间的距离。该距离可以用表示线性距离的某个值来指定，也可以用输入要素中的某个字段（包含用来对每个要素进行缓冲的距离）来指定，如图8.45所示。

（5）【侧类型】指定将在输入要素的哪一侧进行缓冲。【完整】选项适用于所有点、线、面要素：对于点输入要素，将在点周围生成缓冲区；对于线输入要素，将在线两侧生成缓冲区；对于面输入要素，将在面周围

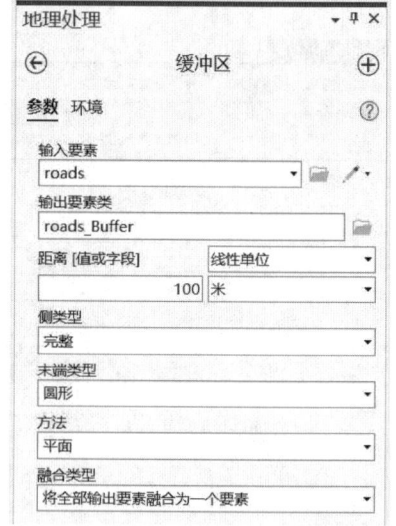

图8.44 【缓冲区】窗口

生成缓冲区，并且这些缓冲区将包含并叠加输入要素的区域。【左】、【右】选项适用于线输入要素，将在线的拓扑左侧、右侧生成缓冲区。【从缓冲区中排除输入面】适用于面输入要素，仅在输入面的外部生成缓冲区（输入面内部的区域将在输出缓冲区中被擦除）。

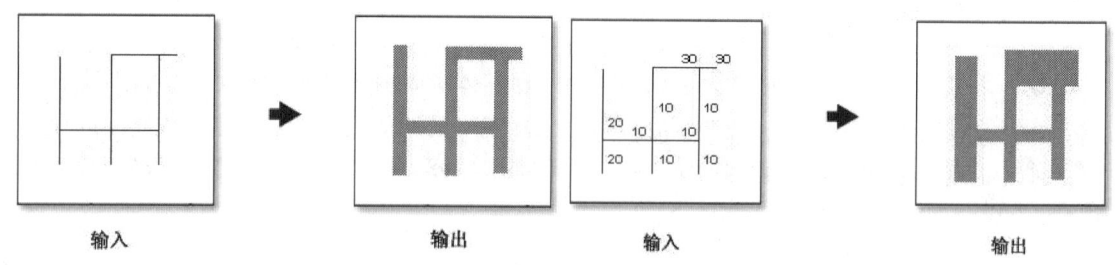

a. 固定距离 b. 由字段决定的距离

图8.45 缓冲区距离设置类型

（6）【末端类型】仅适用于线要素，用于指定线输入要素末端的缓冲区形状。【圆形】选项缓冲区的末端为圆形，即半圆形；【平面】选项缓冲区的末端很平整或者为方形，并且在输入线要素的端点处终止。

（7）【方法】选项指定用于创建缓冲区的方法是平面方法还是测地线方法。【平面】选项对位于投影坐标系中的输入要素创建欧氏缓冲区；【测地线（形状保持不变）】选项使用形状不变的测地线缓冲区方法创建所有缓冲区。

（8）【融合类型】指定移除缓冲区重叠要执行的融合类型。【未融合】选项不考虑重叠，将保持每个要素的独立缓冲区；【将全部输出要素融合为一个要素】选项将所有缓冲区融合为单个要素，从而移除所有重叠；【使用所列字段唯一值或值的组合来融合要素】选项将融合共享所列字段（传递自输入要素）属性值的所有缓冲区。

（9）单击【运行】按钮，完成缓冲区分析操作，结果如图8.46所示。

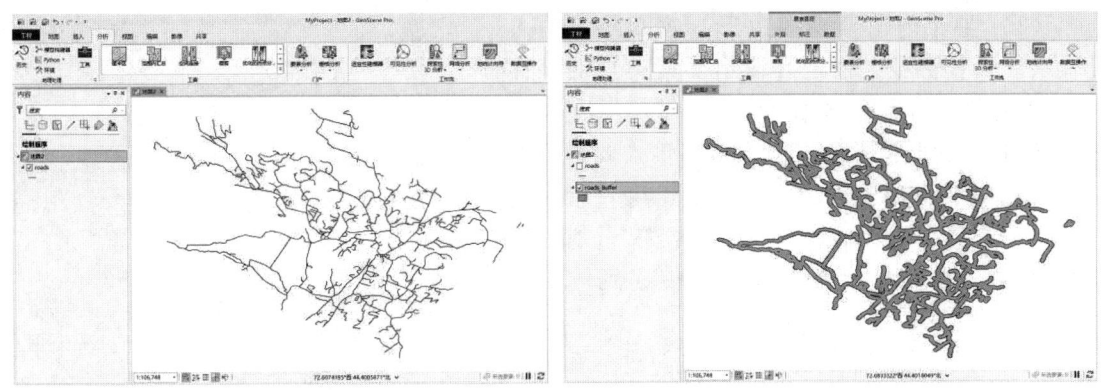

a. 输入要素　　　　　　　　　　　b. 输出要素

图 8.46　缓冲区分析结果

除此以外，GeoScene Pro 还提供了其他备用工具可用于缓冲操作，如多环缓冲区和图形缓冲区。多环缓冲区是在输入要素周围的指定距离内创建多个缓冲区，图形缓冲是在输入要素周围某一指定距离内创建缓冲区多边形。二者的使用方法与本工具类似，在此不作重复介绍。

8.4.3　创建泰森多边形

创建泰森多边形（Thiessen polygon）是指根据点要素创建泰森多边形，它是荷兰气候学家泰森（A. H. Thiessen）提出的一种根据离散分布的气象站的降雨量来计算平均降雨量的方法。每个泰森多边形只包含一个点输入要素，其中的任何位置距其关联点的距离都比到任何其他点输入要素的距离近。

泰森多边形是进行快速插值和分析地理实体影响区域的常用工具，例如，用离散点的性质描述泰森多边形区域的性质，用离散点的数据计算泰森多边形区域的数据，如图 8.47 所示。泰森多边形可用于定性分析、统计分析和邻近分析等。

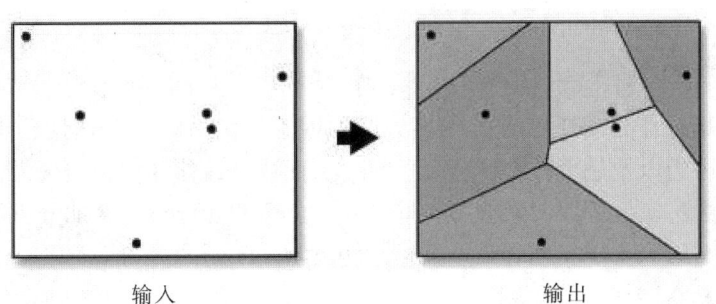

输入　　　　　　　　　　　输出

图 8.47　泰森多边形

创建泰森多边形的操作步骤如下：
（1）加载位于"\data\ch8\section4"的"Thiessen.shp"矢量文件。
（2）在工具箱中点击【分析工具】→【邻近分析】→【创建泰森多边形】，打开【创建泰森多边形】窗口。

（3）在【创建泰森多边形】窗口中，输入【输入要素】数据，指定【输出要素类】的保存路径和名称，如图 8.48 所示。

（4）【输出字段】选项确定将输入要素的哪些字段传递到输出要素类，【仅要素 ID】指仅将输入要素的 FID 字段传递到输出要素类，【所有字段】指输入要素的所有字段都将传递到输出要素类。

（5）单击【运行】按钮，完成创建泰森多边形操作，结果如图 8.49 所示。

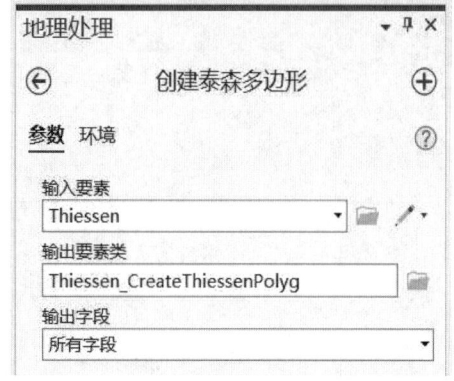

图 8.48　【创建泰森多边形】窗口

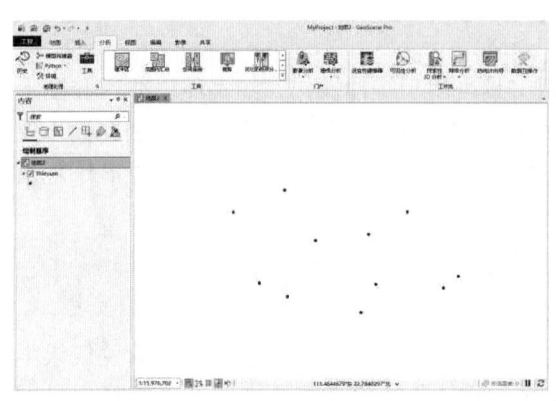

a. 输入要素　　　　　　　　　　b. 输出要素

图 8.49　创建泰森多边形结果

8.5　综合应用案例

8.5.1　背景及意义

开发商在商场选址时需要综合考虑多方面的因素，包括区位易达性、周边配套设施状况、是否接近购买力以及是否存在同行竞争等，从而选出最佳区位，实现最大经济效益。本节旨在帮助用户通过实例学习，掌握 GeoScene Pro 中缓冲区分析、叠加分析等矢量数据处理方法，获得使用 GeoScene Pro 处理矢量数据、解决实际问题的能力。

8.5.2　案例数据

使用的数据主要包括：

（1）城市主要交通道路数据（mainstreets.shp）。

（2）居民住宅区分布数据（residentials.shp）。

（3）停车场分布数据（stops.shp）。

（4）现有商业中心分布数据（markets.shp）。

8.5.3 操作要点

首先,商场的最优选址应满足以下要求:
(1) 距离城市主要交通道路 200 米内,确保商场的交通易达性。
(2) 在居民住宅区 500 米范围内,保证有一定的人员密集度。
(3) 商场 200 米范围内有停车场,整合周边配套设施为顾客提供高质量服务。
(4) 距离现有商场 1 千米以上,减少同类设施竞争压力。
接着,结合缓冲区分析、叠加分析等功能,对商场选址进行分析。

8.5.4 操作步骤

1. 加载数据

打开 GeoSence Pro,将上述数据加载至地图视图,如图 8.50 所示,加载结果如图 8.51 所示。

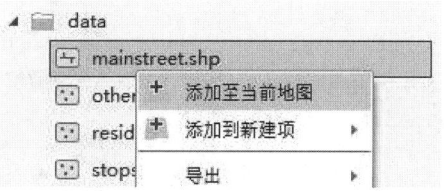

图 8.50 加载数据至地图视图

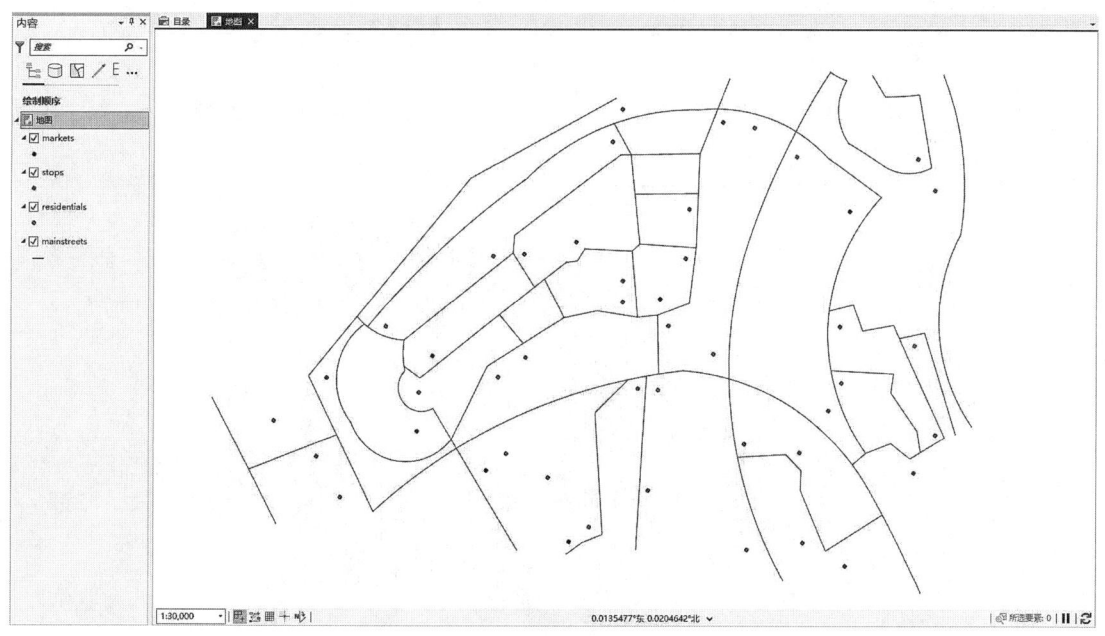

图 8.51 加载结果

2. 缓冲区分析

(1) 建立城市主要交通道路影响范围。选择【分析工具】→【邻近分析】→【缓冲区】，打开【缓冲区】窗口（如图 8.52 所示），并进行参数设置（如图 8.53 所示）：

　　a. 设置输入要素为城市主要交通道路数据（mainstreets.shp），设置缓冲区创建结果的输出路径及名称。

　　b. 设置以"线性单位"确定缓冲区分析的距离，距离为 200 米。

　　c. 设置可选参数：①侧类型（指定将在输入要素的哪一侧进行缓冲）——完整；②末端类型（指定线输入要素末端的缓冲区形状）——圆形；③方法（指定用于创建缓冲区的方法是平面方法还是测地线方法）——平面；④融合类型（指定移除缓冲区重叠要执行的融合类型）——将全部输出要素融合为一个要素。

　　d. 点击【运行】，获得城市主要交通道路缓冲区分析结果，如图 8.54 所示。

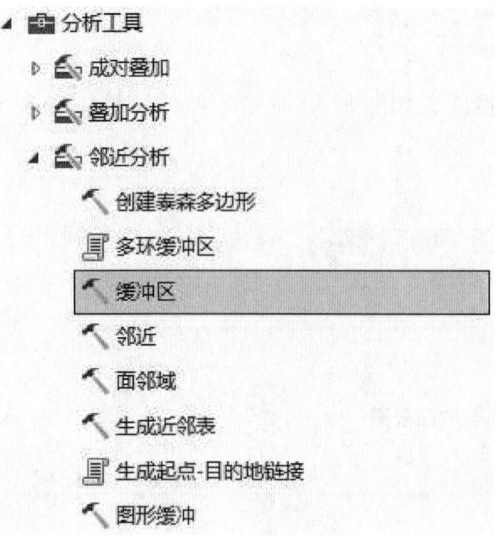

图 8.52　缓冲区工具

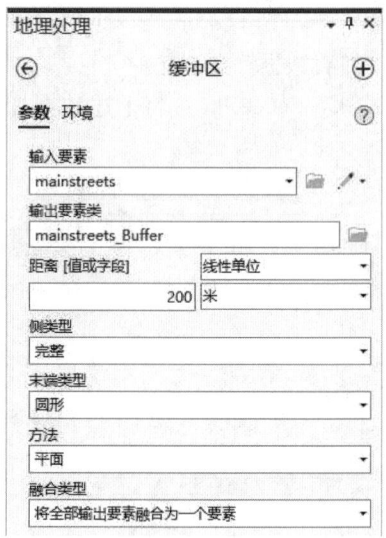

图 8.53　参数设置

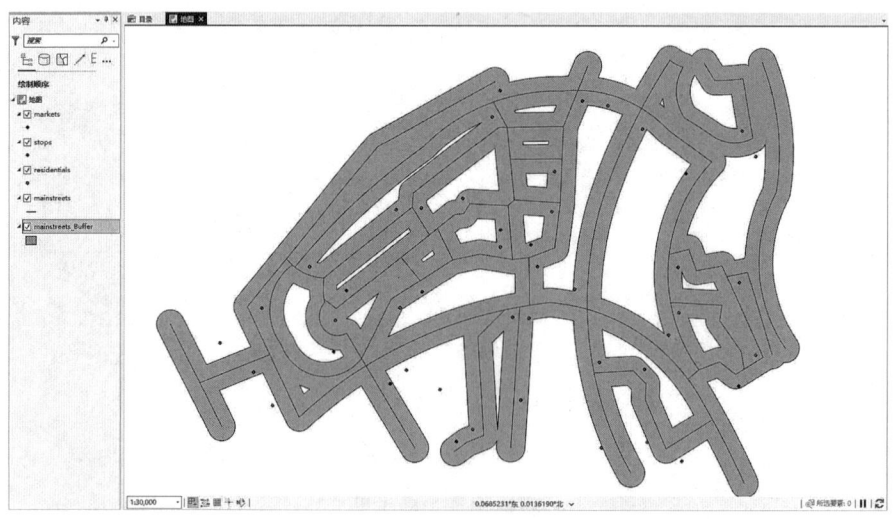

图 8.54　城市主要交通道路 200 米缓冲区

　　（2）建立居民住宅区影响范围。选择【分析工具】→【邻近分析】→【缓冲区】，打开【缓冲区】窗口，并进行参数设置，如图 8.55 所示：

a. 设置输入要素为居民住宅区分布数据（residentials.shp），设置缓冲区创建结果的输出路径及名称。

b. 设置以"线性单位"确定缓冲区分析的距离，距离为 500 米。

c. 设置可选参数：①方法——平面；②融合类型——将全部输出要素融合为一个要素。

d. 点击【运行】，获得居民住宅区缓冲区分析结果，如图 8.56 所示。

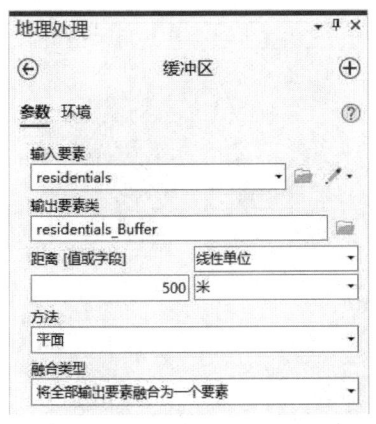

图 8.55　参数设置

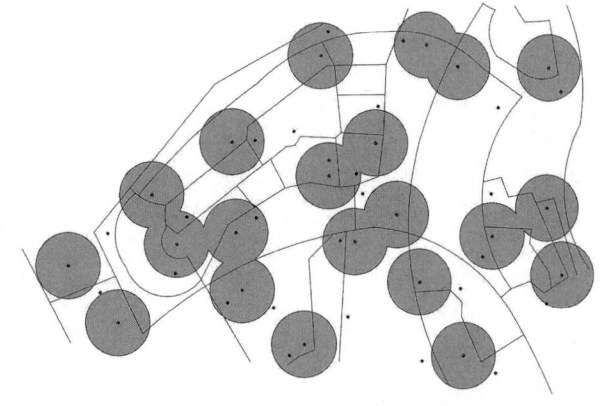

图 8.56　居民住宅区 500 米缓冲区

（3）建立停车场影响范围。选择【分析工具】→【邻近分析】→【缓冲区】，打开【缓冲区】窗口，并进行参数设置，如图 8.57 所示：

a. 设置输入要素为停车场分布数据（stops.shp），设置缓冲区创建结果的输出路径及名称。

b. 设置以"线性单位"确定缓冲区分析的距离，距离为 200 米。

c. 设置可选参数：①方法——平面；②融合类型——将全部输出要素融合为一个要素。

d. 点击【运行】，获得停车场缓冲区分析结果，如图 8.58 示。

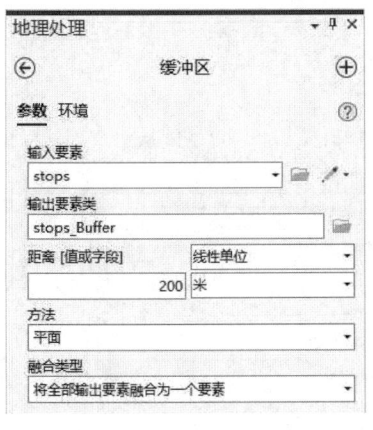

图 8.57　参数设置

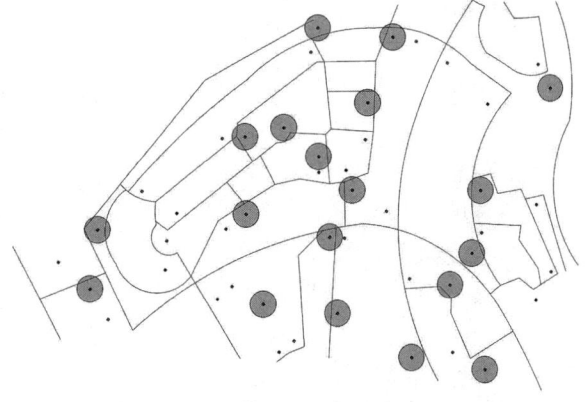

图 8.58　停车场 200 米缓冲区

(4) 建立现有商业中心影响范围。选择【分析工具】→【邻近分析】→【缓冲区】，打开【缓冲区】窗口，并进行参数设置，如图 8.59 所示：

  a. 设置输入要素为现有商业中心分布数据（markets.shp），设置缓冲区创建结果的输出路径及名称。

  b. 设置以"线性单位"确定缓冲区分析的距离，距离为 1000 米。

  c. 设置可选参数：①方法——平面；②融合类型——将全部输出要素融合为一个要素。

  d. 点击【运行】，获得现有商业中心缓冲区分析结果，如图 8.60 所示。

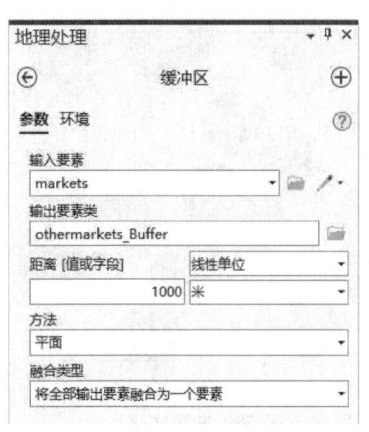
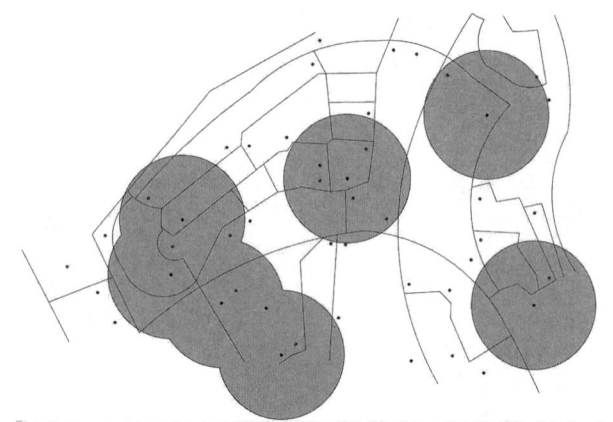

图 8.59　参数设置　　　　　　　　图 8.60　现有商业中心 1000 米缓冲区

3. 叠加分析

叠加分析可获得同时满足 4 个要求的商场最优选址区域。

(1) 对城市主要交通道路、居民住宅区和停车场的影响范围进行相交操作。选择【分析工具】→【叠加分析】→【相交】，打开【相交】窗口（如图 8.61 所示），并进行参数设置（如图 8.62 所示）：

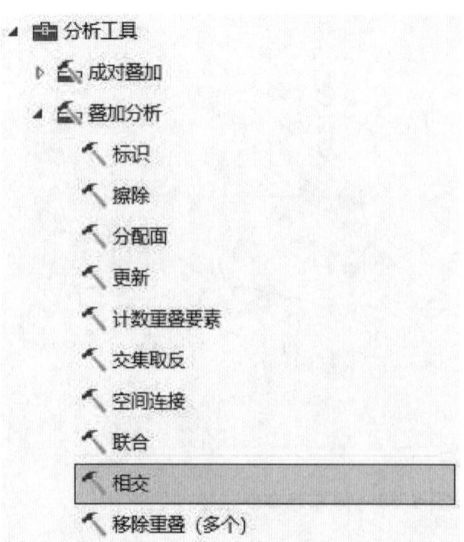
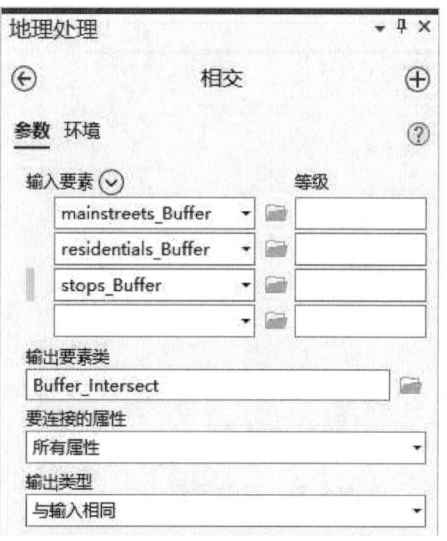

图 8.61　相交工具　　　　　　　　图 8.62　参数设置

a. 设置输入要素为城市主要交通道路、居民住宅区和停车场的缓冲区，设置缓冲区相交结果的输出路径及名称。

b. 设置可选参数：①要连接的属性（指定将输入要素的哪些属性传递到输出要素类）——所有属性；②输出类型（指定要返回的相交类型）——与输入要素相同。

c. 点击【运行】，获得城市主要交通道路、居民住宅区和停车场的缓冲区相交结果，如图 8.63 所示。

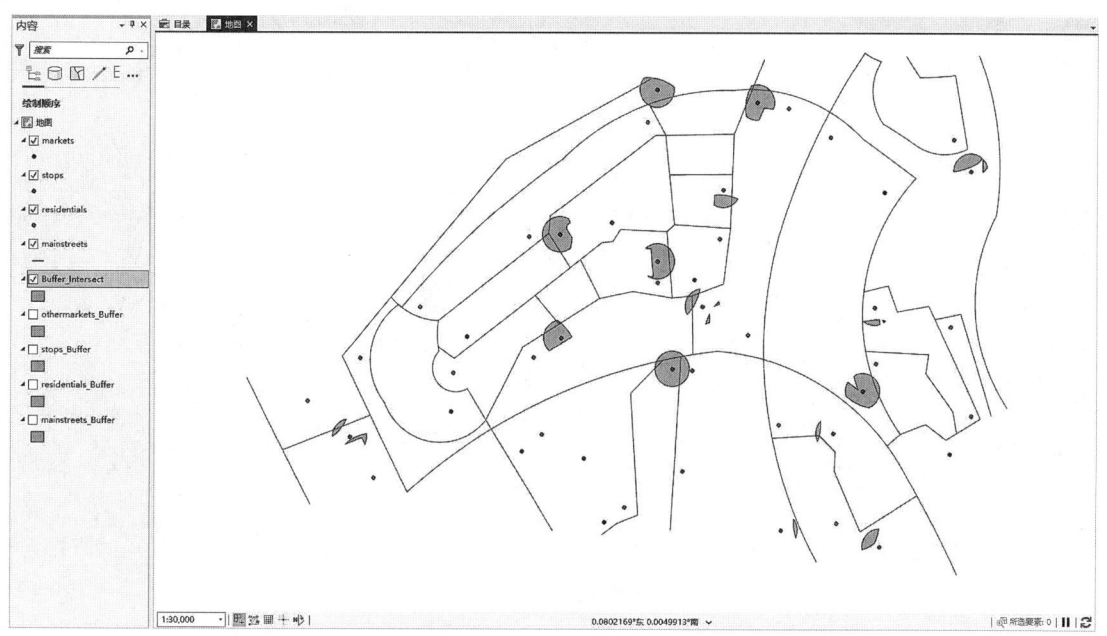

图 8.63　缓冲区相交结果

（2）根据现有商业中心影响范围，对城市主要交通道路、居民住宅区和停车场的缓冲区相交结果进行擦除操作。选择【分析工具】→【叠加分析】→【擦除】，打开【擦除】窗口（如图 8.64 所示），并进行参数设置（如图 8.65 所示）：

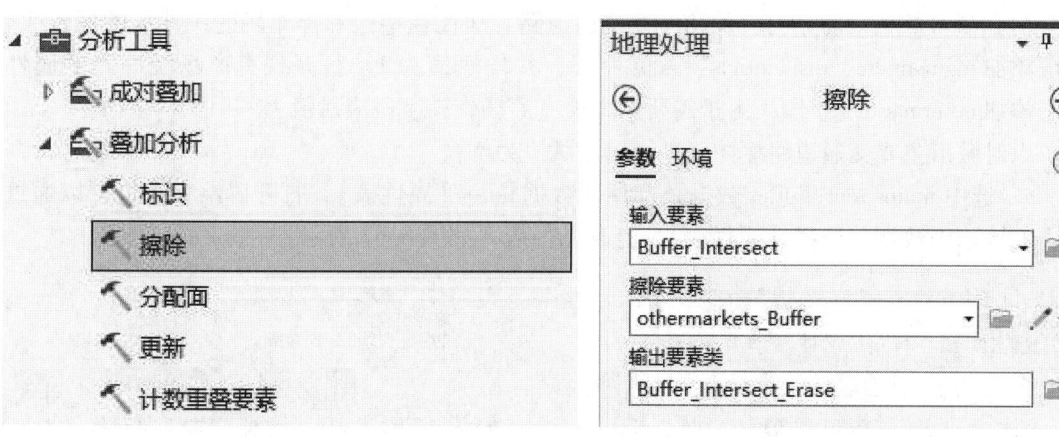

图 8.64　擦除工具　　　　　　　　　　图 8.65　参数设置

a. 设置输入要素为城市主要交通道路、居民住宅区和停车场的缓冲区相交结果。
b. 设置擦除要素为现有商业中心的缓冲区。
c. 设置擦除结果的输出路径及名称。
d. 点击【运行】，获得同时满足四个条件的商场最优选址区域，结果如图 8.66 所示。

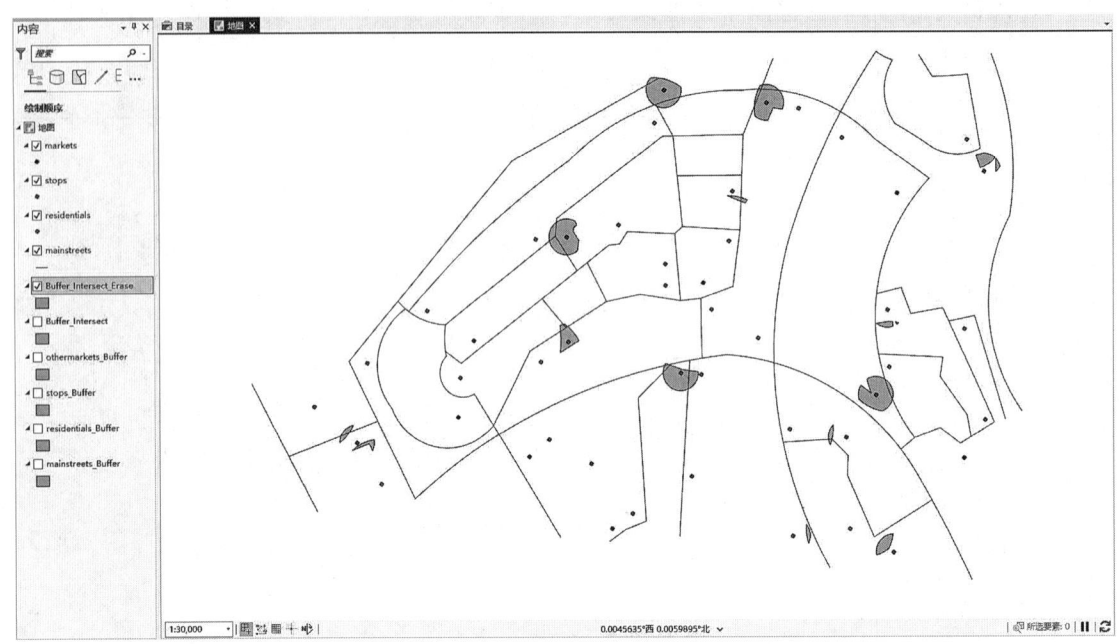

图 8.66 擦除结果

4. 对整个城市进行商场区位条件评价

为了进一步直观说明商场最优区位选址结果，可以应用以上数据对整个城市进行商场区位条件评价。评价标准为：将同时满足 4 个条件的评为第一等级，将同时满足 3 个条件的评为第二等级，将只同时满足 2 个条件的评为第三等级，将只满足 1 个条件的评为第四等级，将完全不满足条件的评为第五等级。

（1）属性赋值。分别打开城市主要交通道路、居民住宅区和停车场的缓冲区的属性表，对应添加 mainstreets、residentials、stops 字段，并均赋值为 1。打开现有商场缓冲区的属性表，添加 othermarkets 字段，由于需要远离现有商场，该字段应赋值为 -1。

以对城市主要交通道路缓冲区进行属性赋值为例：

a. 选中 mainstreet_Buffer 数据，选择【数据】→【属性表】，打开属性表；也可以通过单击右键选中数据并选择【属性表】，打开属性表，如图 8.67 所示。

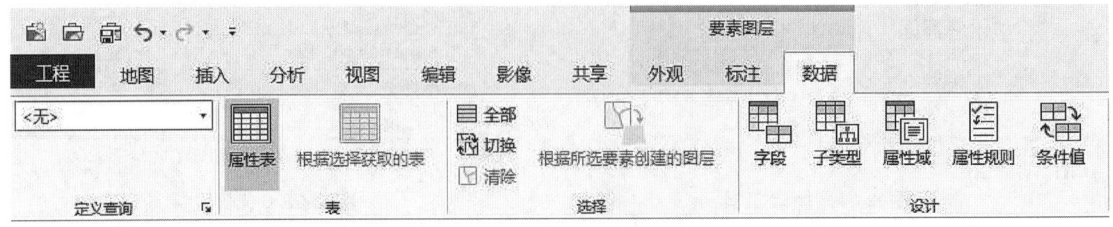

图 8.67 打开属性表

b. 选择【字段】→【添加】，进行字段添加，也可以通过单击右键选中数据并选择【设计】→【字段】，在字段管理器中添加字段，如图 8.68 所示。字段添加结果如图 8.69 所示。

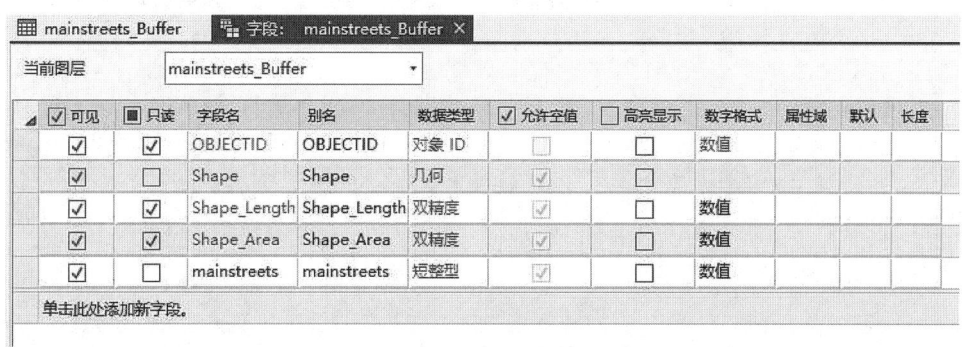

图 8.68　添加字段

（2）联合操作。对城市主要交通道路、居民住宅区、停车场和现有商场的缓冲区进行联合操作。选择【分析工具】→【叠加分析】→【联合】（图 8.70），打开【联合】窗口，并进行参数设置，如图 8.71 所示：

图 8.69　字段添加结果

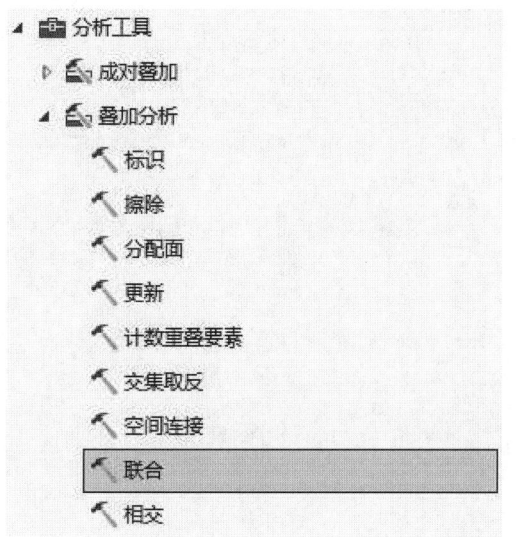

图 8.70　联合工具

图 8.71　参数设置

a. 设置输入要素为城市主要交通道路、居民住宅区、停车场和现有商场的缓冲区。
b. 设置缓冲区联合结果的输出路径及名称。
c. 设置可选参数，要连接的属性：所有属性。

d. 点击【运行】，获得缓冲区联合结果，如图 8.72 所示。

图 8.72 联合结果属性表

（3）等级评价。打开联合结果的属性表，添加一个短整型字段 class，并根据计算公式 class = mainstreets + residentials + stops + othermarkets，计算各个区域的评价等级，结果如图 8.73 所示。

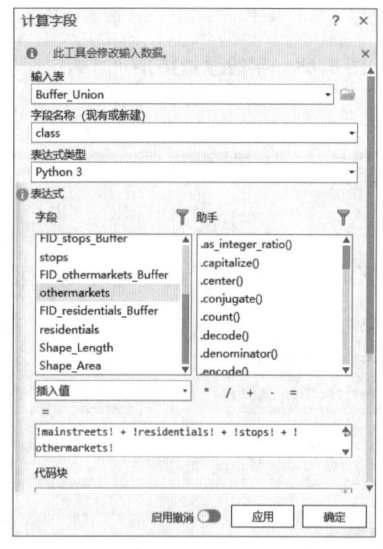

a. 参数设置

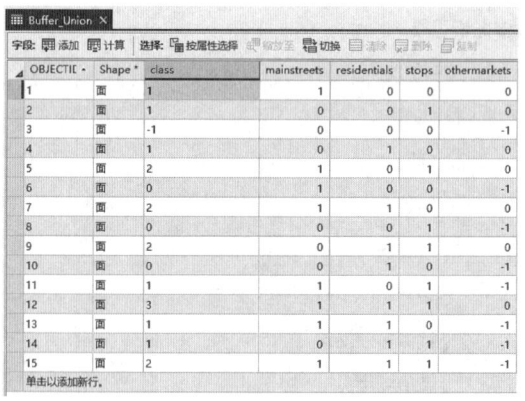

b. 计算结果

图 8.73 字段计算

（4）分级可视化。通过在符号系统面板上设置以 class 字段进行离散配色，对城市商场区位评价结果进行可视化显示（如图 8.74 所示）。

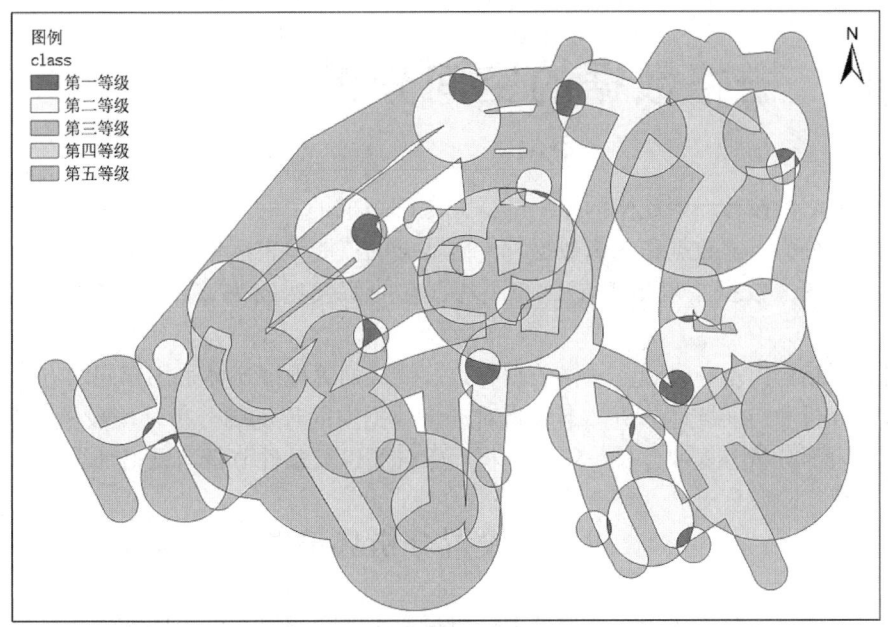

图 8.74 城市商场区位评价结果可视化显示

第 9 章　栅格数据的空间分析

栅格数据是由按行、列或格网组织的像元矩阵组成的。每一个像元中都包含着像元值。栅格数据一般分为专题数据和图像数据。专题数据的值能够表达测量值获现象的分类，如高程、人口等；图像数据一般指卫星影像照片，它的值表达的是该位置反射或发射的光或能量。

栅格数据结构简单、直观。栅格数据将点、线、面等地理实体采用相同的方式储存，便于执行叠加分析和空间统计分析。本章将对栅格数据空间环境的分析环境设置、距离分析、密度分析、表面分析、提取分析、统计分析、重分类以及条件分析与栅格计算进行介绍。

9.1　设置分析环境

设置正在使用的分析环境在地理处理分析过程中非常重要。分析环境包括将要放置结果的工作空间和范围、像元大小以及结果的坐标系。

在【分析】→【环境】中，可以对数据分析的环境进行设置。

9.1.1　为输出结果指定存储位置

输出分析结果的默认存储位置为工程文件所在文件夹下的地理空间数据库，用户可以为分析结果指定其他存放位置。在【环境】中找到【工作空间】模块，输入【当前工作空间】、【临时工作空间】的路径，即可完成设置，如图 9.1 所示。

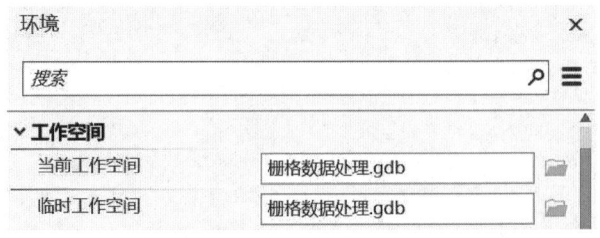

图 9.1　工作空间设置

9.1.2　设置栅格分析参数

在【环境】→【栅格分析】中，能够设置栅格分析的参数，包括像元大小、分析掩膜等。像元大小能够指定栅格分析过程中进行分析的栅格基本单元大小。掩膜的作用是在空间分析的过程中确定分析范围，如图 9.2 所示。

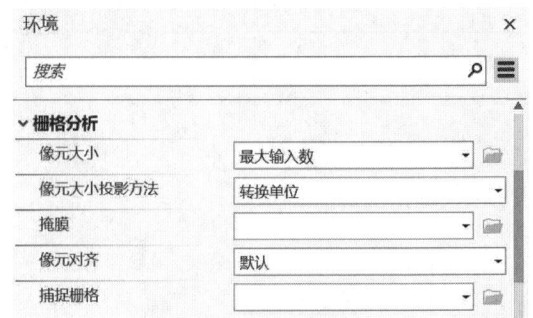

图 9.2　栅格分析参数设置

9.1.3　设置输出坐标参数

在【环境】→【输出坐标】中，能够设置输出坐标的参数。在【输出坐标系】的下拉菜单中选择已有图层坐标系或其他坐标系，确定输出的坐标系，即可完成设置，如图 9.3 所示。

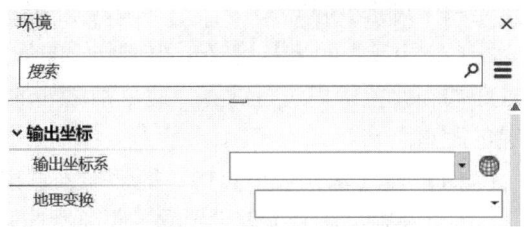

图 9.3　输出坐标参数设置

9.1.4　设置输出结果范围

在【环境】→【处理范围】中，能够设置分析所得结果的范围。在下拉菜单中可以选择已有图层范围、图层并集等范围，如图 9.4 所示。

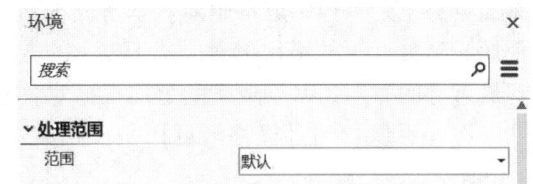

图 9.4　输出结果范围设置

9.2　距离分析

距离分析是指根据每个栅格相距其最邻近要素（即"源"）的距离分析结果。通过距离分析，人们能够对资源进行更加合理的分配和利用，如查询从指定地区到最近医院的距离。此外，也可以从成本出发，寻找前往其他地点的最短路径或最低成本路径。

在距离分析中，"源"是指分析中的目标或者目的地，如学校、医院、消防栓、道路等。"源"是一些离散的点、线、面要素，且要素的属性各不相同。"成本"是指到达"源"的花费，如时间花费、金钱花费、人们的喜好等。

9.2.1　欧氏距离

欧式距离工具根据栅格像元之间的欧式距离描述每个像元与源的关系。欧氏距离相关工具有三个，包括欧氏距离、欧式方向、欧式分配。欧式距离计算出栅格每个像元到最近源的距离；欧式方向计算出每个像元到最近源的方向；欧式分配根据最邻近的原则将邻近源的标示分配给栅格像元。

在【影像】→【栅格函数】→【距离（旧版本）】中，打开【欧氏距离】窗口，如图 9.5 所示。

（1）在【欧式距离】窗口中，将栅格格式的"源"栅格图输入【源栅格】中。若表示"源"的数据为矢量数据，需要先使用转换工具将矢量数据格式转为栅格数据

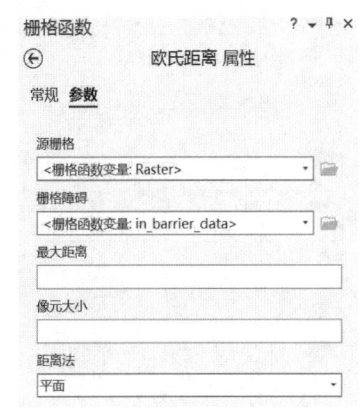

图 9.5　欧氏距离参数设置

格式。

（2）在【栅格障碍】中，可以输入距离分析时不能跨越的要素，如河流、悬崖等因素。这是一个可选变量。

（3）【最大距离】定义了距离分析的最大范围。这是一个可选变量，若进行设定，则欧式距离在此范围内进行计算，此范围之外的区域被赋予空值。它的默认设置为到输出栅格边界的距离。

（4）在【像元大小】中，能够输入输出栅格数据集的像素单元大小。

（5）【距离法】能够设置欧式距离所选取的距离测量方式，包括平面距离和测地线距离。

9.2.2 成本距离

成本距离工具根据栅格像元之间的累积成本距离描述每个像元与源的关系。成本距离相关工具有三个，包括成本距离、基于成本的方向、基于成本的分配。成本距离计算出栅格每个像元到最近源的累积距离；基于成本的方向表示从每一单元出发，沿着最低累积成本路径到最近源的方向；基于成本的分配根据对整个区域的划分表示每个栅格所属的最近源。

在【影像】→【栅格函数】→【距离（旧版本）】中，打开【成本距离】窗口，如图9.6所示。

（1）在【成本距离】窗口中，将栅格格式的"源"栅格图输入至【源栅格】中。

（2）在【成本栅格】中，数据为各个栅格像元所对应的成本数据。如以土地利用图为成本栅格，则需要将土地利用数据重分类为多个等级，给各个等级分别赋予权重，如通达性高的用地类型赋小数值，通达性高的用地类型赋大数值。

（3）【最大距离】定义了累积成本距离计算的最大阈值。这是一个可选变量。

（4）在【源特征】中，可以对成本乘数、启动成本、累积成本阻力比率进行设置。

（5）点击【确定】，输出成本距离数据，如图9.7所示。

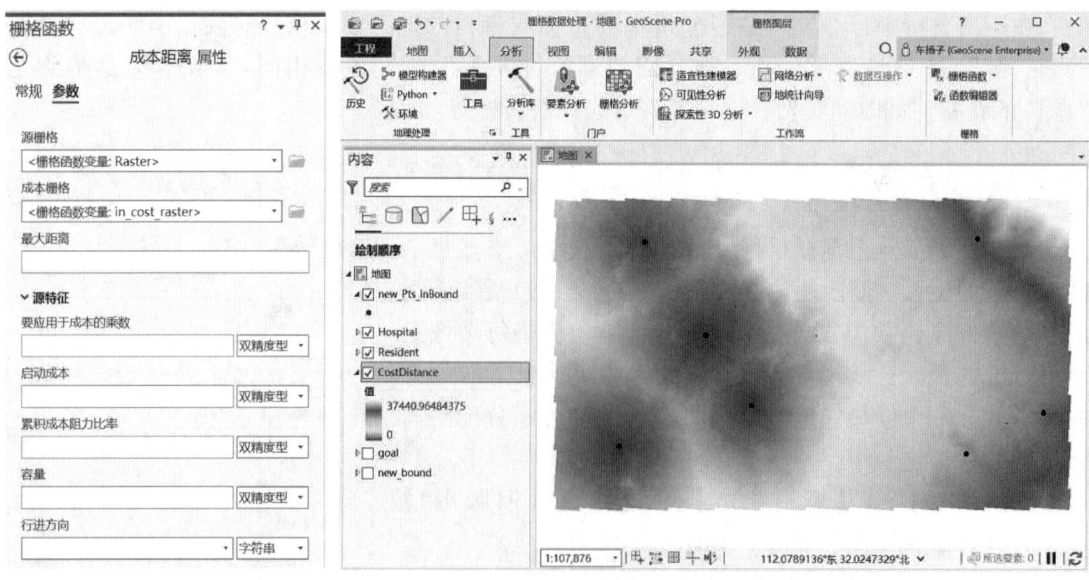

图9.6　成本距离参数设置　　　　图9.7　成本距离分析结果

9.2.3 最低成本路径

最低成本路径工具用于计算源到目标的最小成本路径。其中，"源"为目的地，"目标"为出发地。出发地可以是点要素或区域要素。三种成本路径的计算方法分别为："每个像元"，即为每个栅格像素寻找一条最低成本路径；"每个区"，即为每个区域寻找一条成本路径；"最佳单一路径"，即在所有的区域中寻找一条成本最低的路径。

以从"居民点"到"医院"的最低成本路径分析为例。首先在"成本距离"工具中，计算成本距离，然后在"最低成本路径"工具中，计算最低成本路径。

在【影像】→【栅格函数】→【距离分析】中，打开【最低成本路径】窗口，如图 9.8 所示。

（1）将栅格格式的"源"栅格图输入【源栅格】中。

（2）将栅格格式的"目标"栅格图输入【目标栅格】中。

（3）将在"成本距离"工具中计算得到的成本距离图输入【成本栅格】。

（4）选择路径类型为【每个像元】，最终得到从每个居民点到医院的最低成本路径，如图 9.9 所示。

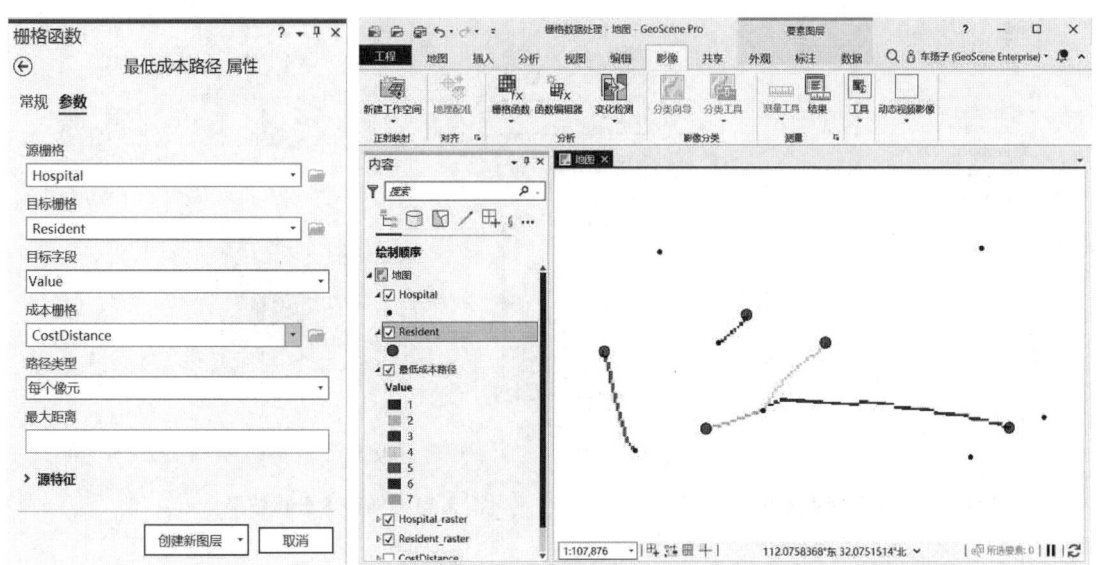

图 9.8　最低成本路径参数设置　　　　图 9.9　最低成本路径分析结果

9.3　密度分析

密度分析能够生成表达要素集中程度的连续表面。密度分析包括核密度分析和简单密度分析。核密度分析和简单密度分析都能够对点的密度、线的密度进行分析。例如，可以分析城市中路网的密度分布情况，或根据污染源数据分析城市污染的分布情况。

密度分析是一个通过离散采样点进行表面内插的过程，根据内插原理的不同，可以分为核密度分析和简单密度分析。

在密度分析案例中,使用到的数据位于"\data\ch9\密度分析"中。

9.3.1 核密度分析

核密度分析能够计算每个输出像元周围点要素或线要素的密度。如在探索道路对野生动物栖息地的影响时,使用"人口数量"字段为各个道路要素赋予更大的权重。

在【分析】→【工具】→【空间分析工具】→【密度分析】中,打开【核密度分析】窗口,如图9.10所示。

(1)将需要分析的点或折线图层输入到【输入点或折线要素】中,本案例中,输入"resident.shp"点数据。

(2)设置作为权重属性,输入【Population 字段】中。

(3)在【核密度分析】工具中,还可以对输出像元大小、面积单位、输出像元值、距离计算方法、障碍要素进行设置。

(4)点击运行,输出结果,如图9.11所示。

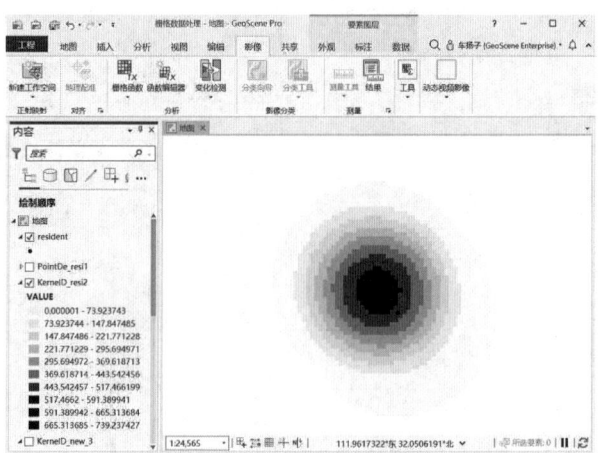

图9.10 核密度分析参数设置　　　　图9.11 核密度分析结果

9.3.2 简单密度分析

简单密度分析能够计算点要素或是线要素的密度,并生成表面。在分析的过程中,简单密度分析为每个栅格周围定义一个邻域,将邻域内的要素相加,最终除以邻域面积得到要素的密度。

以居民点密度分析为例,进行简单密度分析。在【分析】→【工具】→【空间分析工具】→【密度分析】中,打开【点密度分析】窗口,如图9.12所示。

(1)将需要分析的点输入到【输入点要素中】。在本案例中,输入"resident.shp"点数据。

(2)设置 Population 字段。如果 Population 字段设置的不为 NONE,则 Population 的值用

于确定点被计数的次数。若 Population 字段值为 5，则被算作 5 个点。

（3）在【点密度分析】工具中，还可以对输出像元大小、邻域形状与大小、面积单位进行设置。最后输出点密度分析结果，如图 9.13 所示。

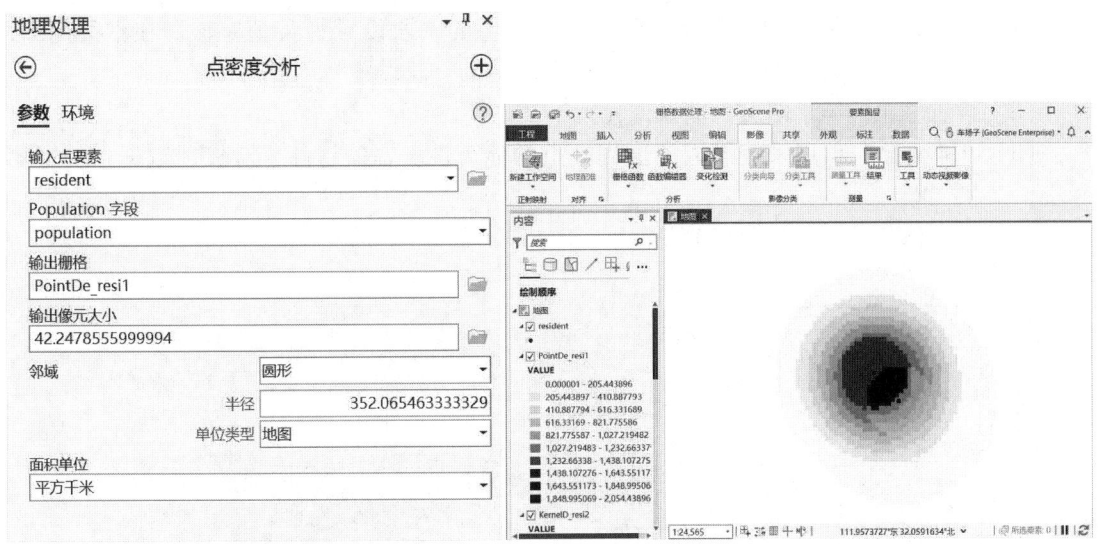

图 9.12　点密度分析参数设置　　　　　图 9.13　点密度分析结果

9.4　表面分析

表面分析通过分析已有的数据，生成新的栅格数据，以获取更多来自原有数据的空间特征、空间格局等信息。主要的表面分析方法包括：计算等值线、高程空填充、计算坡度、计算坡向、计算山体阴影、计算曲率等。

在表面分析案例中，使用到的数据位于"\data\ch9\表面分析"中。

9.4.1　栅格插值

插值工具根据采样点创建连续的表面。用来插值的离散点可以是多种数据，例如，气象站收集数据、土壤有机质含量、离散高程点等。插值的基本假设是空间现象的分布具有相关性，即距离相似的点具有相似的特征。插值的工具通常分为确定性方法和地统计方法。其中，确定性插值方法根据周围测量值和用于确定生成表面平滑度的指定数学公式确定表面上的数值。确定性插值方法主要包括：反距离权重法、自然邻域法、趋势面法和样条函数法。地统计方法以包含自相关的统计模型为基础。地统计方法不仅能够对表面数值进行预测，还能够提供对预测数值准确定的度量方法。地统计方法主要包括克里金法。

1. 反距离权重法

反距离权重法（inverse distance weighted，IDW）以插值点与样本点的距离作为权重进行加权平均，距离插值点近的样本点将会被分配更大的权重。反距离权重法中能够设置幂值。幂值可基于离输出点的距离控制已知点对内插值的影响。较大的幂值会对距离较近的点产生更大的影响，得到更加详细的表面。较小的幂值会对较远的点产生更大的影响，得到更平滑的表面。

反距离权重法具体操作步骤为：

在【分析】→【工具】→【地统计分析工具】→【插值分析】中，打开【反距离权重法】窗口，如图9.14所示。

（1）输入要进行插值的点图层，并将需要插值的字段设置为Z值字段。在本案例中，输入要素为"珠江三角洲AQ测站.shp"，需要插值的字段设置为"qiwen"。

（2）设置输出的结果图层、输出像元大小。

（3）"幂函数"项用来控制内插值周围点的显著性。幂值越高，对较远数据点的影响越小。

（4）输出插值结果，如图9.15所示。

图9.14 反距离权重法参数设置

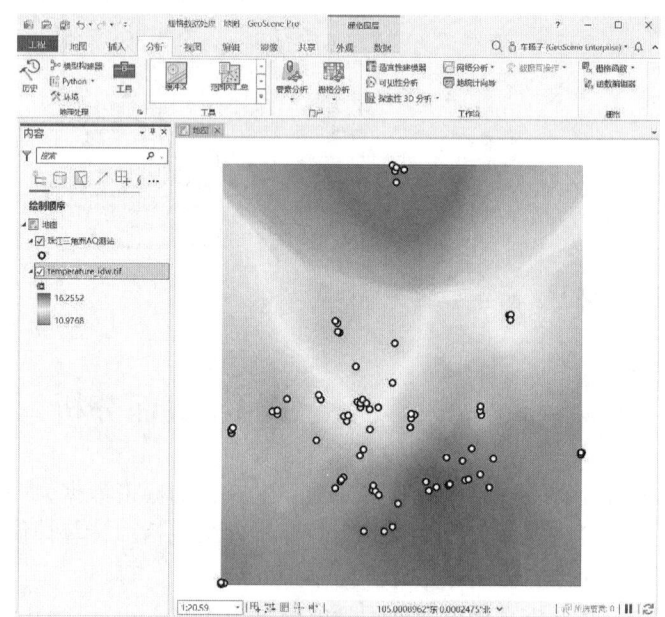

图9.15 反距离权重法插值结果

2. 自然邻域法

自然邻域法根据需要插值的点构造泰森多边形。首先对已知点构造泰森多边形，然后对需要插值的点周围构造泰森多边形，将这个新的多边形与原始多边形的重叠比例作为计算的权重。

自然邻域法具体操作步骤为：

在【分析】→【工具】→【空间分析工具】→【插值分析】中，打开【自然邻域法】窗口，如图9.16所示。

（1）输入要进行插值的点图层，并将需要插值的字段设置为Z值字段。在本案例中，输入要素为"珠江三角洲AQ测站.shp"，插值字段为"qiwen"。

（2）设置输出的结果图层、输出像元大小。

（3）输出插值结果，如图9.17所示。

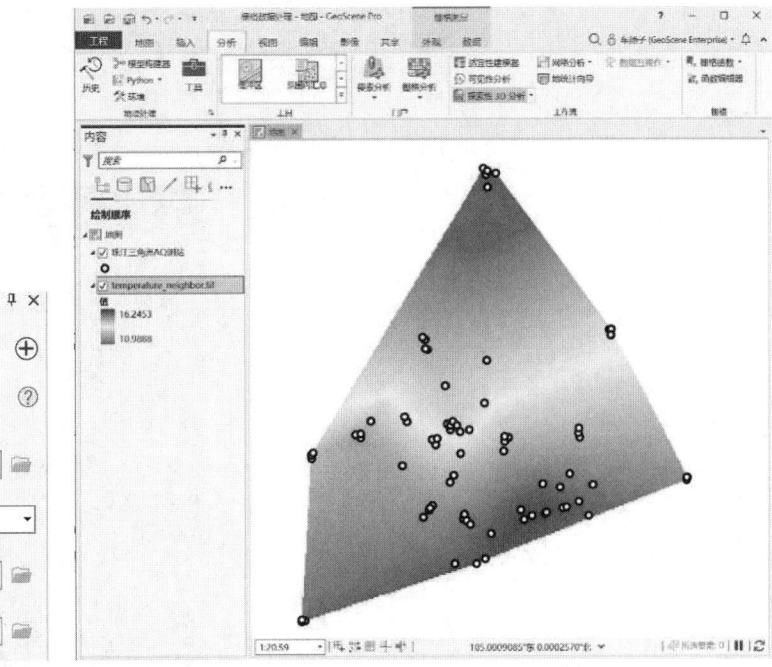

图 9.16　自然邻域法参数设置　　　　图 9.17　自然邻域法插值结果

3. 趋势面法

趋势面法通过全局多项式插值法，将由多项式定义的平滑表面与输入采样点进行拟合，最终拟合出一个平滑的表面。

趋势面法具体操作步骤为：

在【分析】→【工具】→【空间分析工具】→【插值分析】中，打开【趋势面法】窗口，如图 9.18 所示。

（1）输入要进行插值的点图层，并将需要插值的字段设置为 Z 值字段。在本案例中，输入要素为"珠江三角洲 AQ 测站.shp"，需要插值的字段设置为"qiwen"。

（2）设置输出的结果图层、输出像元大小。

（3）设置拟合多项式的阶。

（4）设置回归类型，包括"线性""逻辑"两种回归类型。

（5）输出插值结果，如图 9.19 所示。

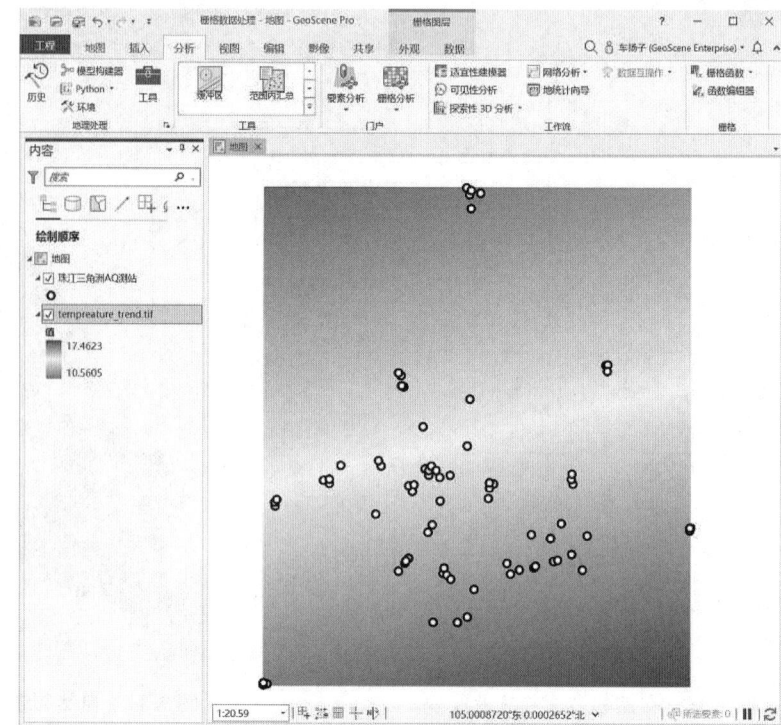

图 9.18 趋势面法参数设置　　　　　图 9.19 趋势面法插值结果

4. 样条函数法

样条函数法（spline）利用最小化表面总曲率的数学函数对插值结果进行估计。它能够通过调整数学函数，使结果通过所有样本点并保持整体的曲率最小。这样的方法能够很好地拟合高程、水位高度或污染物浓度等渐变曲面数据。

样条函数法具体操作步骤为：

在【分析】→【工具】→【空间分析工具】→【插值分析】中，打开【含障碍的样条函数】窗口，如图 9.20 所示。

（1）输入要进行插值的点图层，并将需要插值的字段设置为 Z 值字段。在本案例中，输入要素为"珠江三角洲 AQ 测站.shp"，需要插值的字段设置为"qiwen"。

（2）设置输出的结果图层、输出像元大小。

（3）输出插值结果，如图 9.21 所示。

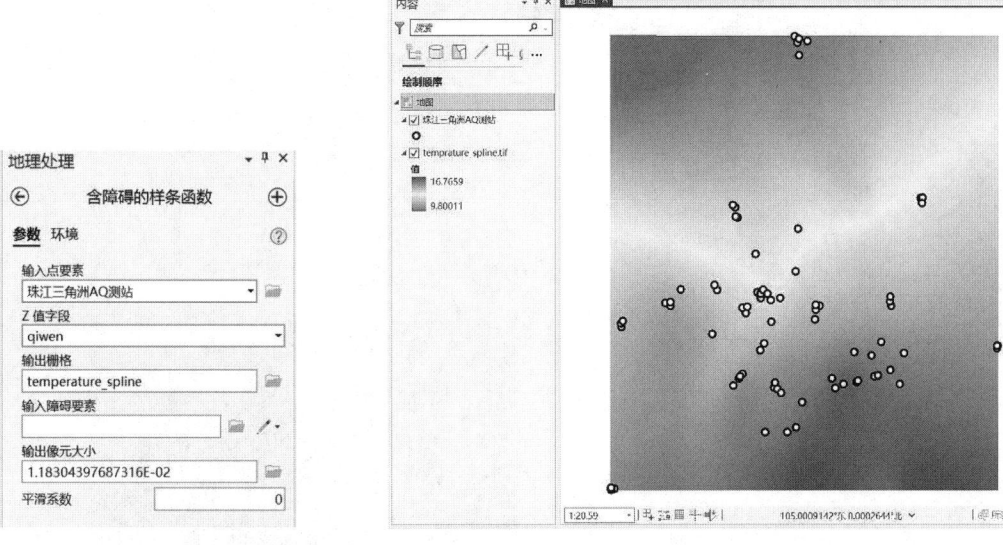

图 9.20　样条函数法参数设置　　　　图 9.21　样条函数法插值结果

5．克里金法

克里金法不仅能够根据统计关系预测表面，还能够对预测的准确性进行度量。克里金法的通用公式由数据的加权总和构成。克里金法的权重由两个方面构成，首先是测量点之间的距离、预测位置；其次是测量点的整体空间排列。在使用克里金法的过程中，第一步是对已知点的结构进行分析，解释相关性规律，提出变异函数模型；第二步是在模型的基础上进行预测。

在【分析】→【工具】→【空间分析工具】→【插值分析】中，打开【克里金法】窗口，如图 9.22 所示。

（1）输入要进行插值的点图层，并将需要插值的字段设置为 Z 值字段。本案例中，输入要素为"珠江三角洲 AQ 测站.shp"，需要插值的字段设置为"qiwen"。

（2）设置半变异函数属性。

（3）设置输出的结果图层、输出像元大小。

（4）输出插值结果，如图 9.23 所示。

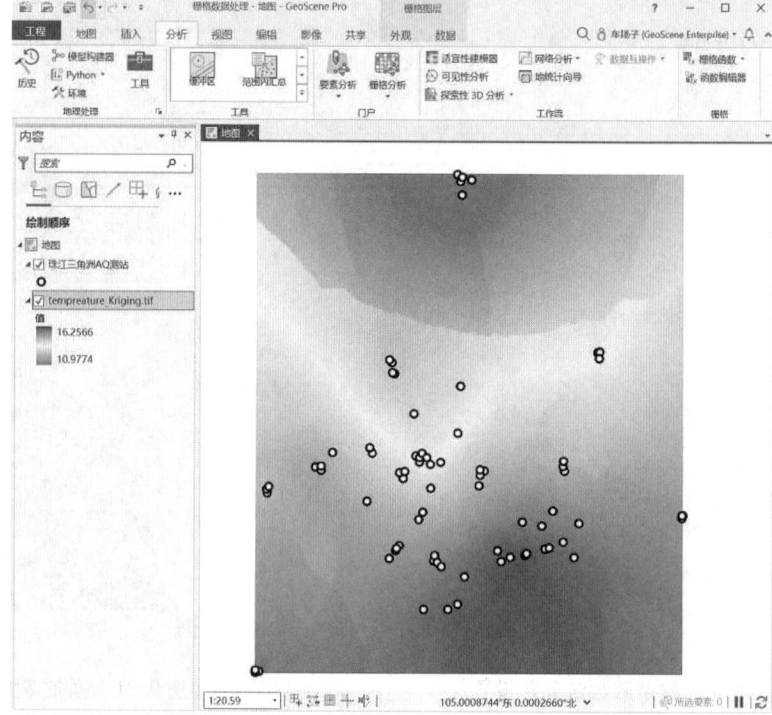

图 9.22　克里金法参数设置　　　　图 9.23　克里金法插值结果

9.4.2　等值线绘制

等值线函数能够连接栅格数据中相同值的点，并生成等值线。等值线能够体现表面上值的变化情况。等值线越密，表面值的变化越大，反之则越小。具体等值线的计算步骤为：在【影像】→【栅格函数】→【表面】中，打开【等值线】窗口，如图 9.24 所示。

（1）将需要提取的栅格输入到【栅格】中。在本案例中，将 "ASTGTM2_N23E113_dem.tif"（\data\ch9\表面分析）设置为输入的栅格。

（2）【等值线类型】可以将输出的等值线指定为线要素或者面要素。

（3）【等值线间距】为生成等值线的间隔距离，该值可以为任何正数。

（4）【Z 因子】为生成等值线时使用的单位转换因子，当其为 1 时，等值线的单位将与输入栅格相同。例如，如果输入栅格值的单位为英尺，而用户希望将输出等值线的间隔以米来计算，则可以设置 Z 因子为 0.3048（1 英尺 = 0.3048 米）。核密度分析结果如图 9.25 所示。

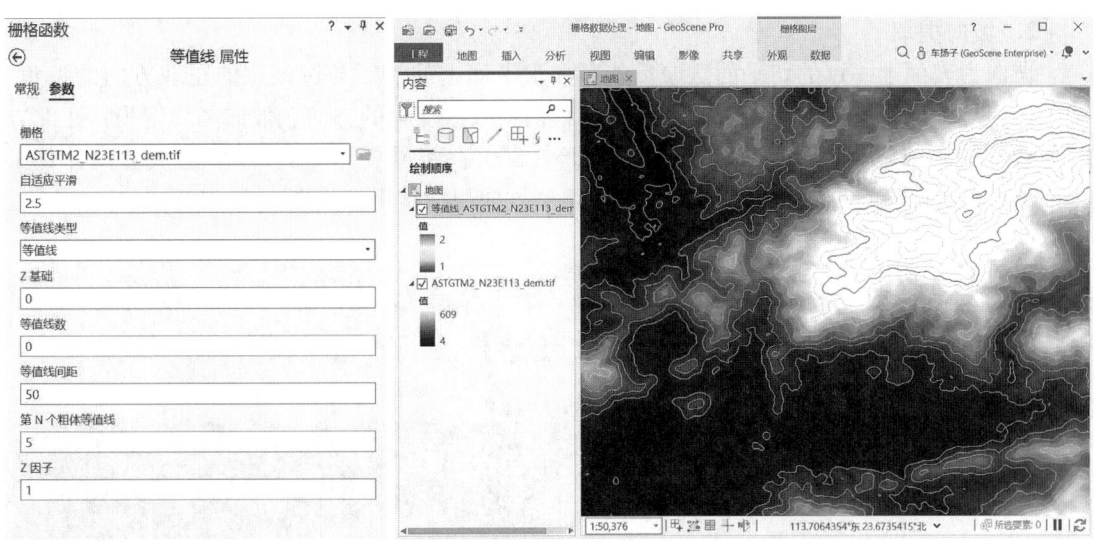

图 9.24　等值线参数设置　　　　　　图 9.25　等值线绘制结果

9.4.3　坡度、坡向提取

1. 坡度提取

坡度工具可以确定每个像元处的陡峭程度，其最常应用于高程数据处理中。在实际应用中，坡度有两种缩放方式，包括以水平面与地形面之间夹角表示的坡度，及以高程增量和水平增量之比的百分数所表示的坡度百分比。

具体坡度计算步骤为：在【影像】→【栅格函数】→【表面】中，打开【坡度】窗口，如图 9.26 所示。

（1）将需要提取的栅格输入到【DEM】中。在本案例中，将"ASTGTM2_N23E113_dem.tif"设置为输入的栅格。

（2）在【缩放】中设置坡度的表示方法。最终输出坡度提取结果，如图 9.27 所示。

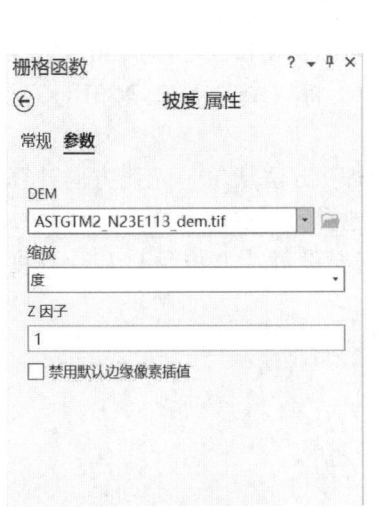

图 9.26　坡度参数设置　　　　　　图 9.27　坡度提取结果

2. 坡向提取

坡向为表面上一点的切平面法向量矢量在水平面上的投影与过该点的正北方向的夹角。对于任何一个像素来说，坡向表征了该点高程值最大改变量的方向。坡向的规定为：正北方向为0°，以顺时针为正方向，取值范围为0°～360°。将需要计算的DEM输入坡向计算工具，如图9.28所示。点击【运行】后，可得到坡向提取结果，如图9.29所示。

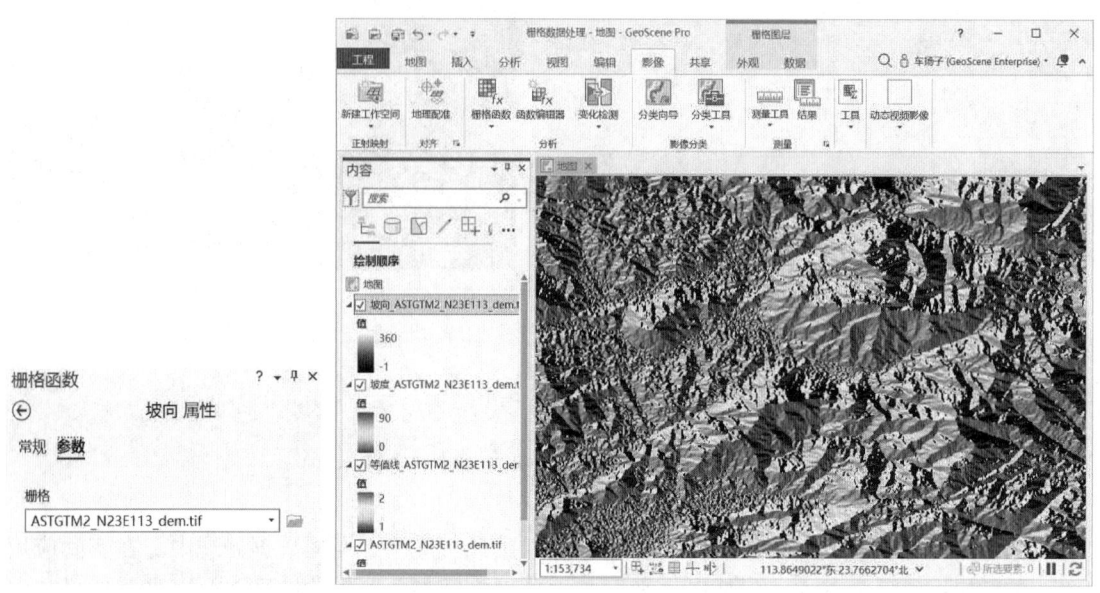

图9.28　坡向参数设置　　　　　　　图9.29　坡向提取结果

9.4.4　山体阴影

山体阴影根据假想的光源对高程计算每个单元及邻域的照明值。山体阴影工具能够很好地表达地形的立体形态，并提取地形的遮蔽信息，是一种用于可视化由光源和高程表面的坡度和坡向确定地形的技术。山体阴影图主要考虑的是太阳方位角和太阳高度。

在【影像】→【栅格函数】→【表面】中，打开【山体阴影】窗口，如图9.30所示。

（1）将需要计算的栅格输入到【栅格】中。在本案例中，将"ASTGTM2_N23E113_dem.tif"设置为输入的栅格。

（2）在【山体阴影类型】中设置计算方法。其中，"传统"方法从单一光线方向计算山体阴影；"多方向"方法将多个源的光线进行融合，以增强地形的可视化效果。

（3）若选择"传统"为山体阴影类型的计算方法，则需要设置【方位角】和【高度角】。最后输出山体阴影计算结果，如图9.31所示。

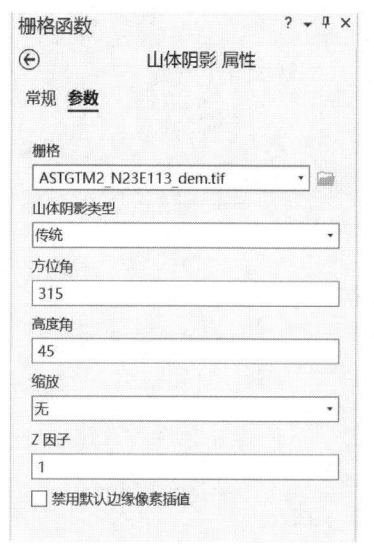

图 9.30　山体阴影参数设置

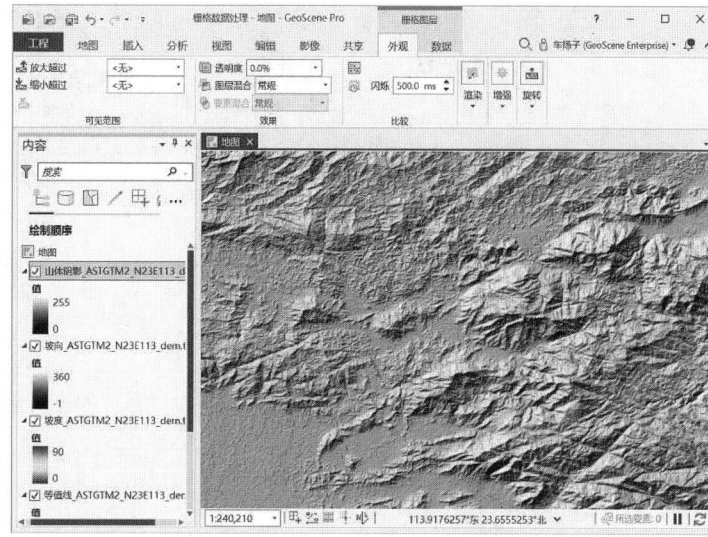

图 9.31　山体阴影计算结果

9.5　提取分析

提取分析工具可以根据像元的属性或空间位置从栅格中提取需要的信息。提取分析分为两类：按属性、形状或位置提取子像元及将像元值提取到点要素。

在提取分析案例中使用到的数据位于"\data\ch9\提取分析"中。

9.5.1　按属性或形状提取

1. 按属性提取

按属性提取工具能够筛选出满足指定条件的栅格并输出到新的栅格中。按属性提取的操作方法为：在【分析】→【工具】→【空间分析工具】→【提取分析】中，打开【按属性提取】窗口，图 9.32 显示了提取 DEM 值大于 100 的像元的参数设置方法，其所使用到的"ASTGTM2_N23E113_dem2.tif"位于"\data\ch9\提取分析"中。

2. 按形状提取

按形状提取工具能够筛选出满足指定形状条件的栅格并输出到新的栅格中。包括按点提取、按面提取（圆形、矩形或多边形）、按掩膜提取。按形状提取的操作方法为：在【分析】→【工具】→【空间分析工具】→【提取分析】中，打开相应窗口，图 9.33 显示了按特定掩膜提取相应位置形状的 DEM 的参数设置方法。

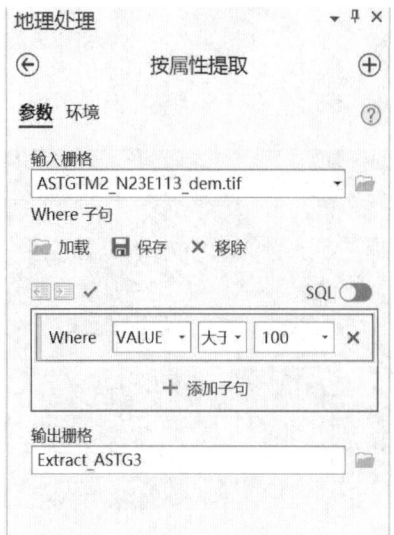
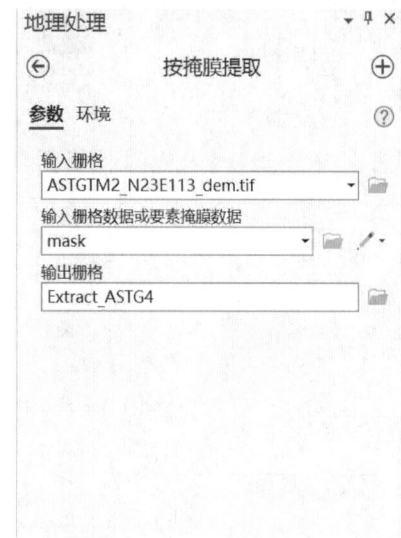

图 9.32　按属性提取参数设置　　　　　图 9.33　按掩膜提取参数设置

9.5.2　按像元值提取至点

【值提取至点】和【多值提取至点】能够将栅格数据集的值提取到点的属性表中。其中，【值提取至点】工具能够基于一组点提取栅格值，并生成一个新的将点位置的栅格值包含在属性表中的要素。【多值提取至点】支持一次对多个栅格数据集进行操作，也支持多波段数据集的输入。同时，此工具直接将栅格值输入已有要素点的属性表中，不创建新的要素数据。以提取点位置的高程（DEM）、植被指数（NDVI）为例（图 9.34、图 9.35），具体步骤如下。

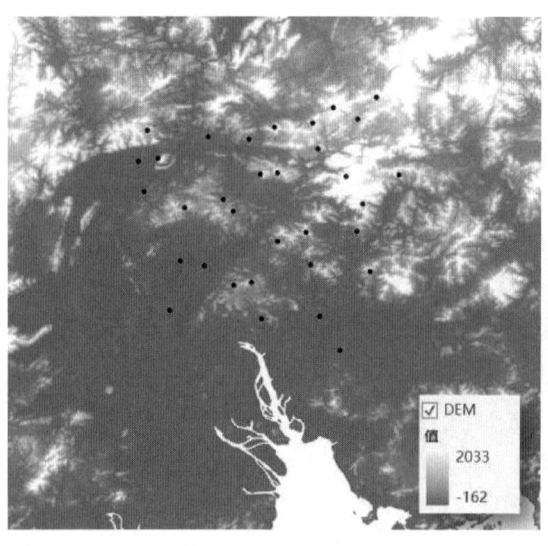
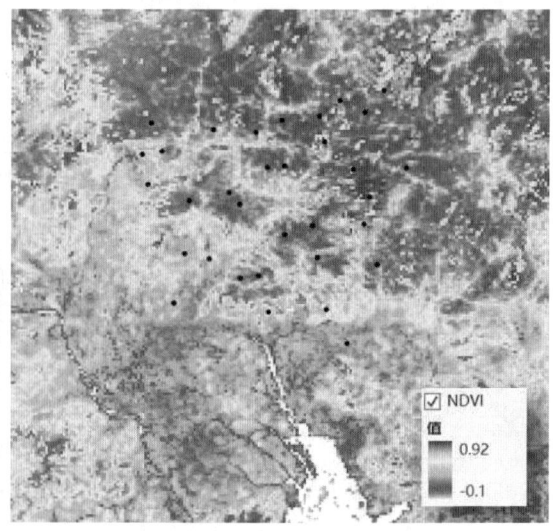

图 9.34　DEM 数据　　　　　　　　　图 9.35　NDVI 数据

在【分析】→【工具】→【空间分析工具】→【提取分析】中,打开【多值提取至点】窗口,如图 9.36 所示。

(1) 将位置点【输入点要素】中。如该案例中,输入"points_toExtract.shp"。

(2) 在【输入栅格】和【输出字段名】中,分别输入将要提取的栅格以及提取结果的字段名称。

图 9.37 显示了被提取的栅格图层以及提取后点的属性表。

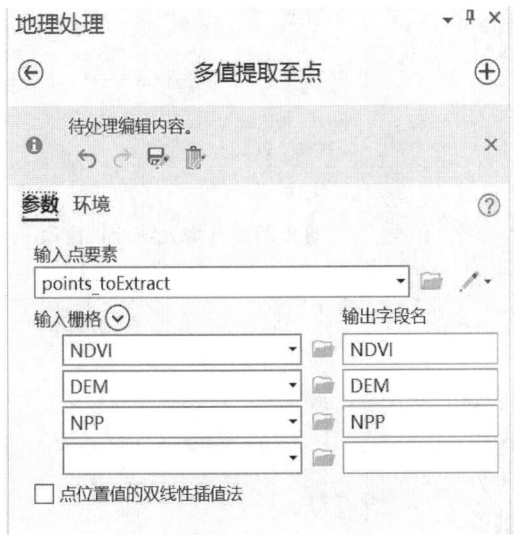
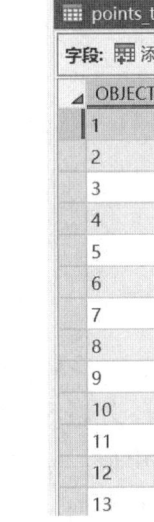

图 9.36　多值提取至点　　　　　　　　图 9.37　提取结果

9.6　统计分析

9.6.1　像元统计

当进行多个栅格数据的分析时,可以以栅格像素为单位进行统计分析。GeoSense Pro 中的单元统计方法包括:统计相同像素位置像素的平均值、众数、最大值、中值、最小值、少数、范围、标准差、总和、变异度。

如图 9.38 所示,其中每个格子代表一个像元。将两张栅格影像相加,会得到一张新的总和栅格。

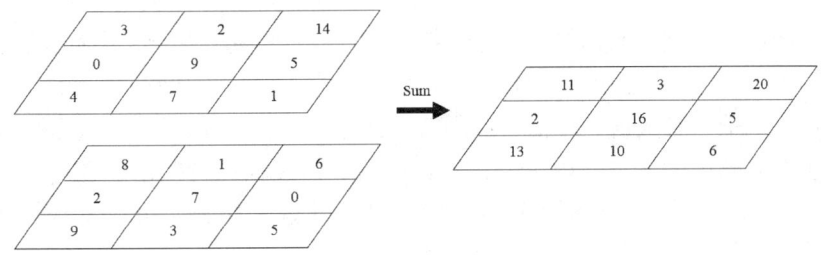

图 9.38　总和像元统计

单元统计可以用于统计同一地区多时相的数据。具体的操作过程如下：在【分析】→【工具】→【空间分析工具】→【局部分析】中，打开【像元统计】窗口，如图 9.39 所示。

（1）将需要分析的栅格数据输入其中，并定义输出栅格的位置及名称。

（2）设置叠加统计的方式，运行并输出结果。

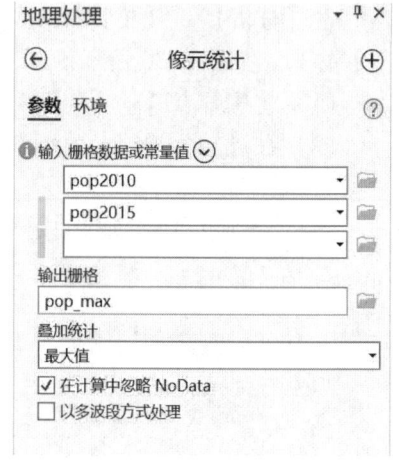

图 9.39　【像元统计】窗口

9.6.2　焦点统计

焦点统计能够对逐栅格进行计算，并按特定栅格周围一定的范围输出统计值。GeoScene Pro 中提供的焦点统计方法包括平均值、中值、标准差、四分位距、偏度、不平衡分位数。GeoScene Pro 中提供的邻域形状包括矩形、圆形、环形、楔形，同时可以通过传入核文件自定义权重。

焦点统计的具体操作过程如下：在【分析】→【工具】→【空间分析工具】→【邻域分析】中，打开【焦点统计】窗口，如图 9.40 所示。

（1）输入需要分析的栅格。

（2）设置输出栅格的位置和名称。

（3）设置邻域的形状，同时设置邻域形状的大小。

（4）设置统计的类型，运行并输出结果。

图 9.40　【焦点统计】窗口

9.6.3　分区统计

分区统计能够将区域内的栅格数值进行统计，并显示结果。【分区几何统计】功能能够以栅格展示结果；【以表格显示分区统计】功能能够将结果输出为表。分区统计功能所包括的统计类型有平均值、最大值、中值、最小值、百分比数、范围、标准差、总和。

以统计美国各州内的人口总数为例，对具体的操作过程进行演示：在【分析】→【工具】→【空间分析工具】→【区域分析】中，打开【以表格显示分区统计】窗口，如图 9.41 所示。

（1）输入作为边界的栅格数据或要素区域数据。

（2）设置用于区分区域的字段。

（3）输入以边界为范围进行统计的栅格数据。

（4）设置输出表的名称和位置。

（5）设置统计类型，最后输出结果。图 9.42 展示了分区统计的结果。表格中已经展示了算得的各州人口总和。

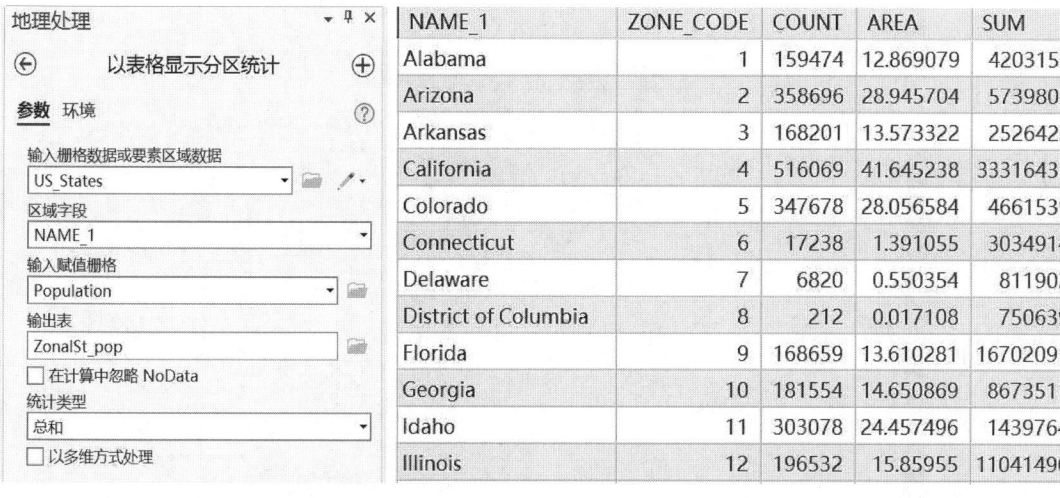

图 9.41　分区统计参数设置　　　　图 9.42　分区统计结果

9.7　重分类

重分类能够对原有的栅格像元值进行重新分类并输出新的结果。主要包括以下几种情况：用新值取代原来的值；将值进行组合，如将河流、水库等合并为水体；按相同等级对多个栅格进行重分类，用于同一等级；将特定值设置为 NoData 或将 NoData 设置为某个值。

以对土地利用（覆盖）数据的重分类作为例子。下载的原始数据具有更加细致的类别，按照给定的类别进行重分类，获取得到数据的基础类别，并将其他的值设置为 NoData，对具体的操作过程进行演示：在【分析】→【工具】→【空间分析工具】→【重分类】中，打开【重分类】窗口，原始栅格属性表如图 9.43 所示。

（1）输入用于重分类的栅格数据，重分类参数设置如图 9.44 所示。

（2）输入用于重分类的栅格字段。

（3）设置重分类的规则。重分类的规则除了可以手动输入外，还可以从保存好的表中导入重映射。

（4）设置输出栅格的名称和位置。

图 9.45 展示了重分类后的属性表，图 9.46 展示了重分类后的土地利用（覆盖）分类结果，重分类后得到了简化的目标分类级别。

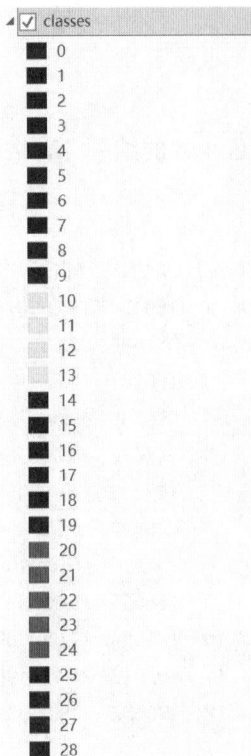

图 9.43 原始栅格属性表

图 9.44 重分类参数设置

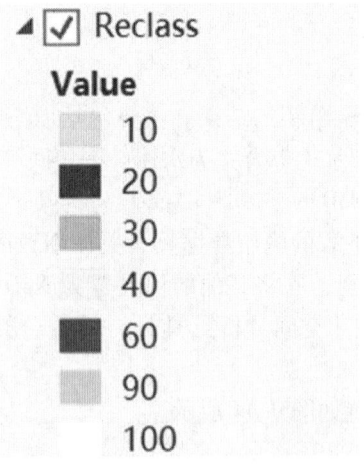

图 9.45 重分类后的栅格属性表

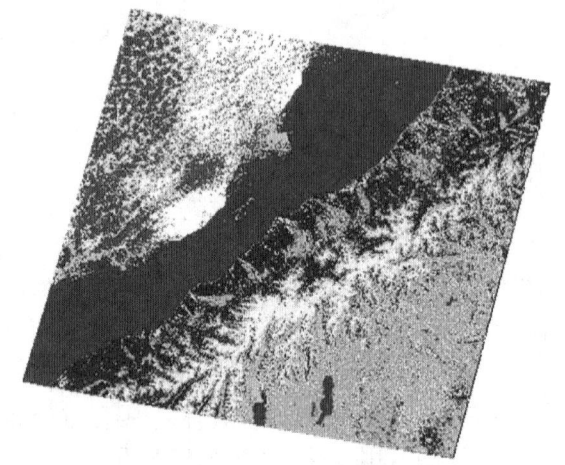

图 9.46 重分类结果

9.8 条件分析与栅格计算

9.8.1 条件分析

条件分析中包括设为空函数、条件函数和选取三个功能。

条件函数根据逐个像元在条件语句中的判定结果来决定逐个像元的输出值。在条件函数中能够指定判定为真和判定为假时的输出栅格数据值或者常数值。

空函数的判定规则为若在条件语句中将像元判定为"真",则为输出栅格的所有"真"像元赋值为 NoData。其他判定为"假"的像元则赋值为其他的栅格数据值或常数值。

选取函数根据输入的位置栅格和其他输入栅格来确定输出栅格的值。例如,若位置栅格的值为 1,则将栅格列表中第一个输入的栅格值作为输出像元值;若位置栅格的值为 2,则将栅格列表中第二个输入的栅格值作为输出像元值。

以使用条件分析输出水体栅格图为例,说明设为空函数的操作步骤如下:在【分析】→【工具】→【空间分析工具】→【条件分析】中,打开【设为空函数】窗口,如图 9.47 所示。

(1) 设置需要进行分析的条件栅格。

(2) 根据所需要的结果设置分析条件。如在该实验中,水体的 Value 为 60。当条件判断为"真"时,像元的值被设置为 NoData,将不等于 60 的像元设为 NoData。

(3) 设置条件为"假"时所取的值。如在该实验中,将该值设置为原栅格值。

(4) 设置输出栅格的位置和名称。最终得到只包含水体像元,其他像元为空值的栅格影像,如图 9.48 所示。

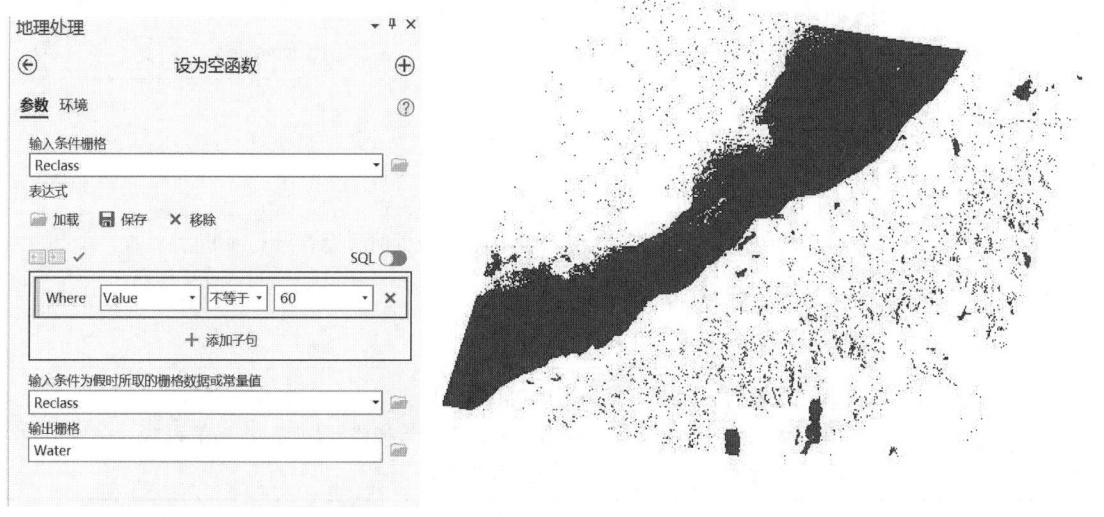

图 9.47　设为空函数　　　　　　图 9.48　水体栅格影像结果

9.8.2　栅格计算

栅格计算是栅格数据空间的处理和分析中最常用的方法。栅格计算工具能够建立复杂的应用数学模型的基本模块。利用栅格计算器,可以方便地进行基于数学运算符的栅格计算以及基于数学函数的栅格计算。同时,它也支持直接调用 GeoScene Pro 自带的栅格数据空间分析函数,能够方便地实现多条语句的同时输入和运行。

栅格计算器能够进行的运算包括简单栅格运算、数学函数运算、空间分析函数运算。

简单栅格运算可以将栅格数据的逐个像元进行算数运算。在进行计算时，需要先在表达式窗口中输入输出栅格结果的名称，再输入等号。然后在"图层和变量"栏中输入用来计算的图层，输入表达式。

数学函数运算需要先点击函数按钮，再在出现的函数的括号中加入计算对象，如图 9.49 所示。

空间分析函数运算需要手动输入函数。需要引用空间分析函数时，需要先查阅有关文档，对函数名、参数、引用的语法规则进行查阅，再输入计算对象。常用的例子见表 9.1。

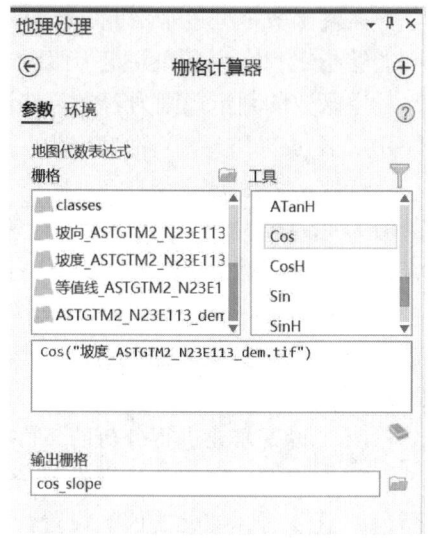

图 9.49　栅格计算器数学函数功能

表 9.1　空间分析函数例子

函数名称	例子
Con	Con（条件栅格，value1，{value2}，{SQL 语句}） SQL 语句成立时，输出的结果为 value1；不成立，输出为 value2
IsNull	IsNull（栅格） 像元为 NoData 值，返回 1；否则，返回 0
SetNull	SetNull（条件栅格，value1，{SQL 语句}） SQL 语句成立时，将值设置为 NoData；不成立时，设置为 value1
Power	Power（栅格，2）平方 Power（栅格，0.5）开方
Pick	Pick（位置栅格，[栅格 1，栅格 2，……]） 位置栅格≤0 时，将新值设置为 NoData；位置栅格=1 时，将新值设置为栅格 1 的值；位置栅格=2 时，将新值设置为栅格 2……

9.9　综合应用案例

9.9.1　实验背景及目的

实验背景。合理的小区位置能够更好地服务于居民的生活，为居民带来幸福感。小区的选址需要考虑很多因素，如地理位置、周边设施与服务等。综合把握这些因素是确定小区选址的关键。

实验目的。通过练习，熟悉 GeoScene Pro 栅格数据的处理，如掌握欧氏距离制图、数据重分类等空间分析方法，获得能够使用 GeoScene Pro 处理栅格数据、解决实际问题的能力。

9.9.2 实验数据

使用到的数据主要包括：
（1）土地利用数据（landuse）。
（2）地面高程数据（dem）。
（3）购物服务分布数据（shop_sites）。
（4）生活服务分布数据（live_sites）。
（5）交通设施分布数据（trans_sites）。
（6）现有小区分布数据（resi_sites）。

9.9.3 实验操作重点

（1）小区的最优选址应具有以下特点：①地势平坦；②土地利用成本低；③距离购物服务地点近；④距离生活服务地点近；⑤距离交通设施地点近；⑥距离现有小区地点远。

（2）各数据层权重占比为：①生活服务地点占 0.2；②交通设施地点占 0.2；③土地利用类型占 0.15；④地形因素占 0.15；⑤现有小区数据占 0.15；⑥购物分布地点占 0.15。

（3）结合坡度计算、欧式距离制图、重分类和栅格计算器等功能，对小区选址进行分析。

9.9.4 实验操作步骤

（1）加载数据。打开 GeoScene Pro，加载 landuse.tif、dem.tif、shop_sites.shp、live_sites.shp、trans_sites.shp、resi_sites.shp。

（2）设置分析环境。在【分析】→【环境】中对环境进行设置：①设置【工作空间】，将【当前工作空间】设置为"exp.gdb"，将【临时工作空间】设置为"exp.gdb"。②设置【栅格分析】中的【像元大小】为"与 dem 相同"。

（3）计算坡度。双击【空间分析工具】→【表面分析】，打开【Slope】工具。如图 9.50 所示，进行参数设置，得到坡度计算结果（如图 9.51 所示）。

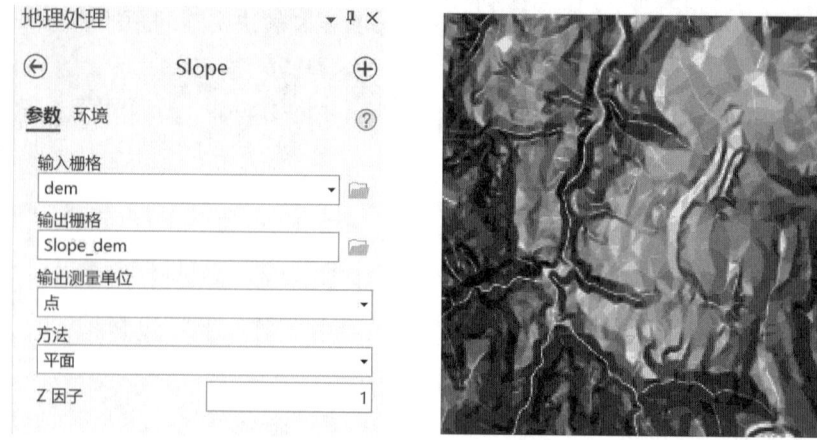

图 9.50　坡度计算参数设置　　　　　图 9.51　坡度计算结果

（4）计算欧氏距离。如图 9.52 所示，进行参数设置，计算生活服务地点欧式距离。得到生活服务地点欧式距离结果，如图 9.53 所示；计算交通设施地点欧式距离，得到交通设施欧式距离结果，如图 9.54 所示；计算购物服务地点欧式距离，得到购物服务地点欧式距离结果，如图 9.55 所示；计算现有小区地点欧式距离，得到现有小区地点欧式距离结果，如图 9.56 所示。

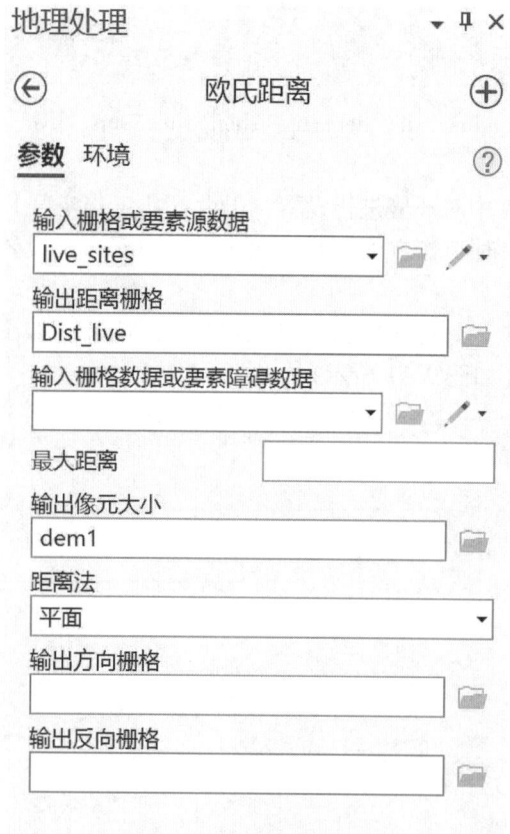

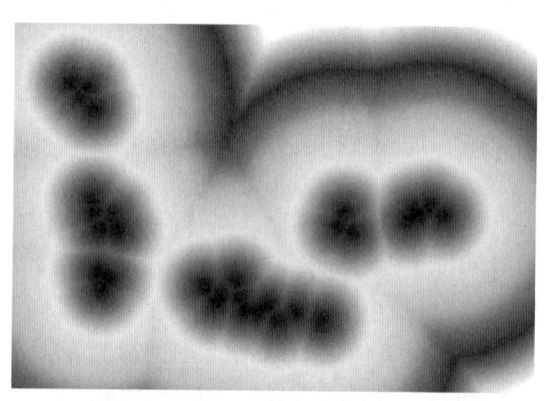

图 9.53　生活服务地点欧式距离计算结果

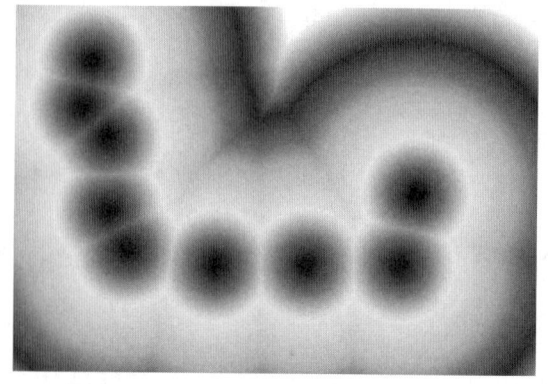

图 9.52　欧式距离参数设置　　　　图 9.54　交通设施欧式距离计算结果

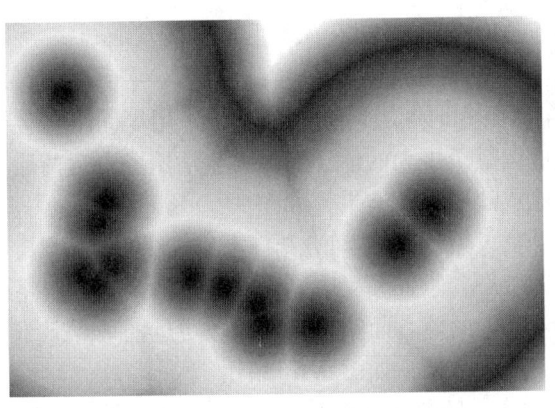

图 9.55　购物服务地点欧式距离计算结果

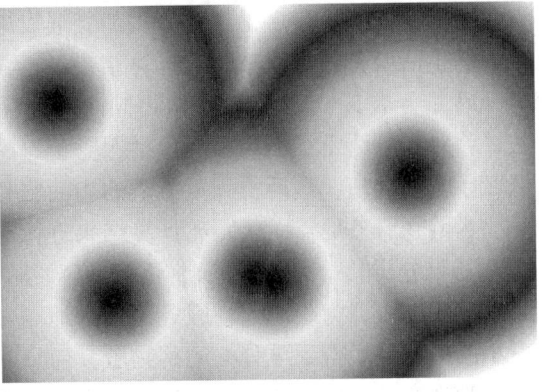

图 9.56　现有小区地点欧式距离计算结果

（5）重分类计算结果。为坡度计算结果进行重分类。双击【空间分析工具】→【重分类】，打开【重分类】。小区选址更倾向于地势平坦的地方。因此，采用等间距分类法，将坡度分为十级，同时对新值取反，为坡度小的赋予更大的值，而坡度大的地方赋予更小的值。如图 9.57 所示，进行参数设置。最后得到坡度重分类结果，如图 9.58 所示。

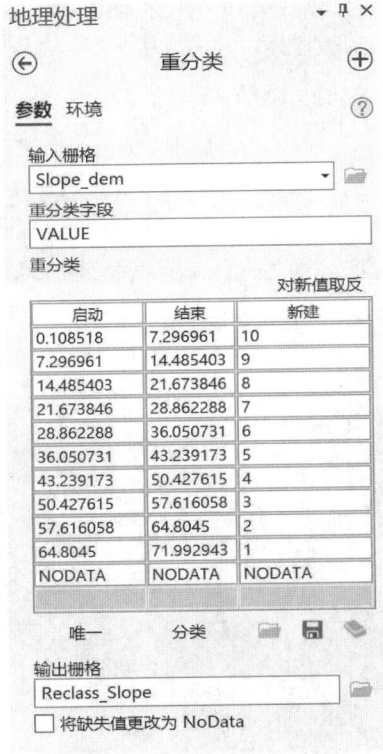

图 9.57　重分类参数设置

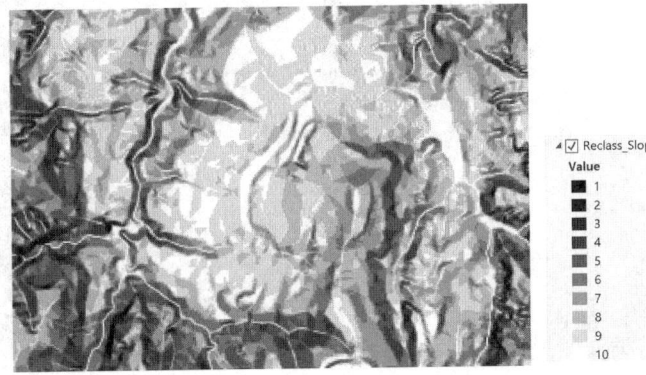

图 9.58　坡度重分类结果

为交通设施地点欧氏距离计算结果进行重分类。双击【空间分析工具】→【重分类】，打开【重分类】。小区选址通常更倾向于接近交通设施地点的地方。因此，采用等间距分类法，将距离分为十级，为距离交通设施更近的地点赋予更大的值，而距离交通设施更远的地点赋予更小的值。最后得到重分类的交通设施地点欧氏距离结果，如图9.59所示。

为生活服务地点欧氏距离计算结果进行重分类。双击【空间分析工具】→【重分类】，打开【重分类】。小区选址通常更倾向于接近生活服务地点的地方。因此，采用等间距分类法，将距离分为十级，为距离生活服务更近的地点赋予更大的值，而距离生活服务更远的地点赋予更小的值，最后得到重分类的生活服务地点欧氏距离结果，如图9.60所示。

为购物服务地点欧氏距离计算结果进行重分类。双击【空间分析工具】→【重分类】，打开【重分类】。小区选址通常更倾向于接近购物服务地点。因此，采用等间距分类法，将距离分为十级，为距离购物服务更近的地点赋予更大的值，而购物生活服务更远的地点赋予更小的值，最后得到重分类的购物服务地点欧氏距离结果，如图9.61所示。

为现有小区地点欧氏距离计算结果进行重分类。双击【空间分析工具】→【重分类】，打开【重分类】。小区选址通常更倾向于远离现有小区的地方。因此，采用等间距分类法，将距离分为十级，为距离现有小区更远地点赋予更大的值，而距离现有小区更近的地点赋予更小的值，最后得到重分类的现有小区地点欧氏距离结果，如图9.62所示。

图9.59　交通设施地点重分类结果

图9.60　生活服务地点重分类结果

图9.61　购物服务地点重分类结果

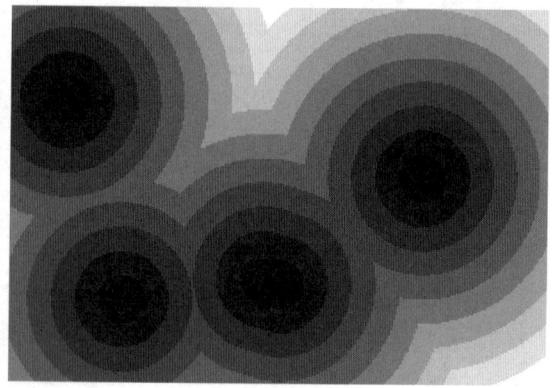

图9.62　现有小区地点重分类结果

为土地利用数据进行重分类。在原始数据（图9.63）中，土地利用类别与数值的对应关系为：1→built-up areas，2→brush/transitional，3→forest，4→agriculture，5→barren land，6→wetland，7→water。对于小区选址来说，wetland类与water类不作为考虑范围，所以将这

两类在处理过程中设置为 NODATA。根据其他土地利用类型分别给 barren land、forest、brush/transitional、built-up areas 和 agriculture 赋予值 2、4、6、8、10，得到重分类土地利用结果（如图 9.64 所示）。

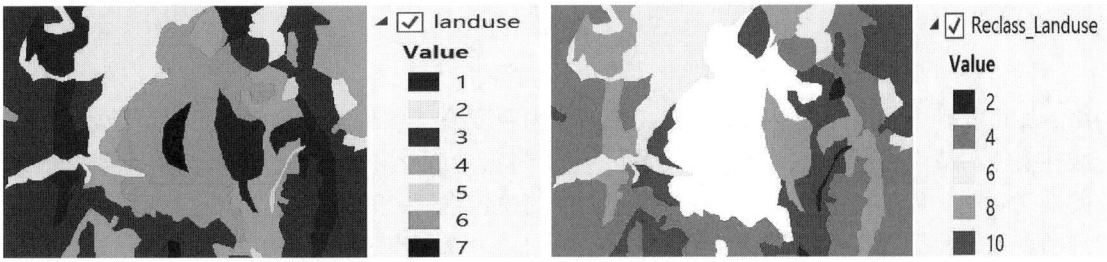

图 9.63　土地利用原始数据　　　　　图 9.64　土地利用重分类结果

（6）分析小区选址的适宜区域。双击【空间分析工具】→【地图代数】，使用【栅格计算器】工具进行参数设置，如图 9.65 所示，利用所确定的权重和重分类计算结果确定小区选址的最佳位置为：

"suit_Area" = "Reclass_Live" * 0.2 + "Reclass_Trans" * 0.2 + "Recalss_Landuse1" * 0.2 + "Reclass_Slope" * 0.05 + "Reclass_Resi" * 0.15 + "Reclass_Shop" * 0.15

将 suit_Area.tif 图层中的分值结果进行重分类，其类别数设为 10。将分值最大的一类单独进行可视化，如图 9.66 所示，可以确定为小区选址的最佳位置。

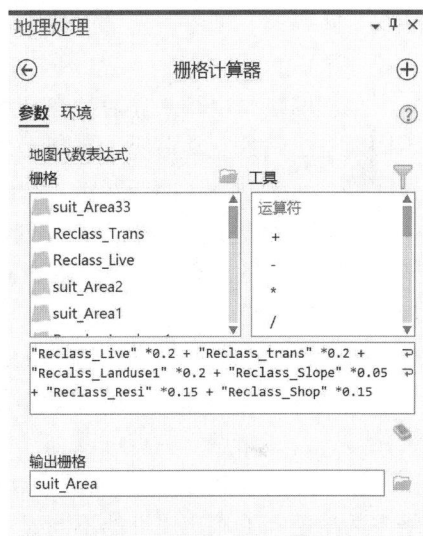

图 9.65　栅格计算器参数设置

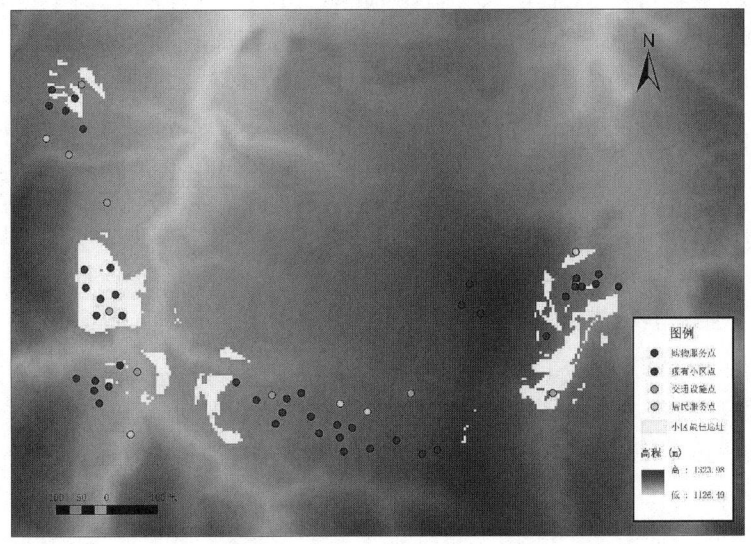

图 9.66　小区最佳选址

第 10 章 网络分析

网络分析是 GeoScene Pro 中提供的重要空间分析功能之一。它基于现实生活中地理网络、城市基础设施网络在空间上的拓扑关系和内在联系（线性实体之间、节点与节点之间、线性实体与节点之间的连接、连通关系），对其进行地理化和模型化，从而解决现实生活中的网络问题，如从网络数据中寻找多个点之间的最佳路径、资源的流动方向及合理分配、地址的查询匹配等。本章将介绍 GeoScene Pro 中网络组成和构建、网络的分析及步骤等，并给出了网络分析的全过程。

10.1 网络类别和组成

地理网络是由相互连通的点和线连接而成的数学模型，用来描述地理要素（资源）在不同地点之间的流动情况。在现实生活中，多种地理网络关系都可以简化为网络结构，如交通网络、河流网络、网线网络、管网网络、排水管道网络等。

（1）网络边：即线要素，是创建网络数据结构必备要素，也是构成网络模型的主体框架。可以表示的地理实体对象有道路、地铁线、桥梁、隧道、航空线等。网络边通常包含地理实体的图形信息和基本属性。其中属性状态包括阻碍强度、资源需求量、网络边的约束条件，可以通过空间属性和状态属性的转换，根据实际情况赋到网络属性表中。

（2）点：即点要素，是创建网络数据结构必备要素，可以表示的地理实体对象包括交叉路口、公交站点等。点可以进一步分为节点、拐角、中心、站点。

a. 节点：网络边端点的两个点称为节点。网络中的边通过节点相连，节点也因其在网络中的角色和连接边属性的不同而被赋予不同的属性。

b. 拐角：拐角指网络中所有的节点上资源流动的一种可能性或状态属性的阻碍。拐角仅表示网络边之间的关系，并不是现实实体的抽象。如在某个路网十字路口的拐弯时间和拐弯方向限制。拐角的主要属性是拐角的阻碍强度，即资源通过拐点从一条网络边流向另一条网络边时所需的时间或者费用，当该属性为 0，即表示资源禁止流向该边。

c. 中心：从网络边上获取或者分配资源或者分发资源的点，如水库、商业中心等。中心一般具有一定的容量，其属性包括两种：中心的资源容量和中心的阻碍限度。中心的资源容量，如从该中心流向其他中心或者由该中心流向其他中心的资源总量；中心的阻碍限度，如中心与链之间的最大距离或时间限制。

d. 站点：站点是资源在网络上流动的起点和终点。网络上的资源信息都是从一个站点流向另一个站点。站点的属性包括两种，一是站点的阻碍强度，即通过该站点所需的时间和费用；二是站点的需求量，即资源在通过该站点时增加或者减少的情况。

（3）障碍：障碍是指在网络中禁止链上流动的点或线，对资源流动具有阻断作用，阻断了资源在任意两条边之间流动。障碍通常指现实生活中被损坏的道路或者桥梁。一般认为是将网络元素的状态在某一时间段临时设置为障碍，代表网络中的元素处在不可通行的状态。

（4）资源：资源是指在网络中传输的物质、能量、信息等。资源在不同的地理网络中有不同的含义，因此资源的属性也取决于资源所代表的物质的种类。如在交通网络中，资源可以指车辆、货物；在水网中，资源可以指水流；在信息网络中，资源可以指信息流。资源的某些属性可以与网络的某些性质发生关系，从而影响资源在网络中的流动情况。例如，在交通道路网络中，道路限制车辆高2.9米，当车辆高超过2.9米时，会被限制通行。

（5）权值：权值一般指通过一个点或者一条边所需的费用。边和点可以包含任意权值。线状要素常用的权重如道路的长度、道路畅通效果、电力网络中的电阻值等。权值可能会随时间和状态的变化而变化，如不同时间的道路拥堵程度不同、通行效率不同。对于线状要素而言，可以有两种权重，一是顺着线状要素的数字化方向的权重，另一是逆着线状要素数字化的方向的权重，即一个线段的每一个方向可以依实际需要指定不同的比重，因此通过不同方向会产生不一样的费用。

10.2　网络数据集

网络数据集是一种高级的连接模型，能够展示网络复杂的细节，且拥有丰富的网络属性模型，可以模拟网络阻力、网络限制以及网络层次。对网络数据集进行网络分析的目的是以给定的条件和要求，利用网络流的流向来寻求路线、区域或较好的结果。

10.2.1　网络数据集的基本元素

每个以"源"形式参与网络的要素类会根据其分配的角色生成网络元素，它们也可以参与网络拓扑关系。网络数据集中的网络元素包括边、交汇点、转弯三大类。

（1）边：通过交汇点连接到其他元素，也是资源流动的连接线。线要素类可作为边要素源。

（2）交汇点：连接边的点，并且可以创建转弯，点要素类可作为交汇点要素源。

（3）转弯：是一种可选关系，一般出现在交汇点处，构成了从某一边元素到另一边元素的移动方式。转弯存储可以影响两条或多条边之间的移动信息及与特定转弯方式有关的信息，通常用来增加通行的成本或者完全禁止转弯，如限制一条边在某一路口只能左转等。转弯要素源会在导航期间明确模拟边元素之间可能存在的移动信息，以更准确地估计道路通行成本。

10.2.2　网络的连通性

在 GeoScene Pro 中，网络数据集的连通性是通过设置不同的连通性组来限制的。连通性组可以更好地模拟现实生活中多样的连通方式，在同一个网络数据集中，可以通过多个连通性组实现构建一个多模式的网络。连通性组的使用既区别了多个网络，又能通过共享交汇点把多种类型路线构建成的网络间接在一起，从而模拟多样化的组合的交通方式。在网络数据集中，网络数据集中的源参与连通性组，并在组内相互连接，可为各个连通性组选择要相互连接的网络源。其中，每个边源只能被分配到一个连通性组中，而每个交汇点源可被分配到一个或多个连通性组中。当同一个交汇点源被分配到不同的连通性组内时，不同连通性组之间可以实现相互联系。连通策略是指用来设置在同一个连通性组内各个网络元素之间的连通方式，包括边—边连通性策略和边—交汇点连通性策略。

此外，网络数据集可以通过数据的高程信息进行建模，称为垂直连通性，即网络元素可通过是否共享相同的高程来判断是否相连。

1. 边—边连通性策略

在同一连通性组之间，边源之间有两种不同的连通方式，包括端点连通性策略和任意折点连通性策略。

端点连通性策略（图10.1）：线要素只能在重合的端点处连接。具有端点连通性的网络一般用于构建交叉式对象模型，如桥梁、隧道等。例如，一座桥源被设定为端点连通性，这座桥只能在端点处与其他边要素相连接，从桥下方穿过的任何街道都不能与桥相连接。

任意折点连通性策略（图10.2）：要素会在重合折点处被分割为多条边线，并在折点处实现相互连接。在街道网络中，设置为任何折点连通性策略的街道会在任何折点处都与其他街道相连。但是如果两条边线没有重合连点或端点，即使选择这个策略，也不会实现两条边线的连通性。

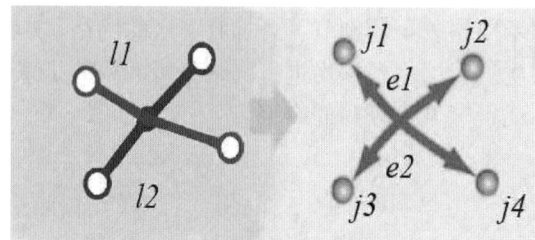

图 10.1　端点连通性策略示意　　　　图 10.2　任意折点连通性策略示意

2. 边—交汇点连通性策略

边源和交汇点有两种连通方式，分别为依边线连通性策略和覆盖连通性策略。在依边线连通性策略下，交汇点仅允许在边源的端点处和折点处进行连通；在覆盖连通性策略下，交汇点允许在边源的任意位置进行连通。

3. 垂直连通性

网络数据集可以通过数据的高程信息进行建模。有通过高程字段和通过坐标 Z 值两种方式。

（1）通过高程字段：数据的属性信息被储存在高程字段里，且需要提供起点的高程字段和终点的高程字段。如果同一个连接性组里的两条边使用了通过高程字段连接，两条边高程字段值相同且有交汇点，这两条边可以实现连通。但如果网络边存在于不同的连接性组，即使重合且有相同高程字段值，其仍不会连通。在网络数据集中，通过高程字段可以优化交汇点处的连通性。

（2）通过坐标 Z 值：适用于有准确 Z 值的网络，构建一个三维空间。当源要素（点、线端点、线折点）在同一个位置时，即当 X、Y、Z 值全部相同时，才能建立连通性。

4. 网络连通性的设置和修改

在网络数据集属性表里，可以对组连通性、垂直连通性进行设置和更改，如图10.3所示。例如，增加组连通性，修改边—边连通性策略和边—交汇点连通性策略，增加垂直连通性等。

第 10 章 网络分析

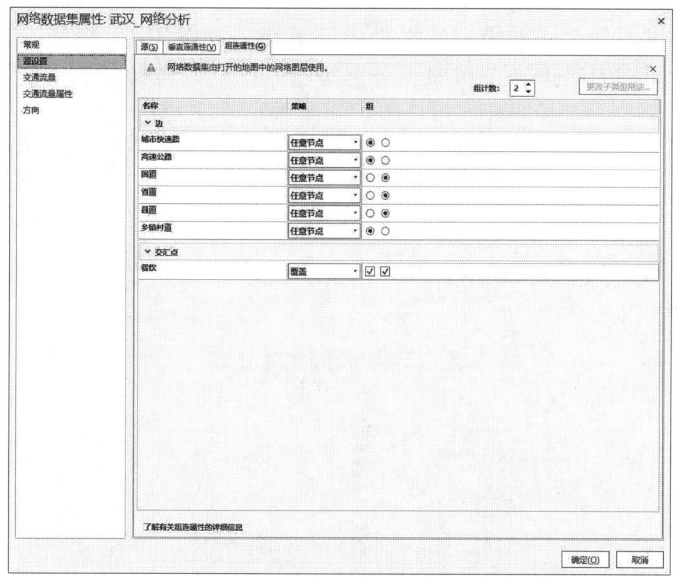

图 10.3 连通性设置界面

10.2.3 网络数据集的属性

网络数据集中有多种属性。鼠标右键单击网络数据集，点击【属性】，选择【交通流量属性】选项卡，可以对网络数据集的多种属性进行编辑。

1. 成本

成本指穿过网络元素时的某种属性累计，如线路长度、车行时间等。默认的成本属性为距离，可以创建新的成本，如新增时间成本。其中，不同线源的时间成本可以通过属性字段赋值，也可以通过 Python 或者 VB 脚本输入成本函数，如图 10.4 所示。

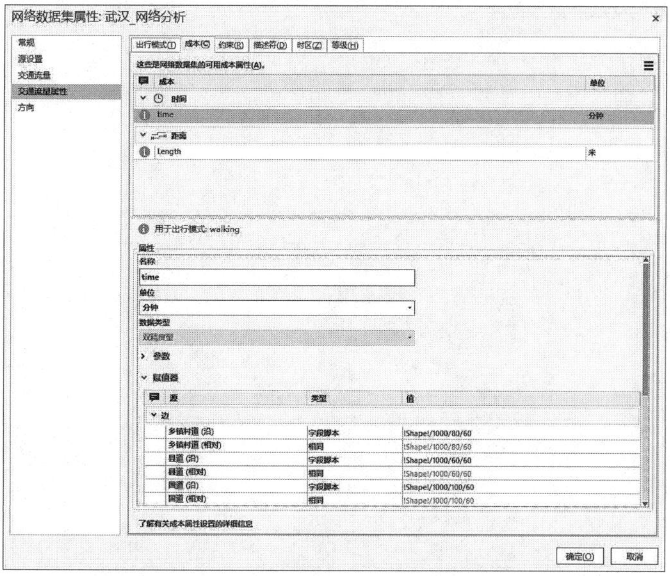

图 10.4 网络数据集成本设置界面

2. 等级

等级指给网络边划分不同等级，通常是道路等级。如图 10.5 所示，通过对不同的道路设置等级，在跨越大型网络求解分析时，大多数线路优先考虑较高等级的道路，能提升分析效率。

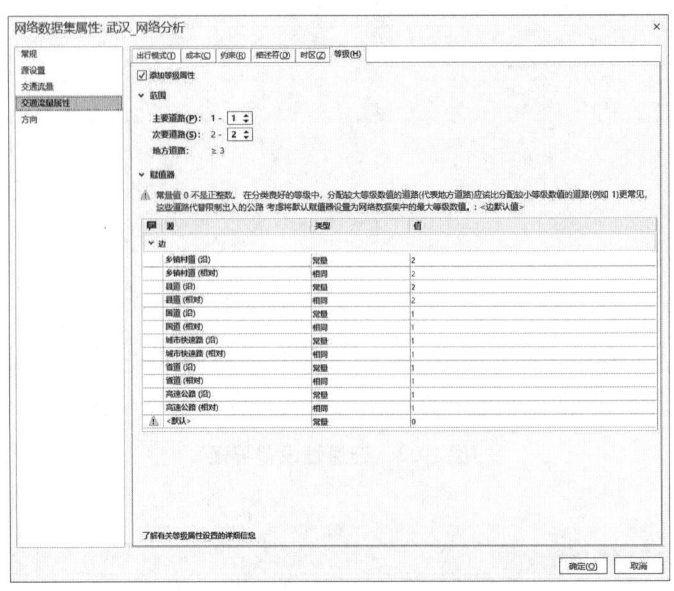

图 10.5　网络数据集等级设置界面

3. 约束

对特定网络元素标识的一些约束条件，被约束元素在分析时可能是不连通的，如单向限制等。如图 10.6 所示，可以通过属性字段赋值，或者通过 Python 或者 VB 脚本，对网路数据集输入禁止的条件。

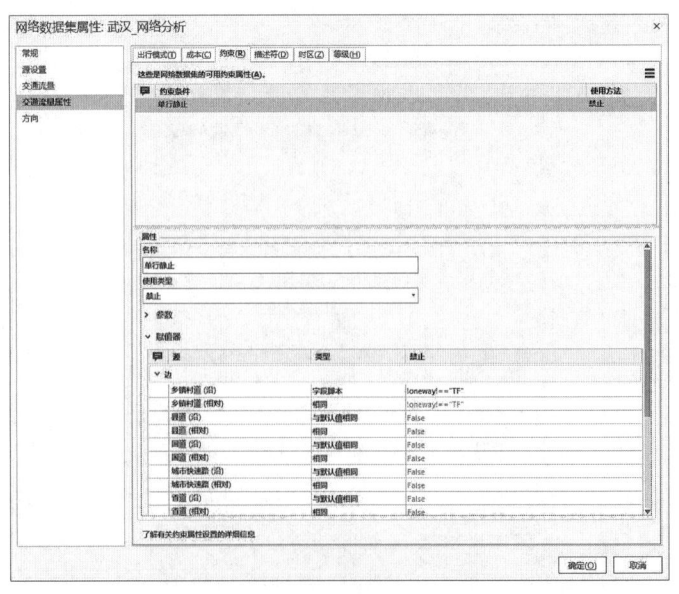

图 10.6　网络数据集约束设置界面

4. 描述符

描述符指用于描述网络元素的整体特征，如限高、车道数、路面材质等。描述符不直接参与网络的构建，只提供描述性的信息。GeoScene Pro 网络数据集描述符设置界面如图 10.7 所示。

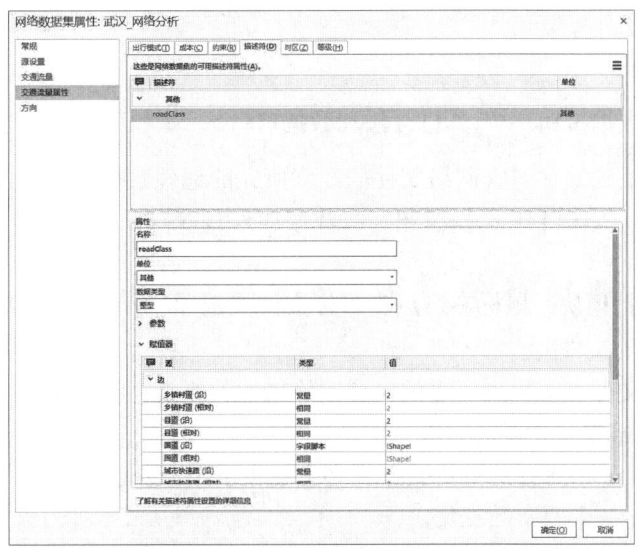

图 10.7　网络数据集描述符设置界面

5. 出行模式

出行模式可以将上述网络数据集的属性设置有选择地组合起来，从而形成符合特定交通对象的出行模式。例如，行人、汽车、货车或其他交通媒介在网络中的移动方式不一样，通过设置不同的出行模式，在执行网络分析时无须记住和重复设置各种属性，从而能降低设置的复杂程度。如图 10.8 所示，在设置好若干出行模式后，在后续进行网络分析时，就能根据不同的需求选择不同的出行模型。

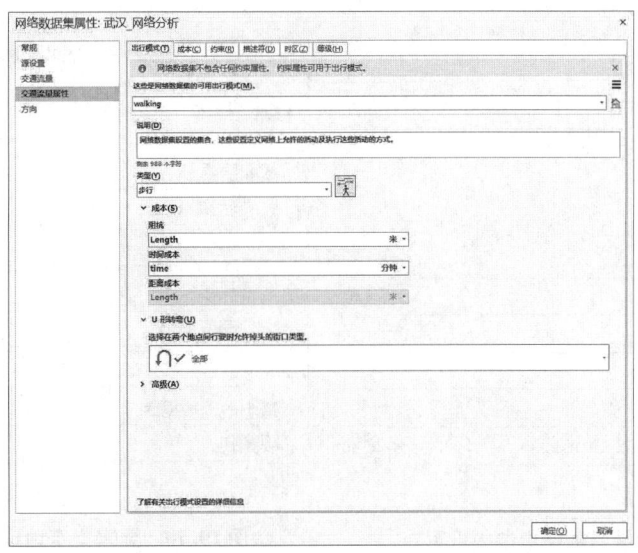

图 10.8　网络数据集出行模式设置界面

10.2.4 网络数据集的构建

构建网络数据集是进行网络分析的前提。具体步骤有加载数据、建立地理数据库和要素数据集、创建网络数据集、构建网络。

1. 加载数据

方法一：

（1）点击添加数据按钮 ![添加数据]，打开添加数据窗口。

（2）在窗口中找到储存包含网络属性的要素所在的地理数据库或文件夹。

（3）选择数据，点击【确定】按钮，将数据加入 GeoScene Pro 中。

方法二：

（1）在【工程】模块，鼠标右键点击目标文件夹选项，点击【添加连接文件夹】选项 ![图标]，选择需要连接的文件夹。

（2）在连接的文件夹中找到所需的包含网络属性的要素，将数据拉入 GeoScene Pro 中。

2. 建立地理数据库和要素数据集

由于 GeoScene Pro 中所有的分析数据源必须集中于一个要素数据集内，因此在建立网络数据集之前必须建立一个要素数据集。

第一步，新建地理数据库和要素数据集。在创建一个地理网络之前，用户需要添加要素数据集。在连接的文件夹中点击鼠标右键，在新建选项中点击【文件地理数据库】，创建数据库并命名。右击文件地理数据库，在新建选项中点击【要素数据集】，打开【创建要素数据集】工具，创建新的要素数据集并命名（图 10.9）。

第二步，导入数据。将所需的数据加入要素数据集。右键点击要素数据集，在【导入】选项中，点击要素类（单个）或要素类（多个），通过【要素类至地理数据库】工具，单个或批量将所需的要素数据导入地理网络数据集（图 10.10）。

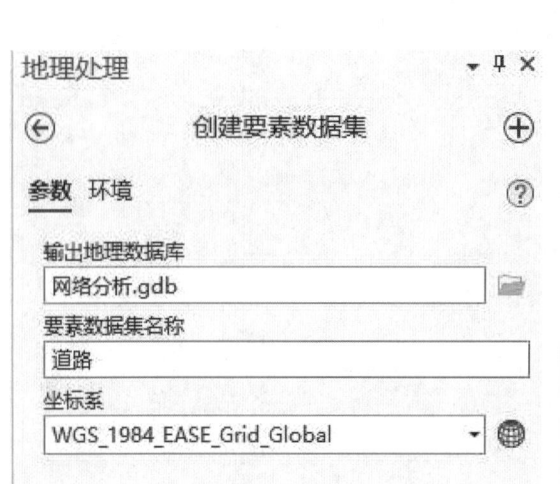

图 10.9　创建要素数据集参数设置

图 10.10　要素类至地理数据库参数设置

3. 创建网络数据集

用户可以使用【创建网络数据集】工具创建网络数据集，如图 10.11 所示。

（1）目标要素数据集——添加一个要素数据集。要素数据集应包含将参与网络数据集的源要素类。

（2）源要素类——选择要素数据集中所需的要素建立网络数据集。必须至少选择一个不是转弯要素类的线要素类，该线要素类将在网络数据集中用作边源。

（3）高程模型——指定用于控制网络数据集中垂直连通性的模型。

a. 高程字段：具有相同高程字段值的重合端点在网络数据集中被视为连接，为默认设置。

b. Z 坐标：线要素几何中的 Z 坐标值用于确定垂直连通性。仅当重合点具有匹配的 Z 坐标值时，才将其视为连接。

c. 无高程：网络数据集连通性仅由水平重合确定。

4. 构建网络

如图 10.12 所示，可通过【构建网络】工具，构建一个地理网络。至此，已经在 GeoScene Pro 内建立了一个地理网络。在创建网络数据集的过程中，GeoScene Pro 自动为网络数据集中的线要素的折点和端点处创建系统交汇点，新建一个名为"网络数据集名称 Junctions"的要素类，来存储系统交汇点。

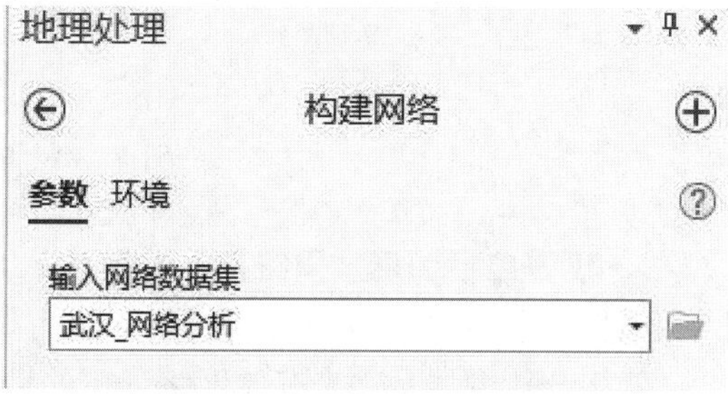

图 10.11 创建网络数据集参数设置

图 10.12 构建网络参数设置

10.3 网络数据集的网络分析

在 GeoScene Pro 中，【网络分析工具】用于对网络数据集的网络分析，其实现的功能包括 OD 成本矩阵分析、车辆配送分析、服务区分析、路径分析、位置分配分析、最近设施点分析等。网络分析模块的基本过程包括：创建网络数据、对网络数据进行编辑、执行网络分析任务。

10.3.1 路径分析

路径分析是指通过分析任务，求取从确定的起点到达终点，并经过所要求的中间点、中间连线阻抗最小的一条或者 N 条路径的过程。一般阻抗有时间和距离两种形式，即路径分析寻求耗时最短的路径或路程最近的路径。在某些动态网络中，权值可能随着权值关系式的变化而变化，或者随机出现一些临时的障碍点，所以往往需要动态地计算最佳路径。

1. 新建路径分析图层

在工具栏中的【分析】选项卡中,选择【网络分析】,选择【路径】并点击,建立路径分析图层,如图 10.13 所示。

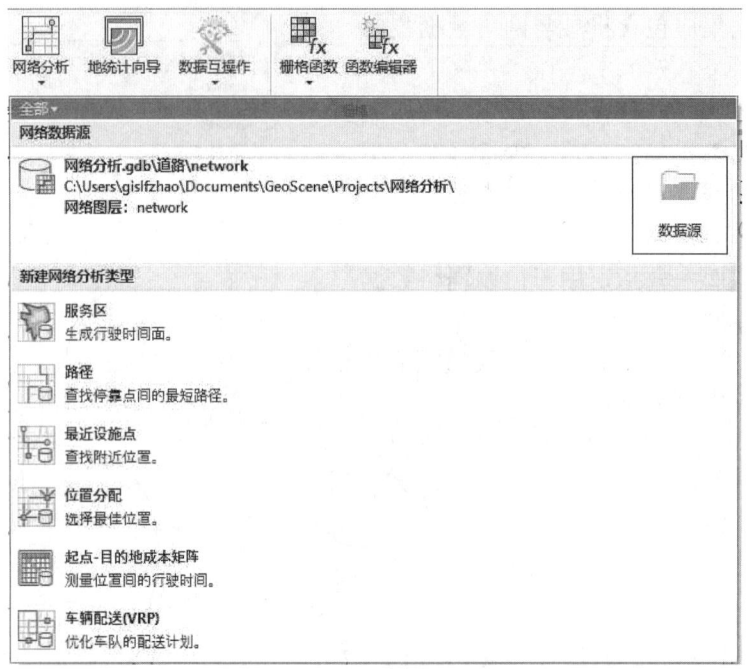

图 10.13　创建路径分析图层

2. 设置路径图层及网络拓扑关系

根据本书 10.2.1 节中所述步骤,设置好各条道路之间的连通性。

网络分析图层是用来存储网络分析的输入、属性和结果,一般包括停靠点、障碍点、障碍线、障碍面、路径。停靠点一般是目标点;障碍指禁止通行的点、线或面;路径是路径分析的结果,即所得的路线。

(1) 新增方法。在工具栏中的【编辑】选项卡中,选择【创建】。如图 10.14 所示,在路网上任意位置点击,可以设置停靠点、障碍点、障碍线、障碍面。

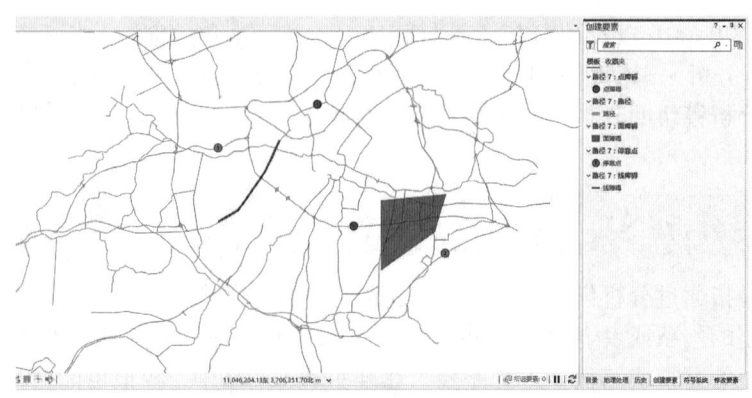

图 10.14　新建路径分析要素

点击【保存】按钮，保存新建的停靠点、障碍点、障碍线、障碍面。

（2）导入方法。在工具栏中的【路径】选项卡中，选择【导入停靠点】，可以从现有数据集中加入停靠点，如图 10.15 所示。

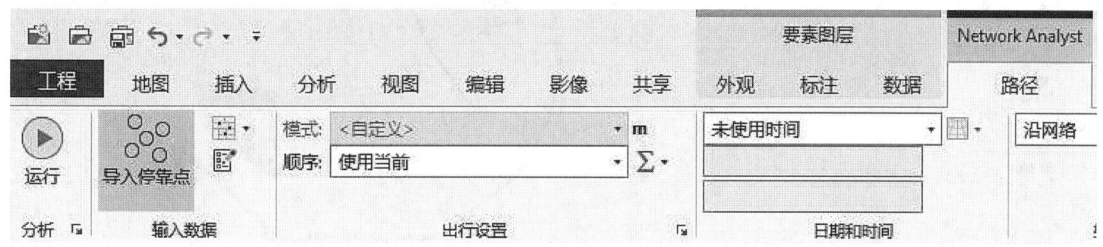

图 10.15　导入路径分析要素

3．路径分析运行

如图 10.16 所示，在工具栏中的【路径】选项卡中，点击运行，即可以对路网进行路径分析。

网络数据源——将对其执行服务区分析的网络数据集或服务。

图层名称——创建一个网络分析图层名称。

出行模式——在分析中使用的出行模式名称。出行模式为一组网络设置。

顺序——指定在计算最佳路径时是否必须以特定顺序访问输入停靠点。此选项将路径分析由最短路径问题变为流动推销员问题（TSP）。顺序内包含以下几种选项。

（1）使用当前顺序——将按照输入顺序访问停靠点。这是默认设置。

图 10.16　创建路径分析图层参数设置

（2）查找最佳顺序——将重新排序停靠点以查找最佳路径。此选项将路径分析由最短路径问题变为流动推销员问题（TSP）。

（3）保留第一个和最后一个停靠点——按输入顺序保留第一个停靠点和最后一个停靠点。将重新排序其余的停靠点以查找最佳路径。

（4）保留第一个停靠点——按输入顺序保留第一个停靠点。将重新排序其余的停靠点以查找最佳路径。

（5）保留最后一个停靠点——按输入顺序保留最后一个停靠点。将重新排序其余的停靠点以查找最佳路径。

4．结果输出

如图 10.17 所示，通过路径分析，可以得到从停靠点 1 到停靠点 2，且不经过障碍点、障碍线、障碍面的最短路径。

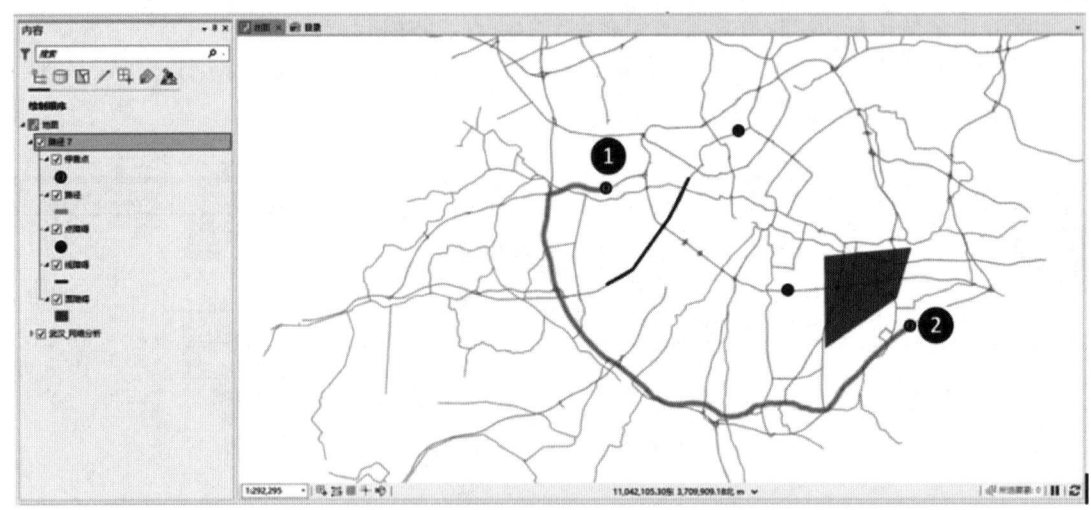

图 10.17　路径分析结果

10.3.2　服务区分析

服务区分析又称为商圈分析,是指搜索在指定点一定阻抗范围内的区域。可以查找超市、医院的服务范围等,例如查找到医院所需时间为 5 分钟内的所有地区。

1. 新建服务区分析图层

点击工具栏中的【分析】选项卡,选择【网络分析】,选择【服务区】并点击,建立服务区分析分析图层,如图 10.18 所示。

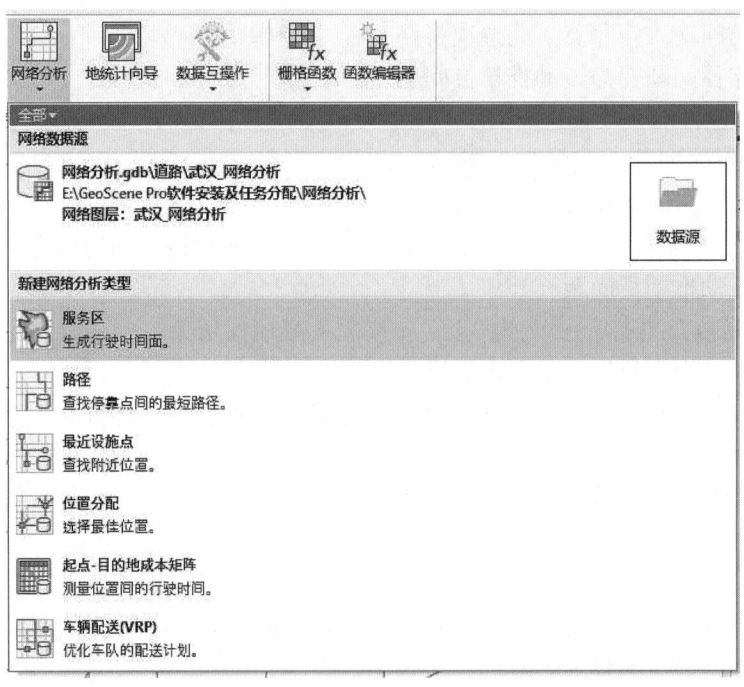

图 10.18　创建服务区分析图层

2. 设置服务区分析图层及网络拓扑关系

根据本书 10.2.1 节所述步骤，设置好各条道路之间的连通性。

服务区分析图层用于储存服务区分析的输入、属性和结果，一般包括设施点、设施面、障碍点、障碍线、障碍面、路径。设施点（面）是提供设施的点（或面）；障碍指禁止通行的点、线或面；线和面是服务区分析的结果，即所得的范围。

（1）新增方法。点击工具栏中的【编辑】选项卡，选择【创建】。点击路网的任意位置，可以设置设施点、设施面、障碍点、障碍线、障碍面，如图 10.19 所示。

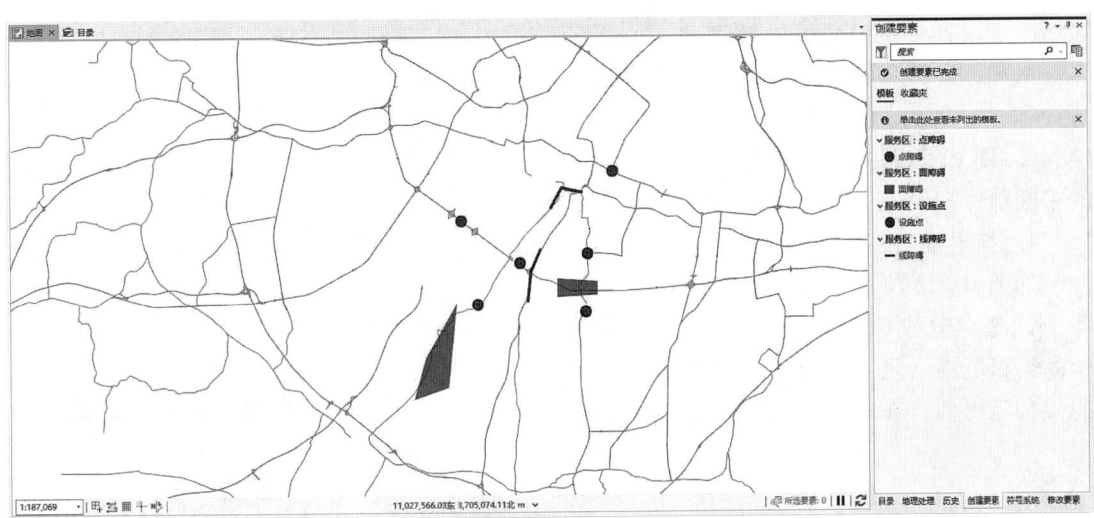

图 10.19　新建服务区分析要素

点击【保存】按钮，即可保存新建的设施点、设施面、障碍点、障碍线、障碍面。

（2）导入方法。在工具栏中的【服务区】选项卡中，选择【导入设施点】，可以从现有数据集中导入设施点，如图 10.20 所示。

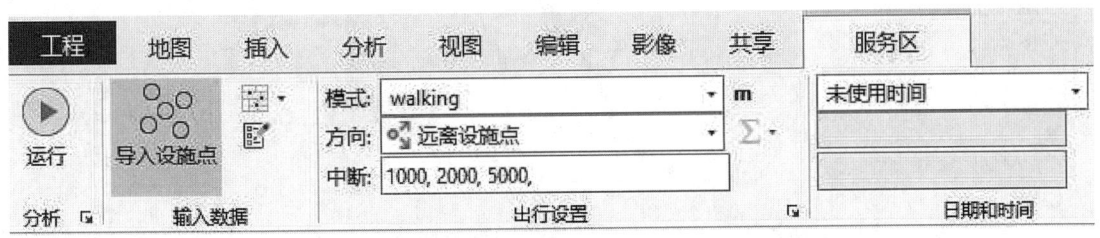

图 10.20　导入服务区分析要素

3. 服务区分析运行

如图 10.21 所示，运用【创建服务区分析图层】工具，进行服务区分析。

（1）网络数据源——将对其执行服务区分析的网络数据集或服务。

（2）图层名称——创建一个服务区分析图层名称。

（3）出行模式——在分析中使用的出行模式名称。出行模式为一组网络设置。

（4）行驶方向——指定行至或离开设施点的方向。该选项包含以下选择。

a. 远离设施点：在远离设施点的方向上创建服务区。这是默认设置。

b. 朝向设施点：在靠近设施点的方向上创建服务区。

（5）中断——将使用用户选择的出行模式使用的抗阻属性单位计算服务区范围。例如，在分析行驶时间时，中断值 10 表示生成的服务区将代表 10 分钟行驶区域内可送达的区域。可设置多个中断值以便创建同心服务区。例如，要针对同一设施点查找 2 分钟、3 分钟和 5 分钟内的服务区，可将该参数值指定为 2、3 和 5。在设施点子图层中指定单独的中断值可按设施点覆盖默认中断值。

4. 结果输出

如图 10.22 所示，服务区分析给出了到各个设施点分别为 1000 米、2000 米、5000 米的道路范围，且不经过给定的障碍点、障碍线和障碍面，在地图上分别用不同的颜色显示。

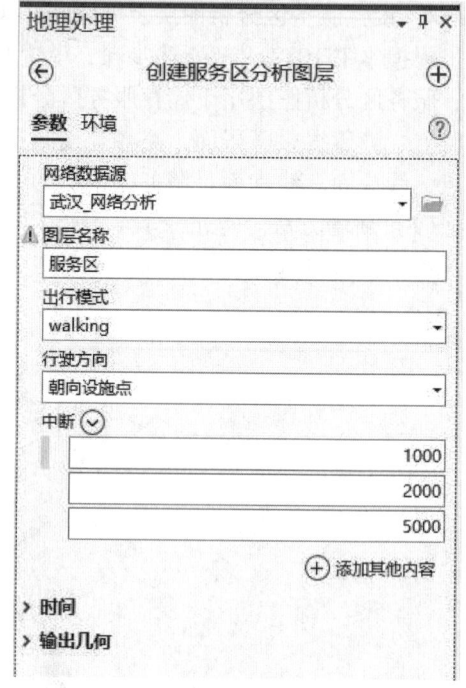

图 10.21 创建服务区分析图层参数设置

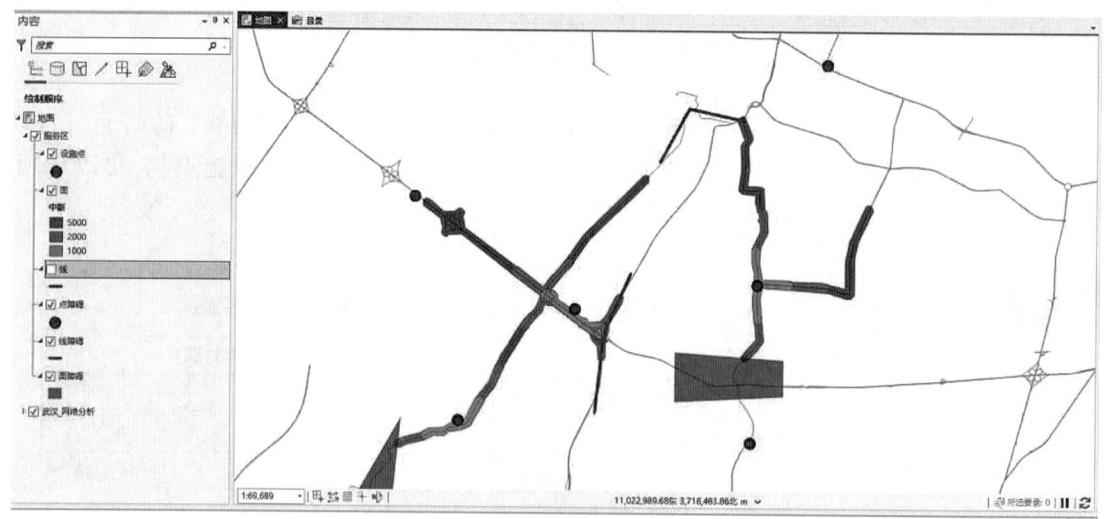

图 10.22 服务区分析结果

10.3.3 位置分配分析

位置分配分析是指在服务和货物提供设施点和消耗需求点已经确定的情况下，合理地确定设施点的位置，从而高效地满足需求点的需求，即选址优化。例如，在多个消耗需求点确定的情况下，从多个设施候选点中选取一个最优的位置。GeoScene Pro 中提供了多种问题类型的解决方法，包括最小化阻抗、最大化覆盖范围、最大化具有容量限制的覆盖范围、最小化设施点数、最大化人流量和最大化市场份额。

1. 新建位置分配分析图层

在工具栏中的【分析】选项卡中，选择【网络分析】，选择【位置分配】并点击，从而建立位置分配分析图层，如图10.23所示。

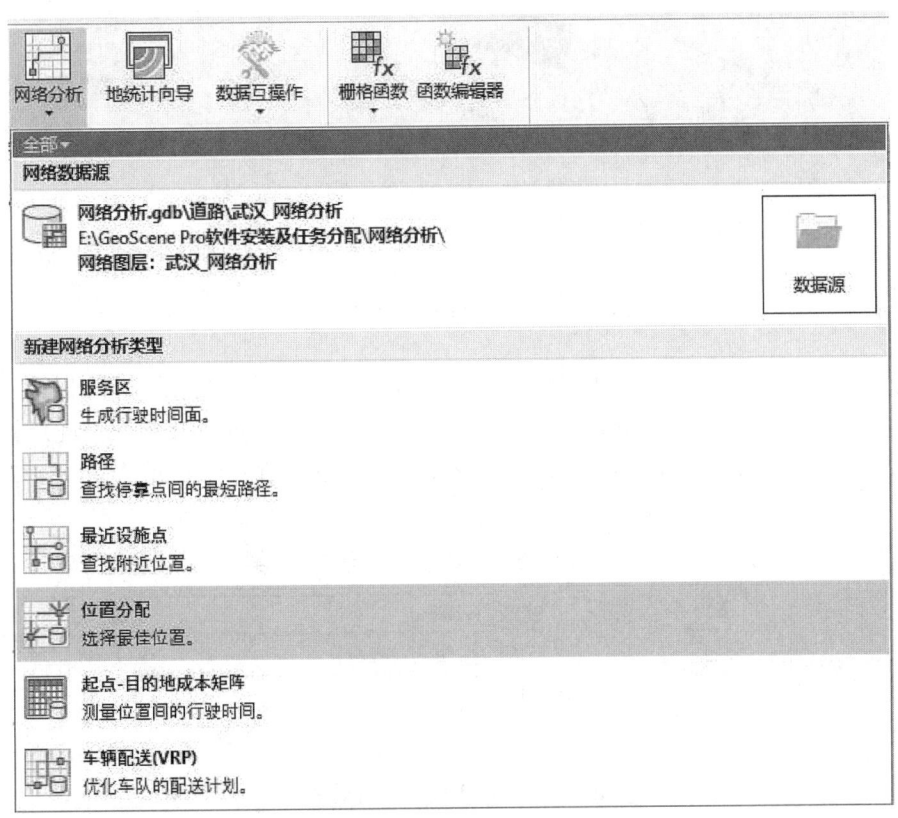

图 10.23　创建位置分配分析图层

2. 设置位置分配分析图层及网络拓扑关系

根据10.2.1中所述步骤，设置好各条道路之间的连通性。

位置分配分析图层用于储存位置分配分析的输入、属性和结果，一般包括请求点、设施点、障碍点、障碍线、障碍面、路径。请求点指消耗需求点；障碍指禁止通行的点、线或面；线是位置分配分析的结果，即所得的范围；设施点是提供设施的点，包括已选项、必选项、竞争项、候选项。其中，候选设施点是位置分析中解的来源；必需设施点一定包含在位置分析的解中；竞争者设施点是对于最大化市场份额与目标市场份额问题类型的位置分析产生的，在这两种类型的分析过程中，竞争者设施点表示竞争对手的设施点，将从位置分析的解中移除该类型的设施点；已选设施点是在分析任务完成后表示该设施点已被选择为分析问题的解，如果在完成之前被选择为"已选设施点"，则会被当作候选设施点来处理。

（1）新增方法。在工具栏中的【路径】选项卡中，选择【导入请求点】，可以从现有数据集中加入请求点，如图10.24所示。

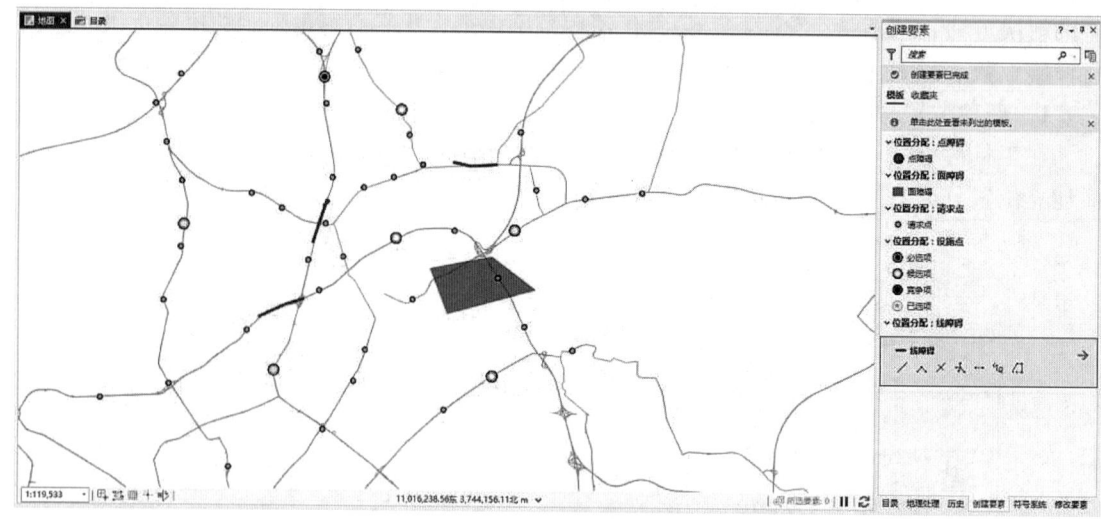

图 10.24 新建位置分配分析要素

点击【保存】按钮,保存新建的请求点、设施点、障碍点、障碍线、障碍面。
(2) 导入方法。在工具栏中的【最近设施点】选项卡中,选择【导入设施点】和【导入请求点】,可以从现有数据集中导入设施点和请求点,如图 10.25 所示。

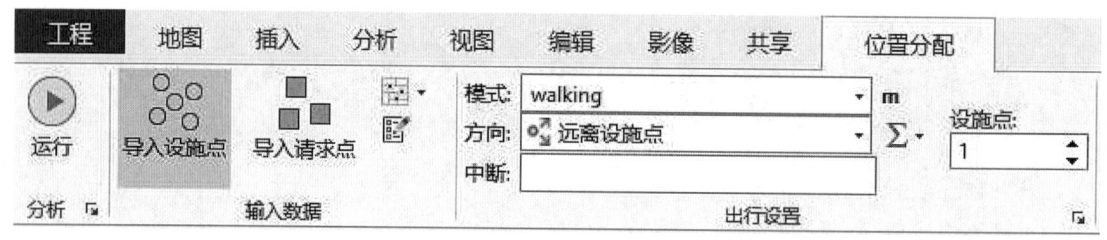

图 10.25 导入路径分析要素

3. 位置分配分析运行

如图 10.26 所示,使用【创建位置分配分析图层】工具,进行位置分配分析。
(1) 网络数据源——将对其执行位置分配的网络数据集或服务。
(2) 图层名称——创建一个位置分配分析图层名称。
(3) 出行模式——分析中使用的出行模式名称。出行模式为一组网络设置。
(4) 行驶方向——指定计算网络成本时设施点与请求点之间的行驶方向。该选项包含以下两种选择。
　a. 远离设施点:行驶方向从设施点到请求点。这是默认设置。消防部门通常使用该设置,因为他们需要关注从消防站行驶到紧急救援位置所需的时间。
　b. 朝向设施点:行驶方向从请求点到设施点。零售店通常使用该设置,因为他们需要关注购物者到达商店所需的时间。
(5) 问题类型——将要求解的问题的类型。问题类型的选择取决于要定位的设施点种类。该选项包含以下七种类型,不同种类的设施点具有不同的优先级和约束。
　a. 最小化阻抗:此选项可解决仓库选址问题。它选择一组使加权阻抗(请求的位置乘以到最近设施点的阻抗）的总和最小的设施点。此问题类型通常称为 P 中位数问题。此为默认问题类型。

b. 最大化覆盖范围：此选项可解决消防站或医院等位置问题。它选择了多个设施点以保证所有或最大数量的请求点处于指定的阻抗中断范围内。

c. 最大化具有容量限制的覆盖范围：此选项用于求解容量有限的设施点的位置问题。此选项将选择一组满足所有或最大数量的请求而不超出任何设施点容量的设施点。除了支持容量外，该选项还选择一组使加权阻抗（分配给某个设施点的请求点乘以到该设施点的阻抗）的总和最小的设施点。

d. 最小化设施点数：此选项可以解决消防站选址问题。它将选择当在指定的阻抗中断范围内覆盖了所有或最大数量的请求点时所需要的设施点的最小数量。

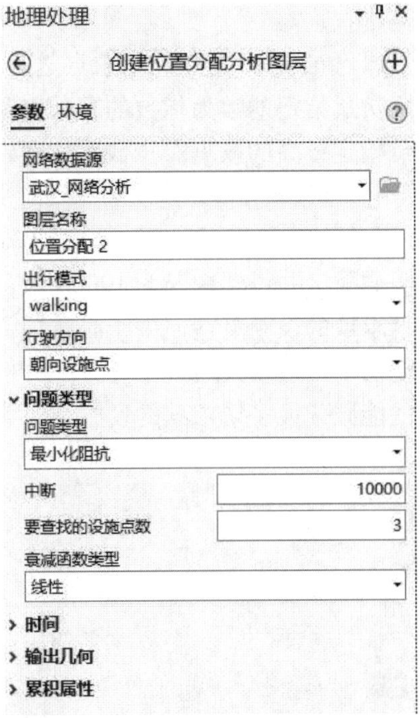

e. 最大化人流量：此选项可解决邻域存储位置问题，其中分配给最近所选设施点的请求比例将随距离的增加而降低。已选择最大化总分配请求点的设施点集。大于指定的阻抗中断的请求点不会影响所选的设施点集。

f. 最大化市场份额：此选项可解决竞争性设施点的位置问题。它选择当存在竞争性设施点时可最大化市场份额的设施点。重力模型概念用于确定分配给每个设施点的请求点比例。已选择最大化总分配请求点的设施点集。

g. 目标市场份额：此选项可解决竞争性设施点的位置问题。它选择当存在竞争性设施点时可达到指定目标市场份额的设施点。重力模型概念用于确定分配给每个设施点的请求点比例。已选择的最小设施点量需达到指定的目标市场份额。

图 10.26 创建位置分配分析图层参数设置

（6）中断——请求点可分配给设施点的最大阻抗的单位是用户选择的出行模式所使用的阻抗属性的单位。最大阻抗以沿网络的最小成本路径进行测量。如果请求点位于中断外，则不会被分配。此属性可用于对人们为前往商店而愿意行进的最大距离，以及消防站到达社区中任一请求点所允许的最大时间进行建模。

（7）要查找的设施点数——按事件点查找的最近设施点数。要查找的设施点默认数量为 1。

（8）衰减函数类型——此属性可设置对设施点与请求点间网络成本进行变换的方程。此属性与衰减函数参数值结合使用，可指定设施点与请求点间的网络阻抗对求解程序选择设施点的影响的严重程度。该选项包含以下三种类型。

a. 线性：设施点和请求点之间变换的网络阻抗与它们之间的最短路径网络阻抗相同。使用此选项时，阻抗参数始终设置为 1。这是默认设置。

b. 幂：设施点和请求点之间变换的网络阻抗等于以最短路径网络阻抗为底，以阻抗参数所指定的数为指数的幂运算结果。将此选项与正阻抗参数结合使用可对附近的设施点指定较高的权重。

c. 指数：设施点和请求点之间变换的网络阻抗等于以数学常量 e 为底，以最短路径网络阻抗所指定的数为指数的幂乘以阻抗参数。将此选项与正阻抗参数结合使用可对附近的设施点指定很高的权重。指数变换通常与阻抗中断结合使用。

4. 结果输出

如图 10.27 所示，示例设置了 6 个候选项、1 个必选项、37 个请求项，以及若干阻碍线和阻碍面，并设置中断为 10000 米，要查找的设施点数为 3。必选项不是在条件内能服务最多请求项的设施点，但由于必选项一定包含在位置分析的解中，因此必选项是三个解之一。其他两个已选项是通过位置分配分析，得出的在 10000 米内且不经过阻碍点、阻碍面和阻碍线的能服务最多请求项的设施点。

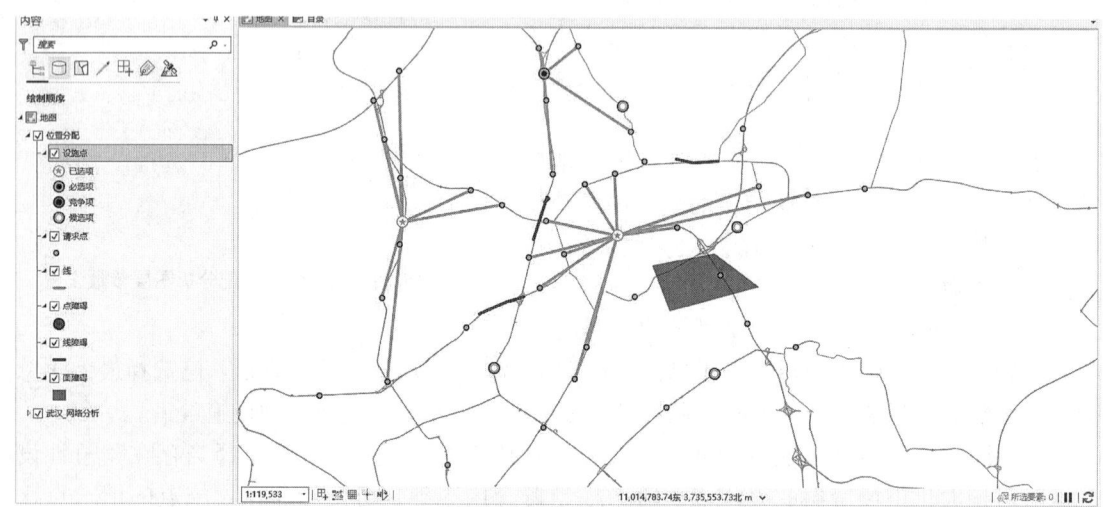

图 10.27　位置分配分析结果

10.3.4　最近设施点分析

最近设施点分析是指计算网络中的设施点和可预测事件点之间的运行成本，从中选取成本最小的行程。在最近设施点分析任务中，可以对查找数量、查找方向、限制条件等因素进行设置，求解结果将显示设施点和可预测事件点之间的最佳路径，并给出行程成本和驾车指示。例如，可以查找从事故发生地 10 分钟内可以到达的医院。

1. 新建最近设施点分析图层

在工具栏中的【分析】选项卡中，选择【网络分析】，选择【最近设施点】并点击，建立最近设施点分析图层，如图 10.28 所示。

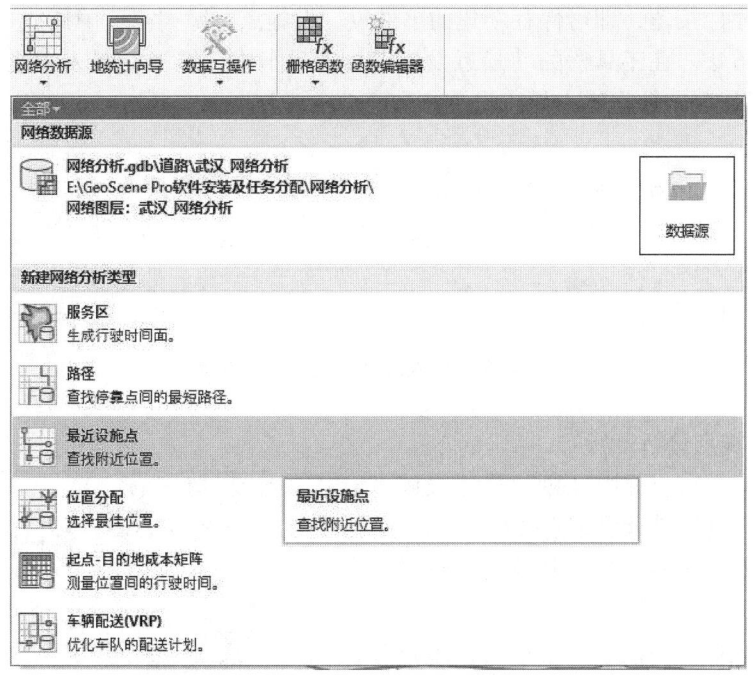

图 10.28 创建最近设施点分析图层

2. 设置最近设施点分析图层及拓扑关系

根据本书 10.2.1 节所述步骤,设置好各条道路之间的连通性及拓扑关系。

最近设施点分析图层是用来储存最近设施点分析的输入、属性和结果,一般包括事件点、设施点、障碍点、障碍线、障碍面、路径。事件点指消耗需求点;设施点是提供设施的点;障碍指禁止通行的点、线或面;路径是最近设施点分析的结果,即所求的道路。

(1)新增方法。在工具栏中的【编辑】选项卡中,选择【创建】。点击路网的任意位置,可以设置事件点、设施点、障碍点、障碍线、障碍面,如图 10.29 所示。

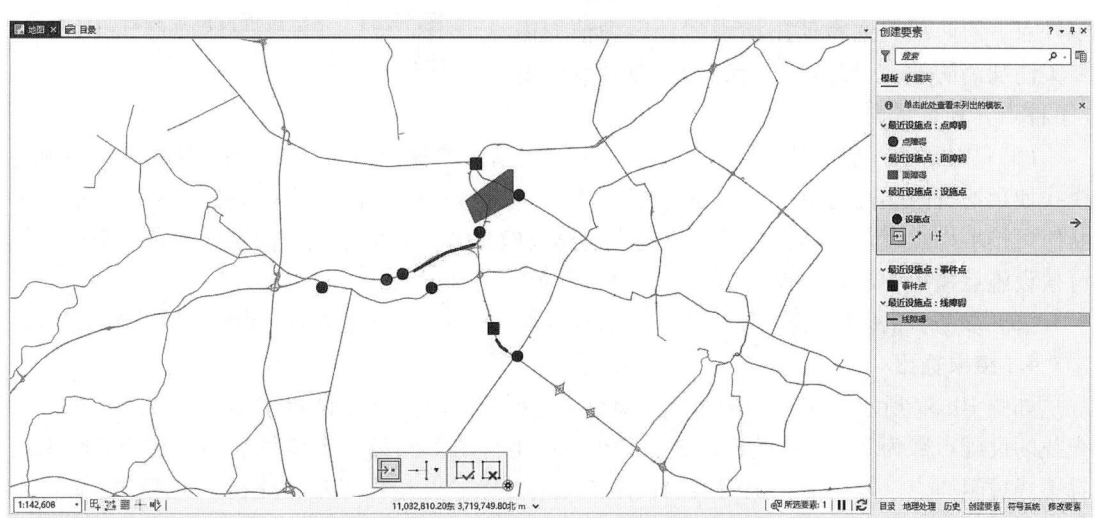

图 10.29 新建最近设施点分析要素

点击【保存】按钮，即可保存新建的事件点、设施点、障碍点、障碍线、障碍面。

（2）导入方法。在工具栏的【最近设施点】选项卡中，选择【导入设施点】和【导入事件点】，可以从现有数据集中导入设施点和事件点，如图 10.30 所示。

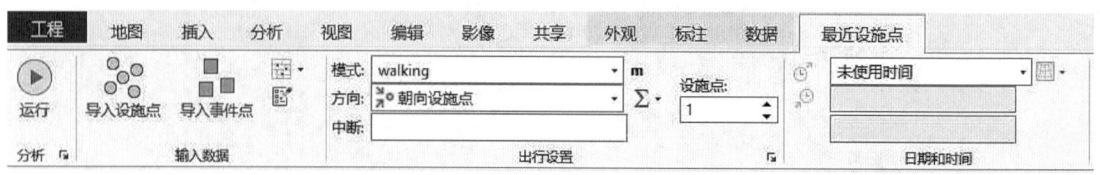

图 10.30　导入最近设施点分析要素

3. 最近设施点分析运行

如图 10.31 所示，运用【创建最近设施点分析图层】工具，进行最近设施点分析。

（1）网络数据源——将对其执行最近设施点分析的网络数据集或服务。

（2）图层名称——创建一个最近设施点分析图层名称。

（3）出行模式——分析中使用的出行模式名称。出行模式为一组网络设置。

（4）行驶方向——指定设施点与事件点之间的行驶方向。该选项有以下两种选择。

a. 朝向设施点——行驶方向：从事件点到设施点。零售店通常使用该设置，因为他们需要关注购物者（事件点）到达商店（设施点）所需的时间。这是默认设置。

b. 远离设施点——行驶方向：从设施点到事件点。消防部门通常使用该设置，因为他们需要关注从消防站（设施点）行驶到紧急救援位置（事件点）所需的时间。

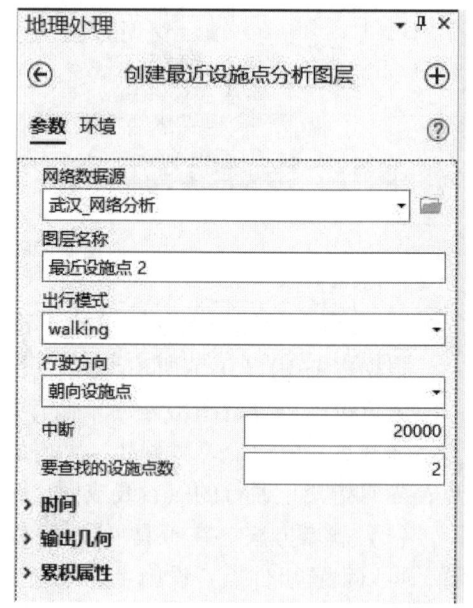

图 10.31　创建最近设施点分析图层参数设置

（5）中断——抗阻值到达该值后将停止搜索指定事件点的设施点（以用户选择的出行模式使用的抗阻属性为单位）。当行驶方向为朝向设施点时，在事件点子图层中指定单个中断值可按事件点覆盖中断；当行驶方向为远离设施点时，在事件点子图层中指定单个中断值可按设施点覆盖中断。在默认情况下，分析不使用中断。

（6）要查找的设施点数——按事件点查找的最近设施点数。要查找的设施点默认数量为1。

4. 结果输出

如图 10.32 所示，实例图中有 2 个事件点、6 个设施点，并设置了中断为 20000 米，要查找的设施点数为 2。通过最近设施点分析，结果得出了到第一个事件点距离在 20000 米内且不经过阻碍点、阻碍面和阻碍线的设施点只有一个，并给出了最佳路径。到第二个事件点距离在 20000 米内且不经过阻碍点、阻碍面和阻碍线的设施点有多个，并给出了两个最佳设施点及其最佳路径。

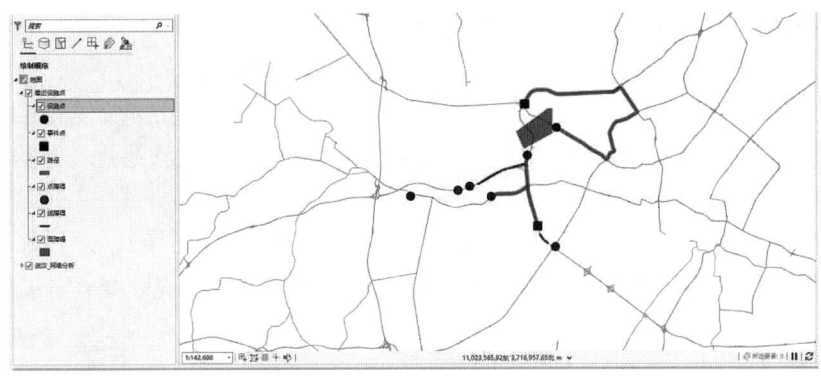

图 10.32　最近设施点分析结果

10.3.5　OD 成本矩阵分析

OD 成本矩阵分析用于计算网络中有多个起始点和多个目的地点之间的成本计算。在 OD 成本矩阵分析任务中，可以根据用户实际需要设置一个起始点可以连接的目的地的最大数目、限制起始点与目的地点之间的成本等，如完成从多个配货仓库到商店的配货的任务。OD 成本矩阵分析与最近设施点分析的主要区别主要在输出和计算时间方面。OD 成本矩阵分析输出的是一系列的连接起始点和目的地点的直线，不返回路径的形状和驾车指示；而最近设施点分析输出的是连接设施点和事件点之间的路径及驾车指示，因此，最近设施点分析运行速度比 OD 成本矩阵分析速度要慢。

1. 新建 OD 成本矩阵图层

点击工具栏中的【分析】选项卡，选择【网络分析】，选择【OD 成本矩阵】并点击，建立 OD 成本矩阵分析图层，如图 10.33 所示。

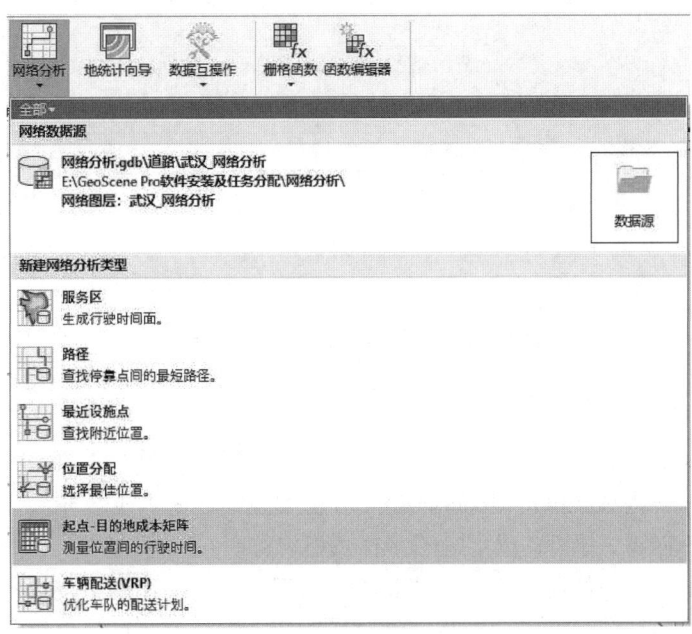

图 10.33　创建 OD 成本矩阵分析图层

2. 设置 OD 成本矩阵图层及网络拓扑关系

根据本书 10.2.1 节所述步骤，设置好各条道路之间的连通性。

网络分析图层用于储存网络分析的输入、属性和结果，一般包括起始点、目的地点、障碍点、障碍线、障碍面。起始点和目的地点是 OD 成本矩阵的起点和终点；障碍指禁止通行的点、线或面；线是网络分析的结果，即所得的路线。

（1）新增方法。点击工具栏中的【编辑】选项卡，选择【创建】。点击路网上任意位置，可以设置起始点、目的地点、障碍点、障碍线、障碍面，如图 10.34 所示。

图 10.34 新建 OD 成本矩阵分析要素

（2）导入方法。在工具栏的【OD 成本矩阵】选项卡中，选择【导入起点】和【导入目的地】，可以从现有数据集中导入起始点和目的地点，如图 10.35 所示。

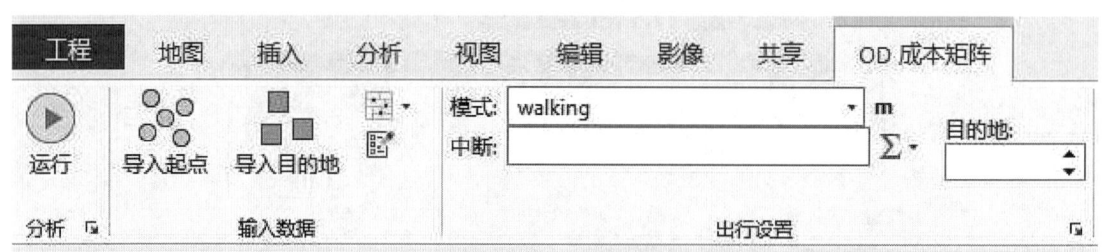

图 10.35 导入 OD 成本矩阵分析要素

3. 网络分析运行

如图 10.36 所示，运用【创建 OD 成本矩阵分析图层】工具，进行 OD 成本矩阵分析。

网络数据源——将对其执行 OD 成本矩阵分析的网络数据集或服务。

图层名称——创建一个 OD 成本矩阵分析图层名称。

出行模式——分析中使用的出行模式名称。出行模式为一组网络设置。

中断——停止为指定起始点搜索目的地时所对应的阻抗值。该值将以所选出行模式使用的阻抗属性为单位。分析过程将无法找到超过此限制的目的地。可通过在起始点子图层中指定单个中断值来逐个起始点覆盖中断值。在默认情况下，分析不使用中断。

要查找的设施点数——要为每个起始点查找的目的地数。在默认情况下无任何限制，可以找到所有目的地。

4. 结果输出

如图 10.37 所示，示例图中设置了 2 个起始点，21 个目的地点，以及若干阻碍线和阻碍面。并设置了查找的目的地点数为 7。通过 OD 成本矩阵分析，筛选得到了距离起始点最近的 7 个目的地点。OD 成本矩阵分析仅给出了连接起始点和目的地点的直线，不提供路径的形状和驾车指示。

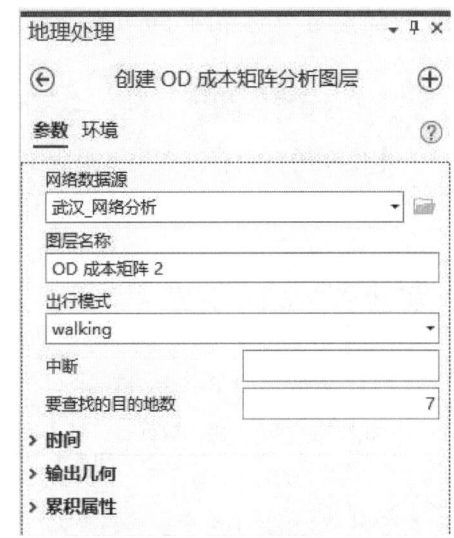

图 10.36 创建 OD 成本矩阵分析图层参数设置

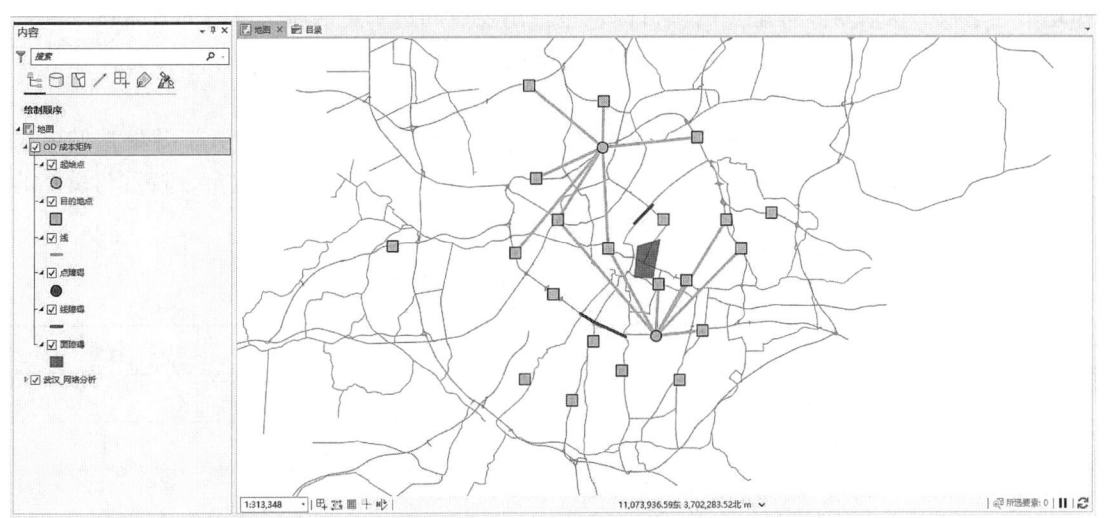

图 10.37 OD 成本矩阵分析结果

10.4 网络分析案例

10.4.1 背景及目的

基本公共服务步行适宜性的研究对集约型、智慧型城市的发展产生深远的影响，其中，测度城市的可步性程度对于城市建设和社会环境评价具有十分重要的意义。步行指数是目前在国际上量化测度步行性的主流方法，该方法于 2007 年由美国研究者提出，如今已在美国、加拿大、澳大利亚、英国、新西兰等国家得到了广泛应用。本案例将利用步行指数理论，以特定案例区的生活圈可步性计算为例，对城市步行适宜性测度方法进行分析。本实验主要有

2个目的：①掌握路网分析步骤与结果解读方法；②掌握社区可步性的计算方法。

10.4.2 实验数据

本实验的数据有三大类，见表10.1。

表10.1 实验数据内容及说明

数据类型	数据内容	数据说明
小区数据	研究范围内所有小区的点要素	矢量格式，点数据
公共设施数据	获取学校、医院、公共交通站点、购物等公共设施点	矢量格式，点数据
专题数据	道路网数据、区域边界数据	矢量格式，线、面数据

10.4.3 可步行理论简介

步行指数测度方法以日常设施的类型和空间布局为主要研究对象，可以反映日常设施，如超市、学校、医院等具体地点的步行性，包括出发点周边一定区域范围内的日常设施配置水平、日常设施的步行空间可达性水平等，与城市居民日常生活的商店、杂货店等关系紧密。

参考我国《城市居住区域规划设计规范》[GB 50180—93（2002年版）]并根据城市居住区公共设施配建的使用频率等级，赋予每类日常设施一定的标准初始权重，权重与设施的使用频率关系见表10.2。权重越大，设施使用频率越高。

表10.2 可步性计算的设施权重

分类	内容	权重
教育	幼儿园、小学、中学	1
医疗卫生	医院	1
市政公用	公交站、地铁站	2
金融	银行、储蓄、ATM	2
商业服务	食品店、水果店、百货店、五金店、中小超市	3

考虑公共设施点距小区的距离情况，即距离衰减规律，设施的初始权重将随着其与出发点距离的增加而有规律地衰减。采用三次曲线计算每个小区点出发到达一定范围内的不同公共设施的基础步行指数距离衰减的规律。根据walkscore.com网站的距离衰减规律标准，按标准步行速度80米/分钟，得到以下距离衰减规律，见表10.3。

表 10.3　距离衰减规律

时间/分钟	到达范围/米	距离衰减规律
5	400	$y = 1$
20	1600	$y = -153.6558x^3 + 419.4604x^2 - 395.9706x + 201.1086$
30	2400	$y = -92.8x^3 + 566.6x^2 - 1153.1x + 786.6$
>30	>2400	当距离大于 2400 米时，衰减率大于 1

注：y 为衰减率，单位为%；x 为从小区到公共设施的距离，单位为千米。

10.4.4　操作步骤

1. 建立网络数据集

按照本书 10.2.4 节的介绍，利用【创建要素数据集】、【构建网络】、【要素类至地理数据库】、【创建网络数据集】等工具导入所需数据并构建网络，如图 10.38 所示。

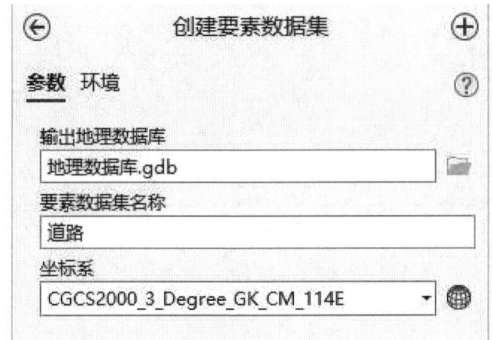

a. 创建要素数据集

b. 构建网络

c. 要素类至地理数据集　　　　d. 创建网络数据集

图 10.38　创建网络步骤

将网络命名为"street_ND"。如图 10.39 所示，设置网络的属性，将组连通性设置为"端点连通"，交通流量成本设置为由"Length"决定。所得网络由 2918 条边和 1009 个交汇点组成。

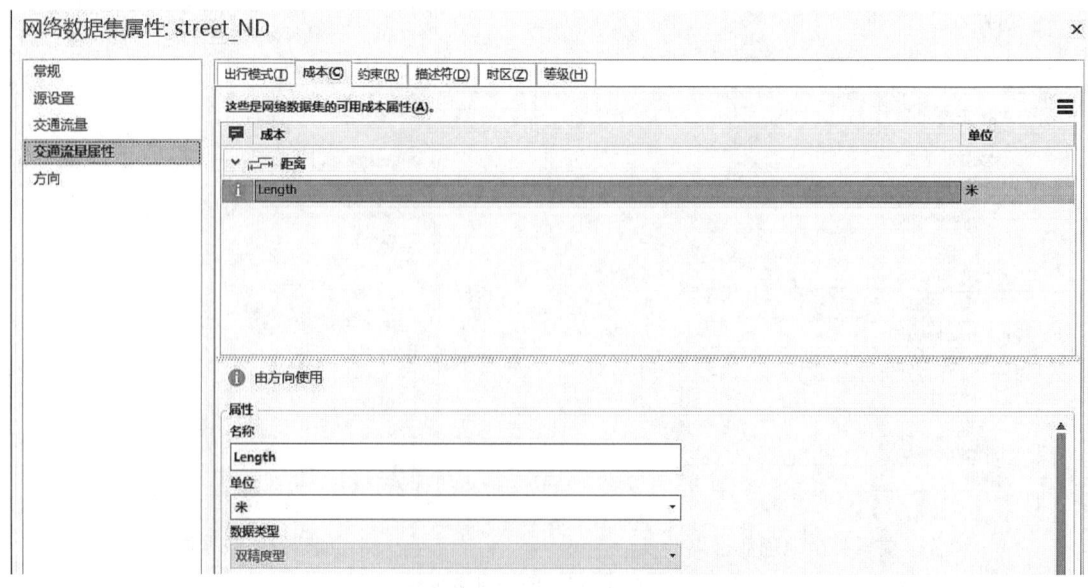

图 10.39　网络属性设置

最终得到的网络如图 10.40 所示。

图 10.40　网络数据预览

2．OD 成本矩阵分析

如本书 10.3.5 节所述，点击工具栏中的【分析】选项卡，选择【网络分析】，选择【OD 成本矩阵】并点击，建立 OD 成本矩阵分析图层，如图 10.41 所示。

在图 10.41 中，分别点击【导入起点】和【导入目的地】按钮导入起始点"community"和目的地"school"。如图 10.42 所示，将小区和学校分别设置为 OD 成本矩阵分析的起点和终点。导入后的数据在网络中的空间分布如图 10.43 所示。

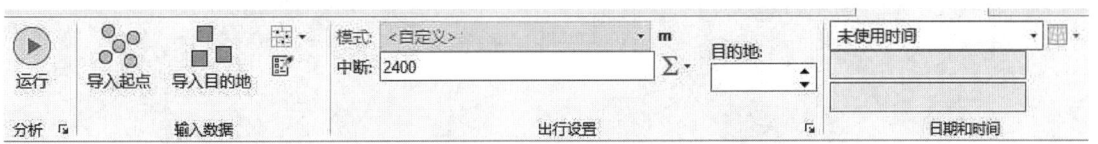

图 10.41　导入 OD 成本矩阵分析要素

设置分析参数，如图 10.41 所示。在默认中断文本框中输入"2400"，代表搜索步行距离在 2400 米内所有的路线。然后点击【运行】按钮，分析结束后出现如图 10.44 所示的窗口，这些提示都是不在"2400 m"范围内的成本路径，最终在 2400 米内从小区到学校的路线图将出现在地图上，如图 10.45 所示。

图 10.42　起始点和目的地加载位置设置

图 10.43　起始点和目的地点空间分布

在 OD 成本矩阵图层中，右键单击"线"，然后选择打开属性表，如图 10.46 所示。线属性表表示每个小区与学校之间的距离在"2400 m"内的"起始点—目的地"成本矩阵，OriginID 是小区的 ID，DestinationID 是学校的 ID，Destination Rank 是分配给每个目的地的等级，Total_Length 是从某小区到某学校的总距离，单位为米。

求解 (网络分析工具)

⚠ 已完成，但存在警告。

启动时间：当前 12:20:14
完成时间：当前 12:20:16
历时：2 秒

错误和警告
⚠ 对于"起始点"中的"C31"未找到"目的地点"。
⚠ 对于"起始点"中的"C102"未找到"目的地点"。
⚠ 对于"起始点"中的"C119"未找到"目的地点"。
⚠ 对于"起始点"中的"C143"未找到"目的地点"。
⚠ 对于"起始点"中的"C146"未找到"目的地点"。
⚠ 对于"起始点"中的"C253"未找到"目的地点"。
⚠ 对于"起始点"中的"C264"未找到"目的地点"。
⚠ 对于"起始点"中的"C355"未找到"目的地点"。
⚠ 对于"起始点"中的"C374"未找到"目的地点"。
⚠ 对于"起始点"中的"C400"未找到"目的地点"。
⚠ 对于"起始点"中的"C405"未找到"目的地点"。
⚠ 对于"起始点"中的"C472"未找到"目的地点"。
⚠ 对于"起始点"中的"C482"未找到"目的地点"。
⚠ 对于"起始点"中的"C483"未找到"目的地点"。
⚠ 对于"起始点"中的"C486"未找到"目的地点"。
⚠ 对于"起始点"中的"C487"未找到"目的地点"。
⚠ 对于"起始点"中的"C515"未找到"目的地点"。
⚠ 对于"起始点"中的"C520"未找到"目的地点"。
⚠ WARNING 030025: Partial solution generated.

图 10.44　成本矩阵分析结果提示

图 10.45　成本矩阵生成

ObjectID *	Shape *	Name	OriginID	DestinationID	DestinationRank	Total_Length
1	折线	C1 - 七彩树幼儿园	1	69	1	318.333921
2	折线	C1 - 万科育才幼儿园	1	53	2	1129.695097
3	折线	C1 - 博才幼儿园	1	76	3	1335.756554
4	折线	C1 - 钟家村实验小学	1	10	4	1523.59852
5	折线	C1 - 明珠幼儿园	1	45	5	1593.363356
6	折线	C1 - 玫瑰园小学	1	4	6	1678.347217
7	折线	C1 - 德才幼儿园	1	89	7	1924.878905
8	折线	C1 - 十里铺小学	1	17	8	2022.533269
9	折线	C1 - 玫瑰幼儿园	1	87	9	2058.738519
10	折线	C1 - 德才中学	1	117	10	2071.224716
11	折线	C1 - 温馨小家幼儿园	1	95	11	2122.787045
12	折线	C1 - 小太阳幼儿园	1	82	12	2231.149933
13	折线	C1 - 育红幼儿园	1	80	13	2251.159863
14	折线	C1 - 德才小学	1	24	14	2334.251415
15	折线	C1 - 十里铺幼儿园	1	64	15	2371.717399
16	折线	C1 - 玫瑰园小学	1	23	16	2384.423814
17	折线	C2 - 爱欣幼儿园	2	61	1	399.901568
18	折线	C2 - 第二十三初级中学	2	110	2	489.56224

图 10.46　线属性表

在 OD 成本矩阵图层中，选择输入要素为"线"，选择导出数据的位置，命名为"小区到学校.shp"作为下一步计算学校设施的距离衰减的权重，如图 10.47 所示。在"小区到学校.shp"的属性表中添加一个新的字段"weight"，类型设置为双精度（Double），用于存储设施的经距离衰减后的权重，计算距离衰减后的权重，如图 10.48 所示。打开按属性选择，如图 10.49 所示，在多个选择条件框内分别输入"Total_Length""大于""400""And"

"Total_Length""小于或等于""1600",选出小区在 400～1600 米范围内可达的学校设施的路径(被选中的高亮显示)。其他两个距离范围操作方法同理。

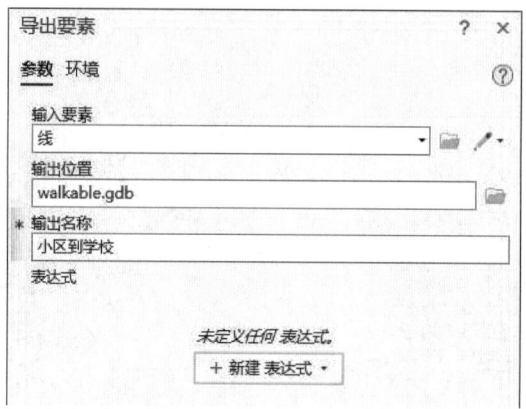

图 10.47 导出要素

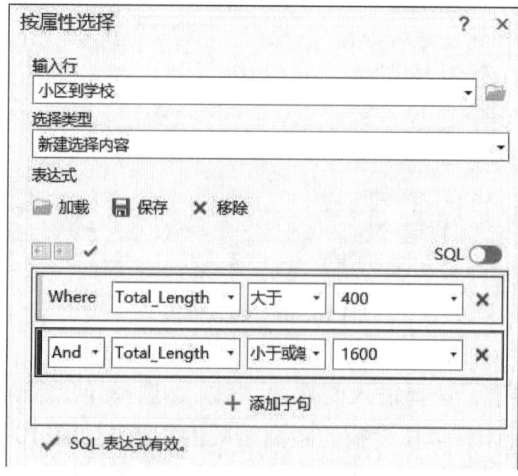

图 10.48 新建字段

图 10.49 按属性选择各衰减距离范围内的设施

3. 计算步行指数

将计算得到的公共设施点到小区的距离，代入相应的衰减函数（表 10.2），计算公共设施的距离衰减率；将衰减率与公共设施的原始权重相乘，最后得到每个设施点经衰减后的权重值。具体步骤如下。

学校的初始权重为 1，距离范围为 400～1600 米，所以在表达式框内输入公式 "1 * (−153.6558 * (!Total_Length! * 0.001) ** 3 + 419.4604 * (!Total_Length! * 0.001) ** 2 − 395.9706 * (!Total_Length! * 0.001) + 201.1086) * 0.01"，可得到小区在 400～1600 米范围内可达的学校的权重，如图 10.50 所示。同理，可以计算其 400 米内和 1600～2400 米距离范围内的衰减后的权重。其他各设施点的距离衰减权重计算方法也一样，重复分析的步骤即可。

若需计算小区到学校单点基础步行指数，则在"weight"字段上右键单击【汇总】工具，在弹出的对话框中选择按照小区进行汇总。如图 10.51 所示，"案例分组字段"选择小区的 ID "OriginID"，选择要汇总的字段"weight"，统计类型为"总和"。输出的表命名为"小区到学校_Statistics1"。求得每个小区到各学校设施权重总和，如图 10.52 所示。

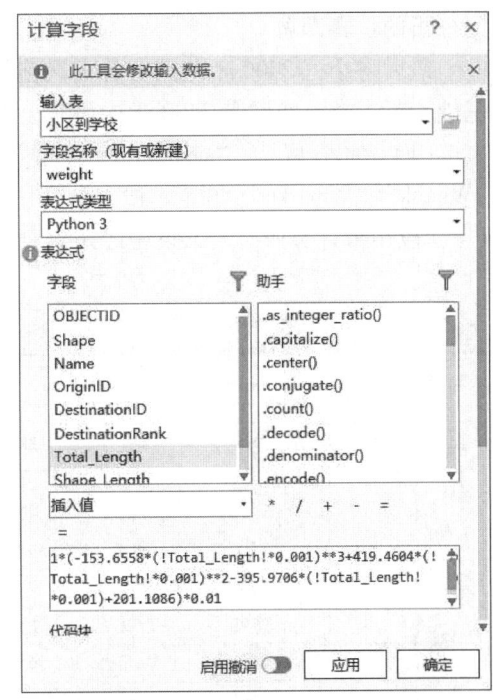

图 10.50　字段计算器计算距离衰减的权重

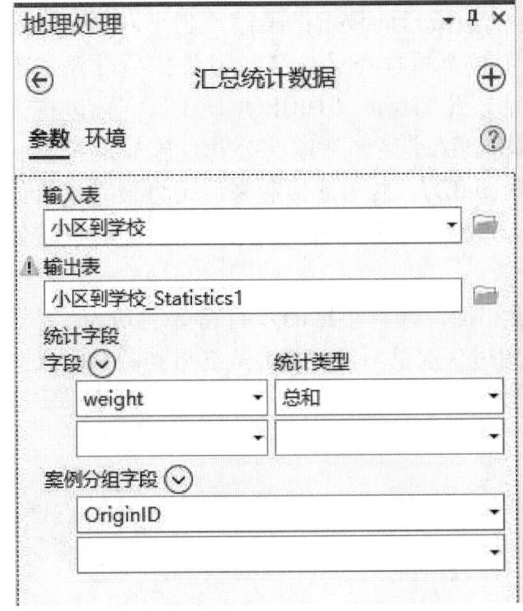

图 10.51　汇总各小区到学校的权重

OBJECTID *	OriginID	FREQUENCY	SUM_weight
1	1	16	3.046719
2	2	27	11.47169
3	3	24	7.852226
4	4	25	8.67131
5	5	25	4.54881
6	6	5	1.289156
7	7	22	7.436873
8	8	29	13.082136
9	9	25	7.276264
10	10	20	7.356385
11	11	22	2.616497
12	12	20	6.074131
13	13	3	1.426208
14	14	30	9.288193

图 10.52　各小区到学校的权重表

同理，小区到其他各设施点的距离衰减权重计算方法也一样，对不同的设施要素重复路网分析的步骤即可。

最后将小区 2400 米范围内各类设施的权重相加，得到小区单点基础步行指数，即单点基础步行指数 = 小区点 2400 米内所有公共设施经距离衰减后的权重和。具体操作步骤如下：

（1）在小区点“community. shp”数据中新建“Wbus”“Whospital”“Wschool”“Wbank”“Wmarket”五个字段，分别用来储存一个小区到各类设施的衰减权重，“Basic_W”字段用来计算所有公共设施经距离衰减后的权重和。新增字段如图 10. 53 所示。

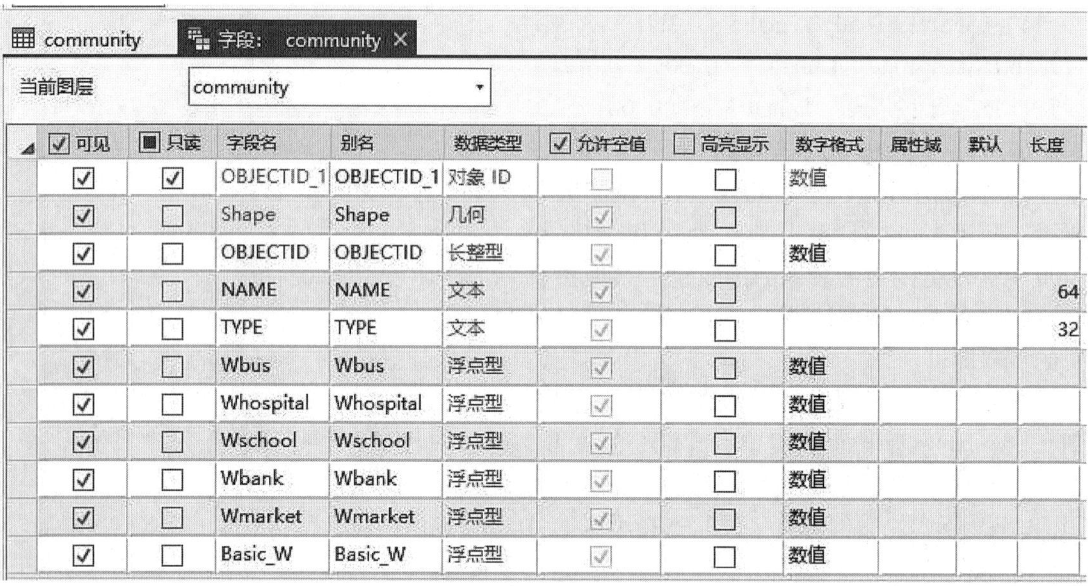

可见	只读	字段名	别名	数据类型	允许空值	高亮显示	数字格式	属性域	默认	长度
☑	☑	OBJECTID_1	OBJECTID_1	对象 ID	☐	☐	数值			
☑	☐	Shape	Shape	几何	☑	☐				
☑	☐	OBJECTID	OBJECTID	长整型	☑	☐	数值			
☑	☐	NAME	NAME	文本	☑	☐				64
☑	☐	TYPE	TYPE	文本	☑	☐				32
☑	☐	Wbus	Wbus	浮点型	☑	☐	数值			
☑	☐	Whospital	Whospital	浮点型	☑	☐	数值			
☑	☐	Wschool	Wschool	浮点型	☑	☐	数值			
☑	☐	Wbank	Wbank	浮点型	☑	☐	数值			
☑	☐	Wmarket	Wmarket	浮点型	☑	☐	数值			
☑	☐	Basic_W	Basic_W	浮点型	☑	☐	数值			

图 10. 53　新增字段

（2）利用连接工具将计算得到的各设施经距离衰减后的权重结果添加到小区点“community. shp”数据的属性表里。在属性表右击的下拉菜单选择【连接与关联】→【添加连接】，如图 10. 54 所示。在弹出的窗口中，选择基于此图层的“OBJECTID_1”字段进行连接，要连接到该图层的表为路网分析步骤中计算得到的小区到学校（公共设施）的权重表“小区到学校_Statistics1”，连接的相同字段为“OriginID”。两表连接起来后，将最终权重值赋给对应的小区的属性表中的“Wschool”字段，如图 10. 55 所示。其他各项设施的权重值使用相同的方式加载到原小区点图层的属性表中。

（3）通过字段计算器将各个设施权重的字段相加，计算小区的步行指数“Basic_W”，如图 10. 56 所示，字段计算器的使用前面已经介绍过，这里不再赘述。最终得到的小区点图层属性表，如图 10. 57 所示。

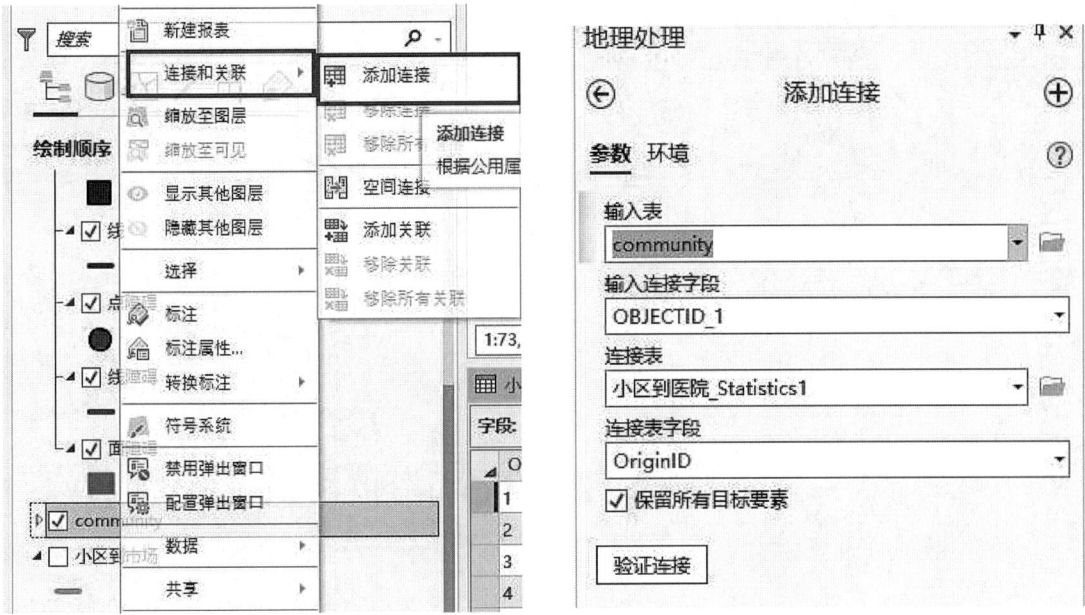

图 10.54　表连接设置

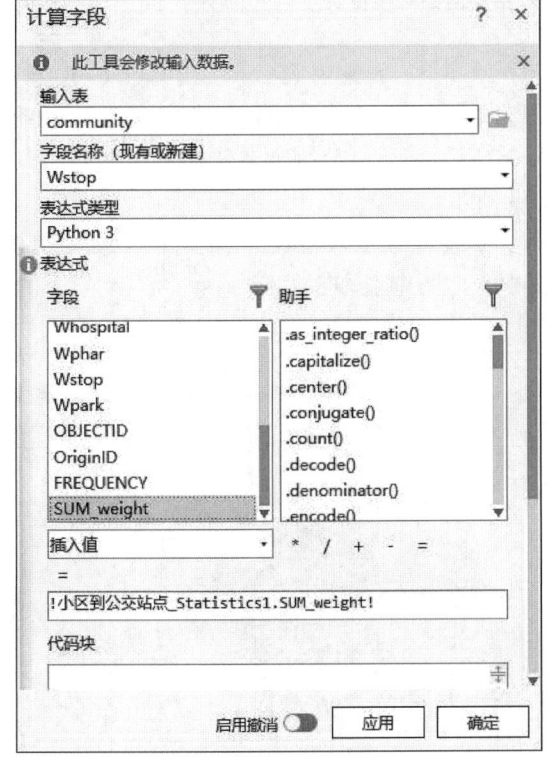

图 10.55　赋权重值

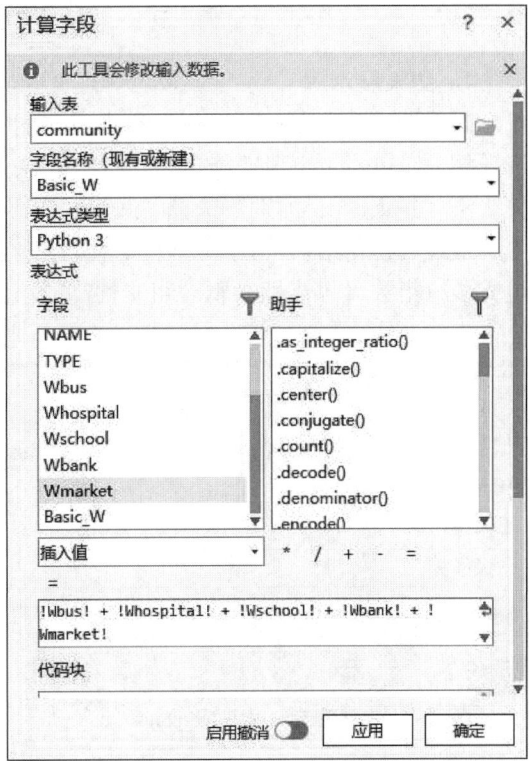

图 10.56　计算步行指数

OBJECTID	Shape	OBJECTID	NAME	TYPE	Wbus	Whospital	Wschool	Wbank	Wmarket	Basic_W
1	点	9259	C1	1	7.713676	6.020389	3.04672	7.713676	11.46072	35.95518
2	点	9261	C2	2	19.84539	9.396674	11.47169	19.84539	6.013041	66.57218
3	点	9262	C3	3	10.19345	8.476031	7.852226	10.19345	3.643	40.35816
4	点	9263	C4	4	12.62259	9.700294	8.67131	12.62259	4.266754	47.88354
5	点	9264	C5	5	9.891946	8.158853	4.54881	9.891947	.214026	32.70558
6	点	9265	C6	6	.127360	2.417723	1.289156	.127360	0	3.9616
7	点	9266	C7	7	8.093672	7.810134	7.436872	8.093673	4.193366	35.62772
8	点	9267	C8	8	18.73313	15.54191	13.08214	18.73313	6.045704	72.13602
9	点	9268	C9	9	12.52136	9.843316	7.276264	12.52136	2.373368	44.53567
10	点	9269	C10	10	16.93507	14.25698	7.356385	16.93507	.931741	56.41525
11	点	9270	C11	11	2.782478	4.335117	2.616497	2.782479	.374972	12.89154
12	点	9271	C12	12	10.63552	11.15583	6.074131	10.63552	1.482288	39.98329
13	点	9272	C13	13	2	2.990641	1.426208	2	0	8.416849
14	点	9274	C14	14	20.44264	12.08632	9.288194	20.44265	7.190109	69.44991
15	点	9275	C15	15	12.36142	10.09998	7.02624	12.36142	2.30828	44.15734
16	点	9276	C16	16	30.35892	19.09559	15.78411	30.35893	8.428144	104.0257
17	点	9277	C17	17	17.32142	14.77783	9.297459	17.32142	2.522639	61.24077
18	点	9278	C18	18	18.44641	14.62535	9.611181	18.44641	3.687997	64.81734
19	点	9279	C19	19	18.912	13.87919	11.35797	18.912	5.71056	68.77172
20	点	9280	C20	20	0	.934597	.635783	0	0	1.570379
21	点	9281	C21	21	24.70196	14.21521	9.15031	24.70195	3.502585	76.27202
22	点	9282	C22	22	14.42761	9.798356	7.6574	14.42161	5.293785	51.59276

图 10.57　将各设施权重赋给小区图层属性表

4. 结果展示

对属性表数据进行可视化。在小区点图层右键单击打开【符号系统】窗口，主符号系统选择分级色彩，字段选择包含步行指数的"Basic_W"字段，分割方法选择"自然间断点分级法（Jenks）"，类别数选择"10"，如图 10.58 所示。

最终可视化结果（图 10.59）直观地显示出了哪些地方步行指数（可步性）高，哪些地方步行指数（可步性）低。可步性高的小区集中于地图中上和右上部分。

图 10.58　【符号系统】窗口

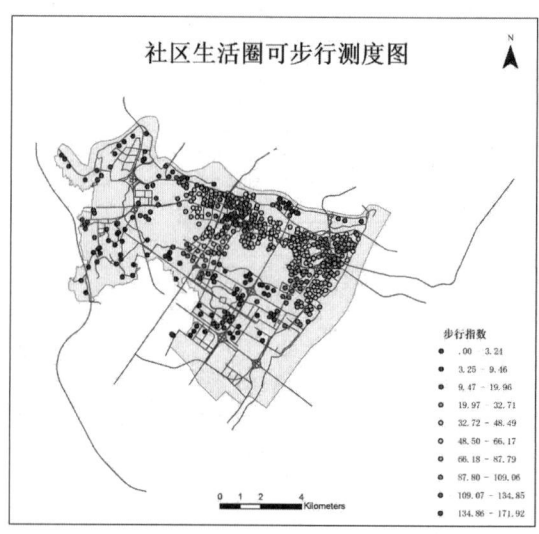

图 10.59　步行指数空间分布特征

第 11 章 地统计分析

11.1 地统计分析概述

地统计（geostatistics）属于统计中的一种，用于分析和预测与空间或时空现象相关的值。在分析中，它考虑到了数据的空间（在某些情况下为时间）坐标。最初，许多地统计工具作为实用方法被开发，用于描述空间模式并对未采样位置进行插值。现在，这些工具和方法已得到了改进，不仅能够提供插值，还可以衡量所插入的值的不确定性。衡量不确定性对于正确制定决策至关重要，因为其不仅可以提供插值的信息，还可以提供每个位置的可能值（结果）的信息。地统计分析也已从一元演化为多元，并提供了一些机制以融入用于补充（尽可能稀疏）主要感兴趣变量的辅助数据集，从而可以构建更准确的插值和不确定性模型。本章主要通过对地统计分析的概念介绍，逐步引导读者在 GeoScene Pro 中应用地统计分析解决实际问题。

11.1.1 地统计分析基本原理

地统计又称地质统计，是在法国著名统计学家 G. Matheron 大量理论研究的基础上逐渐形成的一门新的统计学分支，主要是为解决矿床储量计算和误差估计问题而发展起来的。它是以区域化变量为基础，借助变异函数，研究既具有随机性又具有结构性，或空间相关性和依赖性的自然现象的一门科学。凡是与空间数据的结构性和随机性，或空间相关性和依赖性，或空间格局与变异有关的研究，并对这些数据进行最优无偏内插估计，或模拟这些数据的离散性、波动性时，皆可应用地统计学的理论与方法。

地统计学与经典统计学的共同之处在于：它们都是在大量采样的基础上，通过对样本属性值的频率分布或均值、方差关系及其相应规则的分析，确定其空间分布格局与相关关系。但地统计学区别于经典统计学的最大特点是：地统计学既考虑到样本值的大小，又重视样本空间位置及样本间的距离，弥补了经典统计学忽略空间方位的缺陷。

地统计广泛应用于科学和工程的许多领域中，例如：

（1）采矿行业在项目的若干方面应用地统计：最初需量化矿物资源和评估项目的经济可行性，然后需每天使用可用的更新数据确定哪种材料应输送到工厂，以及哪种材料是废弃物。

（2）在环境科学中，地统计用于评估污染级别以判断是否对环境和人身健康构成威胁，以及能否保证修复。

（3）近年在土壤科学领域中的新应用着重绘制土壤营养水平（氮、磷、钾等）和其他指标（如导电率），以便研究它们与作物产量的关系并规定田间每个位置的精确化肥用量。

（4）气象应用包括温度、降雨和相关变量（如酸雨）的预测。

（5）在公共健康领域的新应用，如预测环境污染程度及其与癌症发病率的关系。

在所有这些示例中，普遍情形是在某些地区中存在一些令人感兴趣的现象（某一污染物对土壤、水或者空气的污染情况，要开采地区的黄金或者其他金属等）。彻底的考察往往费用高昂且需耗费大量时间，所以通常由在不同的位置采样来对现象进行描述。然后，使用地统计对未采样的位置进行预测（含生成对预测的不确定性的相关度量值）。

地统计分析理论基础包括前提假设、区域化变量和变异分析。

1. 前提假设

（1）随机过程。与经典统计学相同的是，地统计学也是在大量样本的基础上，通过分析样本间的规律，探索其分布规律，并进行预测。地统计学认为，研究区域中的所有样本值都是随机过程的结果，即所有样本值都不是相互独立的，它们遵循一定的内在规律。因此地统计学就是要揭示这种内在规律，并进行预测。

（2）正态分布。统计学分析往往假设大量样本是服从正态分布的，地统计学也不例外。在获得数据后，首先应对数据进行分析，若其不符合正态分布的假设，应对数据进行变换，转为符合正态分布的形式，并尽量选取可逆的变换形式。

（3）平稳性。对于统计学而言，重复的观点是其理论基础。统计学认为，从大量重复的观察中可以进行预测和估计，并可以了解估计的变化性和不确定性。对于大部分的空间数据而言，对平稳性的假设是合理的。这其中包括两种平稳性：一种是均值平稳，即假设均值是不变的并且与位置无关；另一种是与协方差函数有关的二阶平稳和与半变异函数有关的内蕴平稳。二阶平稳是假设具有相同的距离和方向的任意两点的协方差是相同的，协方差只与这两点的值相关而与它们的位置无关。内蕴平稳假设是指具有相同距离和方向的任意两点的方差（即变异函数）是相同的。二阶平稳和内蕴平稳都是为了获得基本重复规律而作的基本假设，通过协方差函数和变异函数，可以预测和估计预测结果的不确定性。

2. 区域化变量

当一个变量呈现一定的空间分布时，称之为区域化变量，它反映了区域内的某种特征或现象。区域化变量与一般的随机变量不同之处在于，一般的随机变量取值符合一定的概率分布，而区域化变量根据区域内位置的不同而取不同的值。当区域化变量在区域内确定位置取值时，表现为一般的随机变量，也就是说，它是与位置有关的随机变量。在实际分析中，常采用抽样的方式获得区域化变量在某个区域内的值，即此时区域化变量表现为空间点函数：

$$Z(x) = Z(x_u, x_v, x_w) \tag{11.1}$$

根据其定义，区域化变量具有两个显著特征：随机性和结构性。首先，区域化变量是一个随机变量，它具有局部的、随机的、异常的特征；其次，区域化变量具有一定的结构特点，即变量在点 x 与偏离空间距离为 h 的点 $x+h$ 处的值 $Z(x)$ 和 $Z(x+h)$ 具有某种程度的相似性，即自相关性，这种自相关性的程度依赖于两点间的距离 h 及变量特征。此外，区域化变量还具有空间局限性（即这种结构性表现为一定范围内）、不同程度的连续性和不同程度的各向异性（即各个方向表现出的自相关性有所区别）等特征。

3. 变异分析

（1）变异函数。地统计分析的核心是根据样本点来确定研究对象（某一变量）随空间位置而变化的规律，以此推算位置点的属性值。其中的规律即是变异函数，又称变差函数，是地统计分析特有的函数。在一维条件下，当空间点 x 只在一维 x 轴上变化时，区域化变量 $Z(x)$ 在点 x 与偏离空间距离为 h 的点 $x+h$ 处的值 $Z(x)$ 和 $Z(x+h)$ 之差的方差之半被定义为 $Z(x)$ 在 x 方向上的变异函数，记为 $\gamma(x,h)$，即

$$\gamma(x,h) = \frac{1}{2} Var[Z(x) - Z(x+h)] \tag{11.2}$$

即

$$\gamma(x,h) = \frac{1}{2} E[Z(x) - Z(x+h)]^2 - \frac{1}{2}\{E[Z(x)] - E[Z(x+h)]\}^2 \tag{11.3}$$

在二阶平稳假设条件下，对任意的 h 有

$$E[Z(x+h)] = E[Z(x)] \tag{11.4}$$

因此，式（11.3）可改写为

$$\gamma(x,h) = \frac{1}{2} E[Z(x) - Z(x+h)]^2 \tag{11.5}$$

当变异函数仅仅依赖于距离 h 而与位置 x 无关时，$\gamma(x,h)$ 可改写为 $\gamma(h)$，即

$$\gamma(h) = \frac{1}{2} E[Z(x) - Z(x+h)]^2 \tag{11.6}$$

有时把 $\gamma(h)$ 称为半变异函数，而将 $2\gamma(h)$ 称为变异函数，它是区域化变量理论的基本统计量。在实际应用中，通常对变异函数进行线性组合，得到变异函数模型，并由此来评估未知点的值，即插值。

（2）变异分析。半变异函数把统计相关系数的大小作为一个距离的函数，是地理学相近相似定理定量量化，也是变异分析的核心内容。对于式（11.6），若以距离 h 为横坐标，半变异函数值 $\gamma(h)$ 为纵坐标作图，可得到典型的半变异函数图，如图 11.1 所示。

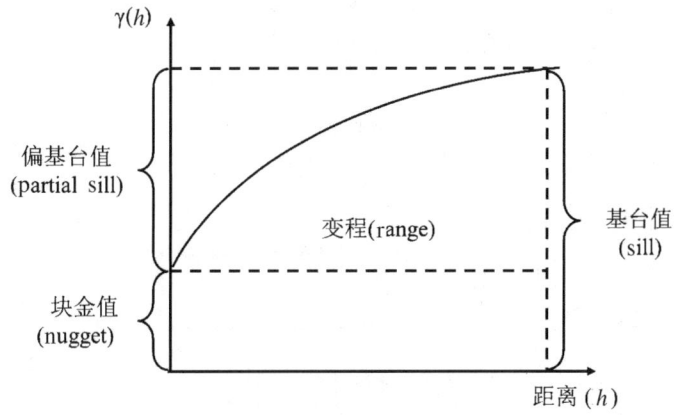

图 11.1　半变异函数图

半变异函数图中有三个重要参数，分别是块金值、基台值、变程。

块金值（nugget）：理论上，当采样点间的距离为 0 时，半变异函数值应为 0，但由于存在测量误差和空间变异，当两采样点非常接近时，它们的半变异函数值不为 0，即存在块金值。测量误差是由仪器内在误差引起的，空间变异是自然现象在一定空间范围内的变化。它们任意一方或两者共同作用产生了块金值。它可以由测量误差引起，也可以来自矿化现象的微观变异性。在数学上，块金值相当于变量纯随机性的部分，误差随块金值的增大而增大。

基台值（sill）：当采样点间的距离 h 增大，半变异函数 $\gamma(h)$ 从初始的块金值达到一个相对稳定的常数时，该常数值称为基台值。基台值代表由于样本数据中存在的空间相关性而

引起的方差变化范围。当半变异函数值超过基台值时，即函数值不随采样点间隔距离而改变时，空间相关性不存在。偏基台值（partial sill）即基台值与块金值的差值。

变程（range）：当半变异函数的取值由初始的块金值达到基台值时，采样点的间隔距离称为变程。变程表示了在某种观测尺度下，空间相关性的作用范围，其大小受观测尺度的限定。在变程范围内，样点间的距离越小，其相似性即空间相关性越大。变程是数据空间相关性的界限，超过该值的两变量间无空间相关性，插值也就没了意义。

11.1.2　地统计分析一般流程

如图 11.2 所示，一个完整的地统计分析过程，或空间估值过程，一般为：首先，获取原始数据，检查、分析数据，找寻数据暗含的特点和规律，例如是否为正态分布、有没有趋势效应、各向异性等；然后，选择合适的模型进行表面预测，这其中包括半变异模型的选择和预测模型的选择；最后，检验模型是否合理或将几种模型进行对比。

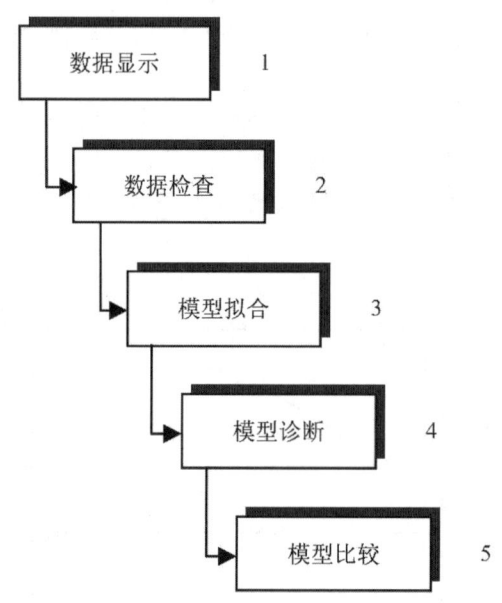

图 11.2　地统计分析工作流程

（1）数据显示。在数据视图窗口中添加并显示待分析的数据图层。

（2）数据检查。分析数据集的统计属性，对数据进行深入了解。数据检查内容包括检验数据分布、寻找数据离群值、全局趋势分析、探测空间自相关及方向变异，以及多数据集协变分析。

（3）模型拟合。基于对数据的认识，初步选择一个认为合适的模型创建表面。全面的数据检查有助于选择出合适的模型。

（4）模型诊断。评估模型的输出（表面），了解所选模型对未知值的预测效果。诊断的主要内容包括：①预测的准确性。②模型的有效性。

（5）模型比较。通过设置不同参数或者选择多个可选模型创建表面，通过对比分析可以确定哪个模型对未知值的预测更好。

11.2　GeoScene Pro 的地统计分析

GeoScene 地统计分析扩展模块提供了使用确定性和地统计方法进行表面建模的功能。它提供的工具与 GIS 建模环境完全集成，GIS 专业人士可以使用这些工具生成插值模型，并在将这些工具用于深入分析之前对其质量进行评估。生成的表面（模型输出）随后便可在模型中使用（模型构建器和 Python 环境中）、进行可视化以及供用户使用其他 GeoScene 扩展模块（如 GeoScene 空间分析扩展模块 和 GeoScene 三维分析扩展模块）进行分析。GeoScene 地统计分析扩展模块包含地统计向导和专为研究数据、创建插值表面以及后处理结果而设计的一组地理处理工具。

11.2.1　地统计向导

"地统计向导"由一组动态页面组成，用于引导完成构建插值模型和评估模型性能的全过程。在某个页面上进行的选择，将决定接下来的页面上可用的选项以及如何与数据交互以开发适合的模型。从开始选择插值方法直到查看模型预期性能的汇总衡量指标，向导都会自动引导执行各步操作。通过单击【分析】工具中的地统计向导图标，可以打开【地统计向导】工具，如图 11.3 所示。

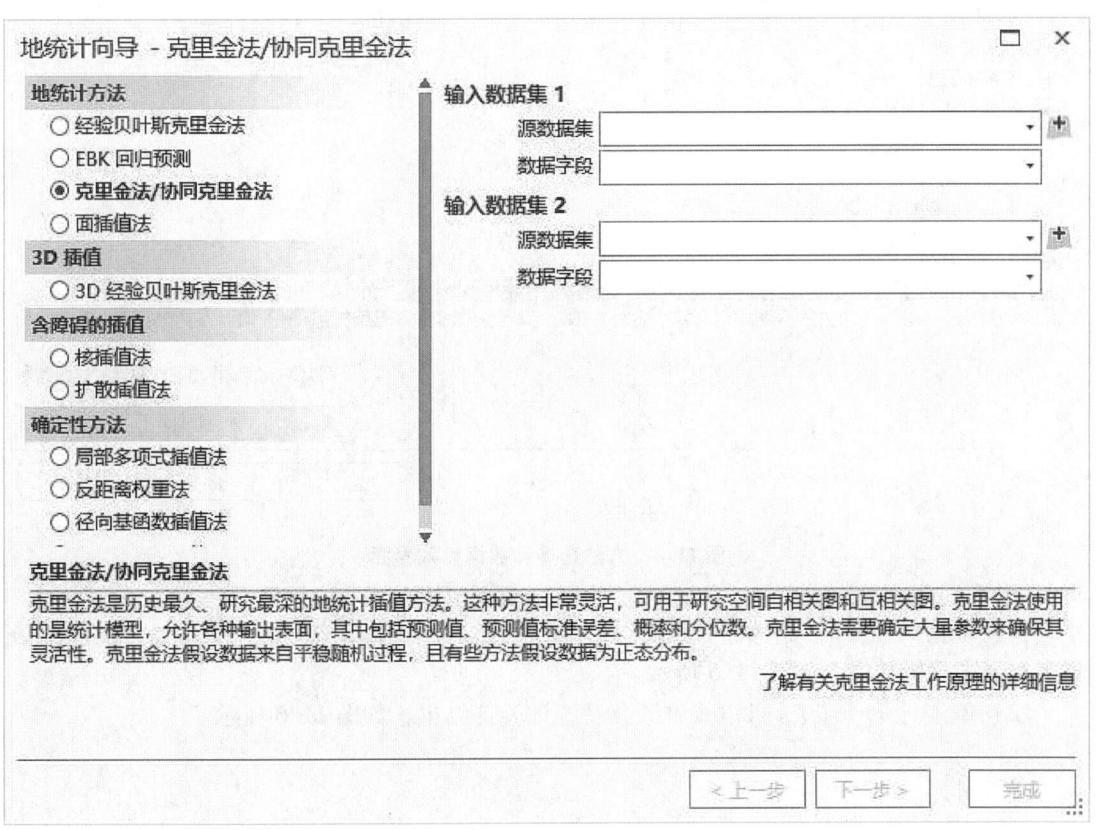

图 11.3　【地统计向导】工具界面

地统计分析包含许多用于分析数据及生成多种输出表面的工具。由于调查的原因可能不同，建议分析和映射空间过程中使用地统计工作流中描述的方法。①表示数据：创建图层并在 GeoScene Pro 中显示。②浏览数据：使用直方图等检查数据集的统计属性和空间属性。③选择适当的插值方法：应该根据研究目的、对现象的了解和可用输出表面做出选择。④拟合模型：执行插值运算，尽可能配置参数以满足数据的统计属性。⑤执行诊断：检查结果是否合理，并使用交叉验证和验证评估输出表面。这将帮助用户了解模型预测未采样位置处的值的能力。

下面以反距离权重法插值为例，说明插值模型构建工作流的简单流程。

（1）打开【地统计向导】工具，选择【反距离权重法】，在右侧选择需要分析的数据，并设置用于分析的属性字段，如图 11.4 所示。

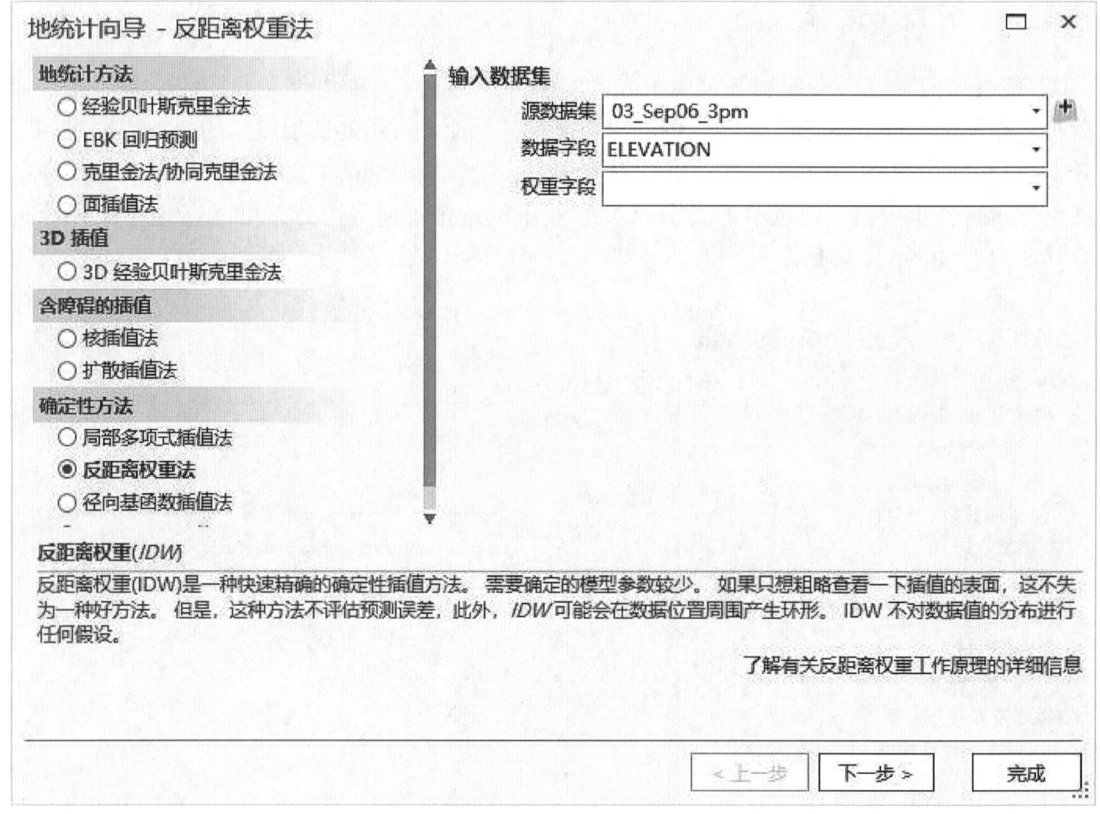

图 11.4　方法选择和数据输入界面

（2）根据研究目的及所研究数据特征，可以在右侧改变方法的相关参数，并可以在左侧实时预览分析结果，如图 11.5 所示。

（3）单击【下一步】，可以查看预测及统计验证结果，如图 11.6 所示。

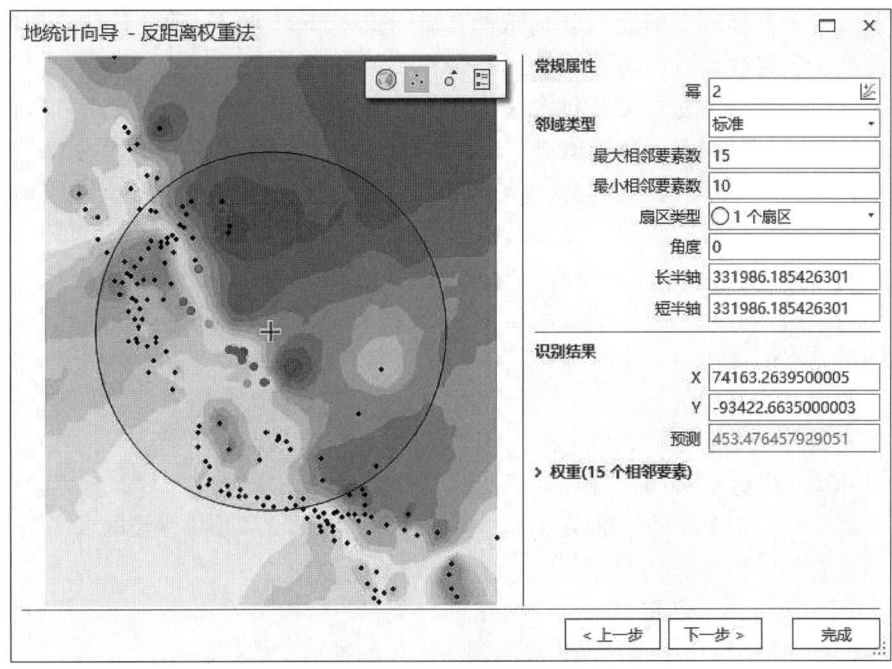

图 11.5　相关参数设置及表面预览界面

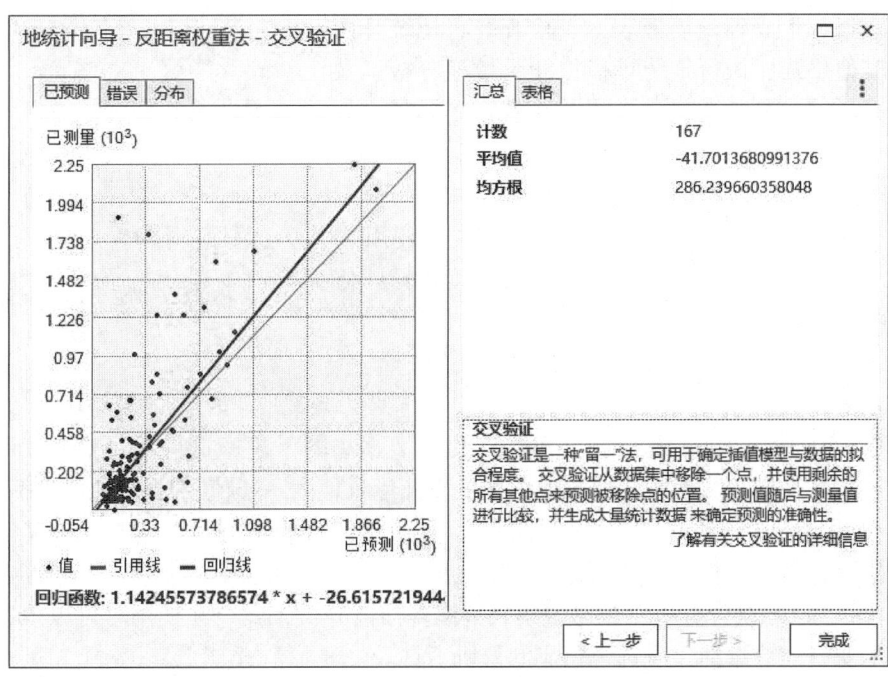

图 11.6　预测与统计诊断界面

11.2.2　GeoScene Pro 的地统计分析工具

地统计分析工具箱提供多种插值方法。用户应该始终清楚地了解研究目的，以及在选择方法时预测值（和其他相关信息）如何帮助其做出更正确的决定。地统计分析中的插值函数可分为两类：确定性方法和地统计方法。

（1）确定性方法：确定性方法包含的参数可控制值的相似程度（如反距离权重法）或表面的平滑程度（如径向基函数插值法）。这些方法并不基于随机空间过程模型，且数据中不存在空间自相关的显式测量或建模。确定性方法包括全局多项式插值法、局部多项式插值法、反距离权重法、径向基函数、含障碍的插值法（在插值过程中使用不可透性或半透性障碍）、含障碍的扩散插值法、含障碍的核插值法。

（2）地统计方法：地统计方法假设至少某些自然现象中观测的空间变化可借助空间自相关通过随机过程进行建模，并需要对空间自相关显式建模。地统计方法可用于对空间模式进行描述和建模（变异分析）、预测未测量位置的值（克里金法）以及评估与未测量位置处的预测值相关联的不确定性（克里金法）。

经验贝叶斯克里金法可用作地理处理工具，该工具可用于生成的表面有克里金预测值图、与克里金预测值相关联的标准误差图、指示是否超出预定义临界水平的概率图、预先确定的概率水平的分位数图。

EBK 回归预测可用于创建经验贝叶斯克里金模型，该模型使用解释变量栅格提高插值精度。GA 图层至栅格可用于将这些模型导出为上述四种输出类型。

3D 经验贝叶斯克里金法可用于插值具有 X、Y 和 Z 坐标以及要插值的测量值的 3D 点。

GeoScene Pro 地统计分析工具箱中所包括的工具可用于分析数据、生成各种插值表面、检查并将地统计图层转换为其他格式、执行地统计模拟和灵敏度分析以及辅助设计采样网络。所有工具被组合为五个工具集，如图 11.7 所示。

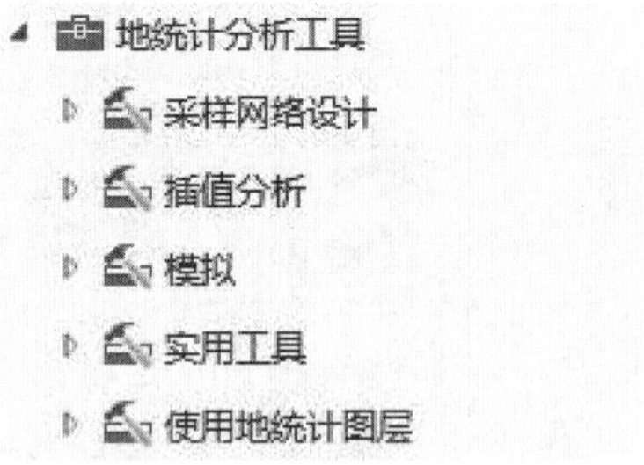

（1）插值：所包含的地理处理工具可执行插值运算，可用作独立工具或在模型构建器和 Python 中使用。

（2）采样网络设计：所包含的工具可辅助设计或修改现有采样设计或监控网络。

图 11.7 地统计分析工具集

（3）模拟：可通过执行地统计模拟扩展克里金法，并可为点或面区域提取模拟结果。

（4）实用工具：作为常用工具，可用于提取数据集的子集、执行交叉验证以评估模型性能、检查对半变异函数参数中变化的敏感度以及形象地表示插值工具所使用的邻域。

（5）使用地统计图层：所包含的工具用于生成点位置的预测、以栅格和矢量格式导出地统计图层以及基于模板生成新的地统计图层。

GeoScene Pro 地统计分析工具箱中集成了诸多插值分析工具，在使用时可以很方便地根据研究目的及研究数据的性质选择相应的分析工具。

同样以反距离权重法插值为例，插值模型构建流程为：点击工具箱中的【地统计分析工具】→【插值分析】→【反距离权重法】，打开【反距离权重法】工具，如图 11.8 所示。反距离权重法插值结果如图 11.9 所示。

第 11 章 地统计分析

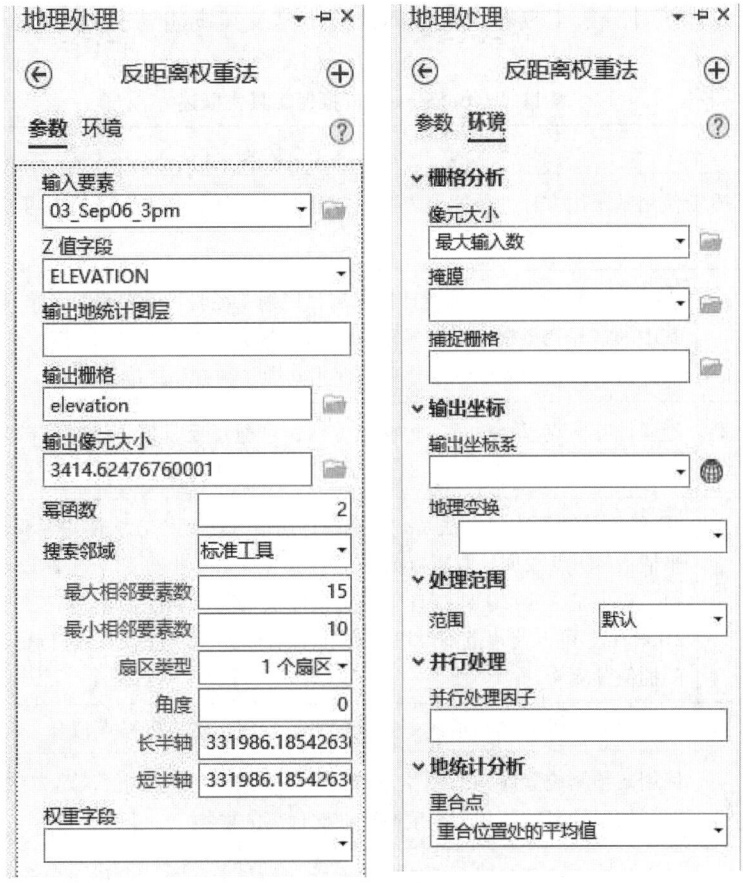

图 11.8 【反距离权重法】工具参数及环境设置

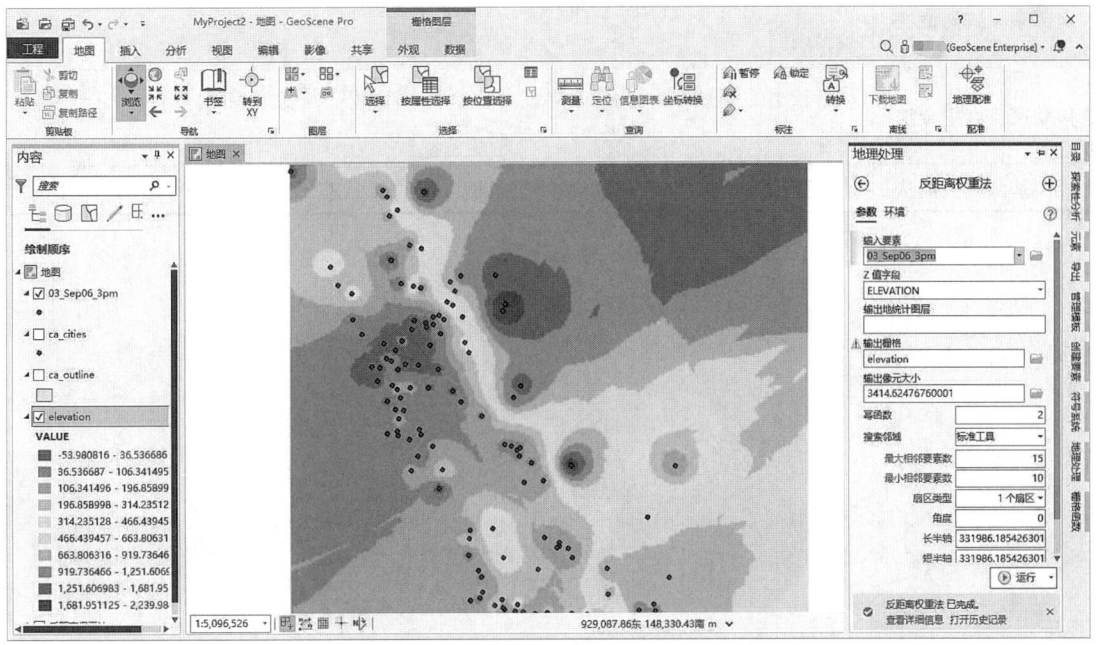

图 11.9 反距离权重法插值结果

GeoScene Pro 地统计分析工具箱中提供的插值工具及其概述见表 11.1。

表 11.1　GeoScene Pro 插值工具集概述

工具	含义
含障碍的扩散插值法	使用基于热方程的核插值表面，并且允许使用栅格和要素障碍重新定义输入点间的距离
EBK 回归预测	EBK 回归预测是一种地统计插值法，用到了经验贝叶斯克里金法及解释变量栅格，其中的解释变量栅格会影响正在内插的数据的值。这种方法整合了克里金法和回归分析，使得预测的结果比单独使用其中一种方法更准确
经验贝叶斯克里金法	经验贝叶斯克里金法是一种插值方法，可通过反复模拟，对基础半变异函数估算中的错误进行说明
3D 经验贝叶斯克里金法	3D 经验贝叶斯克里金法是一种地统计插值方法，该方法使用经验贝叶斯克里金法来插值 3D 点数据。所有点必须具有 x 坐标、y 坐标和 z 坐标以及要插值的测量值。输出是一个 3D 地统计图层，该图层可将其自身计算并渲染为给定高程处的 2D 样带。可以使用范围滑块更改图层的高程，并且图层将进行更新以显示新高程的插值预测
全局多项式插值法	将使用数学函数（多项式）定义的平滑表面与输入采样点拟合
反距离权重法 IDW	使用要预测位置周围的测量值预测任意未采样位置的值，此方法基于以下假设：彼此接近的事物的相似程度高于彼此远离的事物
含障碍的核插值法	一个移动窗口预测器，它使用两点之间的最短距离，这样可以将线障碍任意一侧的点都连接起来
局部多项式插值法	拟合处于指定重叠邻域内的指定阶（零阶、一阶、二阶、三阶等）多项式以生成输出表面
移动窗口克里金法	基于较小的邻域，经过所有位置点重新计算变程、块金值和偏基台半变异函数参数
径向基函数插值法	使用五种基函数之一，对准确经过各输入点的表面进行插值

第 12 章　水文分析

水文分析通过建立地表水文模型，分析地表水流源自何处以及要流向何处，再现水流的流动过程，从而研究与地表水流相关的各种自然现象，在城市和区域规划、农业及森林、交通道路等许多领域具有广泛的应用。这些领域需要了解某个区域中水的流动方式以及区域内发生哪些变化会对水流产生影响。水文分析是数字高程模型（DEM）数字地形分析的一项重要内容，基于 DEM 地表水文分析的主要内容包括利用水文分析工具提取水流方向、汇流累积量、水流长度、河流网络、河网分级，以及流域分割等。

12.1　概　述

接收雨水的区域以及雨水到达出水口前所流经的网络被称为水系。流经水系的水流只是通常所说的水文循环的一个子集，水文循环还包括降雨、蒸发和地下水流。水文分析工具重点处理的是水在地表上的运动情况。

流域又称集水区域，是指流经其中的水流和其他物质被排放到公共出水口而形成集中的排水区域。每条河流都有自己的流域，按照水系等级可以将一个大流域分成多个小流域，同样，小流域也可以分成更小的流域。流域面积是指流域地面分水线和出口断面所包围的面积，在水文上又称为集水面积，其大小直接影响河流和水量大小及径流的形成过程。在水文研究中，流域面积是一个重要的值。一般来说，自然条件相似的两个地区，流域面积越大的地区河流的水量越丰富。流域间的分界线称为分水岭边界，分水线包围的区域称为河流或者水系流经的流域。出水口或倾泻点是表面上水的流出点，它是分水岭边界上的最低点。分水岭的组成如图 12.1 所示。

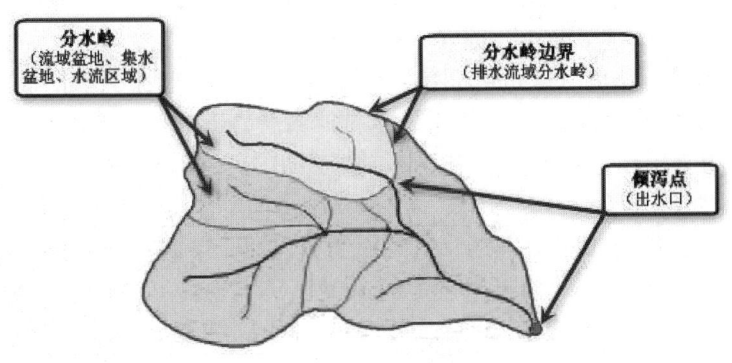

图 12.1　分水岭组成

地球表面形状的最常见数字化数据便是基于像元的 DEM，该数据可用作量化地表特征的输入。DEM 属于一种连续表面的栅格制图表达，通常参考真实的地球表面。此类数据的精度主要取决于分辨率（采样点之间的距离）。影响精度的其他因素包括在创建原始 DEM

时用到的数据类型（整型或浮点型）以及表面的实际采样情况。

GeoScene Pro 将水文分析相关工具集成到【空间分析工具】内的【水文分析】板块。本章主要介绍 GeoScene Pro 水文分析工具集的基本概念，工作原理及具体的操作过程。

12.2　无洼地 DEM 生成

汇是周围高程值较高的区域，也可称为洼地或凹地，它属于内流水系区域。因为这些凹陷区域的存在，在进行水流方向计算时，往往会得到不合理甚至错误的结果。虽然 DEM 中的许多汇都是由于数据误差或空间插值方法造成的假象，但在某些情况下，数据中实际也可能存在汇。清楚地了解区域的形态对于明确哪些要素是地球表面上真正的汇（如喀斯特地貌），以及哪些要素仅仅是数据中存在的错误十分重要。对原始 DEM 数据进行洼地填充从而得到的没有汇的数字高程模型（即无凹陷点 DEM）是流向处理操作过程中所需的输入。GeoScene 空间分析扩展模块水文分析工具集中的工具对于准备无凹陷点高程表面非常有帮助。

12.2.1　水流方向提取

水流方向是指水流离开网格时的指向，它决定着地表径流的方向及网格单元间流量的分配，是基于 DEM 的水文模型中的一个十分关键的问题。水流方向的计算可通过流向工具来完成。GeoScene Pro 中的流向工具支持三种流向建模算法。分别为 D8、多流向（MFD）和 D-Infinity（DINF）。

D8 流向法可对每个像元到其最陡下坡邻域的流向进行建模。通过将中心栅格的 8 个邻域栅格编码，水流方向便可以其中的某一值来确定，栅格方向编码如图 12.2 所示。其中 1、2、4、8、16、32、64、128 分别代表东、东南、南、西南、西、西北、北、东北。距离权落差是指中心栅格与邻域栅格的高程差除以两栅格间的距离。栅格间的距离与方向有关，如果邻域栅格对中心栅格的方向值为 2、8、32、128，则栅格间的距离为 2 的开平方根，否则距离为 1。计算中心栅格和各个相邻栅格间的距离权落差，取距离权落差最大的栅格方向为中心栅格的流向。

多流向（MFD）算法可对像元到所有下坡邻域的流向进行划分。水流分区指数根据当地地形条件通过自适应方法创建，可用于确定排放到所有下坡邻域的水流部分［MFD 流向类型仅支持在文件夹工作空间内，以云栅格格式（CRF）创建输出流向栅格］。将 MFD 流向输出添加到地图时，仅显示 D8 流向。由于 MFD 流向可能具有与每个像元相关的多个值（每个值对应于流向每个下坡相邻点的水流的比例），因此不易进行可视化。但是，MFD 流向输出栅格是由流量工具识别的输入，该工具将利用 MFD 流向来划分与累积每个像元到所有下坡邻域的累计流量。

D-Infinity（DINF）法将流向确定为在以感兴趣的像元为中心的 3×3 像元窗口中形成的八个三角面上的最陡下坡方向。流向输出是一个表示为单一角度的浮点型栅格，以度为单位：从 0°（正东）到 360°（下一个正东）逆时针转动。

流向工具在 GeoScene Pro 中具体操作如下：

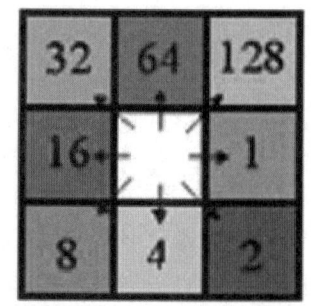

图 12.2　水流方向编码

（1）点击【分析】选项卡中的【工具】图标，打开地理处理窗格。

（2）通过点击【空间分析工具】→【水文分析】→【流向】，打开水流方向计算对话框，如图12.3所示。

（3）在【输入表面栅格】文本框中，选择输入数据 DEM（\data\ch12）。

（4）在【输出流向栅格】文本框中，命名计算得出的水流方向文件名为 Flow_Dir。

（5）【强制所有边缘像元向外流动】在默认情况下未选中，如果边缘像元内部的最大降幅大于零，将照常确定流向，否则流向将朝向边缘。若该复选框被选中，则表面栅格边缘处的所有像元都将从表面栅格向外流动。

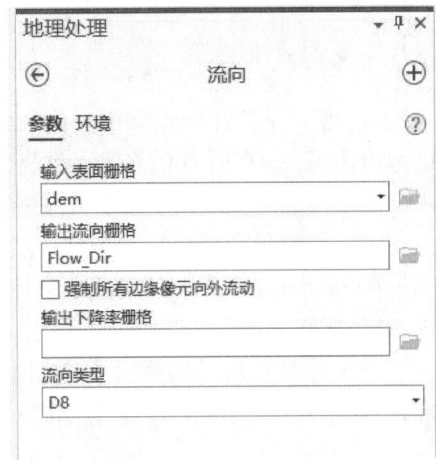

图 12.3　流向参数设置

（6）【输出下降率栅格】若被选择，则会创建一个以百分比的形式表示的输出栅格，显示从沿流向的每个像元到像元中心之间的路径长度的高程的最大变化率。

（7）【流向类型】指定计算流向时使用的流向法的类型。在默认情况下为 D8，用户亦可选 MFD 以及 DINF。

（8）单击【运行】，进行水流方向计算，结果如图12.4所示。

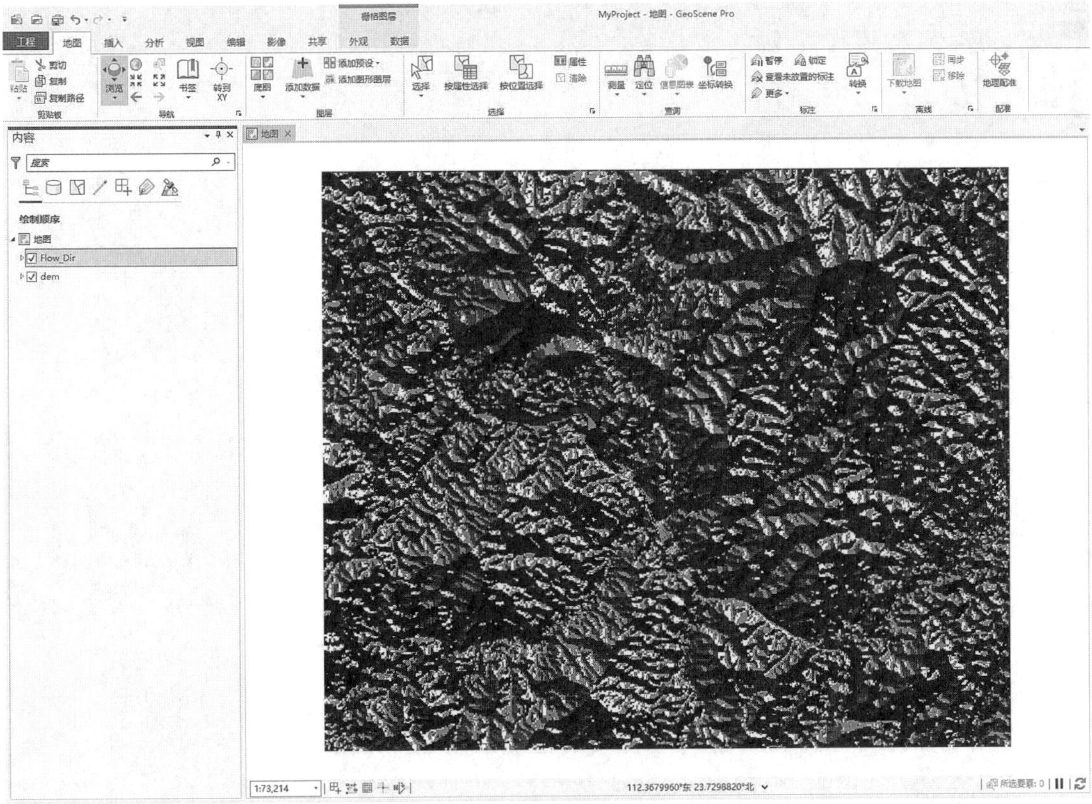

图 12.4　流向计算结果

12.2.2 洼地计算

"洼地"是指流向栅格中流向无法被赋予八个有效值之一的一个或一组空间连接像元，也称为"汇"。在所有相邻像元都高于待处理像元时，或在两个像元互相流入以创建一个由两个像元构成的循环时，都会发生这种情况。洼地区域是水流方向不合理的地方，可以通过水流方向来判断哪些地方是洼地，然后再对洼地进行填充。

在 GeoScene Pro 中判定洼地及计算洼地深度的具体操作如下。

1. 提取洼地

（1）通过点击【空间分析工具】→【水文分析】→【汇】，打开【汇】窗口，如图 12.5 所示。

（2）在【输入 D8 流向栅格】文本框中，选择水流方向数据 Flow_Dir（汇工具仅支持 D8 输入流向栅格）。

（3）在【输出栅格】文本框中，选择存放的路径并命名输出文件为 Sink。

（4）单击【运行】，进行洼地计算。结果如图 12.6 所示，深色的部分为洼地。

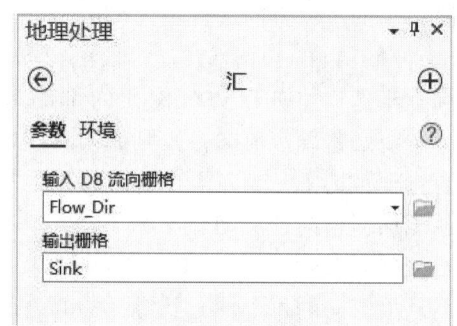

图 12.5 【汇】窗口

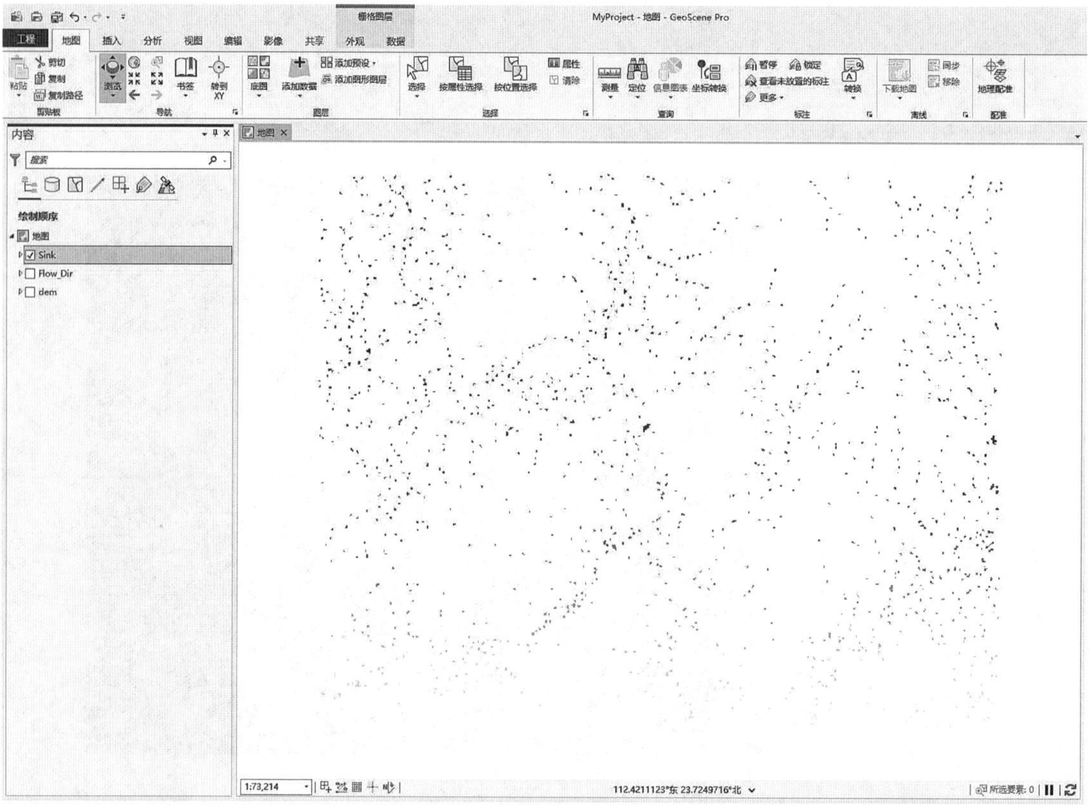

图 12.6 洼地计算结果

2. 计算洼地贡献区域

（1）通过点击【空间分析工具】→【水文分析】→【集水区】，打开【集水区】窗口，如图 12.7 所示。

（2）在【输入 D8 流向栅格】文本框中，选择水流方向数据 Flow_Dir（汇工具仅支持 D8 输入流向栅格）。

（3）在【输入栅格数据或要素倾泻点数据】文本框中，选择洼地数据 Sink。

（4）在【倾泻点字段】（可选）文本框中，选择对应倾泻点的字段名称（若倾泻点数据集为栅格，则使用 VALUE；若为要素，则使用数值字段）。

（5）在【输出栅格】文本框中，命名计算得出的洼地贡献区域数据文件名为 Watersh_Sink。

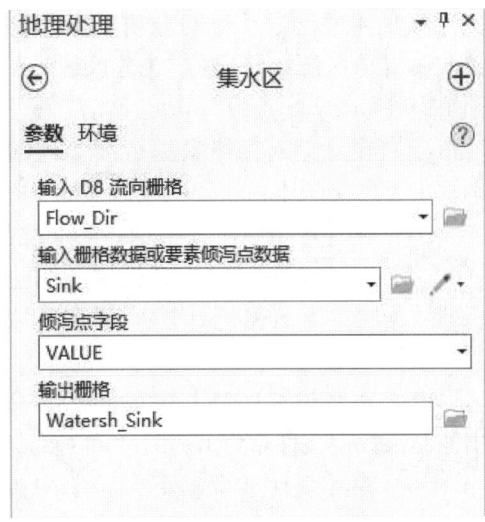

图 12.7 洼地贡献区域计算窗口

（6）单击【运行】，进行洼地贡献区域的计算，结果如图 12.8 所示。

图 12.8 洼地贡献区域计算结果

3. 计算每个洼地所形成的贡献区域的最低高程

(1) 通过点击【空间分析工具】→【区域分析】→【分区统计】，打开【分区统计】窗口，如图 12.9 所示。

(2) 在【输入栅格数据或要素区域数据】文本框中，选择洼地贡献区域数据 Watersh_Sink。

(3) 在【区域字段】中选择对应的区域字段。

(4) 在【输入赋值栅格】输入需进行统计分析的数据层，当前需统计洼地贡献区域的最低高程，选择 dem。

(5) 在【输出栅格】文本框中，命名计算得出的结果数据文件名为 Zonal_Min。

(6) 在【统计类型】下拉菜单中提供的统计类型有平均值（MEAN）、众数（MAJORITY）、最大值（MAXIMUM）、中值（MEDIAN）、最小值（MINIMUM）、少数（MINORITY）、百分比数（PERCENTILE）、范围（RANGE）、标准差（STD）、总和（SUM）及变异度（VARIETY）。在本案例中选择最小值。

图 12.9 【分区统计】窗口

(7) 单击【运行】，完成计算。

4. 计算每个洼地贡献区域出口的最低高程即洼地出水口高程

(1) 通过点击【空间分析工具】→【区域分析】→【区域填充】，打开【区域填充】窗口，如图 12.10 所示。

(2) 在【输入区域栅格数据】文本框中，选择洼地贡献区域数据 Watersh_Sink。

(3) 在【输入权重栅格】文本框中，选择 dem。

(4) 在【输出栅格】文本框中，命名计算得出的结果数据文件名为 Zonal_Max。

(5) 单击【运行】，完成计算。

5. 计算洼地深度

(1) 通过点击【空间分析工具】→【地图代数】→【栅格计算器】，打开【栅格计算器】窗口，如图 12.11 所示。

(2) 在文本框中输入"Zonal_Max" – "Zonal_Min"。

(3) 在【输出栅格】文本框中，命名计算得出的结果数据文件名为 Sink_Depth。

(4) 单击【运行】，进行洼地深度的计算，结果如图 12.12 所示。

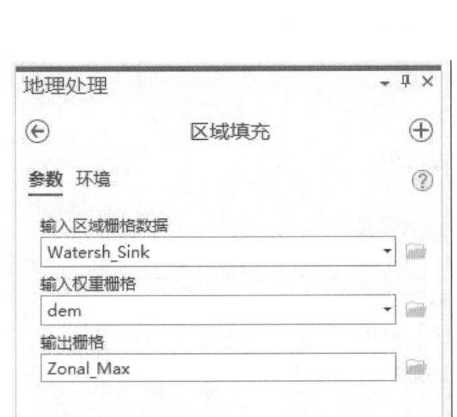 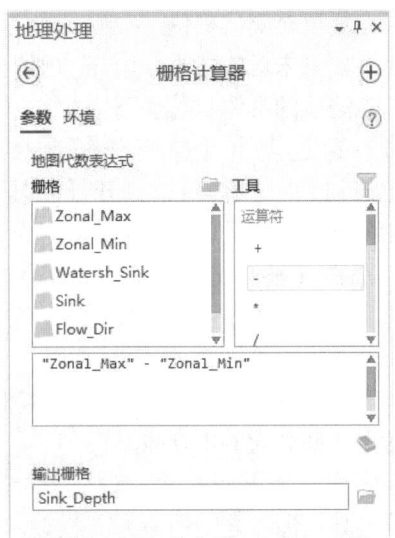

图 12.10　【区域填充】窗口　　　　　图 12.11　洼地深度计算参数设置

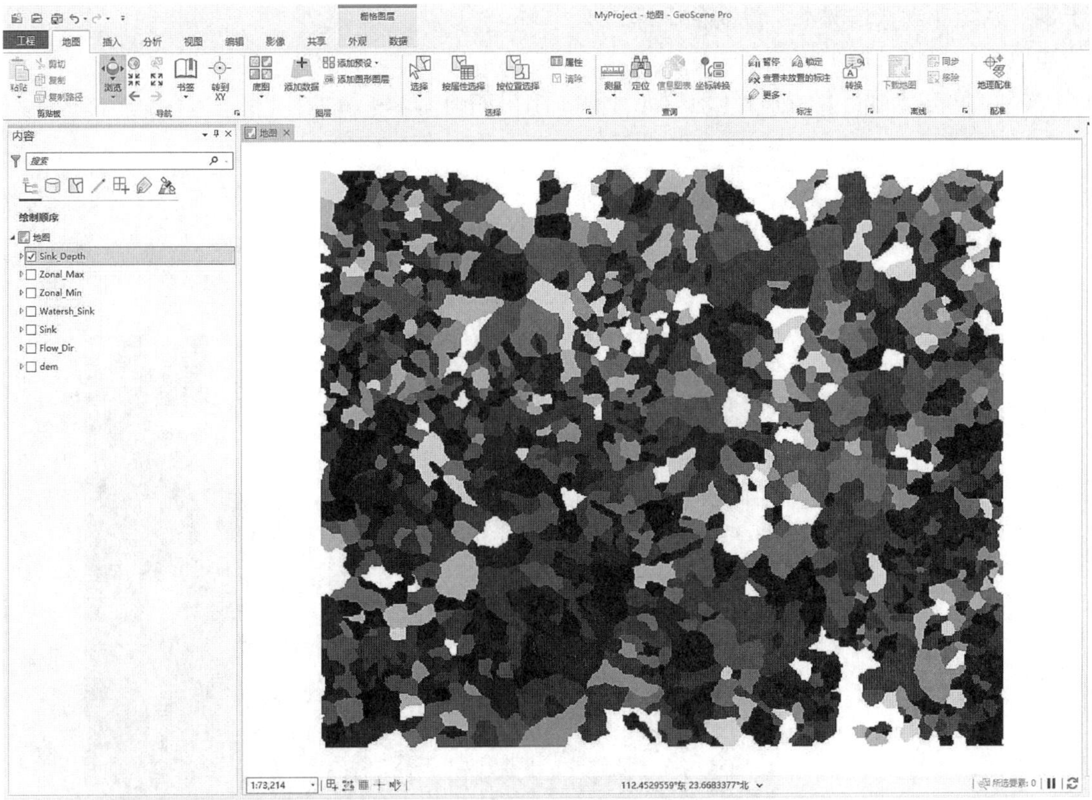

图 12.12　洼地深度计算结果

12.2.3　洼地填充

通过洼地计算之后，便可知道原始的 DEM 上是否存在洼地，洼地深度的计算为在填充洼地时设置填充阈值提供了很好的参考。最后，应对洼地进行填充以确保盆地和河流得以正确划界。如果未对洼地进行填充，则生成的水系网络可能会呈现不连续性。

填充洼地的具体步骤如下：

（1）通过点击【空间分析工具】→【水文分析】→【填洼】，打开【填洼】窗口，如图 12.13 所示。

（2）在【输入表面栅格】文本框中，选择需要进行洼地填充的原始高程数据 dem。

（3）在【输出表面栅格】文本框中，设置输出文件名为 Fill_Dem。

（4）在【Z 限制】中，设置要填充的凹陷点与其倾泻点之间的最大高程差。如果凹陷点与其倾泻点之间的 Z 值差大于 Z 限制，则不会填充此凹陷点。Z 限制值必须大于零。系统在默认情况下不设阈值，即所有的洼地区域都将被填平。

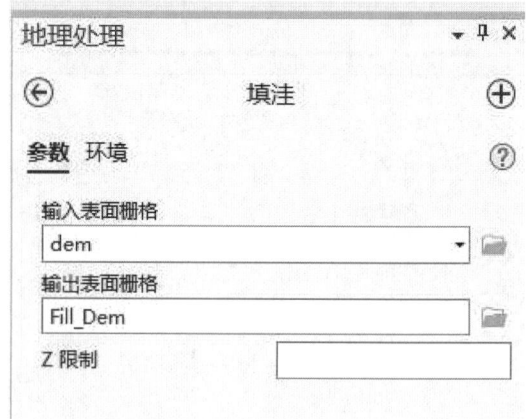

图 12.13　【填洼】窗口

（5）单击【运行】，进行洼地填充计算，结果如图 12.14 所示。

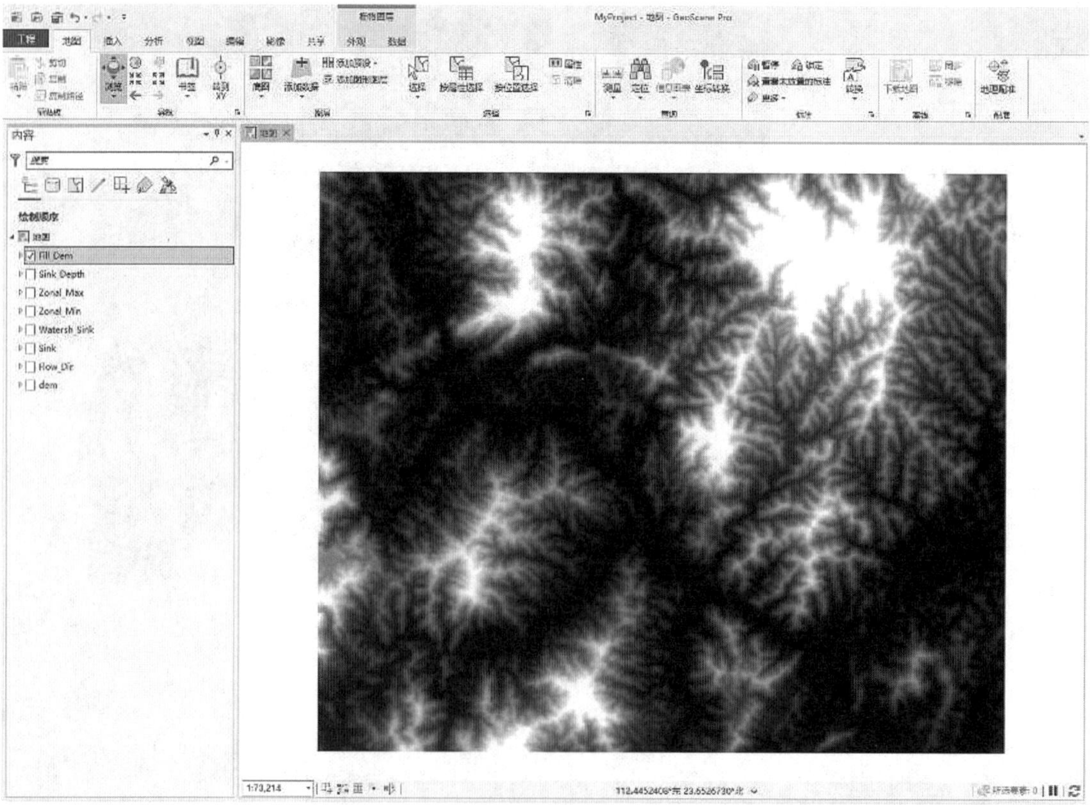

图 12.14　经过洼地填充生成的无洼地 DEM

洼地填充的过程通常是一个反复的过程。当一个洼地区域被填平之后,这个区域与附近区域再进行洼地计算,可能会形成新的洼地。当最后所有的洼地都被填平、新的洼地不再产生,才算填充结束。因此,当数据量很大时,这个过程需持续一段时间。

12.2.4 基于无洼地 DEM 水流方向的计算

计算过程与在 12.2.1 节介绍过的水流方向的计算基本一致,不同的是本案例使用的 DEM 数据是无洼地 DEM。此处将新生成的水流方向文件命名为 Flow_Dir_Fill。

12.3 水流长度计算

水流长度指在地面上一点沿水流方向到其流向起点(终点)间的最大地面距离在水平面上的投影长度。如果其他条件相同,水力侵蚀的强度依坡的长度决定,坡面越长,汇聚的流量越大,其侵蚀力就越强。水流长度直接影响地面径流的速度,从而影响对地面土壤的侵蚀力。水流长度是水土保持的重要因子,对水流长度的计算分析是水土保持工作中重要的一步。水流长度的提取方式主要包括顺流计算和溯流计算。顺流计算是计算地面上每一点沿水流方向到该点所在流域出水口最大地面距离的水平投影,溯流计算则是计算地面上每一点沿水流方向到其流向起点的最大地面距离的水平投影。

在 GeoScene Pro 中计算水流长度的具体操作步骤如下:

(1)通过点击【空间分析工具】→【水文分析】→【水流长度】,打开【水流长度】窗口,如图 12.15 所示。

(2)在【输入流向栅格】文本框中,选择基于无洼地 DEM 提取出的水流方向数据 Flow_Dir_Fill。

(3)在【输出栅格】文本框中,设置输出水流长度栅格数据文件名称。此处分别进行顺流计算和溯流计算,将输出的数据文件命名为 Flowlength_D 和 Flowlength_U。

(4)【测量方向】计算方向提供了两种选择,分别为 Downstream(顺流计算)和 Upstream(溯流计算)。

(5)【输入权重栅格】为可选项,在默认情况下为无。

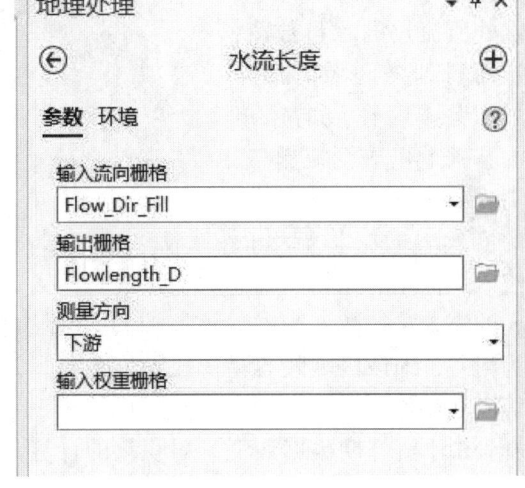

图 12.15 【水流长度】窗口

(6)单击【运行】,进行水流长度计算,顺流计算和溯流计算的运行结果分别如图 12.16 和图 12.17 所示。

图 12.16 水流长度（顺流）计算

图 12.17 水流长度（溯流）计算

12.4 汇流分析

汇流分析的基本思路是：根据区域地形的水流方向数据，计算每点处所流过的水量数值，从而得到该区域的汇流累积量。即在流向栅格的基础上生成汇流栅格，汇流栅格上的每个像元的值代表上游汇流区内

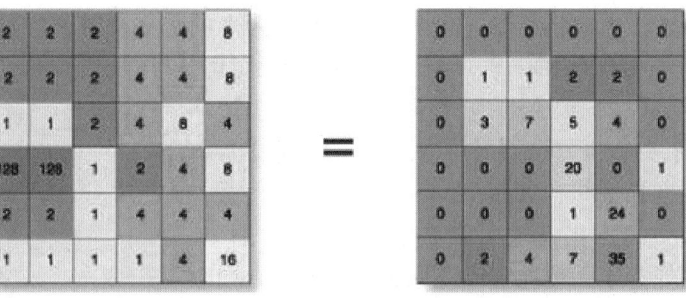

图 12.18 水流方向数据到汇流累积量计算

流入该像元的栅格点的总数，也就是汇入该像元的流入路径数（NIP）。该值较大的区域可视为河谷，即该区域较容易形成地表径流。该值等于 0 的像元是局部地形高点，可用于识别山脊。由水流方向数据到汇流累积量的计算如图 12.18 所示。

在 GeoScene Pro 中计算汇流累积量的具体操作步骤如下：

（1）点击通过【空间分析工具】→【水文分析】→【流量】，打开【流量】窗口，如图 12.19 所示。

（2）在【输入流向栅格】文本框中，选择基于无洼地 DEM 提取出的水流方向数据 Flow_Dir_Fill。

（3）在【输出蓄积栅格数据】文本框中，

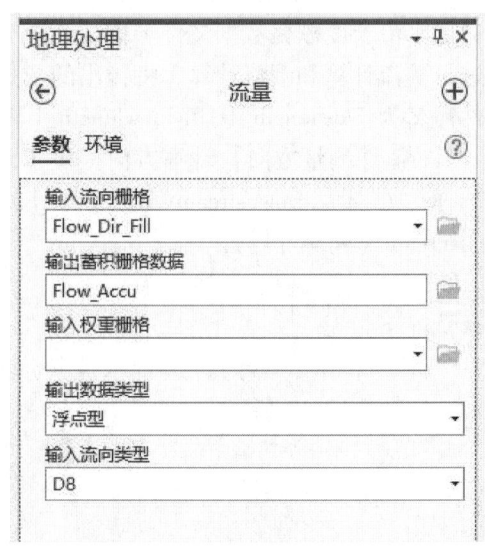

图 12.19 【流量】窗口

设置输出汇流累积量栅格数据文件名称为Flow_Accu。

（4）在【输入权重栅格】文本框中，输入权重数据，权重数据一般表示降水、土壤以及植被等对径流影响的因素分布不平衡而形成的差异，能更详细地模拟该区域的地表特征。该项为可选项。如果未提供任何权重栅格，则是将权重1应用到每个像元，并且输出栅格中的像元值是流入每个像元的像元个数。

（5）【输出数据类型】为可选项，输出累积栅格可以是整型、浮点型或双精度型。

（6）【输入流向类型】为可选项，指定输入流向栅格类型。

（7）单击【运行】，完成汇流累积量计算。结果如图12.20所示。

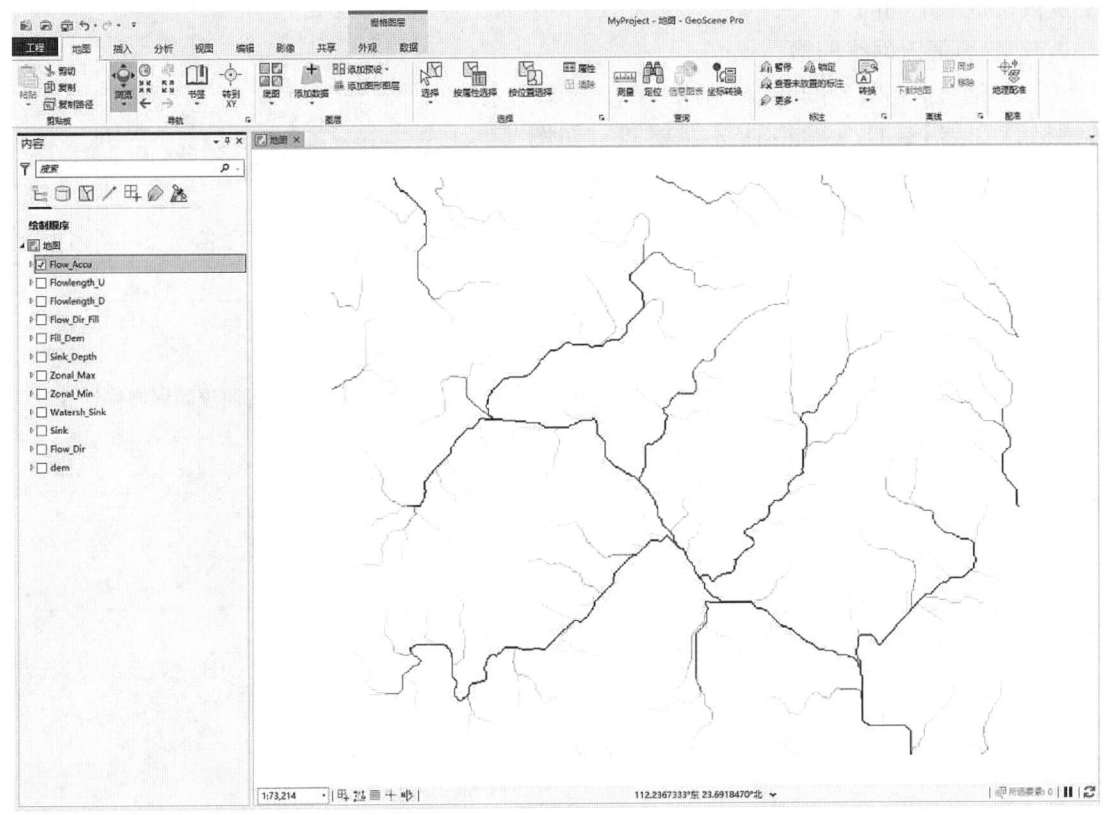

图 12.20　汇流累积量计算结果

12.5　河网分析

12.5.1　河网生成

河网即河流网络，提取河网是基于DEM的水文分析中较为主要的一个目的。目前常用的河网提取方法是采用地表径流漫流模型计算：首先基于无洼地的DEM计算出每个栅格的水流方向，然后利用水流方向计算出汇流累积量。在得到每个网格的流向与汇流累积量后，即可确定该流域的河网。预先设定一个阈值，该阈值表示河网中点的最小积水面积，将汇流量高于此阈值的网格连接起来，便可形成潜在的水流路径，这些水流路径构成的网络即为河流网络。当阈值减少时，网络的密度便相应增加。

在 GeoScene Pro 中提取河网的具体步骤有如下四步。

1. 计算研究区内的汇流累积量

计算研究区内的汇流累积量见本书第 12.4 节。

2. 设定阈值

设置阈值首先应该考虑研究对象中的沟谷的最小级别，不同级别的沟谷对应不同的阈值；其次，应考虑研究区域的状况，在不同的研究区域，相同级别的沟谷需要的阈值也是不同的。

3. 计算河流网络栅格

（1）通过点击【空间分析工具】→【地图代数】→【栅格计算器】，打开栅格计算器窗口，如图 12.21 所示。

（2）在文本框中输入 Con（"Flow_Accu" >1000, 1）。

（3）在【输出栅格】文本框中，命名计算得出的结果数据文件名为 Stream_Net。

（4）单击【运行】，进行河流网络提取，结果如图 12.22 所示。

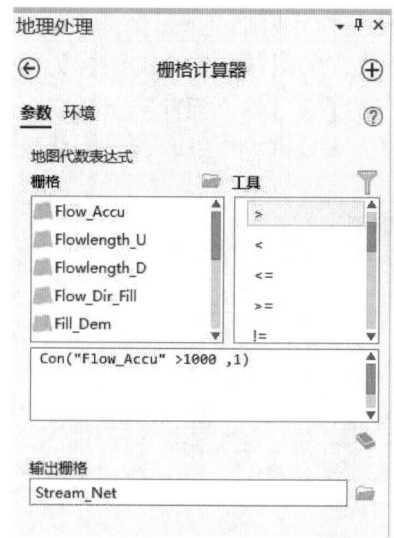

图 12.21 河流网络栅格计算

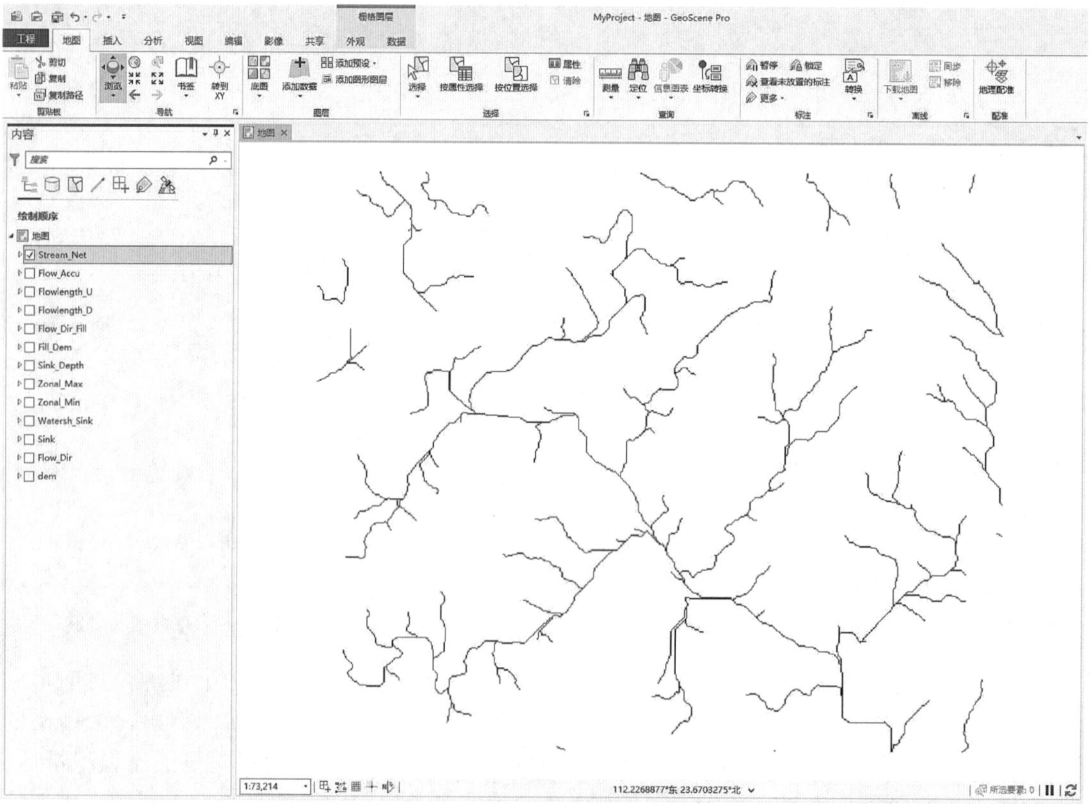

图 12.22 河流网络提取结果

4. 栅格河网矢量化

（1）通过点击【空间分析工具】→【水文分析】→【栅格河网矢量化】，打开【栅格河网矢量化】窗口，如图 12.23 所示。

（2）在【输入河流栅格】文本框中，选择上一步提取出的河流网络数据 Stream_Net。

（3）在【输入流向栅格数据】文本框中，选择基于无洼地 DEM 提取出的水流方向数据 Flow_Dir_Fill。

（4）在【输出折线要素】文本框中，命名计算得出的结果数据文件名为 Stream_Feature.shp。

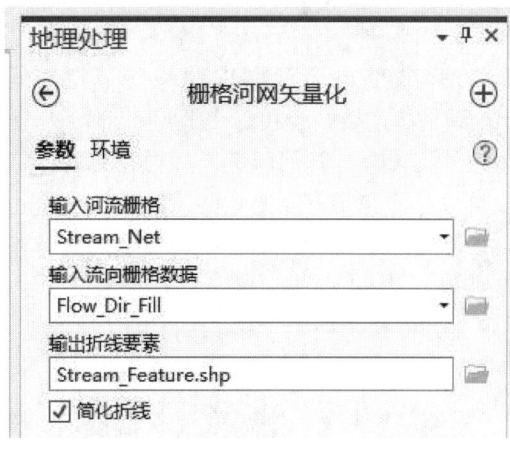

图 12.23 【栅格河网矢量化】窗口

（5）【简化折线】默认选中，对要素进行去点操作，以减少折点数。

（6）单击【运行】，完成栅格河网矢量化，结果如图 12.24 所示。

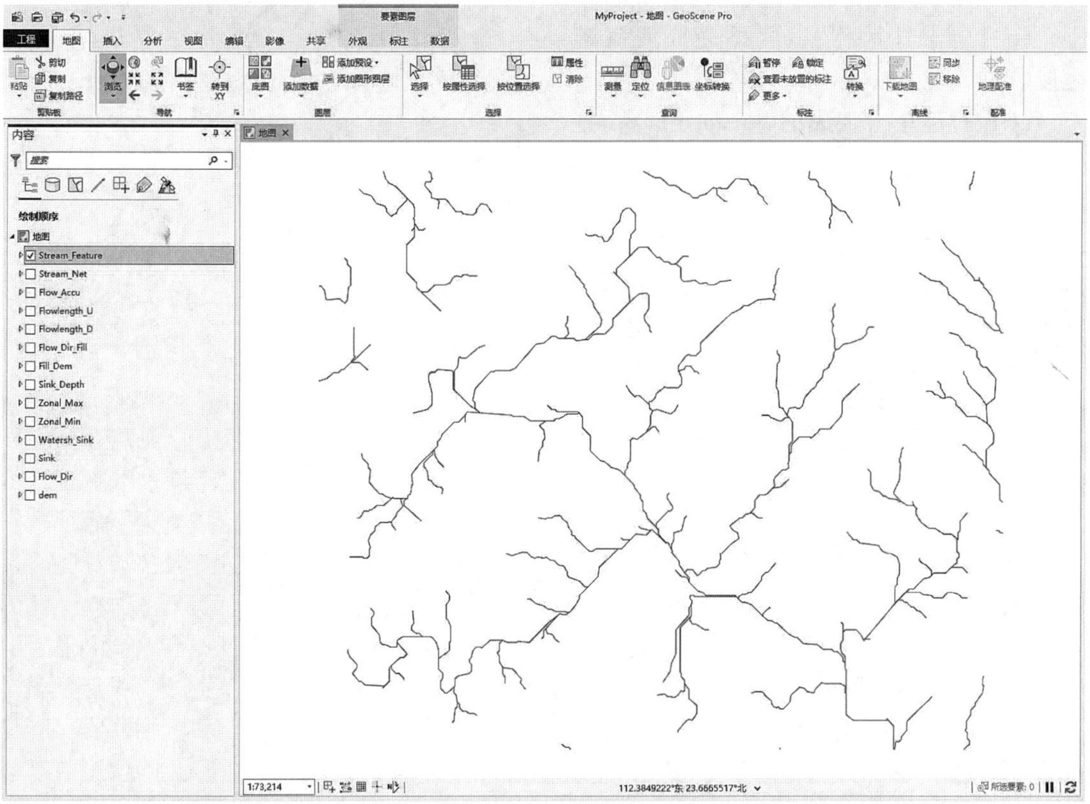

图 12.24 栅格河网矢量化计算结果

12.5.2 河流链

河流链记录着河网中的一些节点之间的连接信息，主要用于记录河网的结构信息。"链"是指连接两个相邻交汇点、连接一个交汇点和出水口，或连接一个交汇点和分水岭的河道的河段。计算河流链，即可得到每个河网弧段的起始点和终止点。出水点对于水量、水土流失等研究具有重要意义，计算河流链也可以得到该汇水区域的出水点。

在 GeoScene Pro 中生成河流链的具体步骤如下：

（1）通过点击【空间分析工具】→【水文分析】→【河流链】，打开【河流链】窗口，如图 12.25 所示。

（2）在【输入流栅格】文本框中，选择河流网络数据 Stream_Net。

（3）在【输入流向栅格】文本框中，选择基于无洼地 DEM 提取出的水流方向数据 Flow_Dir_Fill。

（4）在【输出栅格】文本框中，命名计算得出的结果数据文件名为 Stream_Link。

（5）单击【运行】，即可完成河流链生成。

（6）右键单击生成的 Stream_Link，打开其属性表，如图 12.26 所示。可以看到，经过河流链计算，属性表记录了每个河网片段的 ID 以及每个片段包含的栅格数量。

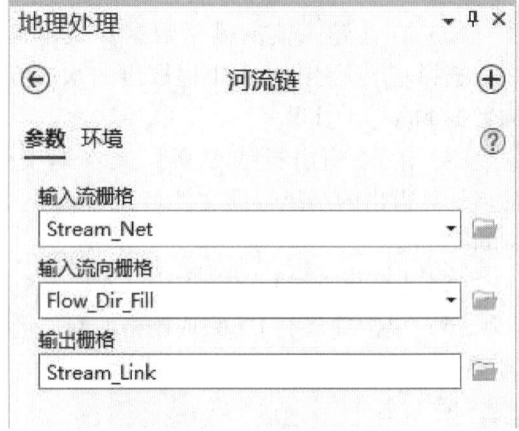

图 12.25 【河流链】窗口

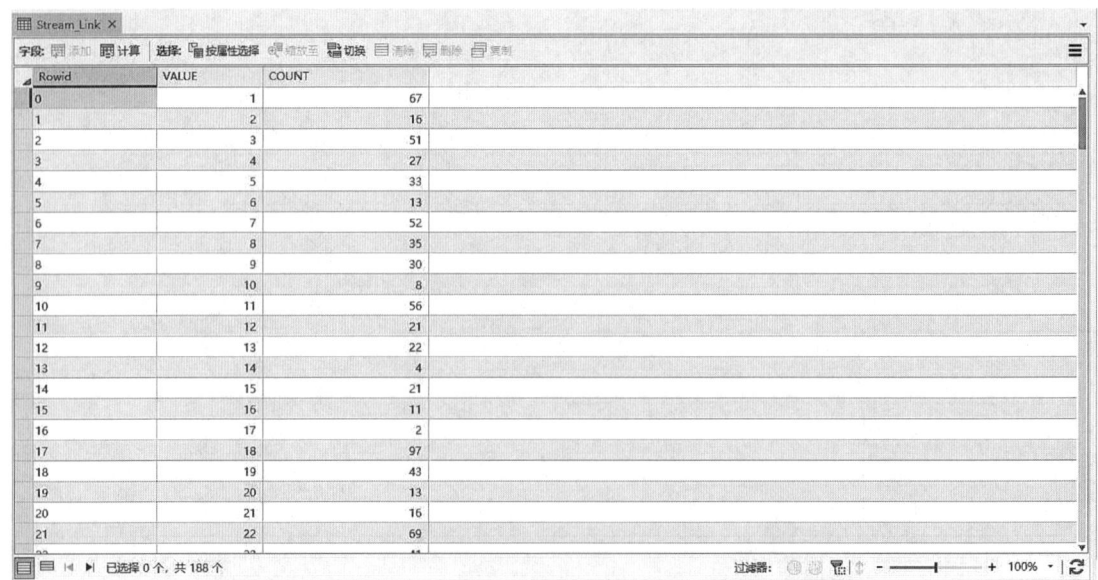

图 12.26 河流链属性表

12.5.3 河网分级

河网分级是指根据支流数对河流类型进行识别和分类,将级别数分配给河流网络中的连接线。不同级别的河网代表了不同的汇流累积量。级别越高的河流,其汇流累积量就越大,往往将级别大的河网识别为主流而将级别较低的河网作为支流。当我们知道河流的级别,即可推断出河流的某些特征,有助于研究水流运动,汇流模式以及水土保持等。

河网分级工具有两种可用于分配级别的方法,这两种方法由 Strahler 和 Shreve 提出,如图 12.27 所示。

在 Strahler 法中,所有没有支流的连接线都被分为 1 级,它们被称为第一级别。当级别相同的河流交汇时,河网分级将升高。因此,两条一级连接线相交会创建一条二级连接线,两条二级连接线相交会创建一条三级连接线,依此类推。但是,级别不

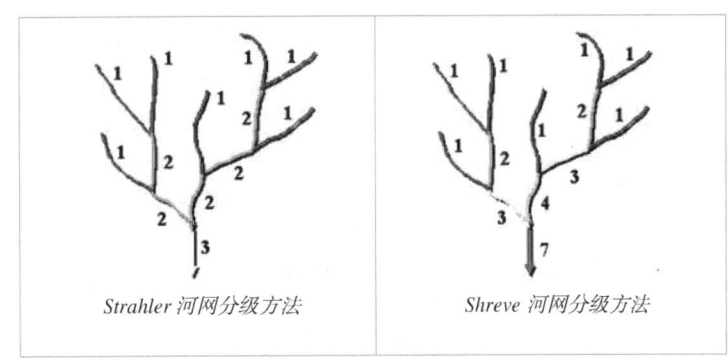

图 12.27 河网分级方法

同的两条连接线相交不会使级别升高。Strahler 法是最常见的河网分级方法。但是,由于此方法只在同级相交时才会提高级别,因此它并不考虑所有连接线,且会对连接线的添加和移除非常敏感。

而 Shreve 法会考虑网络中的所有连接线。与 Strahler 法相同,所有外连接线都被分为 1 级。但对于 Shreve 法中的内连接线,其级别是增加的。例如,两条一级连接线相交会创建一条二级连接线,一条一级连接线和一条二级连接线相交会创建一条三级连接线,而一条二级连接线和一条三级连接线相交则会创建一条五级连接线。因为级别可增加,所以 Shreve 法中的数字有时指的是量级,而不是级别。在 Shreve 法中,连接线的量级是指上游连接线的数量。

在 GeoScene Pro 中计算河网分级的具体步骤如下:

(1) 通过点击【空间分析工具】→【水文分析】→【河网分级】,打开【河网分级】窗口,如图 12.28 所示。

(2) 在【输入流栅格】文本框中,选择河流网络数据 Stream_Net。

(3) 在【输入流向栅格】文本框中,选择基于无洼地 DEM 提取出的水流方向数据 Flow_Dir_Fill。

图 12.28 【河网分级】窗口

(4) 在【输出栅格】文本框中，命名计算得出的结果数据文件名为Stream_Ostr。
(5)【河网分级方法】可选 "放射状/发射状" 和 "Shreve"。
(6) 单击【运行】，完成河流链生成。结果如图12.29和图12.30所示。

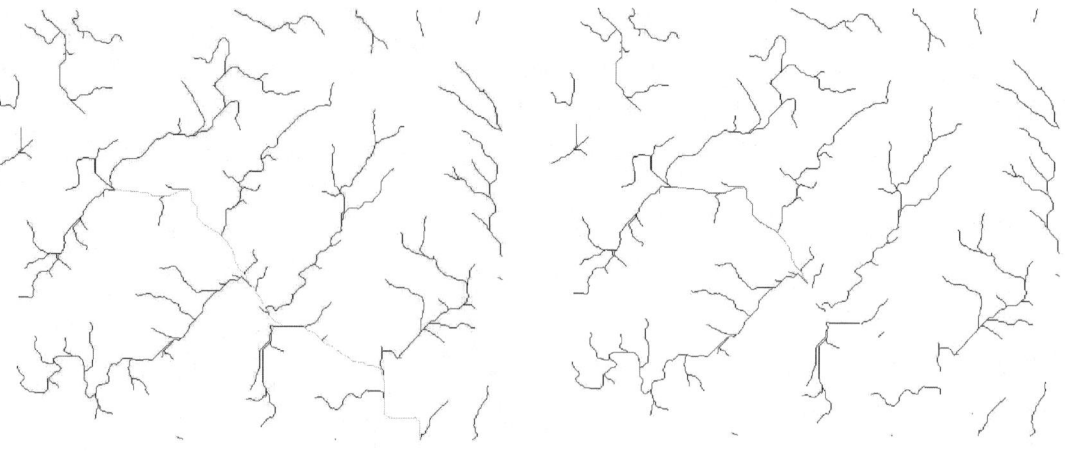

图12.29　放射状/发射状河网分级结果　　　　图12.30　Shreve河网分级结果

12.6　流域分析

12.6.1　流域盆地

流域盆地是由分水岭分割而成的汇水区域。它通过对水流方向数据的分析，确定所有相互连接并处于同一流域盆地的栅格。在流域盆地的划分中，所有的流域盆地的出水口均处于分析窗口的边缘，这个位置一般是水坝或者上河水位标之类的要素。确定流域盆地的基本方法为：通过分析输入流向栅格数据，找出属于同一流域盆地的所有已连接像元组。通过定位窗口边缘的倾泻点（水将从栅格倾泻出的地方）及凹陷点，识别每个倾泻点上的汇流区域，来创建流域盆地。

在GeoScene Pro中计算流域盆地的具体步骤如下：

(1) 通过点击【空间分析工具】→【水文分析】→【盆域】，打开【盆域】窗口，如图12.31所示。

(2) 在【输入D8流向栅格】文本框中，选择基于无洼地DEM提取出的水流方向数据Flow_Dir_Fill。

(3) 在【输出栅格】文本框中，命名计算得出的结果数据文件名为Basin。

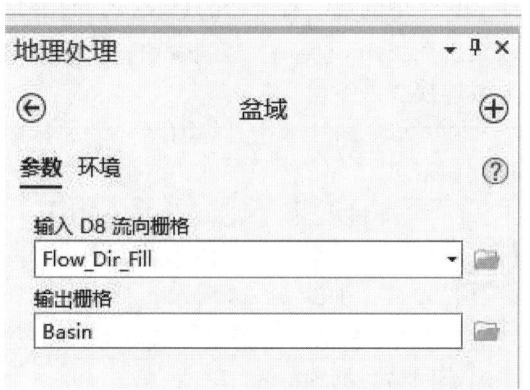

图12.31　【盆域】窗口

（4）单击【运行】，完成流域盆地的计算。结果如图 12.32 所示。

图 12.32　盆域计算结果

12.6.2　汇水区出水口

如果需要基于更小的流域单元进行分析，就要将从上一步中生成的大流域分解为较小的流域，即进行流域的分割。流域的分割首先要确定小级别流域的出水口位置，可以利用水文分析工具箱中的【捕捉倾泻点】工具实现。它的原理是利用点栅格数据寻找潜在的出水点，在点的指定距离内搜索具有较高汇流累积量的栅格点，这些搜索到的栅格点就是小级别流域的出水点。如果没有出水点的栅格或矢量数据，可以将河网数据生成的河流链数据作为汇水区的出水口数据。河流链数据中隐含着河网弧段的起点和终点等信息，相对而言，弧段的终点就是该汇水区域的出水口位置。

12.6.3　集水流域

对于低级的集水区，可以使用水文分析工具箱中的【集水区】工具生成。其基本路径如下：先确定该集水区的最低点即出水点，然后结合水流方向数据，分析搜索出该出水点上游所有流过该出水口的栅格，直到所有的该集水区的栅格都确定位置，也就是搜索到流域的边界，即分水岭的位置。

在 GeoScene Pro 中计算集水区的具体步骤如下：

（1）通过点击【空间分析工具】→【水文分析】→【集水区】，打开【集水区】窗口，如图 12.33 所示。

（2）在【输入 D8 流向栅格】文本框中，选择基于无洼地 DEM 提取出的水流方向数据 Flow_Dir_Fill。

（3）在【输入栅格数据或要素倾泻点数据】文本框中，选择倾泻点数据，这里选择河流链数据 Stream_Link。

（4）【倾泻点字段】可选。用于为倾泻点位置赋值的字段。

（5）在【输出栅格】文本框中，命名计算得出的结果数据文件名为 Watershed。

（6）单击【运行】，完成集水区的计算。结果如图 12.34 所示。

图 12.33　【集水区】窗口

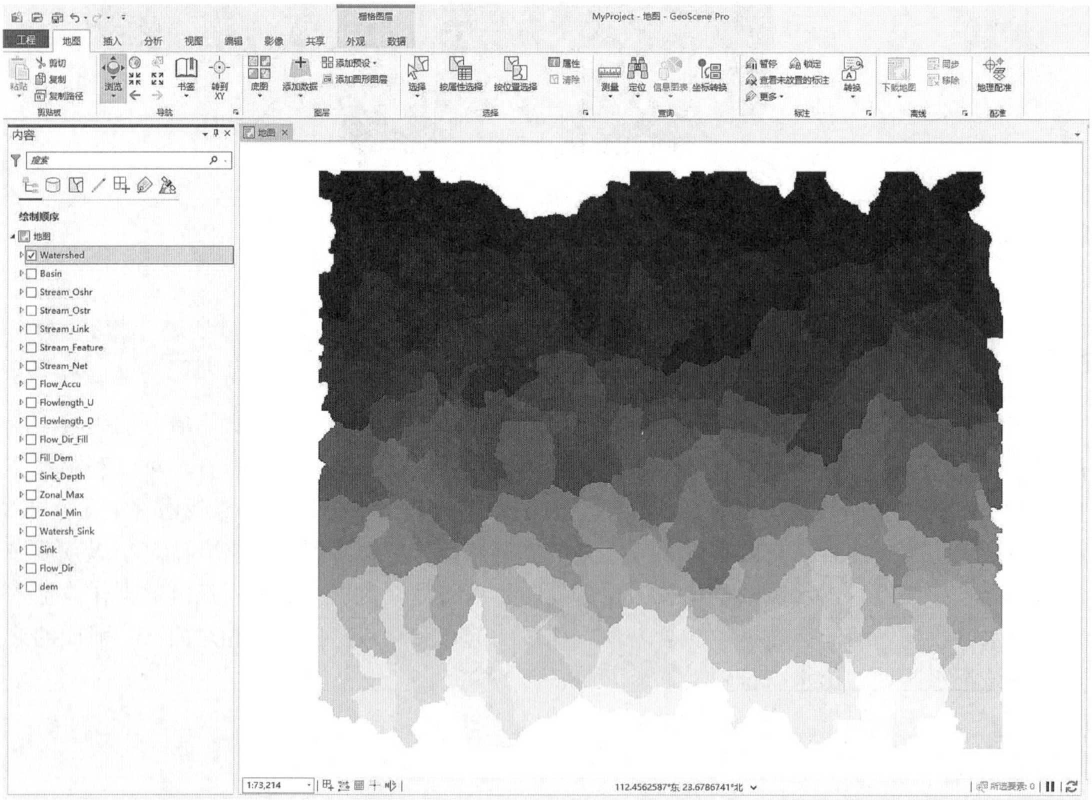

图 12.34　集水区域的计算结果

通过将河流链数据作为流域的出水口数据，所得到的集水区域是每一条河网弧段集水区域，即最小沟谷的集水区域，它将一个大的流域盆地按照河网弧段分为小的集水盆地。

第 13 章 空间分析建模与 Model Builder

GeoScene Pro 的空间分析工具，具有对地理空间信息进行提取和转换的功能，将空间分析工具组合就能得到空间分析模型。空间分析建模是按照一定的业务流程，在 Model Builder（模拟生成器）环境中对 GeoScene Pro 中的空间分析工具进行有序组合，由此构建一个完整的应用分析模型，从而完成对空间数据的处理与分析，得到满足业务需求的最终结果的过程。

空间分析与地理处理作为各类综合性地学分析模型的基础，为建立复杂的模型提供了基本工具。在 GeoScene Pro 中，空间分析模型表现为各种空间分析与地理处理工具的组合流水线，通过使用 GeoScene Pro 的地理处理工具，以建模的方法对与地理位置相关的现象、事件进行分析、模拟、预测及表达。

本章的内容包括空间分析、地理处理和空间建模的基本概念和过程，Model Builder 的基本操作、模型设计与使用 Model builder 建模的方法和实用技巧，脚本文件的介绍、编写与运行及其与 Model Builder 工具的交互等。

13.1 空间分析建模

模型是对现实世界中的实体或现象的抽象或简化，是对实体或现象中最重要的构成及其相互关系的表述。空间分析模型是对现实世界科学体系问题域抽象的空间概念模型，与广义的模型既有联系，又有区别：空间定位是空间分析模型特有的性质，构成空间分析模型的空间目标（点、弧段、网络、面域、复杂地物等）的多样性决定了空间分析模型建立的复杂性；空间关系也是空间分析模型的一个重要特征，空间层次关系、相邻关系以及空间目标的拓扑关系也决定了空间分析模型建立的特殊性；包含坐标、高程、属性以及时序特征的空间数据极其庞大，大量的空间数据通常用图形的方式来表示，这样由空间数据构成的空间分析模型也具有了可视化的图形特征。

空间分析模型可以分为以下四类：

（1）空间分布分析模型。用于研究地理对象的空间分布特征。主要包括：空间分布参数的描述，如分布密度和均值、分布中心、离散度等；空间分布检验，以确定分布类型；空间聚类分析，反映分布的多中心特征并确定这些中心；趋势面分析，反映现象的空间分布趋势；空间聚合与分解，反映空间对比与趋势。

（2）空间关系分析模型。用于研究基于地理对象的位置和属性特征的空间物体之间的关系。这里的关系包括距离、方向、连通和拓扑四种空间关系。其中，拓扑关系是研究得较多的关系；距离是内容最丰富的一种关系；连通用于描述基于视线的空间物体之间的通视性；方向反映物体的方位。

（3）空间相关分析模型。用于研究物体位置和属性集成下的关系，尤其是物体群之间的关系。在这方面，目前研究得最多的是空间统计学范畴的问题。统计上的空间相关、覆盖分析就是考虑物体类之间相关关系的分析。

（4）预测、评价与决策模型。用于研究地理对象的动态发展，根据过去和现在推断未来，根据已知推测未知，运用科学知识和手段来估计地理对象的未来发展趋势，并做出判断与评价，形成决策方案，用以指导行动，以获得尽可能好的实践效果。

空间分析建模可以被看作搭建实用软件的一种方法，而搭建实用软件需要具备两个重要元素：用于对系统中所捕获数据执行操作的正式语言；用于创建、管理和执行基于该语言的软件框架，包括编辑、浏览和文档工具等内容。地理处理的语言即为各地理处理工具的集合，地理处理框架则是用于组织和管理现有工具进而创建新工具的内置用户界面集合，是一组用于管理和执行工具的窗口和对话框。空间建模是在地理处理框架的基础上，通过 Model Builder 将地理处理语言中的各个要素（即空间分析工具）按顺序连接在一起，建立合适的空间分析模型，从而快捷地将即地理处理模型转变为软件。

空间分析建模的一般步骤为以下五步：

（1）明确分析的目的和评价的准则。分析的问题的实际背景，弄清建立模型的目的，掌握所分析的对象的各种信息，即明确实际问题所在。不仅要明确要解决的问题是什么、要达到什么样的目标，还要明确实际问题的具体解决途径和所需要的数据。

（2）分解问题和准备数据。找出与实际问题有关的因素，通过假设把所研究的问题进行分解、简化，明确模型中需要考虑的因素以及它们在过程中的作用；将所需的数据集转换为指定格式，存储于数据库或文件系统中。

（3）进行空间分析操作。使用 GIS 空间分析工具来描述问题中的变量间的关系和组建模型，设置各项参数、运行模型进行分析。

（4）进行结果检验、分析和评价。运行所得到的模型、解释模型的结果或把运行结果与实际观测进行对比。如果模型的结果很难与实际相符，则不能将它运用到实际问题。如果图形要素、参数设置没有问题的话，就需要返回问题分解的步骤重新进行建模。重复前面的建模过程，直到模型的结果满意为止。

（5）结果输出。将分析结果以地图、表格或文档的形式进行输出。

13.2　Model Builder

13.2.1　Model Builder 简介

Model Builder（模型构建器）是 GeoScene Pro 中用来创建、编辑和管理空间分析模型，其能够构造地理处理工作流和脚本的一个可视化的编程环境，将一个具体的过程模型用直观的图形语言表达出来，从而可以加速复杂地理处理模型的设计和实施。Model Builder 通过对现有工具的组合完成新模型或软件的制作，为设计和实现空间处理模型（包括工具、脚本和数据）提供了一个图形化的建模框架。在构建模型的过程中，其分别定义不同的图形代表输入数据、输出数据、空间处理工具，它们以流程图的形式进行组合并且可以执行空间分析操作功能。当空间处理涉及许多步骤时，建立模型可以让用户创建和管理自己的工作流，明晰其空间处理任务，为复杂的 GIS 任务建立一个固定有序的处理过程。

Model Builder 的功能包括：

（1）模型构建。将工具、参数、数据串联起来，构建一个新的模型。

（2）迭代处理每个要素类、栅格、文件或工作空间中的表。

(3) 显示工作流的顺序，方便查看。
(4) 运行模型。可以运行整个模型，也可以运行模型中的某一个或某几个工具。
(5) 将模型设置为地理处理工具。可以导出为 Python 脚本，并进行一系列的应用。

13.2.2　Model Builder 基本操作

1. 启动 Model Builder

在 GeoScene Pro 界面上方选择【分析】工具条，点击左侧的【模型构建器】，即可在当前的工程目录下的 .tbx 文件内新建一个模型并进入模型构建和编辑的页面，同时工具条栏会自动切换到"模型构建器"，有关模型构建与编辑的各功能都会在该工具条下展示出来。如图 13.1 所示，【模型构建器】工具条下包含了"剪贴板""模型""视图""模式""运行""插入"和"组"共七个工具块，每个工具块内分别包含了不用类型的一系列操作工具。

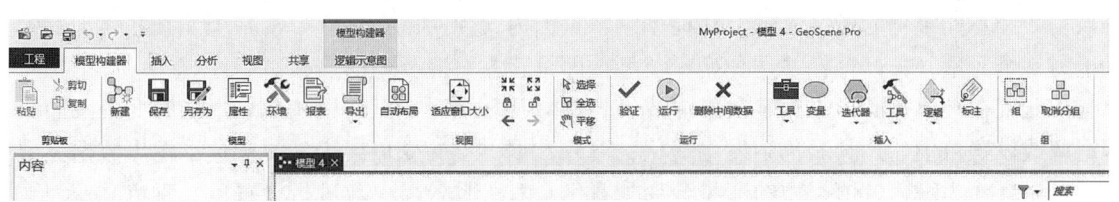

图 13.1　【模型构建器】工具条

（1）剪贴板：剪切、复制、粘贴模型元素。
（2）模型：包括模型的新建，保存，另存以及导出的命令，还可以设置模型的属性、运行环境，以及将模型的运行情况报表展示。
（3）视图：主要包含模型编辑页面的展示选项。可以通过按钮调整模型元素的展示大小比例，或自适应自动调整，还可以切回上一视图和重现新的视图。元素的位置排布也可以使用【自动布局】按钮自动调整。
（4）模式：主要定义了鼠标与视图的交互模式，默认情况下为选择模式。
（5）运行：主要包含模型运行与调试的功能。
（6）插入：利用此工具，可以在模型编辑页新增变量、工具、迭代器、逻辑关系等元素，模型的构建主要依赖该区的工具。
（7）组：可以将处理流程分组，使模型结构展现更加清晰。

此外，在模型编辑页面内单击鼠标右键可以快速访问以上介绍的部分常用工具，从而加快模型的构建过程，让 Model Builder 的使用更加快捷。

2. 模型的基本组成

一个完整的空间分析模型主要由工具、变量和连接符三种元素组成。简单的核密度分析模型如图 13.2 所示。

（1）工具：工具即空间处理工具，用于对各类地理数据执行多种操作，包括地理处理工具箱中所有的工具集，也可以是其他模型、由脚本定制的工具或者其他工具箱中的系统工具。在 GeoScene Pro 工程界面右侧打开地理处理工具

图 13.2　核密度分析模型

箱界面后,可以将地理处理工具直接从工具箱中拖拽进模型编辑页面进行添加。工具是模型中工作流的基本组成部分,工具被添加到模型中后,即成为模型元素。

(2) 变量:变量是模型中用于保存值或对磁盘数据引用的元素。变量有数据和值两种类型。数据变量是包含磁盘数据描述性信息的模型元素,所描述的数据属性包括字段信息、空间参考和路径等,其数据类型多种多样,可以是栅格数据集、矢量数据集等。它随着不同空间处理工具要求的数据不同而不同,并且不同的应用目的也会产生不同的输出数据类型。值变量是诸如字符串、数值、布尔值、空间参考、线性单位或范围等的值。值变量包含除对磁盘数据引用之外的所有信息。

(3) 连接符:连接符用于将数据和值连接到工具,连接符箭头显示执行处理的方向。只有模型的各个元素有机地连接起来,才能组成一个完整的图形模型,因此,连接也是模型中一个不可或缺的要素。连接指定了数据与操作间的关系,因此符合条件的要素才能被连接。连接符分为四种类型:数据连接符、环境连接符、前提条件连接符、反馈连接符,分别以实线和不同级别的虚线显示。在模型编辑页面内,使用鼠标左键单击一个元素并移动鼠标至另一个元素,松开鼠标并选择变量类型,即可建立对应类型的连接。

元素在被添加后尚未制定数据源或设置参数及环境时,默认以灰色显示。对变量添加数据源或设置数值后,其颜色会发生变化:输入数据类型的变量会变为深蓝色,输出数据类型的变量会变为绿色,值类型的变量会变为青色。对工具各项参数进行设置后,颜色会变为黄色。参数设置好的模型展示如图 13.3 所示。

一个模型由一个或多个过程组成。每个地理处理工具都必须对应相应的输入和输出变量,在模型运行前,所有的组成部分必须彼此连接。按照模型包含的过程数量,可以将模

图 13.3 参数设置后的核密度分析模型

型分为单过程模型和多过程模型,图 13.3 展示的模型为单过程模型。多过程模型可能由多个单过程模型复合而成,例如第一个过程所产生的输出数据作为第二个过程中的输入数据。按照模型中过程的种类,可以分为单一处理工具模型和复杂处理工具模型,复杂处理工具模型可能不止包含空间分析工具,还包含一些数据转换工具。

3. 模型的构建过程

空间分析建模是通过模型构建器将地理处理转换为空间分析模型,构建模型实际上就是通过拆解数据处理的步骤来解决问题的过程。一般来说,模型简单或复杂,都需要经过以下步骤:

(1) 创建新模型。创建新模型有两种方法,第一种方法是在 GeoScene Pro 界面上方选择【分析】工具条,点击左侧的【模型构建器】,即可在当前的工程目录下的.tbx 文件内新建一个模型;第二种方法是直接在工程目录下的.tbx 文件右键单击鼠标,选择【新建】,点击【模型】,即可创建具有默认名称的模型,同时会打开该模型编辑页面以供编辑,如图 13.4 所示。

(2) 添加输入数据。有两种方法可以向模型编辑页面添加数据,第一种方法是单击工具栏中"插入"工具块中的【变量】按钮,或在模型编辑页单击鼠标右键并选择【创建变量】,随后在弹出的窗口内选择数据类型,如图 13.5 所示,此时的图形为灰色,表示此变量还未赋值,接下来可以双击新建的变量,选择所要添加的输入数据,或直接输入数据的值,

单击【确定】后，图形有颜色改变即说明添加成功；第二种方法是在 GeoScene Pro 右侧目录界面连接到数据所在文件夹并展开，直接把数据拖拽至模型编辑机页面即可。

图 13.4　创建新模型

图 13.5　选择变量数据类型

（3）添加空间处理工具。添加空间处理的方法有两种，第一种方法是单击工具栏中"插入"工具块内的【工具】按钮，随后在 GeoScene Pro 右侧会出现地理处理工具箱界面，找到需要的空间处理工具，将其拖至模型编辑页面即可；第二种方法是单击工具栏中"插入"工具块中的【工具】下方的小三角形按钮，紧接着会弹出工具搜索框，在搜索框内输入需要的空间处理工具，如图 13.6 所示，将其拖拽至模型编辑页面

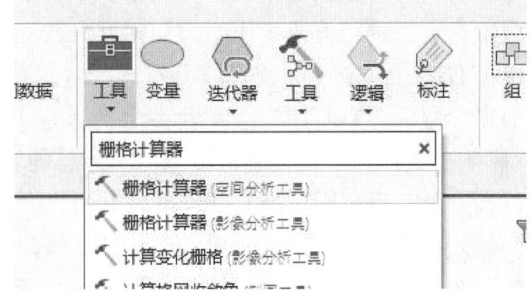

图 13.6　地理处理工具搜索框

即可。空间处理工具可以是地理处理工具箱中的任何工具，或是用脚本或其他语言开发的工具乃至其他已构建好的模型，也可以是用户在应用程序中的共享工具。由于空间处理工具的功能决定了输出数据的类型，因此输出数据会随着空间处理工具的添加而产生。添加工具后，工具图形和输出数据图形均为灰色，这是由于尚未指定任何工具参数。添加多个工具后如果发现工具互相压盖，可单击"视图"工具块内的【自动布局】按钮来自动排列各个元素的图形。

（4）添加连接。空间分析模型是一组有顺序的连贯的空间处理工具集合，这些工具之间的联系及顺序是通过添加连接实现的，只有将一个个的空间模型要素有机的连接起来，才能组成一个完整的图形模型。通过添加连接，可以将一个工具的输出结果作为另一个工具的输入数据或者部分输入数据。只有在符合条件的对象之间才能建立连接，将数据与工具进行连接后，元素图形的颜色会发生变化。添加连接的方式较为简单，在模型编辑页面内使用鼠标左键单击一个元素并移动鼠标至另一个元素，松开鼠标并按照弹出选项提示选择变量类型，即可建立对应类型的连接。

（5）设置空间分析参数。添加数据和空间分析工具并将其连接后，工具的部分输入参数就已经确定，但是仍然有部分工具的参数需要设置，如缓冲区的距离、核密度分析的搜索半径等。较为简单的设置方式是直接双击工具并手动设置参数，也可以新建数值类型的变量来作为工具的输入参数，这种方法的好处是可以方便地将其单独标识出来和设置为模型运行参数。创建方法为右键单击工具图形，选择【创建变量】，选择【从参数】，再点击需要作为变量的参数即可创建，如图13.7所示。创建后需要双击变量的图形并输入设定值。当空间分析工具的参

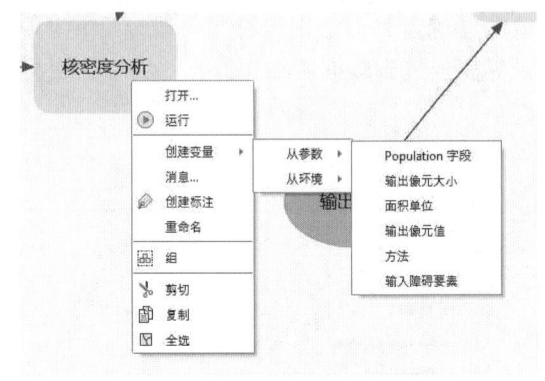

图 13.7　创建工具参数变量

数全部设定好以后，元素图形将会变成黄色，鼠标在图形上悬停时可以显示模型的所有参数。

（6）设置模型运行参数。为了增加模型的通用性，在处理不同的数据输入时应对应设置不同的空间分析参数，或是针对相同数据想要得到不同空间分析参数的结果，有必要将一部分的工具参数或变量设置为模型参数，这样用户可以避免每次运行一个模型时都要打开模型编辑页面进行修改操作。添加模型参数的方法较为简单，可以直接在变量元素图形上单击鼠标右键，单击【参数】即可勾选，当元素图形右上角出现一个"P"，表示设置成功。添加完参数后，有时用户会发现参数的顺序并不理想，标准做法是按"必需的输入数据集""影响工具执行的其他必需参数""必需的输出数据集""可选参数"的顺序排列参数。可以在右侧工程目录下展开.tbx文件并右键单击模型，单击【属性】，在弹出的对话框中选择【参数】标签，可以看到当前的模型参数，如图13.8所示。鼠标左键长按某一参数的"序号"列单元并上下拖动可以调整其相对位置。参数的标注需要在变量创建时重命名其名称。此外，可以点击某一参数的"类型"列单元，并单击下拉菜单，更改参数类型为必选参数或者可选参数。将模型运行参数设置好后，用户运行一个已经构建好的模型时，可以将其当作一个独立的工具来对其进行参数设置和输入输出文件名和路径设置。

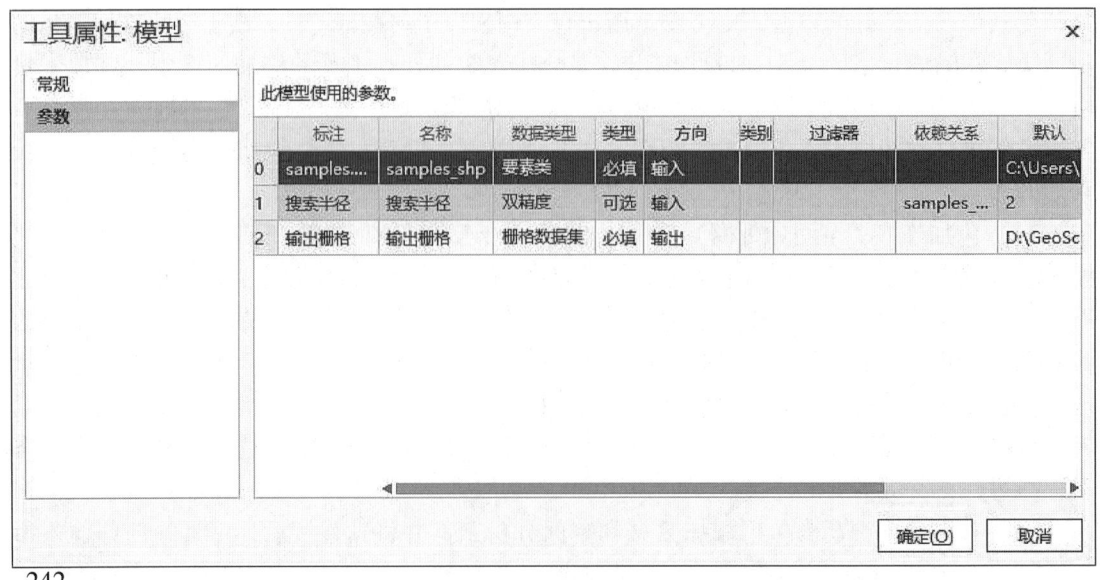

图 13.8　模型属性设置

（7）运行模型。构建好模型之后，必须要运行模型以检查结果是否符合预期。单击工具栏中"运行"工具块内的【运行】按钮以启动模型。模型运行后，模型运行状态条可以显示模型是否成功地被执行。模型完成运行后，工具（黄色矩形）和输出变量（绿色椭圆）的周围会显示下拉阴影，表示这些工具已经运行过，如图13.9所示。

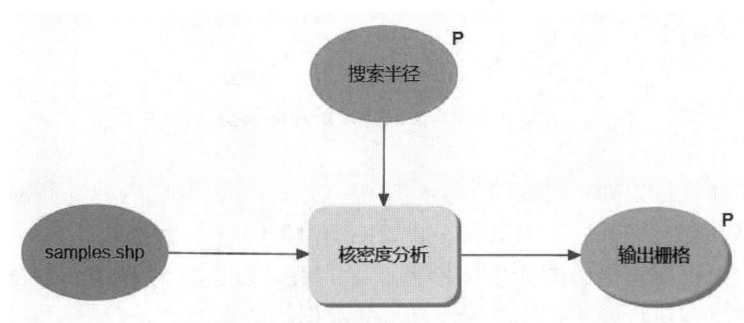

图 13.9　运行后的核密度分析模型

（8）添加注释。为了更好地理解模型和处理过程，可以在模型编辑页中加入注释。同时，为了更好地组织项目，明确多过程之间的关系，可以给输入、输出、空间处理工具添加注释，还可以对连接添加注释。在需要添加注释的位置单击鼠标右键，单击【创建标注】即可添加，或直接点击工具栏中"插入"工具块内的【标注】按钮以添加。双击图形即可输入注释。

（9）保存模型。模型可以保存在用户的工程文件夹下的工具箱内（即为.tbx文件夹下）以便下次使用。单击工具栏中"模型"工具块内的【保存】按钮，即可保存模型，也可以单击【另存为】按钮，将修改后的模型另存为一个新的模型。需要更改模型名称可以打开模型的属性页进行更改。在下次使用时，可以直接在.tbx文件夹下找到模型，单击鼠标右键，再单击【打开】或直接双击模型，即可运行模型。

（10）导出模型。建立好的模型可以转换为Python脚本使用，或直接导出为图形文件。单击工具栏中"模型"工具块内的【导出】按钮，即可将模型导出，在默认情况下导出为Python脚本，单击下方的小三角形按钮，可以选择直接发送至Python窗口或导出为图形文件。

13.2.3　Model Builder 高级操作技巧

Model Builder除提供基础的功能用于空间分析建模外，还提供一些高级操作技巧，以便用户更好地管理模型数据、节省运行时间。以下将对部分高级操作技巧做简要的介绍。

1. 管理中间数据

模型执行的每个过程都会输出数据，某些输出数据在模型运行后毫无用处，创建这些数据只是为了与创建新输出的另一个过程相连，此类数据称为中间数据。除了最终输出或已变为模型参数的输出外，其他数据都将自动成为模型的中间数据。如图13.10所示，该模型的功能是为点要素生成方形缓冲区，其中缓冲区工具之后生成的"中间变量"作为了最小边界几何工具的输入，在模型运行完以后没有任何实际用处，但依然存在，并在文件数据库中占用一定内存。

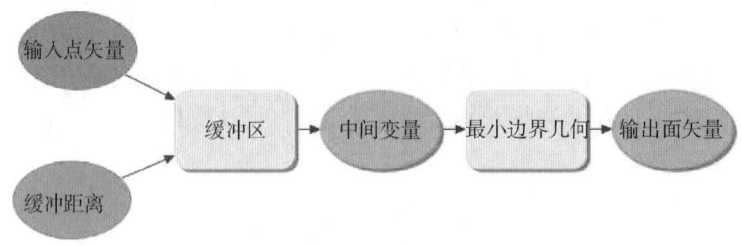

图 13.10　生成方形缓冲区模型

如果需要删除这些数据，可以单击工具栏中"运行"工具块内的【删除中间数据】按钮，以快速地将其在文件数据库中删除。假如一个模型内有多个中间变量，删除中间数据时不想全部删除，可以在想保留的变量图形上点击右键，点击【删除中间数据】选项，则会取消勾选该选项，在执行删除操作时，该变量的数据将会保留。

2. 迭代器

使用迭代器的目的在于自动重复任务以节省执行任务所需的时间和精力。在 Model Builder 中进行迭代时，可以在每次迭代中使用不同的设置和数据来反复执行同一个过程。GeoScene Pro 中的迭代器工具集包含 14 种迭代器，仅用于模型构建器，不能在编写 Python 脚本时使用。这 14 种迭代器分别是：For 循环、While 循环、迭代要素选择、迭代行选择、迭代字段、迭代字段值、迭代多值、迭代数据集、迭代要素类、迭代文件、迭代图层、迭代栅格数据、迭代表、迭代工作空间。每种迭代器都有一组不同于其他迭代器的参数，但是所有迭代器工具的整体结构都非常相似。如图 13.11 所示，导出子要素模型的功能是将输入要素数据集按字段分组并导出子要素数据集。在模型编辑页中添加"迭代要素选择"迭代器的方法为：单击工具栏中"插入"工具块内的【迭代器】按钮，并在下拉菜单中单击【迭代要素选择】，则模型中会自动添加迭代器工具元素和输出数据变量、值变量。输入数据变量可以通过顶部的"插入"工具块内【变量】的按钮添加，也可以在迭代器元素图形上方点击鼠标右键，再点击创建要素添加。其中"字段"变量需要选择输入数据的属性列作为分组的单元。点击输入矢量数据和字段变量后，迭代器的图形会由灰色变为橙色，表示迭代结构构建成功。

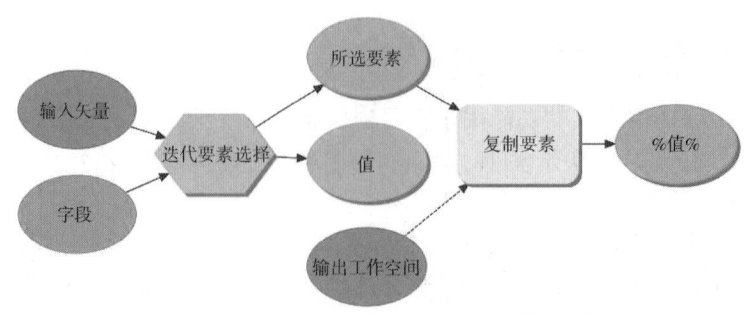

图 13.11　导出子要素模型

在添加一个迭代器后，模型中的所有工具都会对迭代器中的每个值进行迭代。需要注意的是，每个模型只可以使用一个迭代器，当模型中已经有一个迭代器，将无法添加更多的迭代器。迭代操作可以迭代整个模型，或只重复执行单个工具或过程。如果用户想在模型中实现嵌套的迭代过程，或是不想对所有工具进行迭代，而只是对一个或者少数几个工具使用迭代器，则应将需要迭代的所有工具放置在一个具有模型迭代器的模型中，并将该模型用作子模型，作为模型工具添加到主模型中，主模型可以再添加其他迭代器。

3. 行内变量替换

行内变量替换指的是使用某个变量的内容来替换另一个变量的部分信息（例如命名），需使用百分号"％"将替换变量括起来。通常用于通过用户输入来代替模型中的某些文本或值。行内变量可分为以下三类：①模型变量，模型中的任何变量，如％variablename％；②环境设置变量，模型中的任何地理处理环境参数，如％scratchworkspace％；③系统变量，模型构建器中的表示变量列表编号的％i％和表示模型中迭代次数的％n％两个变量。

如图13.11所示，"复制要素"工具的输出变量采用了行内变量替换的方法来命名，其中行内变量为模型变量，被"％"括入的字段"值"为迭代器"迭代要素选择"的输出值变量，每进行一次迭代，输出数据都会以该变量的输出值作为名称来命名。添加行内变量的方式很简单，只需要在行内使用"％"将变量名括入即可，变量名称中允许存在空格，不区分大小写。在执行模型时，程序将按"模型变量→模型环境设置→系统变量→父模型中的变量"的顺序进行搜索并使用行内变量替换。

13.2.4　Model Builder 的优点

Model Builder 作为 GeoScene Pro 软件中一个强大的可视化建模与编程的组件，具有如下四个优点：

（1）Model Builder 是一个简单易用的应用程序，可用于创建和运行包含一系列空间分析和地理处理工具的工作流，可以使用 Model Builder 创建工具。

（2）模型的数据、工具都可以通过图形方式表示，通俗易懂，并且可以保存下来与其他人共享。

（3）使用 Model Builder 创建的工具可以在 Python 脚本和其他模型中使用，结合使用的 Model Builder 和脚本可将 GeoScene Pro 与其他应用程序进行集成。

（4）构建出的模型可以像 GeoScene Pro 中普通的地理处理工具一样便捷地运行和使用。

13.3　脚本文件

13.3.1　脚本文件简介

地理处理中常常涉及很多的数据集和记录，其处理过程的重复性很强，有必要进行自动化的处理。除了通过 Model Builder 构建模型以外，还可以编写脚本来实现灵活的自定义地理处理和空间分析流程。脚本与模型相似，也是把处理过程连接在一起，并以一定的次序运行这些过程。脚本可以通过一个工具或多个工具实现一个简单或者复杂的处理，也可以通过循环操作对输入数据进行批处理。

在 GeoScene Pro 中，受支持的脚本语言可以是 Python、R 语言，也可以是.bat 后缀的

Windows 批处理文件，或是可执行命令文件.com 或二进制可执行程序文件.exe。不同脚本语言处理过程是一样的，不同的只是语法。此外，脚本不仅可以使用已有的功能，也可以创建 GeoScene Pro 地理处理工具中没有的功能，例如定制批处理等。同时，与空间分析模型一样，脚本可以用于不同的数据并设置不同的参数。

对不熟悉脚本语言的用户，Model Builder 是构建脚本的方便工具，只需要先构建一个模型再输出成脚本即可。在 GeoScene Pro 的地理处理工具箱中，除了基本工具（基本工具的图标为 ）以外，也有一些预先定制好的脚本文件（脚本文件的图标为 ），在使用上与普通工具几乎没有差异。

13.3.2　Python 交互环境

Python 是一种易于学习、可伸缩程度高、可移植、跨平台、可嵌入的成熟语言。通过解释和动态输入编程语言，可以在交互式环境中快速地创建脚本原型并进行测试。该编程语言功能强大，可编写大型应用程序。在 GeoScene Pro 中，通过导入 arcpy 库，可以用 Python 构建属于自己的地理处理工具。ArcPy 提供了一种用于开发 Python 脚本的功能丰富的动态环境，可以将其作为 Python 的一个第三方包导入，直接调用其提供的方法、类和模块。另外，在帮助文档中可以找到每个函数、模块和类的帮助文档和代码示例，以协助用户开发。

GeoScene Pro 提供了两种 Python 语言交互式环境：Python NoteBook 和 Python 窗口。在 GeoScene Pro 界面上方选择【分析】工具条，点击左侧的【Python】按钮即可进入交互式环境，默认在当前目录下新建一个.ipynb 文件并打开。点击【Python】按钮右侧的倒三角形可以选择进入 Python 窗口交互环境，可以按行实时运行代码。

GeoScene Pro 中的 Python NoteBook 是基于 Jupyter NoteBook 构建的应用程序，通过在 GeoScene Pro 中打开 NoteBook 编辑页，可以像在浏览器中运行 Jupyter NoteBook 一样运行代码和完成开发工作。Jupyter NoteBook 可以基于代码块逐块执行做交互式分析和可视化，在数据科学领域已经被广泛用于数据清理和转换、数值模拟、统计建模、机器学习等。如图 13.12 所示，Python NoteBook 提供了 Jupyter 的基本功能并预导入了 arcpy 环境，用户可以执行分析并在地理环境中立即查看结果，可以和新兴数据进行交互，并记录自动化工作流。用户还可以进行创建和共享，例如实时的 Python 代码可视化效果和叙事文本的文档。

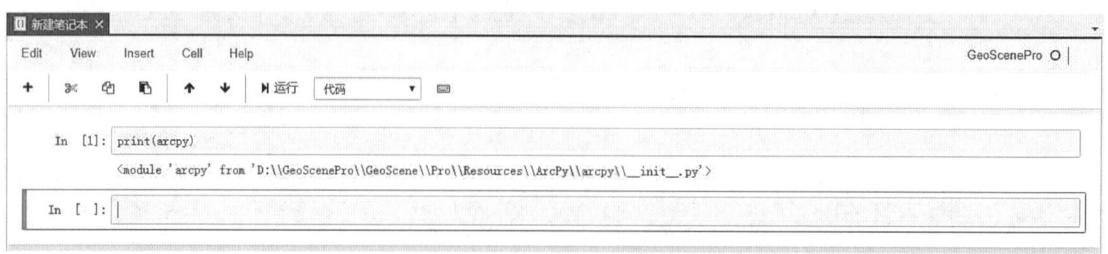

图 13.12　Python NoteBook

Python 窗口是编写 Python 代码和脚本运行、测试的集成开发环境，具有 Python 解释器的功能，能够按行实时运行代码。在软件中调出后，其会显示在用户界面最下方，如图 13.13 所示，Python 窗口环境也预导入了 arcpy 环境。Python 窗口分为上下两个部分，上方显示命令的执行记录和结果，窗口底部为命令输入行，具有代码自动补齐功能，可以自动将可调用的方法呈现在下拉菜单以供选择。完成命令输入，按回车键即可执行命令。用户还可以通过按键盘的上键和下键来调用过去执行的命令，方便命令重复执行和简要的参数修改。

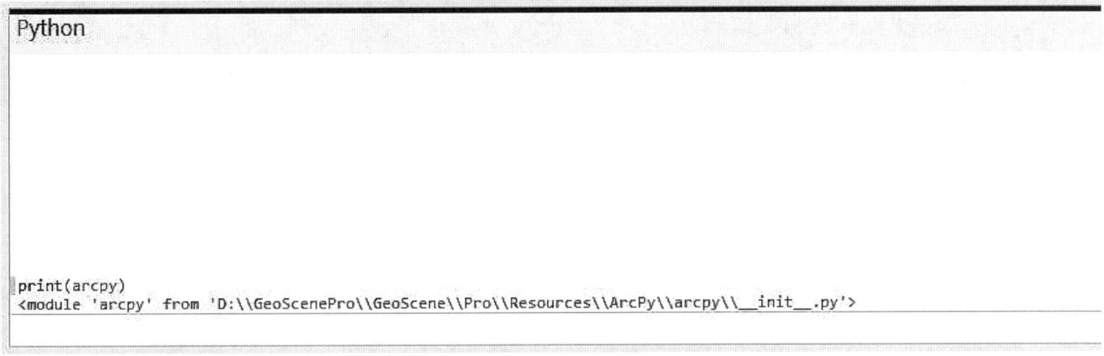

```
Python

print(arcpy)
<module 'arcpy' from 'D:\\GeoScenePro\\GeoScene\\Pro\\Resources\\ArcPy\\arcpy\\__init__.py'>
```

图 13.13　Python 窗口

13.3.3　脚本编写

本节使用 GeoScene Pro 默认的 Python 交互环境进行脚本代码编写，并使用 Jupyter 工具将代码导出为脚本文件。

以点要素生成方形缓冲区为例。首先创建 Python NoteBook，在 GeoScene Pro 界面上方选择【分析】工具条，点击左侧的【Python】按钮创建文件，在右侧工程目录下将文件名修改为"方形缓冲区生成.ipynb"。在 Python NoteBook 中编辑的代码内容和注释如图 13.14 和图 13.15 所示，分别进行了导入模块、设置路径和工具参数、设置全局环境、调用空间分析工具等步骤。将一个代码块编辑完之后，可以点击笔记本上方的【运行】按钮执行代码。每执行一次代码，可以立即在代码块下面显示结果。

图 13.14　Python NoteBook 脚本程序编写 –1

```
In [5]: # 生成缓冲区
        arcpy.analysis.Buffer(
            in_features = input_path,
            out_feature_class = mid_data_path,
            buffer_distance_or_field = buffer_distance,
            line_side = "FULL",
            line_end_type = "ROUND",
            dissolve_option = "NONE",
            dissolve_field = [],
            method = "PLANAR"
        )
```

Out[5]: **Output**
I:\zxc&某任\高德POI2018All.gdb\Export_Output_3_Buffer

Messages
开始时间: 2021年12月18日 17:05:09
运行 成功 , 结束时间: 2021年12月18日 17:05:39 (历时: 29.49 秒)

```
In [6]: # 生成最小边界几何
        arcpy.management.MinimumBoundingGeometry(
            in_features = mid_data_path,
            out_feature_class = output_path,
            geometry_type = "ENVELOPE",
            group_option = "NONE",
            group_field = [],
            mbg_fields_option = "NO_MBG_FIELDS"
        )
```

Out[6]: **Output**
I:\zxc&某任\高德POI2018All.gdb\Export_Output_3_Mini

Messages
开始时间: 2021年12月18日 17:05:45
运行 成功 , 结束时间: 2021年12月18日 17:07:02 (历时: 1 分 16 秒)

图 13.15　Python NoteBook 脚本程序编写 – 2

逐步调试和运行程序，观察代码块的输出是否符合预期，完成后可以在对应的输出路径找到输出文件。Python NoteBook 程序自动保存为 .ipynb 文件，由于保存了程序每一步的结果，用户可以直接将 .ipynb 文件共享并方便其他人了解工作流的细节。如果需要更换数据来运行，可以清除输出，点击笔记本上方菜单栏的【Cell】按钮，选择【All Output】，点击【Clear】按钮即可。

为了方便后续与地理处理工具箱和空间分析模型的集成，可以将其导出成可直接运行的 .py 脚本文件。打开电脑的文件资源管理器，进入工程目录，打开 windows 命令行程序，并输入命令："jupyter nbconvert – – to script〈待导出文件名〉"，按回车，即可自动完成转换并在当前目录下生成 .py 脚本文件，如图 13.16 所示。

```
D:\GeoScenePro\Project\MyProject>jupyter nbconvert --to script 方形缓冲区生成.ipynb
[NbConvertApp] Converting notebook 方形缓冲区生成.ipynb to script
[NbConvertApp] Writing 1073 bytes to 方形缓冲区生成.py
```

图 13.16　将 Python NoteBook 导出为脚本文件

13.3.4　将脚本添加至工具箱

目前在 GeoScene Pro 中，大部分在 Model Builder 中创建的模型都可以直接导出成脚本文件。脚本可以运行在独立的脚本环境中，也可以被添加到工具箱中通过窗口运行，或把脚本加入模型中运行。若在空间分析建模中需要的工具在默认工具箱内没有提供，则可以通过编写脚本，将其添加至当前工程目录下的工具箱中后作为地理处理工具使用。

将用户编写的脚本文件导入工程目录下的地理处理工具箱内的方法为：鼠标右键点击工程目录下的.tbx文件，选择【新建】，点击【脚本】，如图13.17所示。

随后会弹出窗口，可以在脚本文件一栏下添加用户编写的脚本路径，点击【确定】，即可在工具箱内添加脚本工具，如图13.18所示。

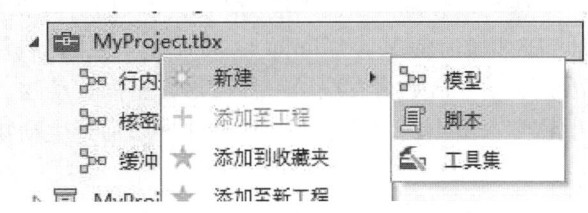

图 13.17　在工具箱内创建脚本

图 13.18　添加脚本工具

已添加的脚本工具可以像其他的地理处理工具一样通过双击打开，在窗口内设置参数，并点按右下角【运行】来执行。也可以在 Model Builder 中直接将脚本工具拖拽进入模型编辑页添加至模型，并与其他的地理处理工具进行连接，作为模型的空间分析流程的步骤之一来发挥作用。

13.4　应用案例

13.4.1　案例的背景及目的

1. 背景

Model Builder（模型生成器）为设计和实现空间处理模型提供了一个图形化的建模环境。模型是以流程图的形式表示，它通过工具将数据串起来，以创建高级的功能和流程。用户可以将工具和数据集拖动到一个模型中，然后按照有序的步骤把它们连接起来以实现复杂的 GIS 任务。

缓冲区叠加分析是 GIS 分析的经典内容，在这里借用一个经典案例，学习在 GeoScene Pro 中如何借助 Model Builder，将几个单独的分析步骤流程化，从而提升分析效率。案例如下：在某个区域内发现了一种珍稀野生保护动物。作为一名 GIS 专家，有关部门邀请你根据生物学家给出的两条规则来预测这种珍稀野生动物的栖息地范围。

2. 目的

通过本次练习，用户可以认识如何在 Model Builder 环境下通过绘制数据处理流程图的方式实现空间分析过程的自动化，从而加深对地理建模过程的认识，对各种 GIS 分析工具的用途有更深入的理解。

13.4.2 实验数据、操作要点和步骤

数据文件夹中包括三个矢量数据（位于"\data\ch13\data\"），分别是道路（roads.shp）、森林（forests.shp）和城镇（towns.shp）。

实验操作要点有两方面：

（1）这种珍稀野生动物主要生活在深林里及森林周围 1000 米的范围内。

（2）这种珍稀野生动物非常害羞，即使它们处在森林里或森林周围 1000 米的范围内，它们也会始终与道路保持 500 米、与城镇保持 2000 米的距离。

实验操作由创建模型、编辑模型、执行模型组成。

1. 创建模型

如图 13.19 所示，依次点击【工具栏】→【分析】→【模型构建器】，打开【模型构建器】，如图 13.20 所示。

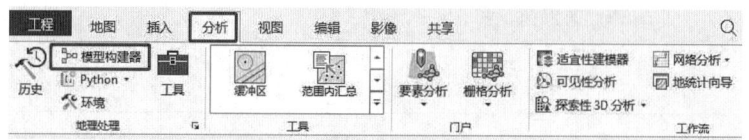

图 13.19　打开【模型构建器】工具

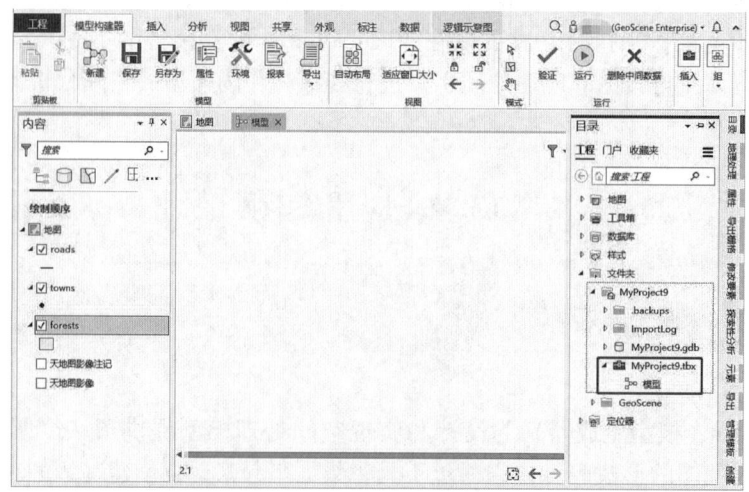

图 13.20　【模型构建器】窗口

利用这种方法会在当前的工程目录下的.tbx文件内新建一个模型。

2. 编辑模型

如图13.21所示，首先将已经加载的图层roads、forests、towns依次拖入【模型构建器】窗口。

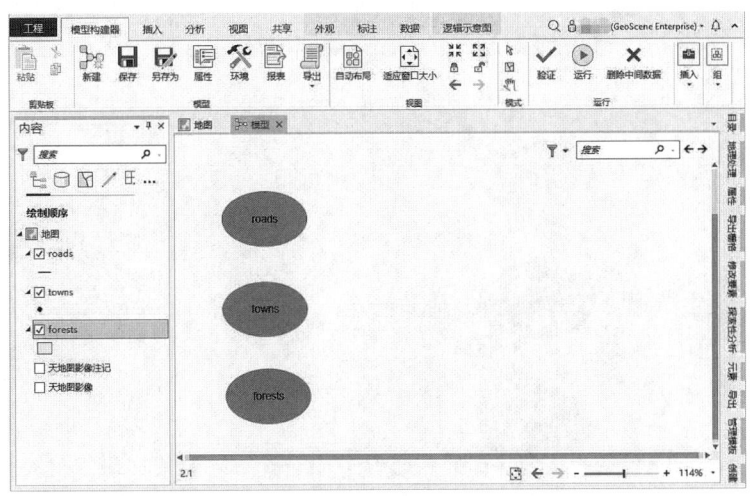

图13.21 添加数据到【模型构建器】窗口

如图13.22所示，通过【模型构建器】工具栏中的【插入】工具，选择【工具】，在搜索框中输入"缓冲区"，查找【缓冲区】工具。

a.【模型构建器】工具栏

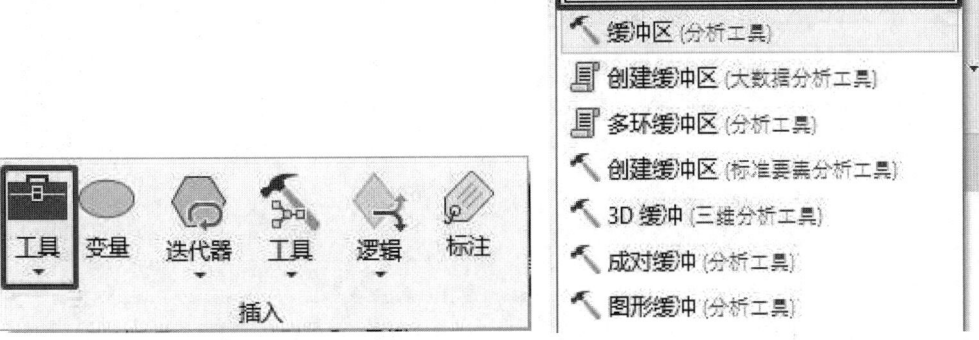

b.【模型构建器】工具组　　　　　　　　c. 查找工具

图13.22 【模型构建器】添加工具

251

如图 13.23 所示，将搜索到的【缓冲区】工具，拖到【模型构建器】窗口中。

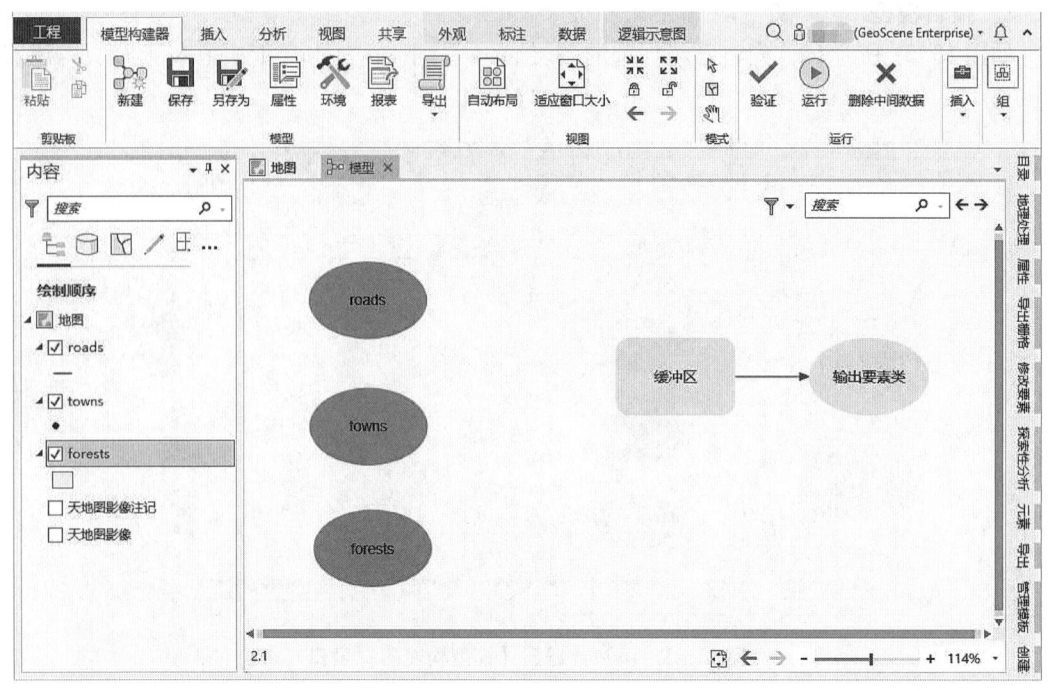

图 13.23　添加【缓冲区】工具

接着，按住鼠标左键将图框【roads】连接到【缓冲区】工具框，并选择【输入要素】，效果如图 13.24 所示。如需要修改输出结果名称，可以右键点击【输出要素类】图框，选择【重命名】。

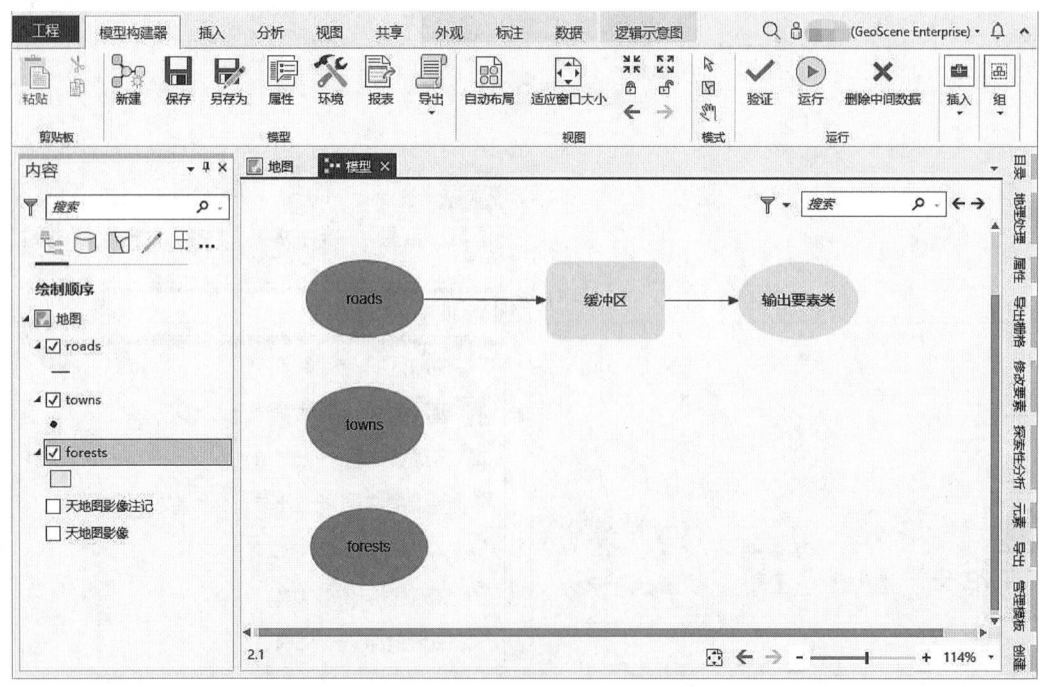

图 13.24　连接数据框和工具框

双击【缓冲区】工具图框，进入【缓冲区】工具设置界面，如图13.25a所示，设置距离为500米，设置好后的工具框会填充颜色，如图13.25b所示。

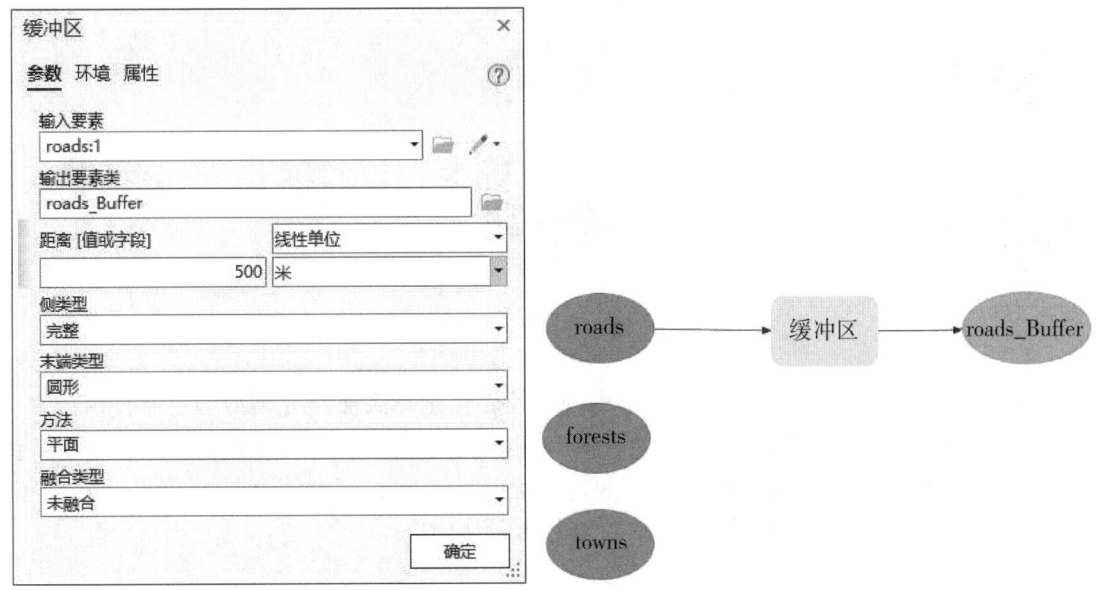

a. 【缓冲区】工具设置界面　　　　　　　　b. 设置完成后效果

图 13.25　【缓冲区】工具设置

按照上述步骤，插入另外两个【缓冲区】工具，然后依次将图框【forests】、图框【towns】与其相连接，并设置好工具框参数，如图13.26所示。

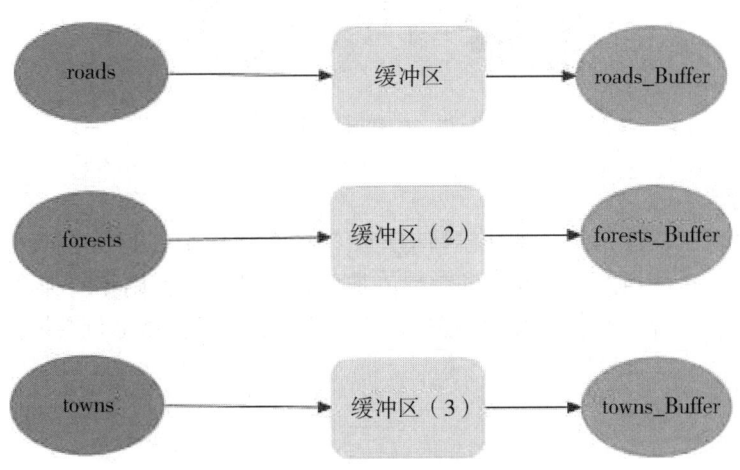

图 13.26　连接另外的图框效果

搜索"联合"，并将【分析】工具组中的【联合】工具添加到【模型构建器】窗口中，并将towns_Buffer和roads_Buffer两个图框作为输入要素与【联合】工具连接，设置好参数，如图13.27所示。

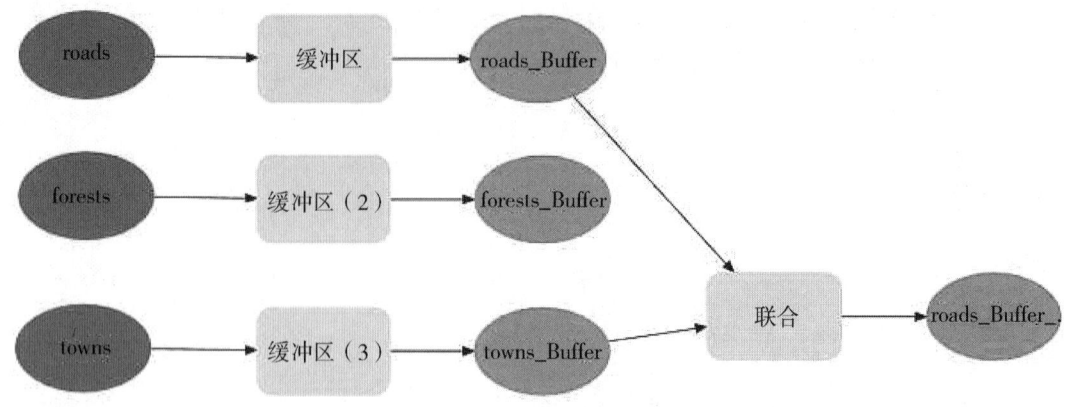

图 13.27 添加并设置【联合】工具

搜索"擦除",并将【分析】工具组中的【擦除】工具添加到【模型构建器】窗口中,并将 forests_Buffer 作为"输入要素",将 roads_Buffer_Union 作为"擦除要素"与【擦除】工具连接,并将结果改名为 WildlifeHabitat,设置好【擦除】工具参数,并单击【自动布局】工具,将构建的模型重新布局,效果如图 13.28 所示。

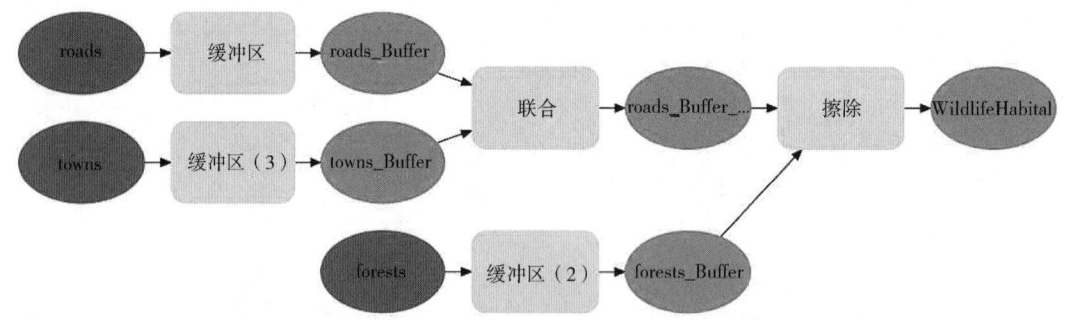

图 13.28 构建好的模型效果

3. 执行模型

如图 13.29 所示,首先,选择【模型构建器】的菜单栏中【运行】菜单下的【验证】,以验证构建的模型中的所有数据元素和参数值是否有效(若有误则相应工具会变红)。若验证无误,则可以单击【运行】,运行构建的模型,请耐心等待模型运行结果。

a. 模型验证与运行工具栏

b. 模型运行结果

图 13.29　模型验证与运行

将运行结果 WildlifeHabitat 添加到 GeoScene Pro 中，如图 13.30 所示，深色区域便是最终得到的该种珍稀野生动物的栖息地范围。

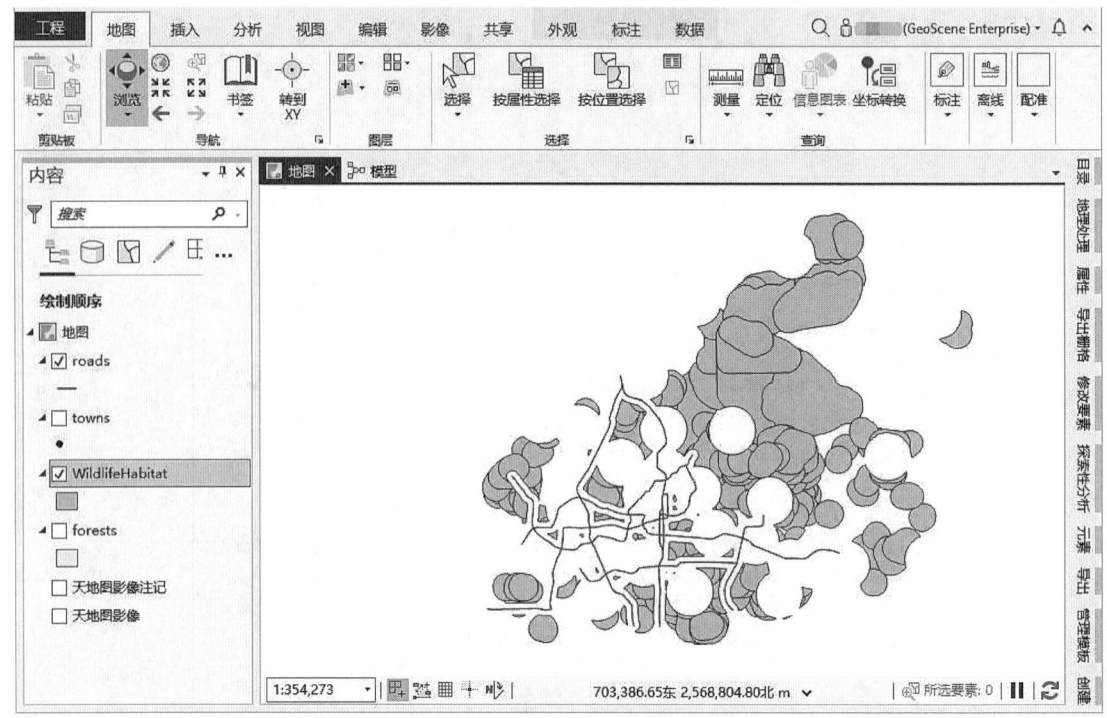

图 13.30 该种珍稀野生动物的栖息地范围

第 ❹ 篇
高阶应用

第 14 章 三维建模与分析

三维建模与分析是指使用三维建模技术来创建和操作三维空间数据，以支持地理空间分析和决策。三维分析在地理学中具有重要的应用价值，它可以帮助用户更好地理解和利用地理空间数据，从而更好地应对城市化、自然资源管理、环境保护和城市规划等方面的挑战。三维分析是三维 GIS 数据处理的重要组成部分，也是当前 GIS 研究的热点领域之一。GeoScene 三维分析扩展模块工具箱提供可针对表面模型和三维矢量数据进行各种分析、数据管理和数据转换操作的地理处理工具的集合。该工具箱以适当方式组织到工具集中，各工具集定义了所含工具所完成的任务范围。

14.1 三维数据管理

三维数据是进行三维分析的基础，所以三维数据的获取至关重要。随着数据量急剧增加，对三维数据的有效管理也成为三维 GIS 的重要技术之一。

14.1.1 三维数据

三维数据是在二维数据的基础上添加了一个维度（Z 坐标），GeoScene 称其为 Z 值，用来表示特定表面位置的值，如化学物质浓度、位置的适宜性、噪声指数等。一般应用中，通常使用 Z 值表示实际高程值（如海拔高度、地理深度）。

三维数据有四种基本类型：三维点数据、三维线数据、表面数据和体数据。在 GeoScene 中，可以把三维数据分为两类：3D 要素数据和表面数据。其中，3D 要素数据又包括三维点数据、三维线数据和多面体数据。

1. 3D 要素数据

3D 要素数据是地图或场景中三维真实世界对象的制图表达，其 Z 值存储在要素几何中，常用来表示离散对象。在三维点数据中，每个点坐标除 X、Y 值外还包含有一个 Z 值，如飞机的 3D 位置等。三维线数据由三维点数据构成，例如，一条垂直线上每个点的 X、Y 坐标相同，但 Z 值不同；又如上山步行路径，每个点的 X、Y 和 Z 值可能都不同。在 3D 要素数据中，使用最多的是多面体数据。GeoScene Pro 使用的多面体由平面三维环和三角形构成，在三维空间中，将这些环和三角形结合起来为占有一定区域和体积的空间对象建立模型，可以表示球体和立方体等几何对象，也可表示建筑物、树木等真实世界的对象。

2. 表面数据

表面数据是指具有空间连续特征的地理要素的集合，表示地球表面某部分或整体范围内的地理要素或现象。表面数据有时被称为 2.5 维数据，因为对于每个 X、Y 点，其对应的 Z 值是固定不变的。GeoScene 中，常用的表面数据有栅格表面、不规则三角网（triangulated irregular network，TIN）和 Terrain 数据集。

（1）TIN。TIN 是基于矢量数字地理数据的一种形式，以数字方式来表示表面形态，通过将一系列具有 X、Y 和 Z 值的结点组成三角网构建而成。TIN 常用来拟合具有连续分布现象的表面，其中 TIN 的边可用于捕获在表面中发挥重要作用的线状要素（如山脊线、河道等）的位置。

（2）Terrain。Terrain 数据集是一种基于 TIN 的数据集，是多分辨率的 TIN。Terrain 具有一系列 TIN，其中每个 TIN 都可以在特定的地图比例尺范围内使用。当地图范围较大时，应使用粗粒度 TIN，当放大地图并将视线集中于特定的地图范围时，则应使用细粒度 TIN 以提高详细程度。

14.1.2 三维数据的获取

根据三维数据的分类，在 GeoScene 中三维数据的获取包括 3D 要素数据的获取和表面数据的获取。

三维点、线数据的生成：三维点数据和三维线数据获取常用的方法有创建包括 Z 值的要素类、转换二维要素类的属性、插值 Shape 三种。

1. 创建包含 Z 值的点、线要素类

三维点、线要素类的 Z 值包含在要素的几何信息中，下面介绍三维要素类的创建步骤，三维点要素类的创建方法与此类似。具体步骤如下：

（1）启动 GeoScene，创建或打开一个三维场景工程，在【目录】窗口中右键点击要在其中创建要素类的地理数据库，指向【新建】，在下拉菜单中选中【Shapefile】。

（2）在【要素类名称】文本框中，输入要素类名称，在【几何类型】下拉菜单中选择"折线"。

如果要创建三维点要素类，选择"点"；如果要创建多面体要素类，选择"多面体"。

（3）点击【坐标系】文本框右边的【选择坐标系】，选择项目需要的坐标系，也可以通过点击【添加坐标系】添加自定义坐标系。

（4）在【包含 Z 值】下拉菜单中选择"支持"。

（5）单击【运行】按钮，即可创建一个空的三维线/点要素类，可以在场景框中进行编辑。

2. 通过二维要素的属性创建三维点、线要素类

【依据属性实现要素转 3D】工具根据输入要素的属性值生成三维要素类，输入要素可以是点、线和面类型。下面以点要素类为例，介绍通过转换二维要素类属性生成三维要素类的方法。其操作步骤如下：

（1）在 GeoScene 中单击【视图】，在【窗口】栏选择地理处理，点击工具箱，点击【三维分析工具】→【3D 要素】→【转换】→【依据属性实现要素转 3D】，如图 14.1 所示。

（2）在【依据属性实现要素转 3D】窗口中，输入【输入要素】数据（位于"\data\ch14\Create3D\FromAttri\data"），指定输出要素类的保存路径和名称。

（3）在【高度字段】下拉菜单中选择

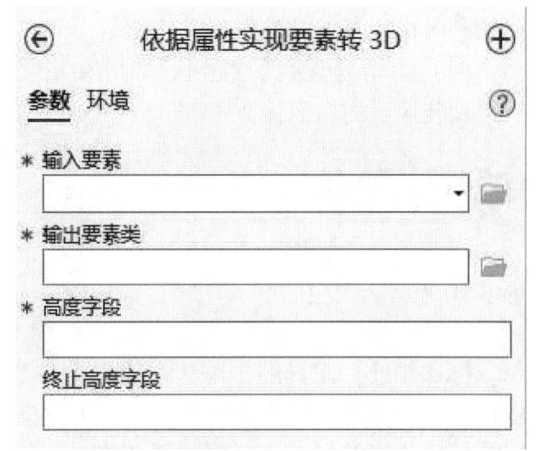

图 14.1 【依据属性实现要素转 3D】窗口

"Height",在【终止高度字段】下拉菜单中选择"Height"。

(4) 单击【确定】按钮,完成操作。

3. 多面体数据的生成

多面体数据获取常用的方法有以下五种:

(1) 直接创建多面体要素类,具体步骤同三维点、线要素类创建的第一种方法类似。

(2) 通过转换 3D 文件生成多面体要素类。

(3) 通过在两个 TIN 之间拉伸生成多面体要素类(参见 14.3.2 小节)。

(4) 通过【面插值为多面体】工具生成多面体要素类(参见 14.3.2 小节)。

(5) 通过【天际线】和【天际线障碍物】工具生成多面体要素类。

下面仅以转换 3D 文件生成多面体要素类为例,说明多面体数据的获取方法。

【导入 3D 文件】工具可将 3D 文件导入输出要素类中,支持导入的 3D 文件类型有:Collada File(.DAE)、3DStudio Max(.3ds)、VRML 和 GeoVRML(.wrl)、OpenFlight(.flt)等。

多面体数据生成的操作步骤如下:

(1) 启动 GeoScene,在目录树中右键单击 result 文件夹(\data\ch14\Create3D\From3D),单击【新建】→【文件地理数据库】,创建文件地理数据库,重新命名为 3Dmodel.gdb。

(2) 在 GeoScene 中单击【视图】,在【窗口】栏选择地理处理,点击工具箱,点击【三维分析工具】→【3D 要素】→【转换】→【导入 3D 文件】,如图 14.2 所示。

(3) 在【导入 3D 文件】窗口中,单击【输入文件】文本框后的按钮【浏览】,选择要导入的 3D 文件"行政楼.skp"(位于"\data\ch14\Create3D\From3D\data")。指定【输出多面体要素类】的保存路径和名称,其他参数保持默认值。

(4) 单击【运行】按钮,即可在场景后得到转换后的多面体数据。

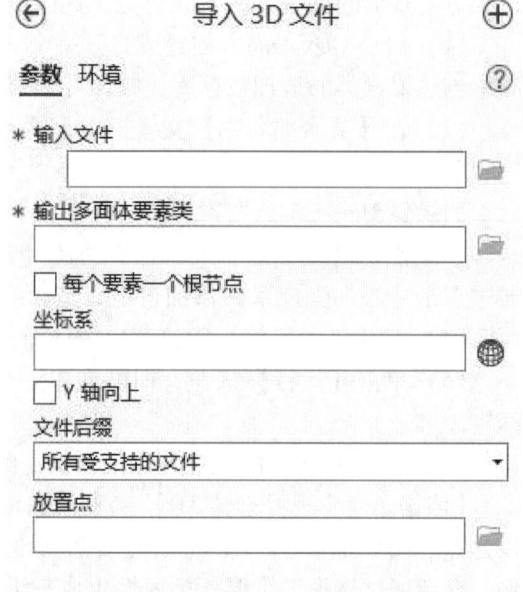

图 14.2 【导入 3D 文件】窗口

14.1.3 3D 要素分析

GeoScene 中提供了 3D 要素分析功能,主要包括 3D 邻近、是否为闭合多面体、3D 内部、3D 差异、3D 相交、3D 联合等功能。

1. 3D 邻近

【3D 邻近】工具的作用是在搜索半径范围内,确定输入要素中的每个要素与邻近要素中最近要素之间的距离。该工具用于处理 3D 要素而不是 2D 要素,输入要素和邻近要素可以是任何几何类型(点、线、面和体)。其操作步骤如下:

（1）启动 GeoScene，单击工具栏上的添加数据按钮，加载数据 OriginalMultipatch.shp 和 PointZ.shp（位于"\data\ch14\3D 要素\3D 邻近\data"，以下简称"加载数据"）。

（2）在工具箱中双击【三维分析工具】→【3D 邻近性】→【3D 邻近】，打开【3D 邻近】窗口，如图 14.3 所示。

（3）在【3D 邻近】窗口中，输入【输入要素】、【邻近要素】数据。

（4）在【搜索半径（可选）】文本框中输入"2"，单位选择"千米"。

（5）单击【运行】按钮，完成操作后打开 OriginalMultipatch.shp 的属性表，如图 14.4 所示。【3D 邻近】工具会向输入要素的属性表中添加多个字段（如果字段已经存在，则对字段进行更新），这些字段包括 NEAR_FID：表示邻近要素的 FID；NEAR_DIST：输入要素与最邻近要素之间的 2D 距离，即水平距离；NEAR_DIST3：输入要素与最邻近要素之间的 3D 距离，即斜距。

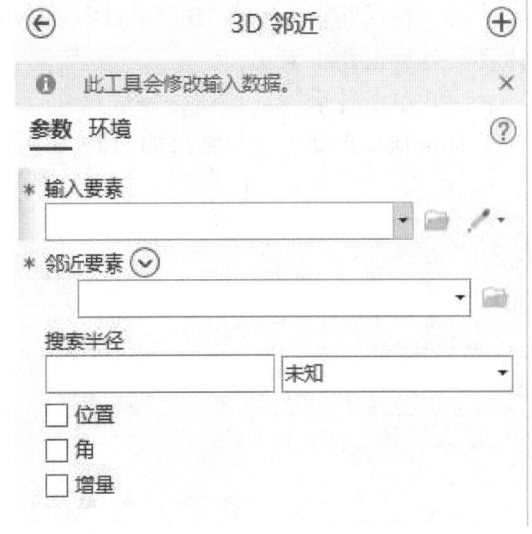

图 14.3 【3D 邻近】窗口

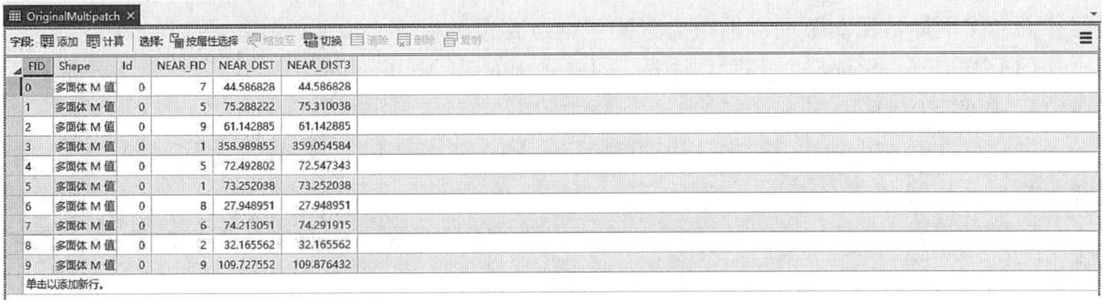

图 14.4 执行 3D 邻近分析后的属性表

2. 是否为闭合多面体

多面体是否闭合取决于该多面体的构造方式，即构成该多面体的面是否彼此相交，并且壳中是否存在间距或空白空间。如果面彼此不相交或者壳中存在间距或空白空间，则多面体不闭合；反之，则闭合。【是否为闭合 3D】工具主要用于测试多面体是否为闭合多面体，其为输入要素中的每个多面体要素添加一个带有标记的新字段，指示该要素是否闭合。具体操作步骤如下：

（1）启动 GeoScene，加载数据 MultiData.shp（位于"\data\ch14\3D 要素\3D 闭合\data"）。

(2) 在工具箱中双击【三维分析工具】→【3D 要素】→【是否为闭合 3D】，打开【是否为闭合 3D】窗口，如图 14.5 所示。

(3) 在【是否为闭合 3D】窗口中，输入多面体要素类 MultiData.shp。

(4) 单击【运行】按钮，完成操作。打开要素类 MultiData 的属性表，结果如图 14.6 所示。

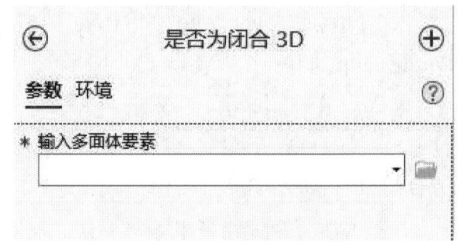

图 14.5　【是否为闭合 3D】窗口

图 14.6　是否为闭合 3D 分析后的属性表

3. 3D 内部

【3D 内部】工具主要用于测试输入要素是否落在多面体内，如果落在多面体内，则会在输出表的新字段 Status 中指明其所落入的要素的状态，输入要素可以是具有 Z 值的点、线、面和多面体数据。下面以输入要素为三维点要素类为例，说明操作步骤。

(1) 启动 GeoScene，加载数据 InsidePoint.shp 和 Multipatch_1.shp（位于"\data\ch14\3D 要素\3D 内部\data"）。

(2) 在工具箱中双击【三维分析工具】→【3D 邻近性】→【3D 内部】，打开【3D 内部】窗口，如图 14.7 所示。

(3) 在【3D 内部】窗口中，输入【输入要素】、【输入多面体要素】的数据，指定【输出表】的保存路径和名称，其他参数保持默认值。

(4) 单击【运行】按钮，完成操作。打开输出属性表，结果如图 14.8 所示。

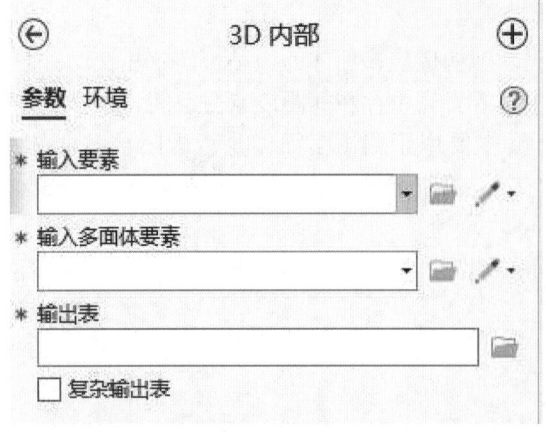

图 14.7　【3D 内部】窗口

图 14.8　3D 内部分析后的结果

4. 3D 差异

【3D 差异】工具先计算出两个闭合多面体要素体积的几何交集，然后从一个要素类中剪除另一个要素类的所有体积，并将结果保存到新输出要素类中。其操作步骤如下：

（1）启动 GeoScene，加载数据 cut.shp 和 cuted.shp（位于"\data\ch14\3D 要素\3D 差异\data"）。

（2）在工具箱中双击【三维分析工具】→【面积和体积】→【3D 差异】工具，打开【3D 差异】窗口，如图 14.9 所示。

（3）单击【运行】按钮，完成操作。取消对 cut.shp 和 cuted.shp 的显示，结果如图 14.10 所示。

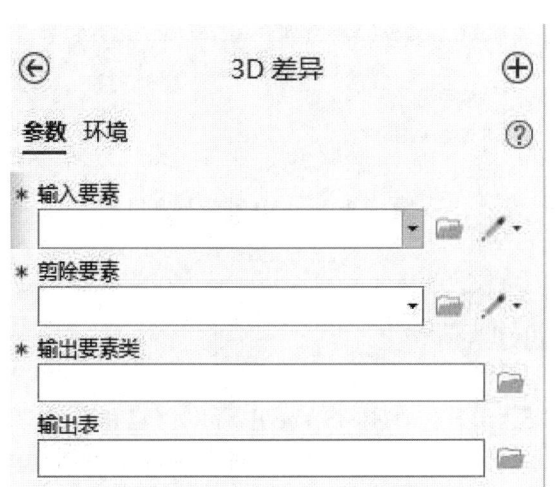

图 14.9 【3D 差异】窗口　　　　图 14.10 3D 差异结果

5. 3D 相交

【3D 相交】工具用于计算出两个或多个闭合多面体要素体积的几何交集，并将重叠的要素输出为新要素。具体操作步骤如下：

（1）启动 GeoScene，加载数据 intersect1.shp 和 intersect2.shp（位于"\data\ch14\3D 要素\3D 相交\data"）。

（2）在工具箱中双击【三维分析工具】→【3D 相交】→【3D 相交】，打开【3D 相交】窗口，如图 14.11 所示。

（3）在【3D 相交】窗口中，输入【输入多面体要素】、【输入多面体要素】的数据，指定【输出要素类】的保存路径和名称。

（4）单击【确定】按钮，完成操作。取消对 intersect1.shp 和 intersect2.shp 的显示。

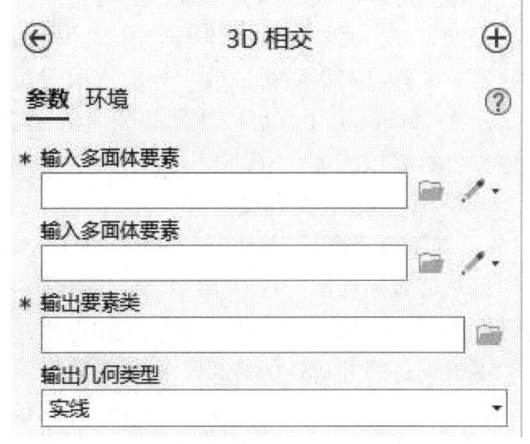

图 14.11 【3D 相交】窗口

6. 3D 联合

【3D 联合】工具用于计算重叠多面体的几何交集，然后将多面体聚合在一起，将其存储到新多面体要素类中。具体操作步骤如下：

（1）启动 GeoScene，加载数据 Unite-Multipatch.shp（位于"\data\ch14\3D 要素\3D 联合\data"）。

（2）在工具箱中双击【三维分析工具】→【3D 邻近性】→【3D 联合】，打开【3D 联合】窗口，如图 14.12 所示。

（3）在【3D 联合】窗口中，输入【输入多面体要素】数据，指定【输出要素类】的保存路径。【分组字段】下拉菜单是选择将输入多面体要素组合到一起进行聚合的字段，此处不设置。其他参数保持默认值。

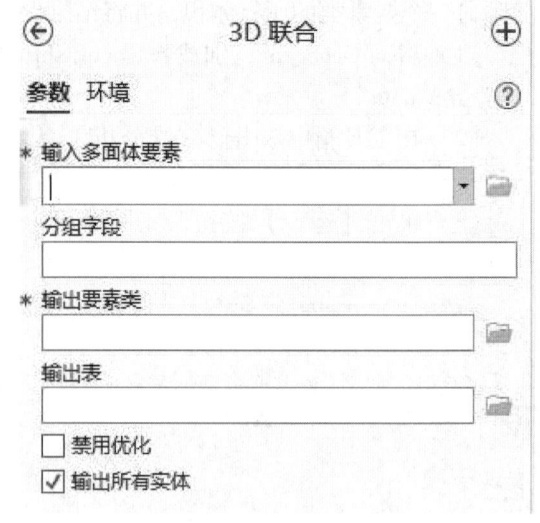

图 14.12 【3D 联合】窗口

（4）单击【运行】按钮，完成操作。

14.2 表面创建与管理

表面模型是三维空间连续要素的一种数字表达形式。在 GeoScene 中可以创建和存储三种类型的表面模型：栅格、TIN 和 Terrain 数据集，这三种表面模型可通过多种数据源创建，也可通过三种模型之间的相互转换得到。本节重点介绍栅格、TIN 和 Terrain 数据集是如何创建、相互转换和管理的。

14.2.1 表面创建

1. 插值法

在实际中，测量研究区域中的每个点位置的高度、浓度或量级通常会非常困难且成本高昂，如果根据采样点值创建一个连续的表面，便可以预测出研究范围内其他点的值，这就是插值。采样点可以随机选取、分层选取或规则选取，但必须保证这些点代表了区域的总体特征。在 GeoScene 中，可以使用的插值方法有很多，如反距离权重法、样条函数法、克里金法和自然邻域法等。

2. 由 TIN 创建栅格

【TIN 转栅格】工具可通过插值将 TIN 转换为栅格。插值方法有线性插值法（LINEAR）和自然邻域插值法（NATURAL_NEIGHBORS）。线性插值法可将 TIN 三角形显示为平面，通过查找落在二维空间中的三角形并计算像元中心相对于三角形平面的位置来为每个输出像元指定值；自然邻域插值法可产生比线性插值更平滑的结果，它在每个输出像元中心周围的所有方向上找到最近的 TIN 结点，从而使用基于区域的权重方案。输出栅格的数据类型可以是 FLOAT 或 INT。FLOAT 是默认值，可以输出单精度浮点值，能用来储存小数形式的值；INT 可以输出有符号的长整型值，当允许整数输出时可用。接下来以自然邻域插值方法为例，介绍由 TIN 创建栅格的操作步骤。

（1）启动 GeoScene，加载数据 dTIN（位于"\data\ch14\CreateRaster\TINToRaster\data"）。

（2）在工具箱中双击【三维分析工具】→【TIN 数据集】→【转换】→【TIN 转栅格】，打开【TIN 转栅格】窗口，如图 14.13 所示。

（3）在【TIN 转栅格】窗口中，输入【输入 TIN】数据，指定【输出栅格】的保存路径和名称。

（4）指定【输出数据类型】，此处采用系统默认设置。

（5）指定插值【方法】为"自然领域法"。其他参数采用默认值。

（6）单击【确定】按钮，完成操作。取消对 dTIN 的显示，输出栅格如图 14.14 所示。

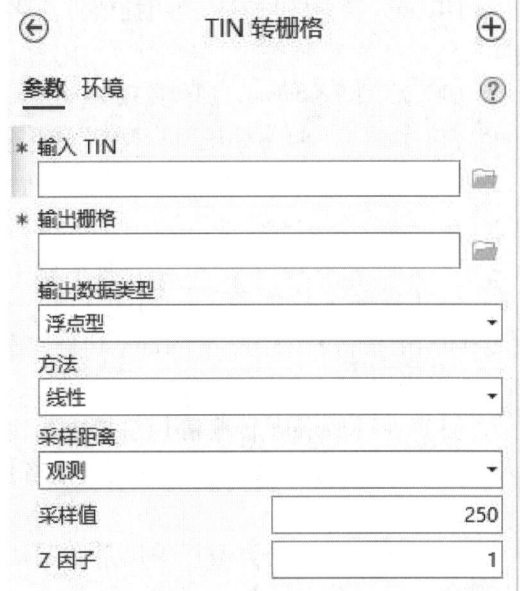

图 14.13 【TIN 转栅格】窗口

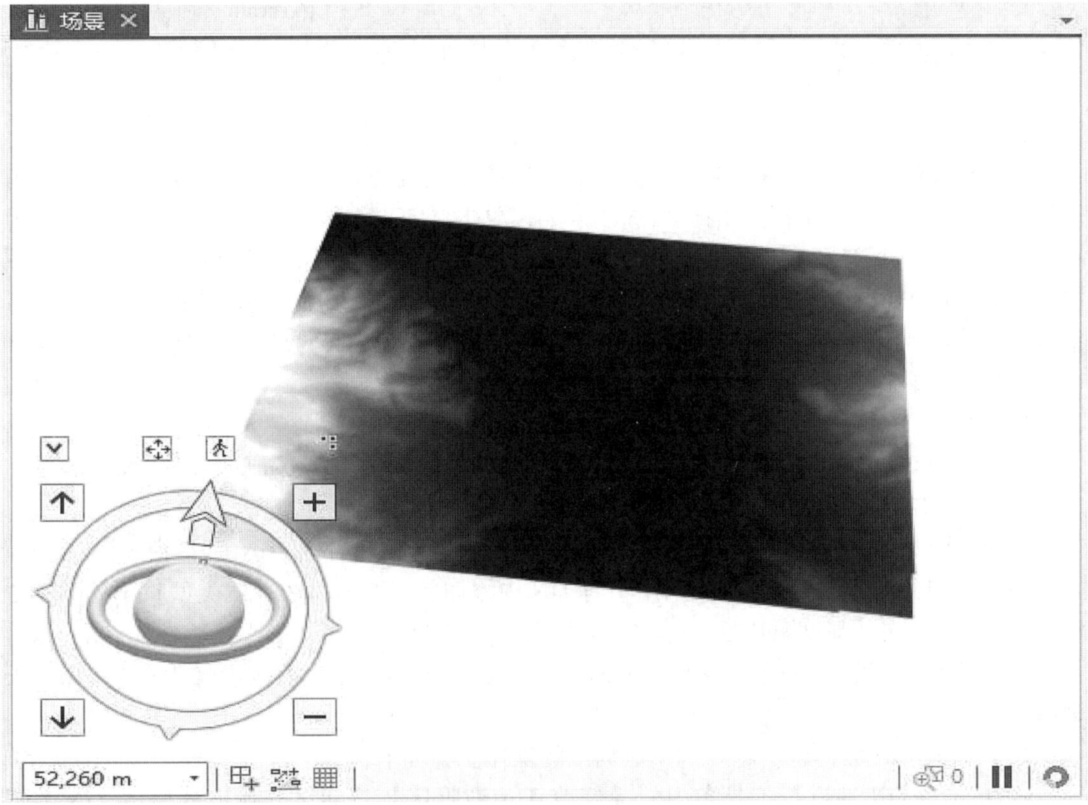

图 14.14 TIN 转栅格输出结果

3. 由 Terrain 创建栅格

【Terrain 转栅格】工具运用插值方法将 Terrain 数据集转换为栅格数据。具体操作步骤如下：

（1）启动 GeoScene，加载数据 topo_Terrain（位于"\data\ch14\CreateRaster\TerrainToRaster\data\terrain.gdb\topography"）。

（2）在工具箱中双击【三维分析工具】→【Terrain 数据集】→【转换】→【Terrain 转栅格】，打开【Terrain 转栅格】窗口，如图 14.15 所示。

（3）在【Terrain 转栅格】窗口中，输入【输入 Terrain】数据，指定【输出栅格】的保存路和名称。

（4）【输出数据类型】采用系统默认设置。

（5）在【金字塔等级分辨率】文本框中输入"1"，其他参数保持默认值。

（6）单击【运行】按钮，完成操作。

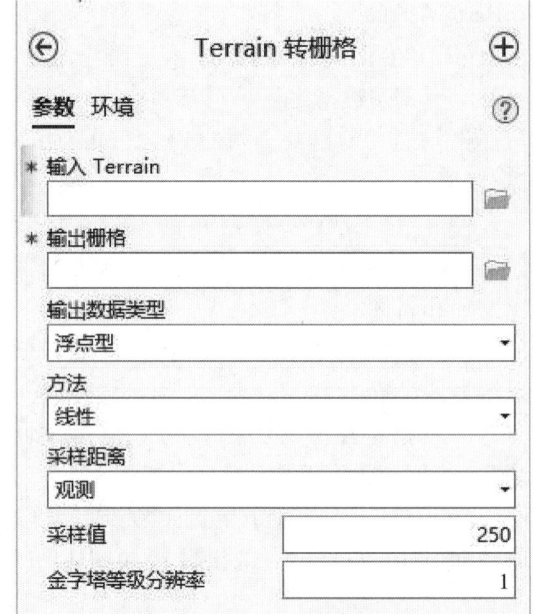

图 14.15 【Terrain 转栅格】窗口

14.2.2 表面管理

1. TIN 管理

如用户要访问交互式 TIN 编辑工具，对于当前地图视图，可以在内容窗格中选择要编辑的 TIN 图层，并在该图层下的数据选项卡上，单击【TIN 编辑器】按钮。【TIN 编辑器】一次只能编辑一个 TIN，它将关注点放在用来启用它的 TIN 图层上。如要编辑另一个 TIN 图层，则需要单击关闭【TIN 编辑器】按钮，然后在内容窗格中选择要处理的另一个图层，并重新打开【TIN 编辑器】。本小节重点讲述添加 TIN 面、修改 TIN 数据区、删除 TIN 节点和调整节点 Z 的操作。

（1）添加 TIN 面。添加 TIN 面的操作步骤如下：

a. 启动 GeoScene，加载数据 EditTIN（位于"\data\ch14\MSurface\MTIN\data"）。

b. 打开 TIN 编辑器，确定 TIN 处于可编辑状态。

c. 在【TIN 编辑】工具中单击添加 TIN 面图标，弹出【添加 TIN 面】窗口。在【模式】下拉菜单中选择"简单"，表示用于向 TIN 中添加新多边形；在【线类型】下拉菜单中选择"硬边"；在【高度源】后选择"自表面"。

d. 在 TIN 表面上通过单击鼠标绘制多边形添加 TIN 面，完成后单击【保存】，保存编辑内容。

（2）修改 TIN 数据区。修改 TIN 数据区的操作步骤如下：

a. 单击【TIN 编辑】工具条中的【修改 TIN 数据区】按钮区，弹出【修改 TIN 数据区】窗口。

b. 在【选择】下拉菜单中选择"内部点"，用于手动选择要修改的 TIN 三角形。在

【掩膜】下拉菜单选择"设置外部的",设置要执行掩膜操作的 TIN 三角形。如果 TIN 三角形被掩膜,则表面分析和显示会将该区域视为不包含任何数据(即使数据仍存在)。在 TIN 上单击修改数据,完成后保存编辑内容。

(3) 删除 TIN 隔断线、删除 TIN 结点和调整结点 Z。删除 TIN 隔断线,删除 TIN 结点和调整结点 Z 的操作步骤如下:

a. 单击【TIN 编辑】工具条中的删除 TIN 隔断线图标,单击断裂线的任意位置可将其移除。完成后保存编辑内容。

b. 单击【TIN 编辑】工具条中的删除 TIN 结点图标,在 TIN 上单击要删除的结点即可。也可以选择按区域删除 TIN 结点,实现该操作需要在 TIN 上输入一个多边形,位于多边形内部的结点将被删除。完成后保存编辑内容。

c. 单击【TIN 编辑】工具条中的调整结点 Z 图标识,在 TIN 表面上移动时会以交互方式高亮显示并捕捉到相对于当前指针位置最近的有效结点,当要调整的 TIN 结点高亮显示时,单击该结点,弹出【调整结点 Z】窗口,输入高程值,单击【运行】按钮,高程的变化将立即显示在 TIN 表面上。完成后保存编辑内容。

2. Terrain 数据集的管理

Terrain 数据集构建好以后,可对 Terrain 数据集进行移除要素类、删除 Terrain 点、移除金字塔等级等操作。

(1) 从 Terrain 数据集中移除要素类。从 Terrain 数据集中移除要素类的操作步骤如下:

a. 在工具箱中单击【三维分析工具】→【Terrain 数据集】→【从 Terrain 中移除要素类】,打开【从 Terrain 中移除要素类】窗口,如图 14.16 所示。

b. 在【从 Terrain 中移除要素类】窗口中,在【输入 Terrain】文本框中输入数据(位于"\data\ch14\MSurface\MTerrain\data")。

c. 在【输入要素类】下拉菜单中选择要移除的要素类。

d. 单击【运行】按钮,完成从 Terrain 数据集中移除选择的要素类。

图 14.16 【从 Terrian 中移除要素类】窗口

(2) 删除 Terrain 点。删除 Terrain 点的操作步骤如下:

a. 在工具箱中单击【三维分析工具】→【Terrain 数据集】→【删除 Terrain 点】,打开【删除 Terrain 点】窗口,如图 14.17 所示。

b. 在【删除 Terrain 点】窗口中,在【输入 Terrain】文本框中输入要删除点的 Terrain 数据集。

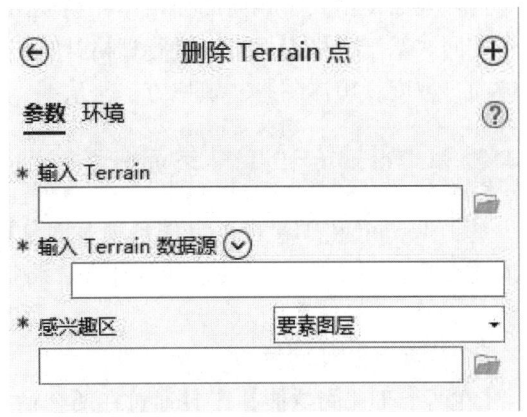

图 14.17 【删除 Terrain 点】窗口

c. 在【输入 Terrain 数据源】下拉菜单中选择点所在的要素类 topo_mass_points。

d. 设置要移除点的区域位置，可单击【感兴趣区】单选按钮，并输入定义删除点范围的面要素类。

e. 单击【运行】按钮，完成 Terrain 点的删除。

（3）移除 Terrain 金字塔等级。移除 Terrain 金字塔等级的操作步骤如下：

a. 在工具箱中单击【三维分析工具】→【Terrain 数据集】→【移除 Terrain 金字塔等级】，打开【移除 Terrain 金字塔等级】窗口，如图 14.18 所示。

b. 在【移除 Terrain 金字塔等级】窗口中，输入【输入 Terrain】数据集 topo_Terrain。

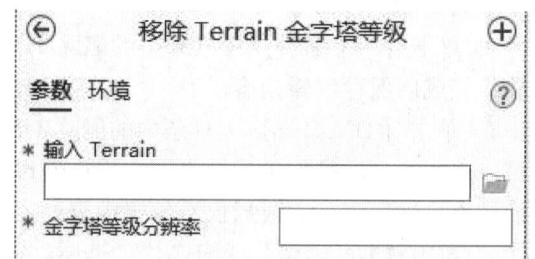

图 14.18 【移除 Terrain 金字塔等级】窗口

c. 在【金字塔等级分辨率】下拉菜单中选择要移除的由分辨率指定的金字塔等级为"2.5"。

d. 单击【运行】按钮，完成对 Terrain 金字塔等级的移除。

14.3 表面分析

表面通常蕴含着丰富的信息，如某一点处的高度、温度、气压或浓度等。通过表面分析，可以获取更多的信息，如位于 A 点的观察者能否看到 B 点、山上的植物所受的光照量等。根据 GeoScene 中使用的表面类型，表面分析可以分为基于栅格表面的分析、基于 Terrain 和 TIN 的表面分析。另外，还包括功能性表面，支持对栅格表面、Terrain 和 TIN 表面的分析。

14.3.1 栅格表面分析

栅格表面是由大小相同的栅格单元组成的格网，是一组连续的字段值，在各个点处的值各不相同。基于栅格表面可以进行栅格计算、栅格重分类、栅格表面分析等操作，还可以进行坡向、坡度、山体阴影、填挖方、等值线、视域等分析。

14.3.2 Terrain 和 TIN 表面分析

基于 Terrain 和 TIN 也可以作各种表面分析，如在两个 TIN 之间拉伸得到多面体，计算输入要素类和 TIN 或 Terrain 之间的体积，将面插值为多面体，进行表面坡向和表面坡度等分析。

1. 在两个 TIN 间拉伸

【在两个 TIN 间拉伸】工具通过在两个输入 TIN 之间拉伸面，将面转换为多面体，并将多面体输出为新要素类。其操作步骤如下：

（1）启动 GeoScene，加载数据 belowtin、uptin 和 StPolygon.shp（位于"\data\ch14\TerrainandTIN \ StretchTIN \ data")。

（2）在工具箱中点击【三维分析工具】→【面积和体积】→【在两个 TIN 间拉伸】，打开【在两个 TIN 间拉伸】窗口，如图 14.19 所示。

（3）在【在两个 TIN 间拉伸】窗口中，分别在【输入 TIN】、【输入 TIN】和【输入要素类】中输入数据 belowtin、uptin 和 StPolygon.shp，指定【输出要素类】的保存路径和名称。

（4）单击【运行】按钮，完成操作。取消对 belowtin、uptin 和 StPolygon.shp 的显示。

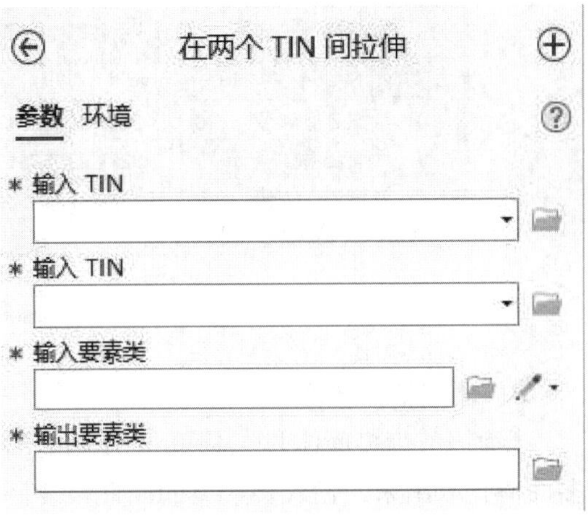

2. 面体积

【面体积】工具用于向输入面要素类中添加两个字段"体积"和"SArea"。体积表示输入面要素类与表面之间的体积，SArea 表示与面要素类对应的表面的表面积。本例采用 TIN 作为表面数据，具体操作步骤如下：

（1）启动 GeoScene，加载数据 uptin 和 POLYGON.shp（位于"\ data \ ch14 \ TerrainandTIN \ 面体积 \ data"）。

（2）在工具箱中点击【三维分析工具】→【面积和体积】→【面体积】，打开【面体积】窗口，如图 14.20 所示。

（3）在【面体积】窗口中，在【输入表面】和【输入要素】中输入数据。

（4）在【高度字段】下拉菜单中选择"height"。

（5）在【参考平面】下拉菜单中选择"在平面上方计算"，表示计算参考平面以上的体积。其他参数保持默认值。

（6）在【体积字段】和【表面面积字段（可选）】中输入要生成的字段名称，这里采用默认设置。

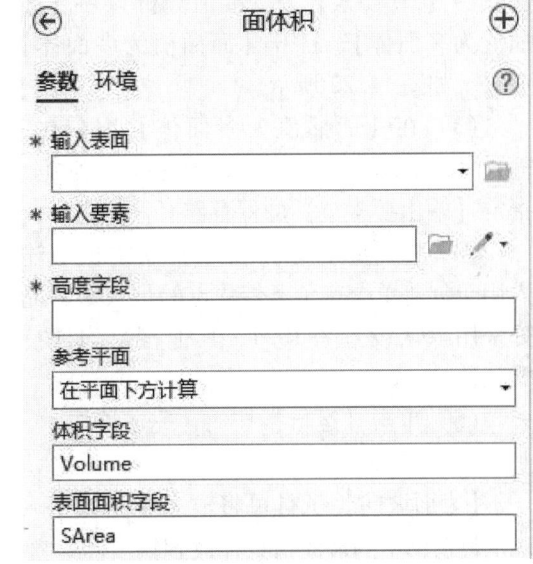

图 14.19　【在两个 TIN 间拉伸】窗口

图 14.20　【面体积】窗口

（7）单击【运行】按钮，完成操作。打开 POLYGON.shp 的属性表，如图 14.21 所示。

FID	Shape	Id	height	体积	SArea	Volume
0	面 Z 值 M 值	0	223	30692847.8888	161083.189297	30692848.1574
1	面 Z 值 M 值	0	323	27319515.1651	225542.722184	27319515.4751
2	面 Z 值 M 值	0	123	60368529.4967	233419.298905	60368529.2555

图 14.21　面体积工具运行后的属性表

3. 面插值为多面体

【面插值为多面体】工具可将 TIN 或 Terrain 数据集表面中属于输入面范围内的部分作为多面体提取出来，输入要素类的属性被复制到输出要素类中，并为每个要素计算平面面积和表面面积，将它们作为属性添加到输出要素类中。本例以 TIN 为表面数据，具体操作步骤如下：

（1）启动 GeoScene，加载数据 stin 和 POLYGON.shp（位于"\data\ch14\TerrainandTIN\插值多面体\data"）。

（2）在工具箱中点击【三维分析工具】→【3D 要素】→【插值分析】→【面插值为多面体】，打开【面插值为多面体】窗口，如图 14.22 所示。

（3）在【面插值为多面体】窗口中，输入【输入表面】、【输入要素类】数据，指定【输出要素类】的保存路径和名称。

（4）在【最大条带尺寸】文本框中输入用于创建单个三角条带的点的最大数，此处采用默认设置为 1024，其他参数均保持默认值。

（5）单击【运行】按钮，完成操作。

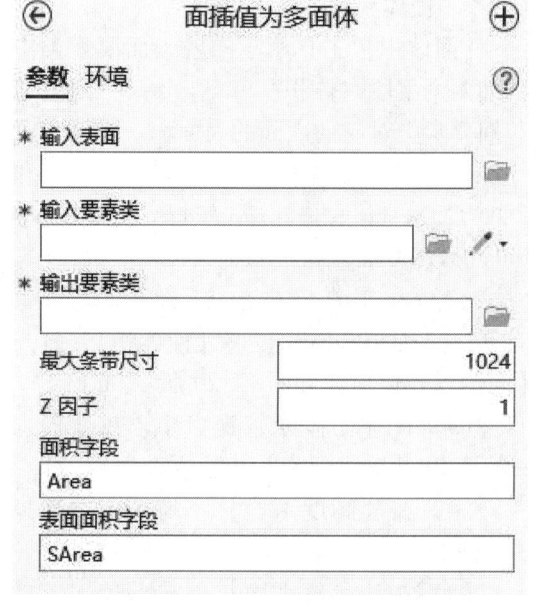

图 14.22　【面插值为多面体】窗口

4. 表面坡向

【表面坡向】工具可将输入 TIN 或 Terrain 数据集中的坡向信息提取到输出面要素类中，该要素类的各个面按输入表面三角形坡向值进行分类，并且将坡向信息作为属性字段添加到输出要素类中。本例以 TIN 为表面数据，具体操作步骤如下：

（1）启动 GeoScene，加载数据 stin（位于"\data\ch14\TerrainandTIN\表面坡向\data"）。

（2）在工具箱中点击【三维分析工具】→【表面三角化】→【表面坡向】，打开【表面坡向】窗口，如图 14.23 所示。

（3）在【表面坡向】窗口中，输入【输入表面】数据，指定【输出要素类】的保存路径和名称。

（4）在【类别明细表】中输入类别明细表来自定义坡向。类别明细表中的每条记录包含两个值，用于表示类的坡向范围及其对应的类编码，此处不设置。

（5）在【坡向字段】中输入坡向字段的名称，此处采用默认设置"AspectCode"。

（6）单击【运行】按钮，完成操作。

5. 表面坡度

【表面坡度】工具用于将输入 TIN 或 Terrain 数据集中的坡度信息提取到输出要素类中，其各个面由输入 TIN 或 Terrain 数据集的三角形坡度值决定，并且将坡度信息作为属性字段添加到输出要素类中。本例以 TIN 为表面数据，具体操作步骤如下：

（1）启动 GeoScene，加载数据 stin（位于"\ data \ ch14 \ TerrainandTIN \ 表面坡度 \ data"）。

（2）在工具箱中点击【三维分析工具】→【表面三角化】→【表面坡度】，打开【表面坡度】窗口，如图 14.24 所示。

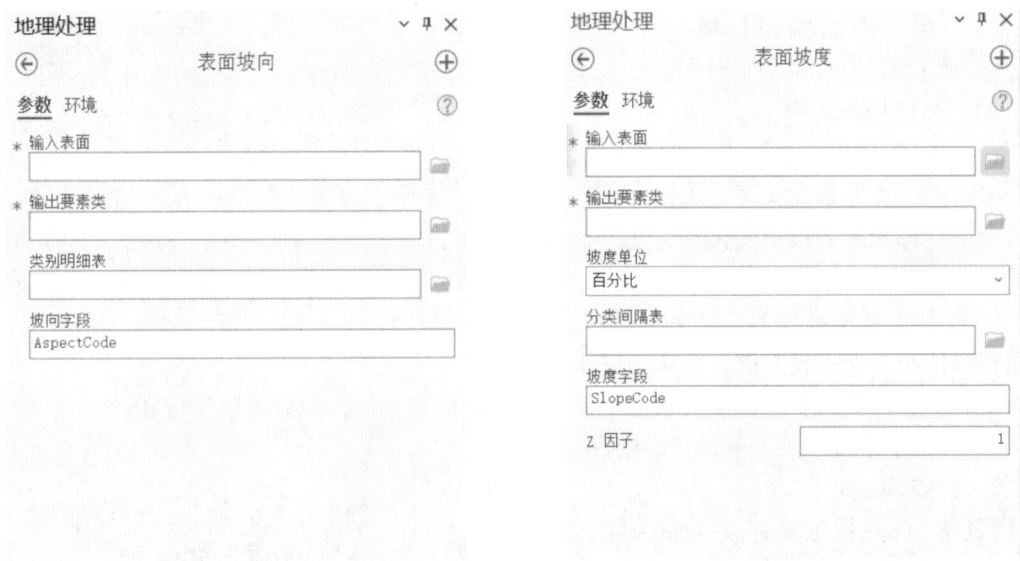

图 14.23 【表面坡向】窗口　　　　图 14.24 【表面坡度】窗口

（3）在【表面坡度】窗口中，输入【输入表面】数据，指定【输出要素类】的保存路径和名称。

（4）在【坡度单位】下拉菜单中可以选择坡度值的测量单位，当使用【类别明细表】时会应用坡度单位，此处按默认设置。

（5）在【坡度字段】文本框中输入坡度字段的名称，此处采用默认设置"SlopeCode"。其他参数保持默认值。

（6）单击【运行】按钮，完成操作。

14.3.3 功能性表面

功能性表面主要包括为输入要素添加表面信息、插值 shape、表面积和体积的计算以及通视分析等功能。

1. 表面积和体积的计算

【表面体积】工具可用于计算输入表面相对于给定基本高度或参考平面的投影面积、表面面积和体积。如果输入表面是 TIN 或 Terrain 数据集，将对每个三角形进行检查，以确定其对面积和体积的影响，然后将这些部分的总和输出；如果输入表面是栅格，将其像元中心连接成三角形，然后使用与 TIN 相同的方式进行处理。计算结果写入 ASCⅡ 文本文件中。具体操作步骤如下：

（1）启动 GeoScene，加载数据 Ntin（位于"\data\ch14\TerrainandTIN\表面坡度\data"）。

（2）在工具箱中点击【三维分析工具】→【表面三角化】→【表面体积】，打开【表面体积】窗口，如图 14.25 所示。

（3）在【表面体积】窗口中，输入【输入表面】数据 Ntin，指定【输出文本文件】的保存路径和名称。

（4）在【参考平面】下拉菜单中选择是在平面的上方还是在其下方执行计算，默认情况下计算基础 Z 以上的体积，此处按默认设置。

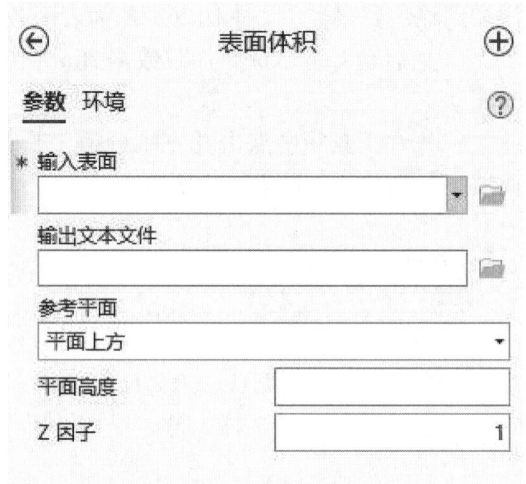

图 14.25 　【表面体积】窗口

（5）在【平面高度】文本框中输入计算面积和体积所用的表面值。默认情况下，该值是在平面上方的表面最小值和在平面下方的表面最大值，此处按默认设置。

（6）单击【运行】按钮，完成操作。

2. 插值 Shape

【插值 Shape】工具通过表面为输入要素插入 Z 值来将 2D 点，折线或面要素类转换为 3D 要素类。本例以输入线要素类为例，介绍通过插值 Shape 来获取 3D 要素类。其操作步骤如下：

（1）启动 GeoScene，加载数据 dvtin 和 Pline.shp（位于"\data\ch14\功能性表面\插值 Shape\data"）。

（2）在工具箱中点击【三维分析工具】→【表面分析】→【插值 Shape】，打开【插值 Shape】窗口，如图 14.26 所示。

（3）在【插值 Shape】窗口中，输入【输入表面】、【输入要素】数据，指定【输出要素类】的保存路径和名称。

（4）在【采样距离】文本框中输入用于内插 Z 值的间距，此处采用系统默认

图 14.26 　【插值 Shape】窗口

设置。

（5）在【Z因子】文本框中输入计算输出要素类中新高度值时输入表面的高度值需要乘的系数，此处采用系统默认设置。

（6）在【方法】下拉菜单中选择"自然邻域法"。

（7）单击【运行】按钮，完成操作。

3. 通视分析

【通视分析】工具使用 2D 或 3D 折线要素类以及栅格、TIN 或 Terrain 数据集表面来确定观察点和目标点之间的可见性，也可以选择将多面体要素类加到可见性分析中。具体操作步骤如下：

（1）启动 GeoScene，加载数据 dvtin 和 Pline3D.shp（位于"\data\ch14\功能性表面\通视分析\data"）。

（2）在工具箱中点击【三维分析工具】→【可见性】→【通视分析】，打开【通视分析】窗口，如图 14.27 所示。

（3）在【通视分析】窗口中，输入【输入表面】、【输入线要素】数据，指定【输出要素类】的保存路径和名称。

（4）单击【输入要素】文本框后的按钮输入多面体要素，它可能会阻碍两点的可视性，此处不设置。

（5）单击【输出障碍点要素类】文本框后的按钮，输入输出障碍点要素类的保存路径和名称，它表示在目标不可见的情况下沿着通视线的第一个障碍点的输出点要素类，此处不设置。

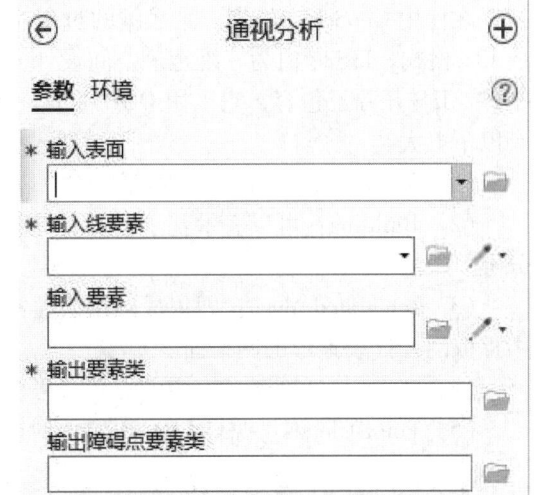

图 14.27　【通视分析】窗口

（6）可在【表面选项】下设置【使用曲率】和【使用折射】参数，从而考虑地球曲率和大气折射的影响，此处不设置。

（7）单击【确定】按钮，打开输出要素类属性表如图 14.28 所示。

OID *	Shape *	SourceOID	VisCode	TarIsVis	OBSTR_MPID	Shape_Length
1	折线 Z 值	0	1	0	-1	1242.857908
2	折线 Z 值	0	2	0	-1	32945.741384
3	折线 Z 值	1	1	0	-1	697.894359
4	折线 Z 值	1	2	0	-1	29787.476125
5	折线 Z 值	2	1	0	-1	11731.748275
6	折线 Z 值	2	2	0	-1	3774.522361
7	折线 Z 值	3	1	0	-1	1909.409449
8	折线 Z 值	3	2	0	-1	8911.330723
9	折线 Z 值	4	2	0	-1	12091.272404
10	折线 Z 值	5	2	0	-1	25501.623661
11	折线 Z 值	6	2	0	-1	31479.427499

图 14.28　通视分析结果属性表

14.4　三维数据高级分析功能

在实际生产中，一些用户每天都在处理海量的三维数据。点云、实景三维、建筑信息模型、室内地下扫描、传统建模、物联网数据、球面全景图像等不同类型的数据都需要不同的处理办法，因此这些用户亟须一个通用的三维数据处理框架。GeoScene 的三维模块集成了大部分处理三维数据的方法，能够很好地处理这些三维数据。

14.4.1　I3S 格式简介

在使用 GeoScene 处理三维数据的过程中，为了保证兼容性，用户需要把这些格式转换成 I3S 格式。I3S 专门为三维地理空间设计，是一种对网页端、移动端非常友好的流式传输格式。I3S 开源且包容，它采用 OGC 标准，能够为更多用户提供服务，常见的 I3S 数据类型有以下五大类：

（1）3D-object：单独的三维模型。
（2）Building：可以表示基于 BIM 结构的三维模型，如建筑、结构等，或者窗户、墙等分类。
（3）Integrated Mesh：即集成网格，通常由卫星、航拍或无人机拍摄的高精度图像纹理中提取的，代表地形的网格面。
（4）Points：适用于城市中的点状符号，如医院、学校、行道树、道路附属设施等。
（5）Point Clouds：源自 LIDAR 的大型点集数据。

14.4.2　三维数据治理模块

在三维建模的过程中，GeoScene 提供了一些便利的三维数据治理工具，这些工具统称为三维数据治理模块。三维数据治理模块是面向多元三维数据的，如手工精细模型、倾斜摄影模型、BIM 和点云数据等，并且能够在 GeoScene 平台中实现高效的服务发布、高效的数据加载、提升用户大场景三维数据展示效果。三维数据治理工具有以下五方面的特点：

（1）实用性：它基于 I3S 服务和 SLPK 文件制作，针对国内用户实际数据和应用场景打造，能够提供本地的模型平移、数据合并、快速发布、服务追加等实用性工具。
（2）高效性：它对数据和服务进行了贴图优化、点击节点合并、LOD 调度优化等，极大地提升了加载效率。
（3）数据兼容：它能够将第三方数据迁移到 GeoScene 平台中，并能兼容非标准数据和修改后数据。
（4）多源：它可以对倾斜模型、三维模型等一系列三维模型类型完全支持。
（5）全流程：它是从数据的转换导入、发布再到优化、后续服务追加、更新等全流程的覆盖。

GeoScene 提供了六大类三维分析功能，包括可见性分析、地统计分析、地表面分析、三维拓扑分析、时空数据挖掘分析以及交互分析。GeoScene 通过两大类常用的三维分析工具，即 3D 探索性分析工具和三维分析工具箱，来集成上述六大类常用的三维分析功能。

1. 3D 探索性分析

3D 探索性分析有五种工具：

(1) 交互式视线工具（图 14.29）：可通过创建视线来确定从给定观察点位置，是否可见一个或多个目标。

(2) 交互式视穹工具：用于确定从位于中心的观察点可见的球体的一部分。

(3) 交互式视域工具（图 14.30）：用于确定从给定观察点位置，以定义的视角可见的表面区域。

(4) 交互式剖切工具：可以从视角上穿透视图的显示内容，从而显示隐藏内容。

(5) 交互式填挖方工具：可以用于进行体积计算，同时可以直观显示将填充或移除点地面的表面面积。

图 14.29　视线分析

图 14.30　视域分析

2. 三维分析工具箱

三维分析工具箱提供可在表面模型和三维矢量数据上实现的各种分析、数据管理和数据转换操作地理处理的工具的集合。用户通过三维分析工具（图 14.31）可以创建分析以栅格或者 Terrain、TIN、LAS 数据格式的表面数据，还可以将多种不同的数据格式转换为 3D 数据格式。通过该工具箱，用户可以实现通视分析、天际线分析、可见性分析、3D 缓冲区分析、3D 差异、3D 内部细节查看、LAS 建筑物多面体细节查看、3D 差值、3D 量测、阴影分析、洪水淹没、视线可视域查看等操作。三维分析工具箱的工具集概况见表 14.1。

图 14.31　三维分析工具

表 14.1　三维分析工具箱中各项工具集概况

工具集	说明
3D 要素	提供评估几何属性和三维要素之间关系的工具
3D 相交	包含用于评估重叠 3D 数据集的汇合位置并使用各种制图表达对其进行可视化的工具
3D 邻近性	包含多种工具，可用于对 3D 点、LAS 点云、线和多面体要素执行基于距离的评估
面积和体积	包含多种工具，这些工具可提供用于分析表面之间的变化和生成 3D 数据的体积表示的解决方案
LAS 数据集	包含用于转换和管理 LAS 文件以及修改 LAS 数据分类的工具集和工具

续表 14.1

工具集	说明
栅格	包含用于转换栅格表面和提取其覆盖区的工具，以及用于重新分类栅格数据、从点测量值插入表面、使用像元值执行数学运算以及生成诸如坡度、等值线、坡向和曲率等的表面导数的工具
统计	包含多种工具，可用于对来自要素、点云、栅格和三角化网格面中启用 z 值的数据的统计信息进行汇总
Terrain 数据集	包含用于创建和管理 Terrain 数据集的工具
TIN 数据集	包含用于创建、修改和转换不规则三角网（TIN）数据集的工具
表面三角化	提供可确定 TIN、Terrain 和 LAS 数据集的表面属性（如等值线、坡度、坡向、山体阴影、差异计算、体积计算和异常值检测）的分析工具
可见性	允许使用不同类型的观察点要素、障碍源（包括表面和适合于表示建筑等结构的多面体）和 3D 要素执行可见性分析的要素工具

第 15 章 土地利用模拟模型

地球上的土地覆盖及其人为开发是人类活动与自然环境之间的重要纽带。土地利用和土地覆盖是重要的地理空间特征，在可持续发展、环境变化和城市规划等许多过程中发挥着重要作用。土地利用/土地覆被变化（land-use and land-cover change，LUCC）模拟对于各种规划和管理问题以及学术研究都很重要。

土地利用模拟模型是理解土地利用变化的原因和后果、评估土地利用系统对生态系统的影响以及支持土地利用规划和政策的有用工具。GeoScene Pro 2.1 的地理时空动态模拟工具可用于进行 LUCC 的相关研究和预测，这个工具的核心是 FLUS 模型。

FLUS 模型是通过耦合人为和自然效应构建的一种用于多种 LUCC 场景的未来土地利用模拟（FLUS）模型。FLUS 是自上而下的系统动态学（system dynamics，SD）模型和自下而上的元胞自动机（cellular automata，CA）的集成。SD 模型用于在国家/地区范围内，根据各种社会经济和自然环境驱动因素来预测土地利用情景需求。CA 模型中发展了一种自适应惯性和竞争机制，以处理不同土地利用类型之间的复杂竞争和相互作用。

在 SD 模型输出的未来土地利用需求的驱动下，FLUS 提出一种基于 CA 的多类土地利用变化模拟模型，用于对未来土地利用分布进行模拟。该 CA 模型由两部分组成：①首先采用人工神经网络（ANN）估算特定网格单元上每种土地利用类型的发展概率；②采用带自适应惯性竞争机制的 CA 模型基于 ANN 输出的发展概率模拟未来用地变化。

GeoScene Pro 2.1 的地理时空动态模拟工具箱提供了两种工具。"基于人工神经网络的城市发展概率计算"工具可用于计算每种土地利用类型的发展概率，"元胞自动机城市发展模拟"工具可用于在得出发展概率后结合其他参数最终模拟未来土地利用格局。

15.1 依赖库的安装

在 GeoScene Pro 2.1 中使用地理时空动态模拟工具箱需要用户自行在 GeoScene Pro 2.1 所使用的 Python 环境内安装该工具箱所需要的依赖库。其具体包含的模块见表 15.1。

表 15.1 依赖库的模块

模块	说明
tqdm	tqdm 是一个快速的、可扩展的 Python 进度条，可以在 Python 长循环中添加一个进度提示信息
sklearn	scikit-learn，又写作 sklearn，是一个开源的基于 Python 语言的机器学习工具包。它通过 NumPy，SciPy 和 Matplotlib 等 Python 数值计算的库实现高效的算法应用，并且涵盖了几乎所有主流机器学习算法。Scikit-learn 对常用的机器学习方法进行了封装，包括回归（regression）、降维（dimensionality reduction）、分类（classfication）、聚类（clustering）等方法
tensorflow	深度学习框架

续表 15.1

模块	说明
rasterio	rasterio 是基于 GDAL 库二次封装、更加符合 Python 风格的主要用于空间栅格数据处理的 Python 库
xlrd	xlrd 是 Python 语言中用于读取 Excel 表格内容的库，还有一个 xlwt 库用于将内容写入 Excel

需要注意的是，安装 rasterio 需要首先安装 gdal，并且这两者的版本需要匹配。建议采用 whl 文件的方式安装 gdal 和 rasterio。

15.2 基于人工神经网络的城市发展概率计算

人工神经网络（artificial neural networks，ANN）是受生物神经元网络（例如生物大脑）启发而设计的一类机器学习算法，通常用于估算非线性函数与众多输入变量之间的复杂关系。人工神经网络的优势在于，它们能够通过大量的学习反馈以及迭代来拟合输入数据和训练目标之间的非线性函数。

多种土地利用类型之间的转换非常复杂，人工神经网络被证明是刻画这种复杂的、非线性的转换关系的更有效的方法。因此，FLUS 模型采用 ANN 模型来计算土地的发展概率。通过输入多种社会经济和自然环境驱动因子，ANN 模型可以训练和挖掘各类驱动因子与各土地类型之间的关系。训练完成后，ANN 模型就可以用于评估各类土地在每个网格上的发展概率。

15.2.1 人工神经网络概念及公式

如图 15.1 所示，ANN 由三部分组成：输入层、隐藏层和输出层。输入层有 n 个神经元，对应需要考虑的反映人类活动和自然条件的 n 个空间变量，主要包括一些社会经济变量和自然气候变量。在数学上可以表示为：

$$X = [x_1, x_2, \cdots, x_n]^T \tag{15.1}$$

其中，x_i 代表输入层中的第 i 个神经元。在隐藏层中，神经元 j 在时间 t 从网格单元 p 上所有输入神经元接收到的信号是根据式（15.2）估算的：

$$net_j(p,t) = \sum_i [w_{i,j} \times x_i(p,t)] \tag{15.2}$$

$x_i(p,t)$ 是在训练时间 t 与像元 p 上的输入神经元 i 接收的输入变量；$w_{i,j}$ 代表输入层和隐藏层之间的自适应权重，它会在训练过程中优化调整。隐藏层和输出层之间的连接由激活函数 sigmoid 确定：

$$sigmoid[net_j(p,t)] = \frac{1}{1+e^{-net_j(p,t)}} \tag{15.3}$$

输出层的神经元个数与土地类型的个数相等，输出层的每个神经元接收来自隐藏层的每个神经元发出的响应，并输出最后的信号，即每种土地类型的发展概率：

$$p(p,k,t) = \sum_j w_{j,k} \times \frac{1}{1+e^{-net_j(p,t)}} \tag{15.4}$$

其中，$p(p,k,t)$ 是在训练时间 t 时，网格单元 p 上的土地利用类型 k 的发展概率。$w_{j,k}$ 是隐藏层和输出层之间的自适应权重，类似于 $w_{i,j}$，它在训练过程中被调整。

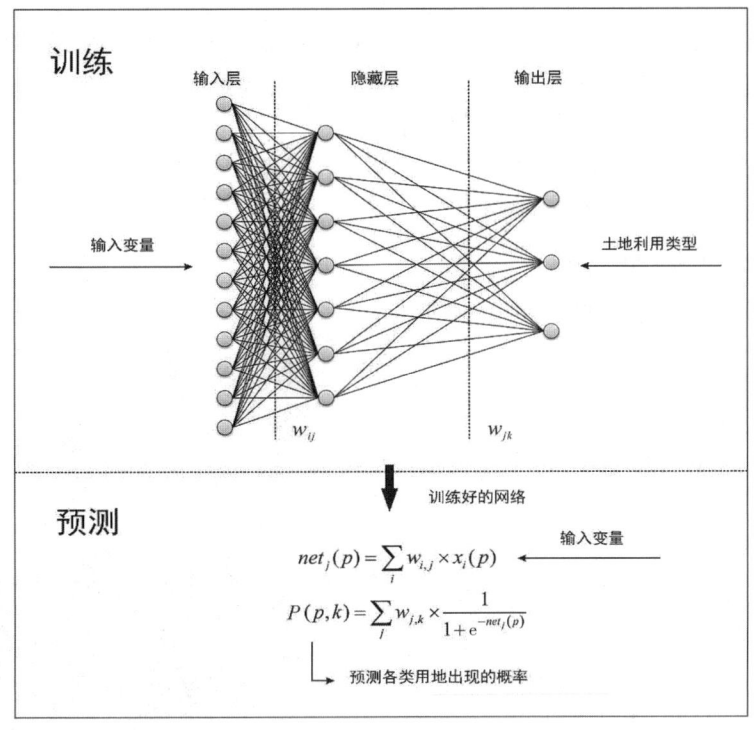

图 15.1　ANN 三层神经网络的结构

15.2.2　土地利用发展概率计算

使用基于人工神经网络的城市发展概率计算工具，需要用户事先准备好土地利用数据以及土地利用变化驱动力因子数据（自然、交通区位、社会经济等）。

输入的土地利用分类栅格数据的土地类型编码要求从 1 开始，且类型编码连续。输入的所有数据应事先统一裁切为相同研究范围且保证行列数一致，重采样为相同分辨率以及投影为相同坐标系。输入所需数据后，该工具将采用神经网络算法计算在研究范围内每种土地利用类型在每个像元上的发展概率。

本例中使用的是东莞市 2001 年 30 m 分辨率的土地利用数据（\ data \ ch15 \ section2），地类共分为城市、水体、耕地、林地、果园五大类，栅格值依次为 1、2、3、4、5。本例中包括的驱动因子数据有高程、坡度、坡向、到市中心距离、到城镇中心距离、到高速公路距离、到主干道距离、到铁路距离（根据实际情况和经验选择合适的驱动力因子）。本例中使用的数据旨在指引用户了解该工具的具体操作过程，在实际多类别土地利用变化模拟中，可以考虑更多的自然与人类活动的因素的影响。例如，GDP、人口的空间分布，气温、降水、土壤属性的空间分布等。

在 GeoScene Pro 中计算土地利用发展概率的具体步骤如下：

（1）通过点击【地理时空动态模拟工具】→【基于人工神经网络的城市发展概率计算】打开窗口，如图 15.2 所示。

（2）在【土地利用分类数据】文本框中，选择东莞市 2001 年 30 m 分辨率的土地利用数据 dg2001coor.tif。采样率、隐藏图层以及训练次数可以使用默认的经验值或用户根据实际情况自行调整。

（3）在【影响因子数据】文本框中，添加本例中使用的多张驱动力因子栅格图。

（4）在【输出概率图数据】文本框中，设置文件存储路径及文件名 pro-of-occu.tif。

（5）单击【运行】，完成计算。结果如图 15.3 所示。输出的结果是一个 n 波段的概率栅格数据，n 为输入数据的类别，本例共有五种地类，因此为五个波段，每个波段对应一种土地利用类型在各个像元上的发展概率。

图 15.2 计算土地利用发展概率

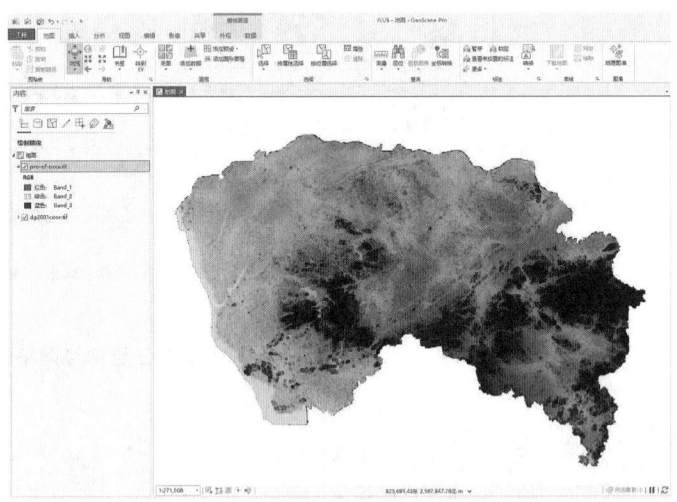

图 15.3 土地利用发展概率计算结果

15.3 元胞自动机城市发展模拟

15.3.1 自适应惯性竞争机制的元胞自动机原理介绍

元胞自动机（CA）是土地利用变化模拟的有效工具。元胞自动机是一种离散的动力学模型，它能通过局部的元胞之间的简单规则演化出空间与时间上的复杂的全局系统变化。这个特性使得元胞自动机被学术界广泛关注，并被应用于许多研究领域。在模拟土地利用空间分布变化时，元胞自动机可以根据土地分布的初始状态与周围邻域效应，通过转换规则来估计未来元胞的状态。

FLUS 模型假设一个栅格从一种土地类型转变为另一种土地类型的转换概率（TP）是由发展概率（P）、邻域效应（Ω），转换限制条件（con）和自适应惯性系数（$Inertial$）共同决定的。特定网格单元的所有土地利用类型的总概率可以表示为：

$$TP_{i,k}^t = P_{i,k} \times \Omega_{i,k}^t \times Inertia_k^t \times con_{c \to k} \tag{15.5}$$

式中，$TP_{i,k}^t$ 是网格单元 i 在迭代时间 t 从原始土地利用转换为目标 k 的总概率；$P_{i,k}$ 表示网格单元 i 上的土地利用类型 k 的发展概率，由 ANN 算法输出；$con_{c \to k}$ 是一个矩阵，它定义了从原始土地利用类型 c 转换到目标 k 的限制条件（$con_{c \to k}$）为 1 时表示允许转换且无成本，为 0 时表示禁止转换，0~1 之间值越大表示越容易转换，它反映了当前土地利用类型向目标类型转换的难度。$\Omega_{i,k}^t$ 表示在时间 t 土地利用类型 k 对网格单元 i 的邻域效应；可以表示为：

$$\Omega_{i,k}^t = \frac{\sum_{N \times N} con(c_i^{t-1} = k)}{N \times N - 1} \times w_k \tag{15.6}$$

式中，$\sum_{N \times N} con(c_i^{t-1} = k)$ 表示在上一次迭代时间 $t-1$ 内土地利用类型 k 占据的网格单元的数量，邻域为方形的 $N \times N$ 窗口。w_k 是不同土地利用类型的权重，可以根据专家经验为不同的土地类型设置不同的邻域权重。

在传统元胞自动机模拟过程的基础上，FLUS 模型设计了一种自适应惯性竞争机制用来模拟特定未来土地需求下的土地利用变化。自适应惯性机制定义了自适应惯性系数，通过宏观土地需求与已配置到空间中的土地面积之间的差距来自动调整当前每个栅格的继承关系。它的核心思想是，如果某一土地类型当前的数量及变化趋势与宏观需求相抵触，那么惯性系数将进行自动调整以扭转这样的趋势，使得土地变化的趋势向着宏观需求收敛。因此，通过引入自适应惯性系数，该模型减少了传统 CA 模型需要对迭代速度进行调参的麻烦，以及由此可能对结果带来的人为因素影响。自适应惯性系数定义为：

$$Inertial_k^t = \begin{cases} Inertial_k^{t-1} & \text{if } |D_k^{t-1}| \leq |D_k^{t-2}| \\ Inertial_k^{t-1} \times \dfrac{D_k^{t-2}}{D_k^{t-1}} & \text{if } 0 > D_k^{t-2} > D_k^{t-1} \\ Inertial_k^{t-1} \times \dfrac{D_k^{t-1}}{D_k^{t-2}} & \text{if } D_k^{t-1} > D_k^{t-2} > 0 \end{cases} \tag{15.7}$$

$Inertial_k^t$ 表示在迭代时间 t 时，土地利用类型 k 的惯性系数。D_k^{t-1} 表示在时间 $t-1$ 处土地类型 k 的宏观土地需求与已配置到空间中的土地面积之间的差距。因为惯性系数仅作用于当前网格单元的土地利用类型，如果潜在土地利用类型 k 与当前土地利用类型 c 不相同，则土地利用 k 的惯性系数将被定义为 1，并且对该网格单元的土地利用类型 k 的总概率没有影响。

在计算完 t 时刻各土地类型的总概率之后，FLUS 采用轮盘选择机制建立不同土地类型之间的竞争关系，确定每个栅格的土地类型是否最终发生变化，如图 15.4 所示。轮盘选择机制的特点是：具有较高总体概率的土地类型更可能被转化为目标土地类型，但那些总体概率相对较低的土地类型仍有一定的转化机会。其目的是反映在现实中土地利用变化的不确定性、复杂性和多样性。这种机制对于模拟现实世界的跨越式增长以及不同土地利用之间的交替变化非常重要。

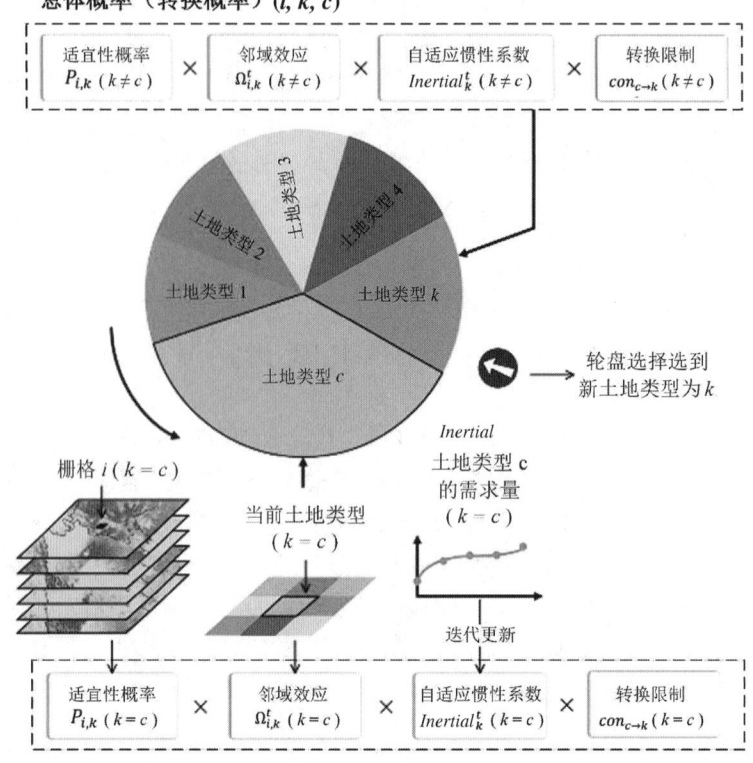

图 15.4 FLUS 模型的轮盘选择机制

15.3.2 城市发展模拟

本例将 2001 年东莞市的土地利用数据作为土地利用分类数据，将在上一步土地利用发展概率计算中输出的概率图作为概率数据。如果模拟中需要有约束条件（例如自然保护区或者宽阔水面上，在一定时期内不会发生土地利用类型的变化），可以考虑设定限制转化区域。限制数据要求为二值数据，即仅允许 0 和 1 存在。数值 0 表示在该像元上不允许发生土地利用类型转化，数值 1 则表示允许转化。

在 GeoScene Pro 中利用元胞自动机模拟城市发展的具体步骤如下：

（1）通过点击【地理时空动态模拟工具】→【元胞自动机城市发展模拟】打开窗口，如图 15.5 所示。

（2）在【土地利用分类数据】文本框中，选择东莞市 2001 年 30 m 分辨率的土地利用数据 dg2001coor.tif。

（3）在【概率数据】文本框中，添加前述 ANN

图 15.5 【元胞自动机城市发展模拟】窗口

生成的土地利用发展概率文件 pro-of-occu.tif。

（4）【有无约束数据】默认为未选中，即无限制数据。若选中，则系统会弹出【约束数据】文本框供用户输入限制数据。

（5）在【约束数据】文本框中选择约束数据。

（6）【最大迭代次数】可以设定为一个比较大的值，当模型达到迭代目标时会提前停止，此例设置为 300。

（7）【邻域大小】表示以当前像素为中心所影响的范围。例如当邻域大小为 9 时，表示窗口的大小为 9×9，则 9×9−1=80 表示邻域像素个数 80。本例选择 3 作为邻域大小。

（8）【加速因子】模型可以在默认的参数下正常的运行。当模拟的图像范围比较大时，模型运行较慢。可以将因子设为一个较大的值（0 到 1 之间）以加快土地利用变化的转化速率，在本例中将其设置为 0.1。

（9）【目标】目标值的输入以分号隔开，分号隔开的个数和土地利用数据类别相等。在本例中使用的需求量为 2006 年东莞市的土地利用，顺序与输入地类一一对应。

（10）【转换矩阵】转换矩阵是一个 $m×m$ 的矩阵，m 表示当前土地利用类型的类别数，类别编码的值 1 开始直到 m，与输入的土地利用数据栅格值一一对应。在本示例中，根据对实验区域的经验，设置城市用地和水体不能转换为其他用地、耕地不能转换为林地和果园、果园不能转换为林地等一系列转化规则。当一种用地类型不允许向另一种转化时，用户可以将矩阵的对应值设为 0；当允许转化时将其设为 1。具体的限制矩阵如下：将本例中的五类土地利用，按顺序设置的转换矩阵为一个 5×5 的矩阵，存储为 Excel 文件 CONMATRIX.xlsx 作为输入，如图 15.6 所示。

1	0	0	0	0
0	1	0	0	0
1	1	1	1	0
1	0	1	1	0
1	0	1	0	1

图 15.6　限制矩阵

（11）【邻域矩阵权重】邻域权重的输入以分号隔开，如"1；1；1；1；1"。邻域权重用分号隔开的个数和土地利用数据类别相等，即和目标对应。值越大代表该土地类型的扩张能力越强。本示例设置为"10；9；5；10；1"。

（12）在【保存模拟结果】文本框中，设置文件存储路径及文件名 simu_result.tif。

（13）【是否保存中间数据】若选中，会将迭代产生的中间结果保存起来。

（14）【保存中间数据】中间结果保存路径，结果保存为 .crf 格式，同时会在 .crf 文件所在的目录下，创建一个以时间为名称的文件夹，里面包含了每一次的结果和多维镶嵌数据集。

（15）单击【运行】，当达到用户设置的迭代次数或达到未来土地类型的数量目标时，软件将自动停止迭代完成计算。结果如图 15.7 所示。

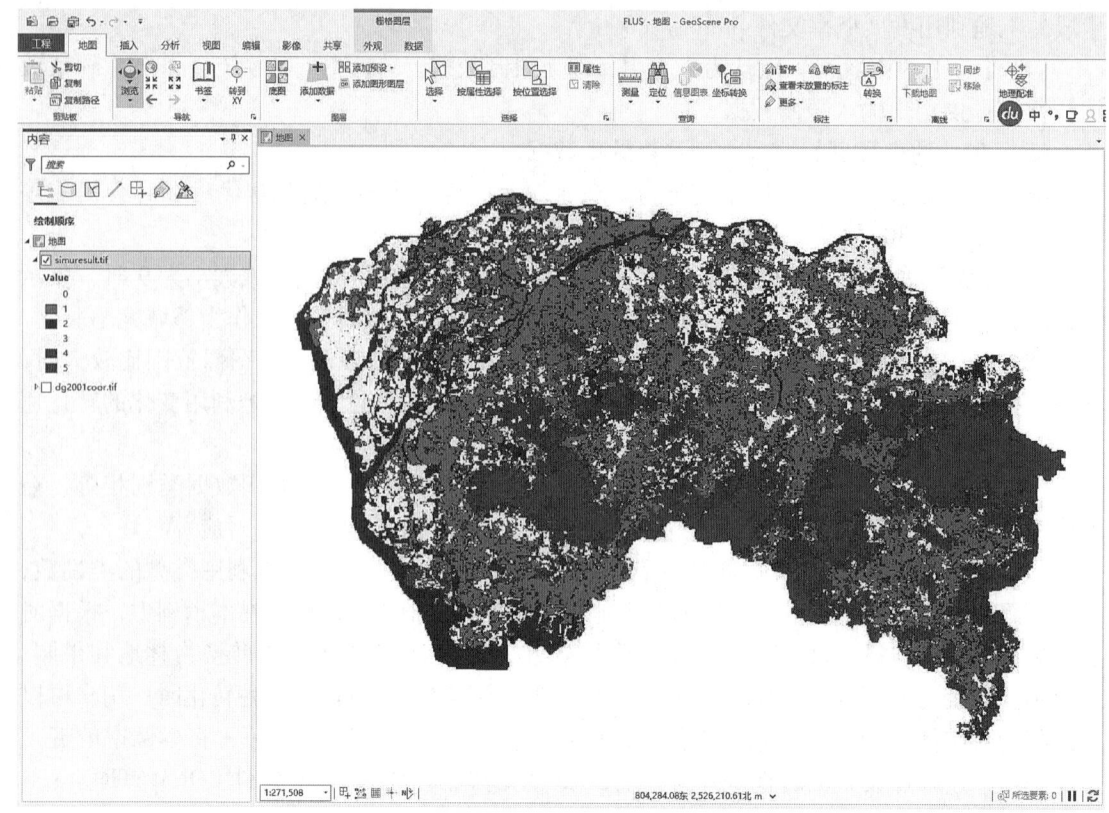

图 15.7　未来土地利用发展情况模拟结果

15.4　某市的城市增长边界划定案例

15.4.1　背景

城市化进程不断加快，对土地资源利用产生了巨大的影响，导致大片的自然用地被城市用地侵占。城市增长边界（urban growth boundary，UGB）是规划者用于控制城市发展的有效工具，它能有效保护优质的耕地，提高城市管理效率，并且能提高城市服务密度和减少城市基础设施建设成本。本节案例所研究的地区为某南方沿海城市，该地是全国民营经济最为发达的地区之一，在该省经济发展中处于领先地位。根据第七次人口普查数据，截至 2020 年 11 月 1 日零时，该市常住人口为 949.89 万人。随着城市化进程的加速推进，城市增长中的矛盾已经日益凸显，主要包括城市用地增长过快而耕地资源短缺、城市过度扩张而土地利用效率低下等。划定城市增长边界可以为城市开发提供一个兼具"刚性"和"弹性"的边界，有助于未来城镇化的有序推进。

15.4.2　目的

使用户熟练掌握利用 GeoScene Pro 地理时空动态模拟工具进行城市增长边界划定的基础流程，帮助用户理解如何进行城市建设用地开发潜力分析及模拟城市未来建设用地发展。

15.4.3 数据

以某市为试验地区,开展基于 GeoScene Pro 地理时空动态模拟工具的城市增长边界划定。需准备的数据见表 15.2(\ data \ ch15 \ section4)。

表 15.2 数据列表

土地利用数据	fs_2015.tif	某市 2015 年土地利用分类数据	初始年份土地利用数据,模型输入	1	非城市
				2	城市
土地利用变化驱动力数据	fs_dem.tif	高程	用于计算适宜性概率的驱动力因子,包括社会经济及自然地形条件的影响	0~1	归一化后的驱动力数据
	fs_slope.tif	坡度		0~1	
	fs_pop.tif	人口		0~1	
	fs_gdp.tif	GDP		0~1	
	fs_Torail.tif	到铁路的距离		0~1	
	fs_Tocity.tif	到城市中心的距离		0~1	
	fs_road_density.tif	道路密度		0~1	

15.4.4 任务

(1) 使用基于人工神经网络的城市发展概率计算工具,计算某市城市发展概率。
(2) 使用元胞自动机城市发展模拟工具模拟某市未来城市发展,以划分城市增长边界。

15.4.5 操作步骤

1. 某市城市发展概率分析

运用人工神经网络算法计算建设用地与影响因子之间的复杂关系。人工神经网络算法通过训练各类驱动力与土地利用类型之间的对应关系,生成一个发展成建设用地概率的分类器,并利用已训练好的分类器预测某市建设用地的开发潜力。

(1) 左键单击【分析】选项卡中的【工具】图标,打开地理处理窗格。

(2) 点击【地理时空动态模拟工具】→【基于人工神经网络的城市发展概率计算】,打开计算城市发展概率的窗口,如图 15.8 所示。

(3) 在【土地利用分类数据】文本框中,选择示例数据 fs_2015.tif 作为输入,该数据为 30 m 分辨率的某市土地利用数据,其中 1 代表非城市,2 代表城市。采样率、隐藏图层以及训练次数可以使用默认的经验值或根

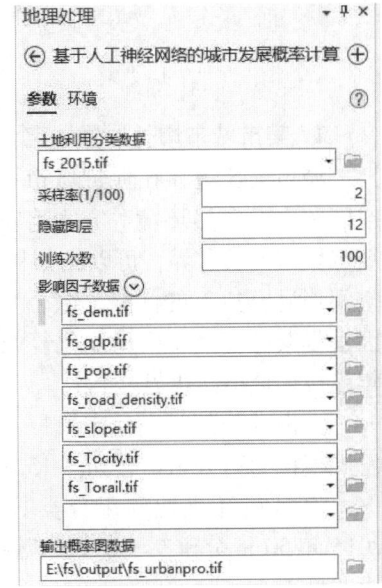

图 15.8 计算城市发展概率

据实际情况自行调整。在此示例中分别设置为 2、12、100。

（4）在【影响因子数据】文本框中，添加本例使用的驱动力因子栅格数据。包含自然地形因素（高程、坡度）和社会经济因素（人口、GDP、到铁路的距离、到城市中心的距离、道路密度）。该工具需要输入值为 0 至 1 的归一化数据。

（5）在【输出概率图数据】文本框中，设置文件存储路径及文件名 fs_urbanpro.tif。

（6）单击【运行】，完成计算。输出的结果是一个 n 波段的概率栅格数据，n 为输入数据的类别，本例共有两种地类，因此为 2 个波段，每个波段对应一种土地利用类型在各个像元上的发展概率。各波段中的值越接近于 1，表示发展为越适宜发展该类用地，即该类在该位置的发展潜力越大。图 15.9 展示了某市土地发展为城市用地的概率。

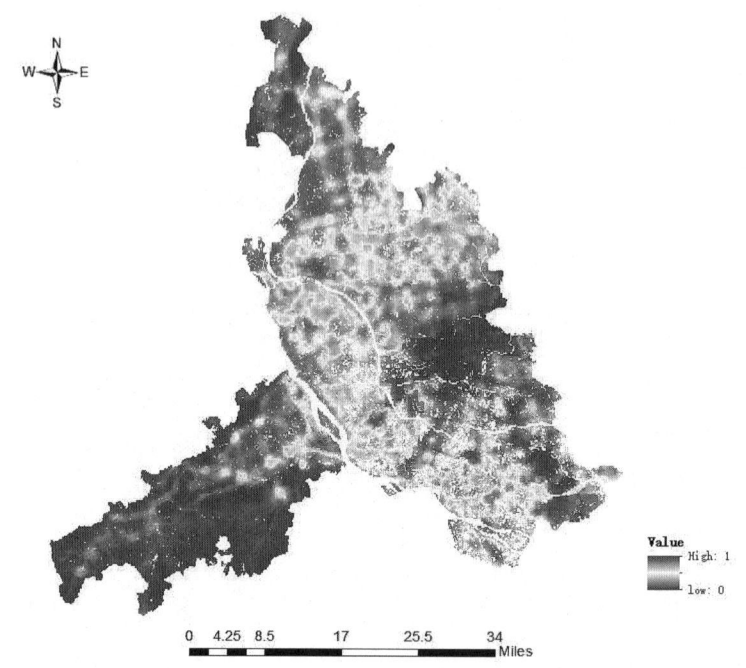

图 15.9　某市土地发展为城市用地的概率

2. 某市城市增长边界划定

城市增长边界在促进城市可持续发展、保护城市外部空间和生态自然环境等方面有重要作用。为了更加合理地划定城市增长边界，可以充分利用 CA 模型在微观土地利用空间格局模拟上的优势，综合考虑土地利用系统宏观驱动因素复杂性及微观格局演化复杂性的特征，划定某市 2035 年建设用地增长边界。

点击【地理时空动态模拟工具】→【元胞自动机城市发展模拟】打开窗口，如图 15.10 所示。

（1）在【土地利用分类数据】文本框中，选择某市 2015 年 30 m 分辨率土地利用数据，编码 1 为城市，编码 2 为非城市。

（2）在【概率数据】文本框中，添加前述 ANN 生成的

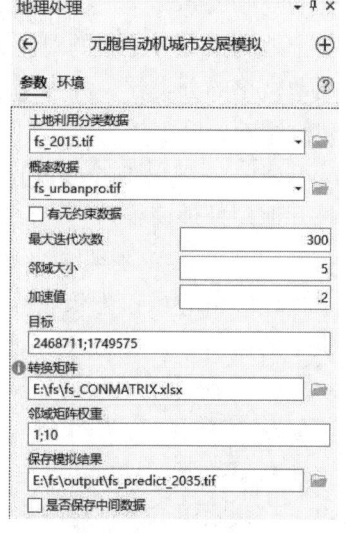

图 15.10　模拟未来城市发展

土地利用发展概率文件 fs_urbanpro.tif。

（3）将【最大迭代次数】、【邻域大小】和【加速值】分别设置为300、5、0.2。

（4）在【目标】文本框中，用户可事先利用系统动力学、马尔科夫模型、回归预测等方法预测未来城市用地需求量作为后续模型的输入参数。在本案例中设置为"246871；1749575"。

（5）【转换矩阵】在本案例中设置为城市不可向非城市转换，非城市可以转化为城市。

（6）【邻域矩阵权重】非城市：城市设置为1∶10。

（7）【保存模拟结果】即可设置保存路径。

（8）点击【运行】，得到某市2035年城市发展模拟结果。

（9）在此基础上，可以基于形态学膨胀腐蚀方法对城市发展模拟数据进行处理，具体步骤为：膨胀→腐蚀→腐蚀→膨胀。其中先膨胀后腐蚀是一次闭运算，后接一次腐蚀膨胀是一次开运算。通过对城市—非城市二值数据经过一次闭运算和一次开运算，用户可以获得栅格结构的城市增长边界，然后将栅格转成矢量，即可获得最终的城市增长边界结果。某市模拟所得的2035年城市增长边界如图15.11所示。

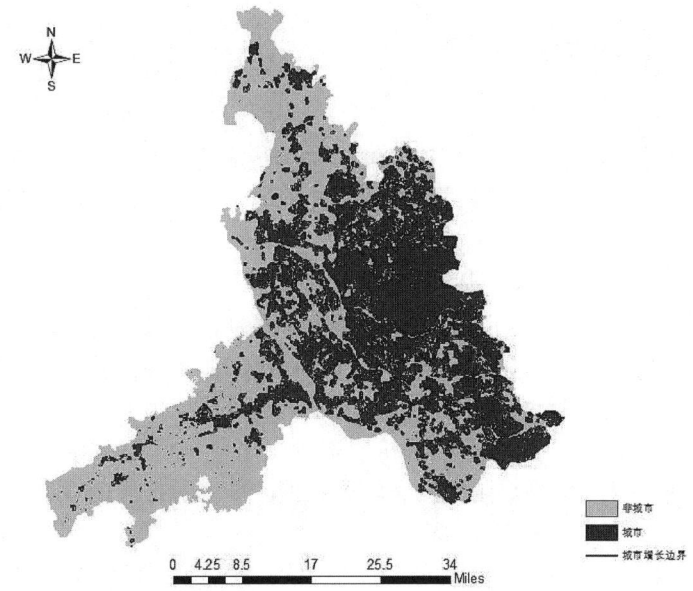

图15.11 某市2035年城市增长边界模拟结果

第 16 章　空间大数据分析

空间大数据有哪些？最容易想到的首先是传统 GIS 数据，经过多年的积累，常用的 GIS 的数据已达到海量的级别，这也是相关工作者处理和使用的最多的一类数据；然后是遥感影像数据，随着传感器种类的不断丰富，并且获取数据的能力不断提升，遥感数据也成为用户空间大数据中最主要的数据类别；再就是位置服务数据，这些数据来源于各类的 GPS 设备，包括智能手机、物联网设备，以及各种监测传感器的设备等，而这些数据除了包含空间属性、时间属性，还包含一些业务属性等，通过各类数据关联分析，可解决实际的业务场景的需求。本章将介绍空间大数据分析原理、两个分析实例和分布式空间大数据分析架构。

16.1　空间大数据分析原理

16.1.1　大数据和空间大数据概述

1. 大数据

大数据由巨量数据集组成，这些数据集的大小通常超出人类在可接受时间下的收集、使用、管理和处理能力。定义某体量数据集为大数据的标准经常被人们改变，这取决于分析该数据集的机构的能力。如今，人们通常定义某单一数据集大小为 TB、PB、EB 级别是大数据。大数据的特征通常用 4V 来概述：海量的数据规模（volume）、快速的生成速度（velocity）、多样的数据类型（variety）和价值密度低（value）。大数据几乎无法使用大多数的数据库管理系统处理，而必须使用在数十、数百甚至数千台服务器上并行运行的软件进行处理。

大数据按照拥有该数据的对象和数据的关系可被分为以下三种。

（1）第一方数据：为己方单位自己和消费者、用户、目标客群交互产生的数据，具有高质量、高价值的特性，但易局限于既有顾客数据，如企业搜集的顾客交易数据、追踪用户在 App 上的浏览行为等。

（2）第二方数据：取自第一方的数据，通常与第一方具有合作、联盟或契约关系，因此可以共享或采购第一方数据。如订房品牌与飞机品牌共享数据等。

（3）第三方数据：提供数据的来源单位，并非产出该数据的原始者，该数据即为第三方数据。通常提供第三方数据的单位为数据供应商，其广泛搜集各类数据，并贩售给数据需求者。

2. 空间大数据

空间大数据即拥有位置信息的大数据，空间大数据从定义上可分为地理数据、轨迹数据、空间媒体数据三类。

（1）地理数据：指直接或间接关联着相对于地球的某个地点的数据。地理数据包括土地覆盖类型数据、地貌数据、土壤数据、水文数据等，这些数据体量大，但较为规则化并且变化较慢。

（2）轨迹数据：指通过 GNSS 等测量手段或手机信令等方法获得的用户活动数据，可以被用来反应网络的位置和用户的社会偏好。轨迹数据包括个人轨迹数据、群体轨迹数据、车辆轨迹数据等，这些数据体量大、碎片化程度高、准确率低。

（3）空间媒体数据：包含位置的数字化的文字、图形、图像、视频影像等媒体数据，主要来源于移动社交网络等新型互联网应用。空间媒体数据包括互联网图像视频数据、社交网络数据、在线电子商务数据、城市监控数据等，这些数据来源混杂、异构型大、数据价值密度低、实时性强。

在常见的业务中，空间大数据也可以用空、天、地来进行分类。空，即来自卫星的遥感数据；天，即无人机、航天摄影的影像数据；地，即监测站点、测量仪器、雷达等地面监测数据。

16.1.2 大数据分析工具箱功能介绍

在 GeoScene 中，如图 16.1 所示，大数据分析软件提供了七类共计 29 种常用的时空大数据处理工具，与其他地理信息系统软件相比，新增的工具包括构建多变量网格、描述数据集、从多变量网格丰富数据、查找点聚类、基于森林的回归和分类、非线性回归分析、追加数据、融合边界、合并数据、叠加数据十种。大数据分析工具支持分布式集群，该工具可以在多台计算机上运行分析。

1. 查找位置工具集

查找位置工具集包含用于识别符合指定条件的区域的工具。标准可基于属性查询（如闲置宗地）和空间查询（如距离河流 1 千米以内）。查找的区域可从现有要素（如地块）中选择，也可创建满足所有要求的新区域。

（1）检测事件。如图 16.2 所示，该工具可以创建用于检测满足给定条件的要素的图层。

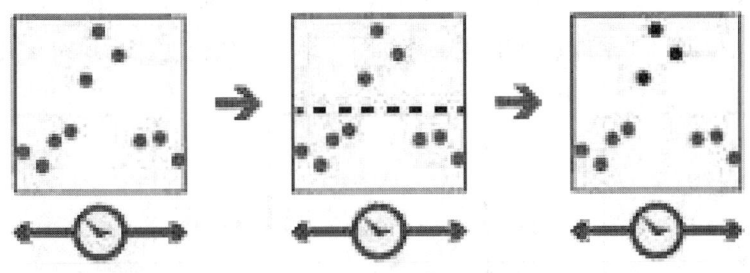

图 16.1 大数据分析工具

图 16.2 检测事件工具功能示意

（2）查找相似位置。如图 16.3 所示，该工具可以根据要素属性识别与单个或多个输入要素最相似或者最不相似的候选要素。

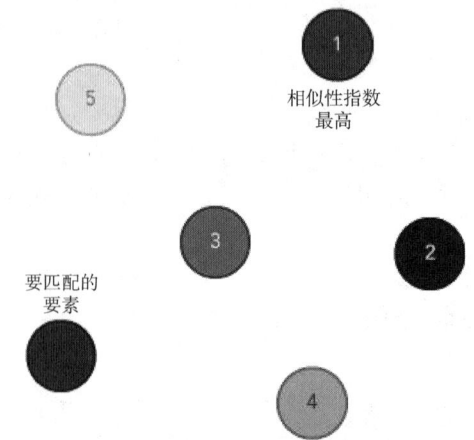

图 16.3　查找相识位置工具功能示意

（3）查找停留位置。如图 16.4 所示，使用给定的时间和距离阈值来查找移动对象已停止或停留的位置。

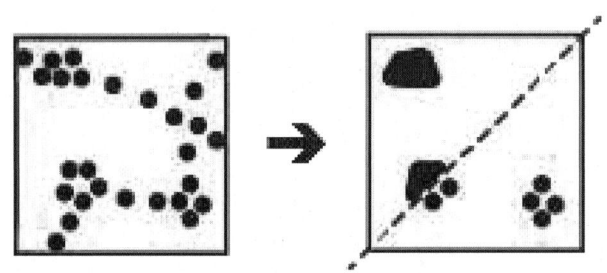

图 16.4　查找停留位置工具功能示意

2. 分析模式工具集

分析模式工具集包含可帮助确定、量化并显示数据空间模式的工具。

（1）计算密度。如图 16.5 所示，通过在地图范围内扩展某一现象（表示为点或线的属性）的已知量，根据点要素或线要素创建密度图。结果是按密度从小到大分类的面图层。

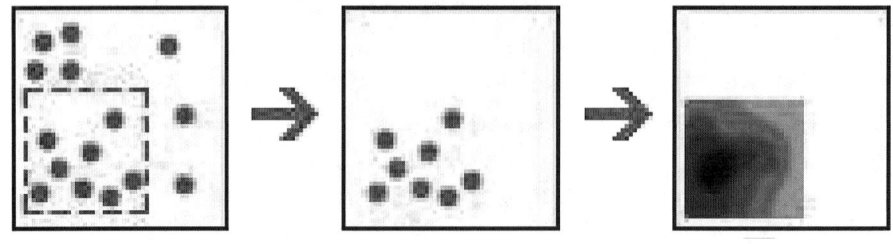

图 16.5　计算密度工具功能示意

（2）查找热点。如图 16.6 所示，给定一组要素，使用 Getis – Ord Gi∗ 统计识别具有统计显著性的热点和冷点。

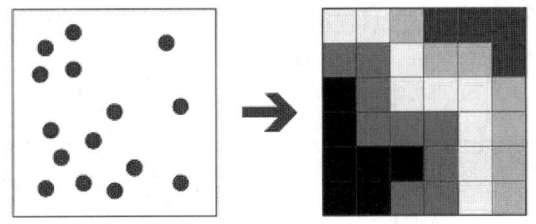

图 16.6 查找热点工具功能示意

(3) 查找点聚类。如图 16.7 所示,基于点要素的空间或时空分布查找周围噪点内的点要素聚类。

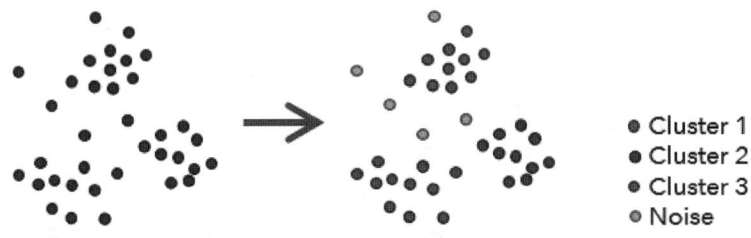

图 16.7 查找点聚类工具功能示意

(4) 基于森林的分类与回归。使用 Leo Breiman 随机森林算法(一种监督式机器学习方法)的改编版本创建模型并生成预测,可以针对分类变量(分类)和连续变量(回归)执行预测,解释变量可采用训练要素属性表中字段的形式。除了基于训练数据对模型性能进行验证外,还可以对要素进行预测。

(5) 广义线性回归。执行广义线性回归(GLR)可生成预测,或对因变量与一组解释变量的关系进行建模。此工具可用于拟合连续(OLS)、二进制(逻辑)和计数(泊松)模型。

3. 管理数据工具集

(1) 计算字段。可使用计算的字段值创建图层。

(2) 裁剪图层。如图 16.8 所示,从指定的多边形中提取输入要素。

图 16.8 裁剪图层工具功能示意

(3) 融合边界。如图 16.9 所示,查找相交或具有相同字段值的面,并将其合并为一个面。可以通过指定一个或多个字段来控制合并哪些边界。例如,如果有一个县图层,并且每个县都具有 State_Name 字段，则可以使用 State_Name 字段来融合边界。如果相邻的县具有相同的 State_Name 值，则将其合并。结果是一个州边界图层。

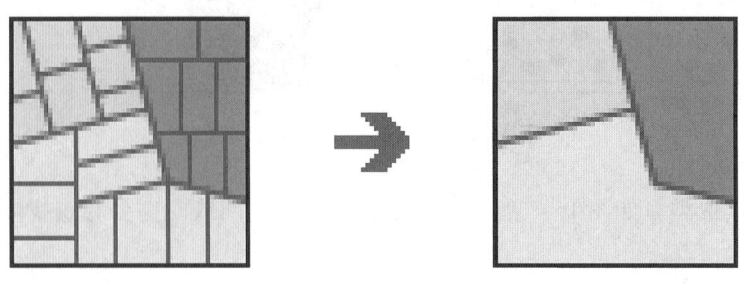

图 16.9　融合边界工具功能示意

（4）叠加图层。如图 16.10 所示，将多个图层中的几何叠加到一个图层中。叠加可用于合并、擦除、修改或更新空间要素。

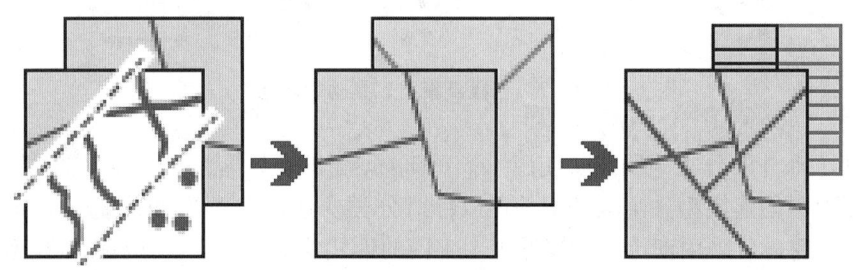

图 16.10　叠加图层工具功能示意

叠加操作用于回答一个最基本的地理问题：什么在什么上？以下为示例：

a. 哪些宗地位于百年一遇的洪泛区中？（"在……中"是"在……上"的另一种表达方式。）

b. 什么土地利用在什么土壤类型上？

c. 什么井在废弃的军事基地中？

4. 汇总数据工具集

汇总数据工具集包含用于计算区域内或其他要素附近的要素及其属性的总数、长度、面积以及基本描述性统计数据。

（1）聚合点。将点聚合到面要素或立方图格。系统将返回一个面，其中包含存在点的所有位置的点计数以及可选统计数据。如图 16.11 所示，该工具将显示聚合点到面（第一行）、聚合启用时间的点到具有时间步长的面（第二行）、聚合点到立方图格（第三行）以及聚合点到具有时间步长的立方图格（第四行）。

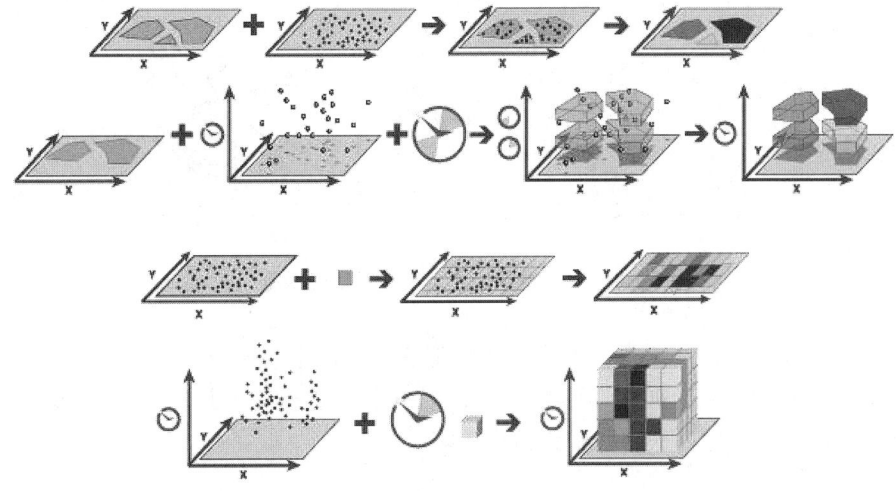

图 16.11　聚合点功能示意

（2）描述数据集。如图 16.12 所示，将要素汇总到所计算的字段统计信息、样本要素和范围边界中。

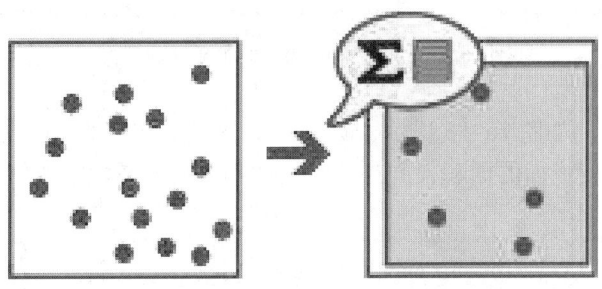

图 16.12　描述数据集工具功能示意

（3）连接要素。可根据空间、时态、属性关系或这些关系的某种组合，将一个图层的属性连接到另一个图层，如图 16.13 所示时空连接。

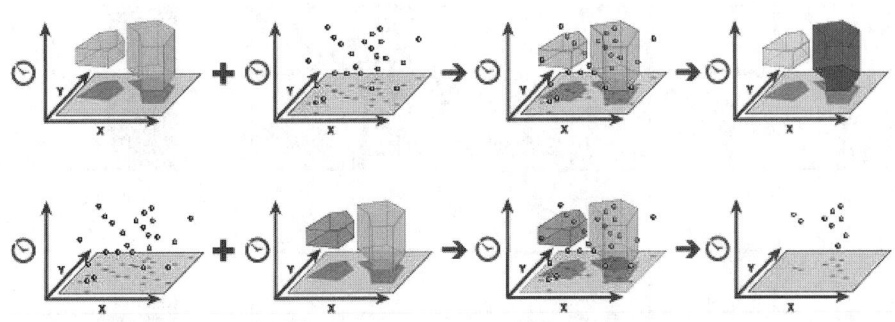

图 16.13　连接要素工具功能示意

（4）重新构建轨迹。从启用时间的输入数据创建线或面轨迹，如图 16.14 所示，该工具将显示已重新构建为轨迹的启用时间的点。

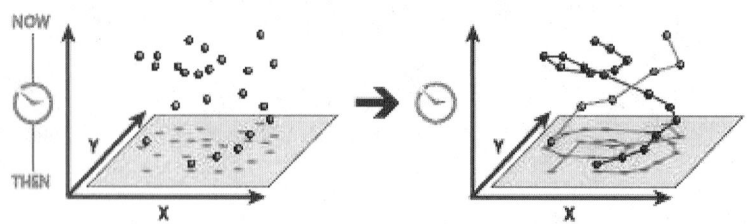

图 16.14　重新构建轨迹工具功能示意

（5）汇总属性。针对要素类中的字段计算汇总统计数据。

（6）汇总中心和离差。如图 16.15 所示，汇总中心和离差工具可用于查找中心要素和方向分布，并根据输入计算平均和中位数位置。

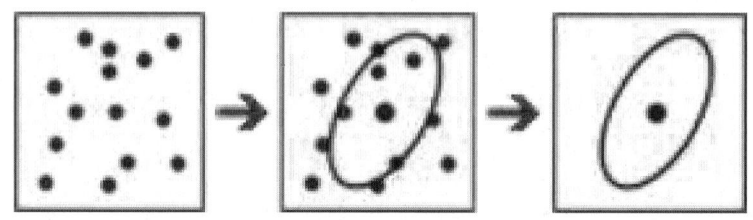

图 16.15　汇总中心和离差工具功能示意

（7）范围内汇总。如图 16.16 所示，将一个面图层与另一个图层叠加，以便汇总各面内点的数量、线的长度或面的面积，并计算面内此类要素的属性字段统计数据。

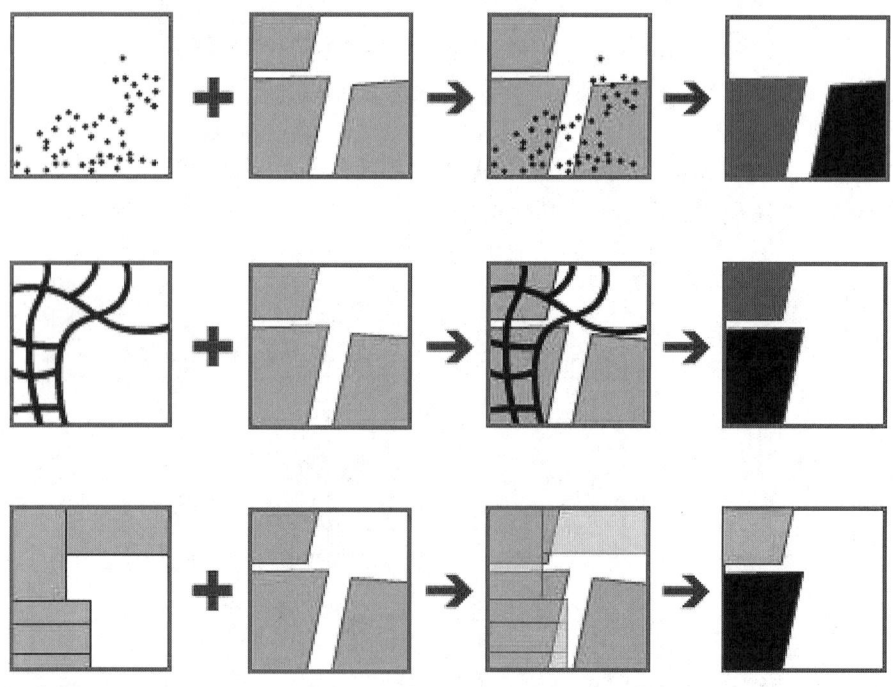

图 16.16　范围内汇总工具功能示意

以下为使用范围内汇总的示例场景：

a. 按土地使用类型给定分水岭边界和土地使用边界，计算每个分水岭的土地使用类型的总面积。

b. 给定县内宗地和城市边界，汇总各城市边界内闲置宗地的平均值。

c. 给定各县和道路，汇总各县内各种道路类型的道路总里程。

5. 邻近分析工具集

（1）创建缓冲区。在输入要素周围某一指定距离内创建缓冲区。

（2）追踪邻域事件。追踪在空间（位置）和时间上彼此邻近的事件。启用时间的点数据必须包含表示时刻的要素，图 16.17 显示了追踪事件（大圆圈）和轨迹（深色小圆圈）。

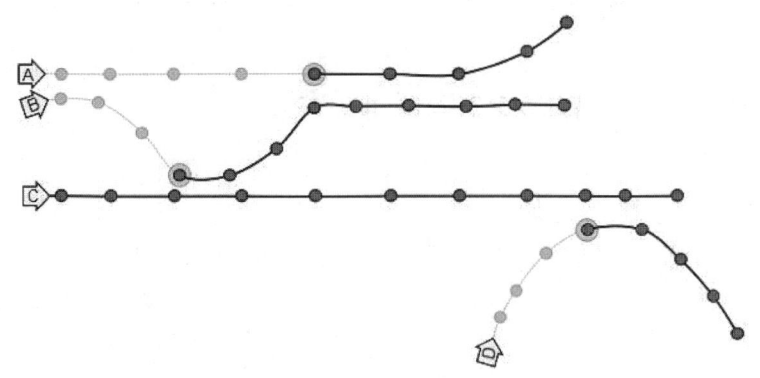

图 16.17　追踪邻域事件工具功能示意

6. 实用工具中的大数据连接工具集

大数据连接工具集用于创建和修改大数据连接，以便将其用于地理处理工具，使用该工具集需要先创建大数据连接（使用创建大数据连接工具即可）。

（1）从大数据连接导出要素类。将数据集从大数据连接（big data connectivity，BDC）复制到要素类。

（2）创建大数据连接。创建大数据连接文件（.bdc）和项目。在大数据连接（BDC）中注册的数据集可用作大数据分析桌面工具和其他地理处理工具的输入。

（3）从大数据连接创建数据集副本。用于创建大数据连接数据集的副本。

（4）从大数据连接预览数据集。用于创建大数据连接数据集中前十个要素的预览。

（5）刷新大数据连接。用于刷新现有大数据连接，并注册已添加到源位置的所有新数据集。

（6）从大数据连接移除数据集。用于从现有大数据连接移除一个或多个数据集。此工具仅从 BDC 文件中移除数据集，而不会修改源数据。

（7）更新大数据连接数据集属性。用于更新大数据连接数据集的属性。该工具可以修改指定 BDC 数据集的字段、几何、时间和文件设置。

7. 数据丰富工具集

数据丰富工具集包含用于向现有要素添加属性以进行可视化、回归和预测的工具，该工具集目前仅一种工具——计算动态统计数据。计算启用时间的要素类中点的动态统计数据，图 16.18 使用该工具将使用运动数据丰富启用时间的点。

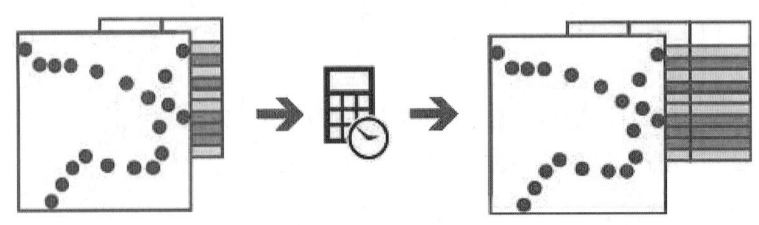

图 16.18　计算动态统计数据工具功能示意

16.2　空间大数据分析实例——时空立方体与时空数据分析

16.2.1　时空立方体和时空模式挖掘工具介绍

时空立方体模型、时空栅格建模、时空体素模型的分析模型、逻辑模型有差异，但是它们在数据结构上具有共享性，在功能上有一定重合的部分。综合考虑时空数据的应用场景、存储结构、计算效率、可视化效果等方面的优缺点，GeoScene 目前可以支持时空立方体（图 16.19）、时空栅格、时空体素和时空轨迹流四种时空数据模型，并提供了相应的分析与可视化方法支持。

时空立方体在 GeoScene Pro 中具有较好的模型支持，如图 16.20 所示，其包含了创建时空立方体、可视化时空立方体和分析时空立方体。时空立方体有三种构建方式，可以通过二维或三维的方式进行可视化。时空立方体可用于进行时空自相关分析，可以用于进行时空协同分析，还可以用于进行预测分析。

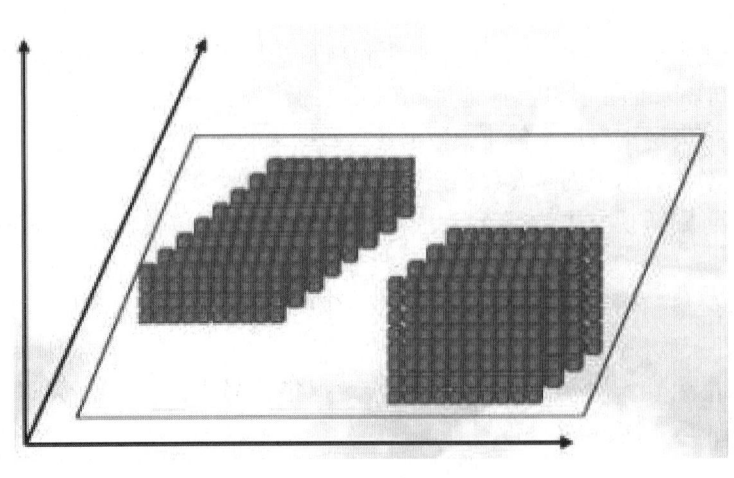

图 16.19　时空立方体

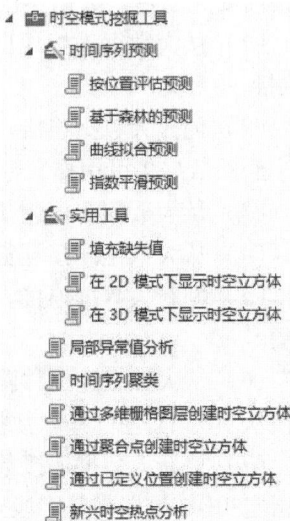

图 16.20　时空模式挖掘工具

16.2.2 实例步骤

1. 实例所需数据

在 GeoScene 中加载 OD_07.csv 文件 (\ data \ ch16 \ OD_07.csv)，该文件包含了某市出租车的上车点和下车点数据。在 GeoScene 中打开后如图 16.21 所示。对于需要进行时空数分析的数据，数据量必须要足够大，否则在时间和空间上会变得稀疏，因此时空数据在本质上具备了时空大数据的基本特征。首先需要对数据进行空间化的处理，接着进行坐标转换，最后再做适当的数据分析。

Field1	Field2	Field3	Field4	Field5	Field6	Field7
2	2015/04/07 16:15:09	121.411047	31.258478	2015/04/07 17:02:54	121.453048	31.223083
7	2015/04/07 10:06:03	121.550872	31.210757	2015/04/07 11:23:27	121.550708	31.22573
11	2015/04/07 0:00:06	121.39284	31.304217	2015/04/07 11:13:53	121.39322	31.304165
11	2015/04/07 11:14:20	121.393195	31.304163	2015/04/07 11:59:24	121.403875	31.309975
11	2015/04/07 12:54:11	121.372625	31.27377	2015/04/07 13:10:10	121.363953	31.283558
12	2015/04/07 0:00:04	121.563902	31.192705	2015/04/07 10:46:36	121.574772	31.195595
16	2015/04/07 12:02:28	121.408058	31.164107	2015/04/07 12:12:21	121.398595	31.164492
16	2015/04/07 14:02:23	121.404708	31.165822	2015/04/07 14:23:24	121.414237	31.168748
17	2015/04/07 14:19:40	121.579308	31.233945	2015/04/07 14:28:30	121.555502	31.247208
18	2015/04/07 11:27:50	121.549392	31.254922	2015/04/07 11:29:24	121.548012	31.252427
18	2015/04/07 11:38:47	121.513977	31.296268	2015/04/07 12:44:21	121.306512	31.3047
25	2015/04/07 11:15:33	121.45295	31.254345	2015/04/07 12:05:31	121.633977	31.278057
26	2015/04/07 11:47:39	121.442243	31.212047	2015/04/07 14:39:59	121.442148	31.212478
33	2015/04/07 11:39:20	121.54547	31.124057	2015/04/07 12:24:14	121.474682	31.241267
33	2015/04/07 12:25:13	121.470905	31.240173	2015/04/07 12:45:06	121.468027	31.238658

图 16.21 原始数据

2. 数据预处理

首先需要对数据做一些预处理，这是由于数据里面可能存在一些结构性的错误，不能直接进行展点的操作，否则后续难以发现错误。右键内容框内的数据表，选择【数据】，点击【导出表】，弹出导出表窗口，在默认目录下导出命名为 od_07，点击【确认】即可，如图 16.22 所示。导出后在地图框内打开，可见记录总数有 365764 条。

在地理处理工具箱中打开【数据管理工具】，展开【要素】工具箱，点击【XY 表转点】工具，即可打开【XY 表转点】工

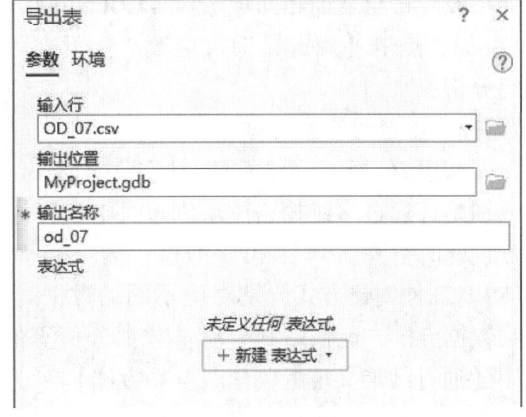

图 16.22 导出表窗口

具对话框。输入要素选择 od_07，输出命名为 od_07XYTableToPoint，X 字段和 Y 字段分别为经纬度字段，此处选择 Field3、Field4。坐标系为 WGS84，默认不需要修改，点击【确定】即可开始运行，如图 16.23 所示。

由于 WGS84 是地理坐标，而地理坐标不能直接用于与距离、长度和面积相关的空间分析，而大多数的空间分析都会涉及距离等的计算，因此必须将得到的点转换成投影坐标。在内容框中右键点击 od_07XYTableToPoint 点矢量文件，选择【数据】，点击【导出要素】。随后在弹出的对话框内将输出文件命名为 od_fc_p。选择【环境】栏，在【输出坐标】设置下点击输出坐标系文本框右侧的圆形按钮，在弹出的坐标系对话框内分别展开【投影坐标系】→【Gauss Kruger】→【CGCS2000】。某市位于东经 121°附近，因此选择最近的 120°带，即【CGCS2000 3 Degree GK CM 120E】，如图 16.24 所示。最后点击【确定】，即可开始坐标投影转换。

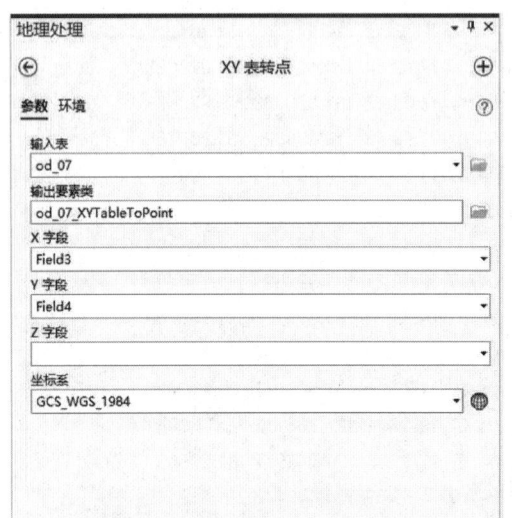
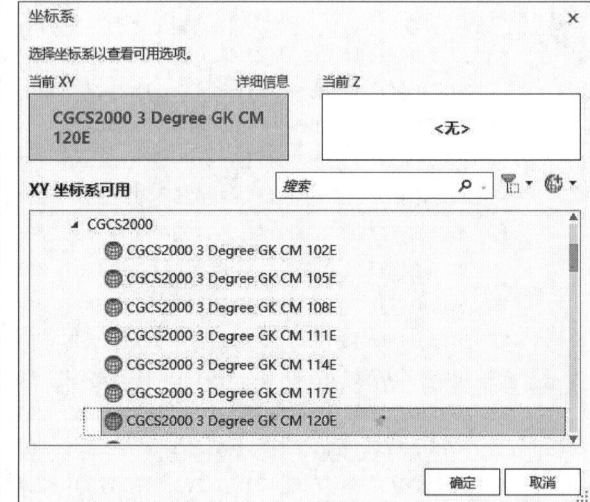

图 16.23 【XY 表转点】工具对话框　　　　图 16.24 坐标系选择

此外，还需要更改地图框内的视图坐标。在内容框内右键点击【地图】，选择【属性】，在弹出的窗口内选坐标系设置，与之前相同地选择【CGCS2000 3 Degree GK CM 120E】，点击【确定】即可更改，接下来可以开始进行空间分析。

3. 创建时空立方体

如图 16.25 所示，创建时空立方体的方式共有 3 种，分别是【通过多维栅格图层创建时空立方体】、【通过聚合点创建时空立方体】和【通过已定义位置创建时空立方体】。三种创建方式分别对应不同的数据。对于 $PM_{2.5}$ 污染物数据分析、地铁站刷卡流量数据分析等的应用，应该使用【通过已定义位置创建时空立方体】。【通过聚合点创建时空立方体】首先会将点进行聚合，在本例中会把整个空间划分成网格，并统计每个网格里面在特定不同的时间段

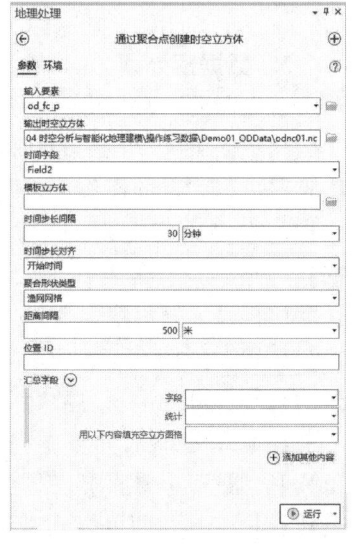

图 16.25 创建时空立方体

内点的数量（统计量既可以是点的数量，也可以是点的某一个属性），在本例中，对象的位置和属性都发生了改变，需要使用【通过聚合点创建时空立方体】工具。而【通过多维栅格图层创建时空立方体】则要求源数据是多维时序的栅格数据，如过去40年的每年土壤湿度栅格数据，10年的逐年POI和密度分析栅格数据，基于此来构建时空立方体。

本例使用【通过聚合点创建时空立方体】工具，点击地理处理工具箱中【时空模式挖掘工具】下的【通过聚合点创建时空立方体】，即可显示工具设置窗口。【输入要素】选择投影转换后的文件od_fc_p，【输出时空立方体】选择工程目录并命名为odnc01，工具将在工程目录下创建NetCDF多维开源的标准数据结构文件；在【时间字段】选择上车点时间字段"Field2"；【模板立方体】为可选参数，此处不做设置；本例数据为一天内24小时的数据，将【时间步长间隔】设定为30分钟，则最终会生成48层的立方体；【时间步长对齐】设置项下拉后选择"开始时间"；【聚合形状类型】参数默认为"渔网网格"不做修改；【距离间隔】定义了每个立方体的大小，此处设置为500 m；【位置ID】不做设置；【汇总字段】设置项定义了分析对象的统计量，对于$PM_{2.5}$数据，用户如需要统计其值的总和，则需要对此字段进行设置，在本例中统计的是上车点的数量，因此不需要设置统计字段，如图16.25所示。参数设置完成后，点击【运行】，即可开始创建时空立方体。

工具运行完成后，用户可以在电脑文件系统的工程目录文件下看到生成的odnc01.nc文件。GeoScene Pro不能直接将其可视化，需要借助【时空模式挖掘工具】进行可视化。

4. 时空立方体可视化

在【时空模式挖掘工具】工具箱中选择【实用工具】，点击【在2D模式下显示时空立方体】。在【输入时空立方体】参数选择上一步生成的odnc01.nc文件；在【立方体变量】文本框右侧下拉菜单中选择"COUNT"即上车点的数量；在【显示主题】下拉菜单选择"趋势"，并勾选【启用时间序列弹出窗口】；【输出要素】默认为工程数据库下的odnc01_VisualizeSpaceTimeCube2D文件，如图16.26所示。完成设置后点击【运行】即可。

运行结果将自动在地图框内加载，如图16.27所示，可见，结果图并没有展示出很多信息，仅仅给了一个基于统计显著性的统计结果。对于输出结果的不同的可视化颜色代表了在24小时内该范围内其趋势是增加还是减少，并相应给出置信度。在图16.27中，白色块代表趋势是不变，深灰色块代表趋势是增加，浅灰色块代表趋势是减少，颜色越深代表置信度越高。同时可见网格大小500 m基本可以满足分析需求。

接下来，需要在三维场景下可视化时空立方体。在软件上方点击【插入】工具栏，在左侧【新建地图】下拉菜单中点击【新建局部场景】，则可新建三维场景用于时空立方体可视化。在【时空模式挖掘工具】工具箱中选择【实用工具】，点击【在3D模式下显示时空立方体】。【输入时空立方体】参数依然选择odnc01.nc文件；在【立方体变量】文本框右侧下拉菜单中选择"COUNT"即上车点的数量；在【显示主题】下拉菜单中选择"值"；【输出要素】默认为工程数据库下的odnc01_VisualizeSpaceTimeCube3D文件，如图16.28所示。完成设置后，点击【运行】即可。

运行结果将自动在场景框内展示，适当拖动和放大后如图16.29所示。可见，立方体高度为48层，由不同颜色的离散立方体组成，每层分别表示了每一个数据点，其颜色对应不同的统计值区间，颜色越深代表上车点的数量越多。

图 16.26 【在 2D 模式下显示时空立方体】窗口　　　　图 16.27　时空立方体 2D 可视化

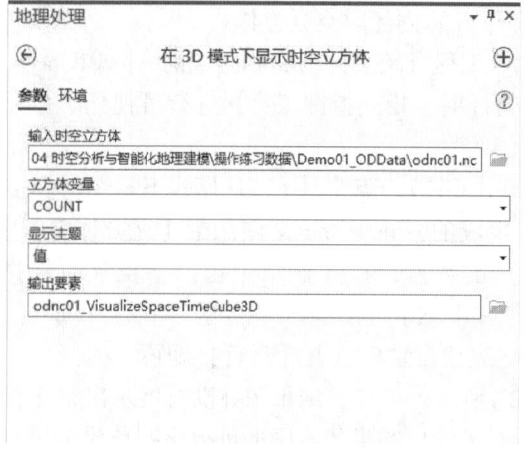 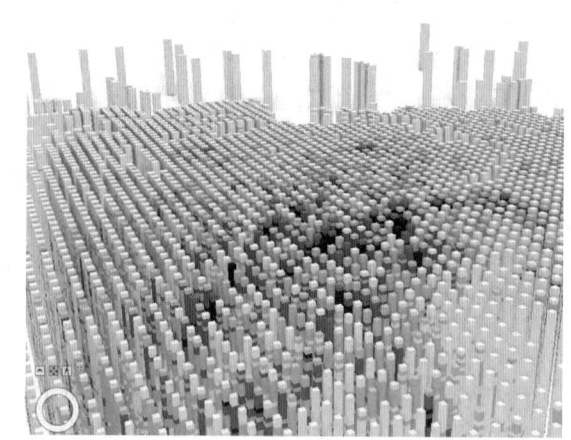

图 16.28 【在 3D 模式下显示时空立方体】窗口　　　　图 16.29　时空立方体 3D 可视化

　　此外，用户还可以对数据点做一定的筛选。在左侧内容框右键单击 odnc01_VisualizeSpaceTimeCube3D，点击属性。在弹出的属性窗口左侧选择【定义查询】，单击【新建定义查询】，在"Where"后的文本框下拉菜单中分别选择"COUNT""大于"，再输入"30"，如图 16.30 所示，单击【应用】，最后单击【确定】，即可将时空立方体中大于 30 的数据点提取出来。

　　筛选结果会自动在场景框内展示，适当拖动和放大后如图 16.31 所示。

　　左侧内容框中的可视化结果还包含一张统计图，该统计图给出了在 24 小时内统计量的总量的变化情况，打开后结果如图 16.32 所示。

第 16 章　空间大数据分析

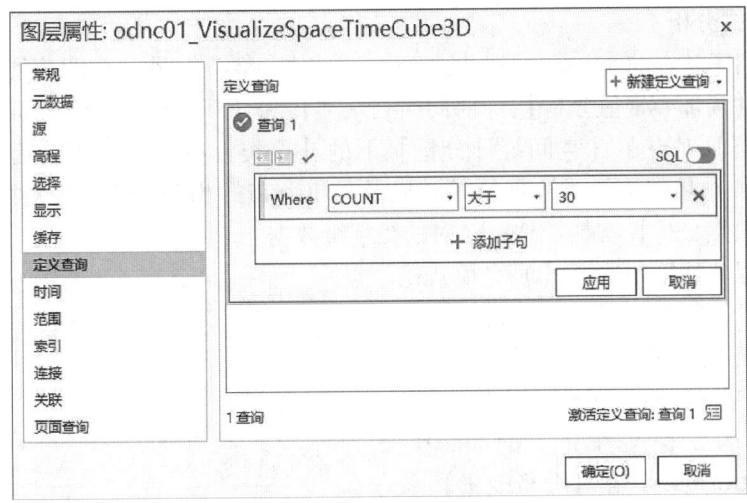

图 16.30　筛选大于 30 的数据点

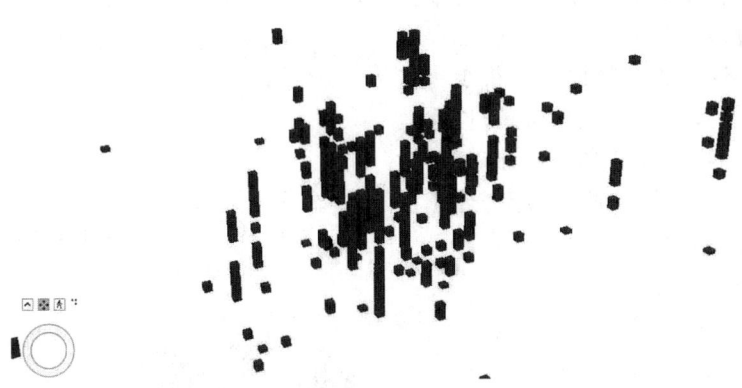

图 16.31　大于 30 的数据点的可视化结果

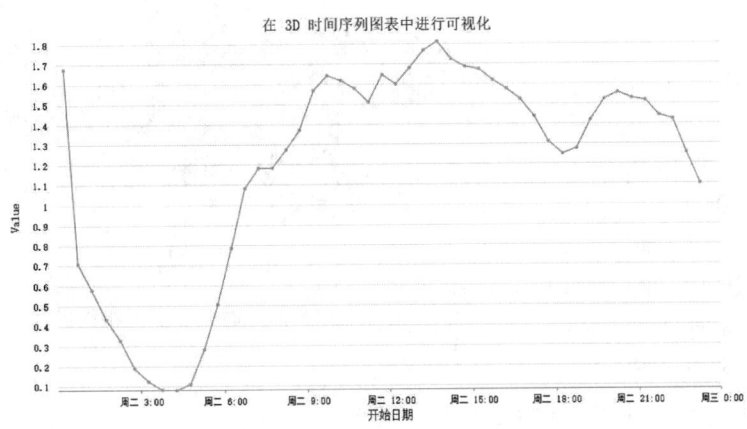

图 16.32　在 3D 时间序列图表中进行可视化

5. 时空模式分析

上一节介绍了基本的统计和可视化。GeoScene 对三维数据最主要的功能是时空模式分析，具体包括【局部异常值分析】、【时间序列聚类】和【新兴时空热点分析】。其中，【新兴时空热点分析】对应了【空间统计分析】下的【聚类分布制图】工具箱中的【热点分析】。【热点分析】是高值聚类、低值聚类以及随机分布的相关分析，针对的是二维数据；而【新兴时空热点分析】功能类似，针对的是三维数据。

在地理处理工具箱中选择【时空模式挖掘工具】，点击【新兴时空热点分析】，即可打开工具的设置项。在【输入时空立方体】设置项浏览文件并打开 odnc01.nc 文件；【输出要素】默认为工程文件夹下的 odnc01_EmergingHotSpotAnalysis；在【分析变量】参数点击下拉菜单，依然选择"COUNT"；在【空间关系的概念化】参数项点击下拉菜单，此处选择"K-最邻近"，并将【空间邻域数】设置为"20"，即选取每一个网格最邻近的 20 个网格作为邻域，此处不使用拓扑关系是因为部分区域数据空缺，可能不存在立方体数据点，这样领域数据点会很少；将【邻域时间步长】设置为 2，其邻域可以取得最近 2 个时间段的立方体数据点，即近 1 个小时内；【面分析掩膜】参数不做设置；【定义全局窗口】取默认值为"整个立方体"；如图 16.33 所示。设置完成后，点击【运行】即可开始进行分析。

图 16.33 【新兴时空热点分析】窗口

运行完成后结果会自动加载在地图栏内，如图 16.34 所示。一方面，分析结果体现了时空的整体模式；另一方面，得到了时空热点的分布。例如，在图中，中间深色像元对应了新兴热点，其周边对应的是持续热点，再向外围对应的是历史热点，等等，在总体上将整个空间模式识别并纳成了 16 种。

图 16.34 时空热点分析结果

完成新兴时空热点分析之后，数据将会自动储存在 odnc01.nc 文件中。此时，用户可以按照上一小节中的【在 3D 模式下显示时空立方体】的分析方式，对热点情况进行可视化，其中将设置项【显示主题】更改为"热点和冷点结果"，点击【确定】即可运行。

与上节类似，用户可以对得到的分析结果进行筛选和过滤，分为时间过滤、空间过滤和属性过滤，可以实现独立观察特定时间段内的情况，或只观察热点或冷点。例如当用户需要对数据的时间进行过滤时，可以在左侧内容框右键单击 odnc01_VisualizeSpaceTimeCube3D1，点击属性。在弹出的属性窗口左侧选择【时间】，在【图层时间】设置框点击下拉菜单，选择"每个要素具有单个时间字段"，其余设置项均保持默认，最后单击【确定】即可。此时，场景框内顶部会出现时间滑杆，用户可以按照需要过滤想要的时间范围的结果，可以过滤出从 2015/04/07 6：50：01 到 2015/04/07 7：50：01 一小时之内的时空立方体数据点结果。属性约束的方式与上节介绍的操作方法相同，选择合适的特征字段和约束条件即可达到想要的效果。

此外，除了【新兴时空热点分析】外，【时空模式挖掘工具】中的分析工具还有【局部异常值分析】和【时间序列聚类】。其中，【局部异常值分析】对应了【空间统计分析】下的【聚类分布制图】工具箱中的【聚类和异常值分析】，即局部莫兰指数分析。而前者针对三维数据，后者针对二维数据。对于【时间序列聚类】，该工具不仅是对时间序列的分析，更是对时空协同的模式分析。

第 17 章　机器学习与深度学习

　　机器学习及其子领域深度学习是人工智能的核心，是使计算机具有智能的根本途径。GeoScene Pro 紧密跟进人工智能前沿发展，实现了人工智能与地理空间的结合。软件内集成了主流的机器学习框架，内置先进的机器学习和深度学习的方法和模型，可为空间环境系统提供强有力的支持，可以更准确地洞悉、分析和预测周围环境。将人工智能技术应用于地理信息领域，凭借历史积累的地理信息和遥感大数据，依托 GeoScene Pro 地理数据处理和分析平台，用户可以实现地理信息知识智能提取和快速的大规模重复作业。

　　本章的内容包括机器学习与深度学习的基本概念，GeoScene Pro 内置的 AI 框架、算法及相关工具介绍，经典的机器学习和深度学习模型介绍及其应用于地理空间数据的实例、操作方法和分析等。

17.1　基本概念

17.1.1　机器学习与深度学习

　　机器学习（machine learning）是研究计算机如何模拟或实现人类的学习行为，通过统计方法或实际交互和观察的形式来获取新的知识或技能，重新组织已有的知识结构，独立学习使之不断改善自身的性能的领域。机器学习的知识体系涉及概率论、统计学、逼近论、凸分析、算法复杂度理论等多门学科。根据卡内基梅隆大学的教授 Tom Mitchell 提出的被广泛引用的定义，机器学习可以被总结为：计算机程序可以从经验 E 中学习某些类型的任务 T 和用来测试的 P，它在 T 中的任务中的表现（由 P 测试）会随着经验 E 的提高而提高。机器学习在地理信息领域有广泛的应用，人们可以将地理环境信息抽象成特征值以供算法进行学习和模型训练，在一些目标值未知或有缺失值的区域应用模型进行预测，可以帮助人们快速大范围地提取地理空间信息。

　　深度学习（deep learning）是一种特殊的机器学习，属于机器学习的子领域。深度学习通过学习，将数据表示为嵌套的概念层次结构来实现强大的功能和灵活性，每个概念都是根据更简单的概念进行定义的，而更抽象的表示则用不怎么抽象的概念计算出来。深度学习是学习样本数据的内在规律和表示层次，在这些学习过程中获得的信息对诸如文字、图像和声音等数据的解释有很大的帮助。它的最终目标是让机器能够像人一样具有分析和学习能力，能够识别文字、图像和声音等数据。深度学习是一类复杂的机器学习算法，目前深度学习在语音和图像识别方面取得的效果远远超过先前相关技术。在 GeoScene Pro 集成的算法中，深度神经网络通过使用堆叠多层卷积层来搭建模型，其中每层都能够提取一个或多个独有的特征。将这些技术应用于大面积、长时序的遥感影像，对影像的识别与解译具有非常显著的效果。

　　机器学习与深度学习有以下六个方面的差异：

　　（1）数据依赖。深度学习与传统机器学习之间最主要的区别会随着数据规模的增大而表现出来。当数据量很小时,深度学习算法表现不佳。这是因为深度学习算法需要大量数据才能充分地被训练和具备特征提取的能力。在数据量较少的场景下,传统的机器学习算法及其手工制作的规则效果更好。

(2) 硬件依赖。出于深度学习算法的复杂性,其在很大程度上依赖于较高端的硬件设施,而机器学习算法可以在较低端机器上运行。深度学习算法在本质上是做大量的矩阵乘法运算,而使用图形处理器(GPU)可以有效地优化这些操作。

(3) 特征工程。特征工程是将领域知识放入特征提取器的创建过程,可以用来降低数据的复杂性并使特征对于学习算法更加可见。就时间投入和所需专业知识而言,这个过程是困难而又昂贵的。在机器学习中,大多数应用的特征需要由专家识别,然后根据领域和数据类型进行手动编码,例如影像的像素值、形状、纹理、位置和方向。大多数机器学习算法的性能取决于特征识别和特征提取的准确程度。而深度学习算法尝试从数据中学习高级特征。这是深度学习一个非常独特的部分,也是超越传统机器学习的重要部分。因此,深度学习减少了为每个问题开发新的特征提取器的任务。

(4) 问题解决范式。在使用机器学习算法解决问题时,通常可以将问题分解为不同的部分并分别解决这些问题,然后将它们组合起来得到结果。深度学习主张从头到尾地解决问题,采用端到端的问题解决范式,一步到位地进行模型训练和问题解决。例如,对于多对象检测任务,应用机器学习方法一般将问题解决分为两个步骤:对象检测和对象识别。第一步,使用边界框检测算法(如 grabcut)来浏览图像并查找所有可能的对象;第二步,使用对象识别算法(如带有 HOG 的 SVM)在所有查找出的对象中识别相关对象。应用在深度学习方法只需要从头到尾的完成这个过程,例如,可以直接将图像传入 YOLONet,神经网络将会输出对象存在的位置以及对象的名称。

(5) 执行时间。因为深度学习模型参数非常多,通常深度学习算法需要很长时间来训练,模型的推理时间也更长。机器学习的训练时间相对较短,从几秒钟到几小时不等,预测速度也较快。

(6) 可解释性。一般来说,机器学习算法的可解释性更好,因为算法的设计有明确的统计理论支撑,同时,像决策树这样的机器学习算法为人们提供了清晰的规则,解释了为什么可以得到特定的结果,使人们更容易理解其背后的原理。然而,深度神经网络的推理可能使人难以理解其背后的逻辑,其可解释性相对较差。通过一些数学方法人们可以找出推理过程中网络的哪些节点被激活,但可能不知道这些神经元是怎么建模的,以及这些神经元做了什么,因此难以解释结果。

17.1.2　GeoScene Pro 的 AI 工具支持

GeoScene Pro 与人工智能技术持续紧密拥抱,其内部集成了众多的机器学习与深度学习的模型与算法,使用便捷高效。

针对机器学习的需要,GeoScene Pro 集成了 scikit-learn 等经典机器学习框架,提供了众多机器学习算法来辅助进行各种分析任务。软件内的地理处理工具箱提供了十余种开箱即用的机器学习工具,实现了遥感影像分类、空间数据聚合与预测分析等功能。GeoScene Pro 提供的机器学习算法具体可以分为三个部分:

(1) 分类。软件支持的分类算法包括最大似然分类、随机森林、支持向量机、图像分割。

（2）聚类。软件涵盖众多的聚类算法，支持空间聚类，有助于洞悉空间分布规律，包括空间约束多元聚类、多元聚类、基于密度的聚类、热点分析、聚类和异常值分析、时空挖掘分析。

（3）回归。软件支持众多回归算法，能够预测事物的空间变化情况，包括经验贝叶斯克里金插值、2D/3D 面插值、EBK 回归预测、探索性回归、地理加权回归、广义线性回归、随机森林回归。

同时，针对深度学习的需要，GeoScene Pro 集成了 TensorFlow、CNTK 和 Keras 等主流深度学习框架，提供了包括图像分类和目标识别等众多经典深度学习算法。软件内的地理处理工具箱引入了深度学习工具集，提供了即拿即用的深度学习产品，包含【影像分析工具】工具箱中新增加的三个地理处理工具：【变化检测】、【深度学习】和【影像分割和分类】，其中内置了十余种主流深度学习模型。软件还支持深度学习全流程，包含样本制作、模型训练和推理。GeoScene Pro 集成的主流优秀的深度学习模型包括以下十二个类别：

（1）目标检测。以矩形外框的方式标出识别物体的位置。可使用的算法有 SSD、RetinaNet、Faster R-CNN。

（2）语义分割。对每一个像素划分类别，可用于提取地物或进行土地利用类型分类，可使用的算法有 U-Net、PSPNet、DeepLabv3。

（3）要素分类。用来对要素进行分类，如对房屋进行受损分析，可使用的算法有 Feature Classifier。

（4）实例分割。对象识别的基础上切割出对象的轮廓，可使用的算法有 Mask R-CNN。

（5）点云分割。用于点云分类，可使用的算法有 PointCNN。

（6）视频目标检测。在视频中识别物体并以矩形框的方式标出，可使用的算法有 YOLOv3。

（7）边缘检测。识别边缘像素，可使用的算法有 BDCN Edge Detector、HEDE Edge Detector。

（8）图像翻译。将源域图像转换到目标域图像，可使用的算法有 Super Resolution GAN、CycleGAN、Pix2PixGAN。

（9）变化检测。识别图像中的变化区域，可使用的算法有 Change Detector。

（10）图像标注。提供图像的文本描述，可使用的算法有 Image Captioner。

（11）道路提取。从遥感影像中提取道路，可使用的算法有 MultiTask Road Extractor。

（12）其他模型。其他算法包括 Fully Connected Network、MLModel、TimeSeriesModel。

在硬件支持方面，GeoScene Pro 深度学习工具支持本地环境 GPU 运算和多 CPU 运算，可以自主设置并及时执行分析，并且提供了服务器端分布式推理支持。另外，还有丰富细致的后处理工具，方便分析成果的优化与输出。此外，GeoScene Pro 支持使用 Python 和 R 语言处理空间数据，其中 Python NoteBook 提供了非常方便的环境供用户进行交互式 AI 应用构建和丰富的数据处理、可视化和分析。使用这些工具可以支持广泛的业务场景，如查违拆违建、城市管理、自然资源变化监测、国土空间违法监测、城市规划等。

此外，点云深度学习在计算机视觉、自动驾驶和机器人等领域都有应用，在 GIS 中，随着新型测绘技术的发展也得到了更多应用。使用 GeoScene Pro 的深度学习工具操作和处理 Lidar 点云数据，可以助力新型测绘，未来将会在越来越多的领域发挥作用。

17.2 随机森林及深度学习工具简介

17.2.1 随机森林及其工具简介

随机森林（random forest）或随机决策森林，指的是通过集成方法利用多棵决策树（decision tree）对样本进行训练并预测的一种分类或回归算法。随机森林算法是最常用也是最强大的监督学习算法之一，它兼顾了解决回归问题和分类问题的能力，它在本质上属于机器学习的一大分支——集成学习（ensemble learning）方法，其基本单元是决策树。该算法通过在训练时构建多个决策树，各自独立地学习和作出预测，最终输出作为类的模式（分类）或平均预测（回归）的多棵决策树的结果来进行推理决策。

具体而言，随机森林的原理包括两个关键词："随机"和"森林"。"森林"代表的是树的集合，树指的是决策树。决策树是一个树形结构。一棵决策树在构建时，通过将数据划分为具有相似值的子集来构建出一个完整的树。决策树上每一个非叶节点都是一个特征属性的测试，经过每个特征属性的测试，会产生多个分支，而每个分支就是对于特征属性测试中某个值域的输出子集。决策树上每个叶子节点就是表达输出结果的连续或者离散的数据。"随机"则代表随机采样训练样本和集成学习的过程。随机森林通过自助法（bootstrap）重采样技术，可以从原始训练样本集 N 中有放回地重复随机抽取 n 个样本生成新的训练样本集合训练决策树，然后按同样的方法生成 m 棵相互不关联的决策树组成随机森林。在预测时运用了 Bagging 的思想，对于一个输入样本，m 棵树会有 m 个分类或回归结果，对于分类问题，最终输出的类别是由个别树输出的众数所决定的；在回归问题中，把每一棵决策树的输出进行平均得到最终的回归结果。由于最终的预测结果是所有单个预测结果的集成，优于任何的单个预测，所以在理论上，随机森林的表现一般要优于单一的决策树。单棵树的分类能力可能很小，但在随机产生大量的决策树后，将多个预测结果集成起来，会产生显著更好的效果，并且不容易像决策树一样出现过拟合。一般而言，决策树的数量越大，随机森林算法的鲁棒性越强，精确度越高。

随机森林是常见并且效果很好的机器学习模型，可以根据作为部分训练数据集提供的已知值训练模型，然后使用此预测模型来预测具有相同关联解释变量的预测数据集中的未知值。它的优点有：可以拟合很高维度的数据，并且不用降维，无须做特征选择；它可以判断特征的重要程度；可以判断出不同特征之间的相互影响情况；不容易过拟合；训练速度比较快，容易做成并行方法；实现起来比较简单；对于不平衡的数据集来说，它可以平衡误差；如果有很大一部分的特征遗失，仍可以维持准确度。它同时存在着一些缺点：在某些噪音较大的分类或回归问题上会过拟合；对于有不同取值的属性的数据，取值划分较多的属性会对随机森林产生更大的影响，所以随机森林在这种数据上产出的属性权值是不可信的。

要在 GeoScene Pro 中使用随机森林模型，需要找到在地理处理工具箱中的【空间统计工具】工具箱、【空间关系建模】工具下的"基于森林的分类与回归"脚本工具。该工具使用随机森林算法创建模型并生成预测结果，可以执行分类与回归两种任务。对于分类任务，可以针对分类变量进行预测；对于回归任务，可以针对连续变量执行预测。解释变量可以采取用于计算领域分析值的训练要素、栅格数据和距离要素中的属性表中的字段的形式，以用作附加变量。除了基于训练数据对模型性能进行验证外,其还可以对要素或预测栅格进行预测,功能非常全面。

17.2.2 目标检测及深度学习工具简介

地物提取涉及计算机对于影像信息的理解。如何从图像中解析出可供计算机理解的信息,是计算机视觉的核心问题。图像理解可以分为三个层次,对应图像理解的三类任务。

(1) 图像分类(image classification):输入图像往往仅包含一个物体,目的是判断每张图像是什么物体,这是图像级别的任务,相对简单。

(2) 目标检测(object detection):输入图像中往往有很多物体,目的是识别出各类物体并给出描述。相比分类,检测给出的是对图片前景和背景的理解,需要从背景中分离出感兴趣的目标,并确定这一目标的类别和位置。因而,检测模型的输出是一个列表,列表的每一项使用一个数据组(矩形检测框的坐标)给出检出目标的信息。

(3) 图像分割(image segmentation):输入与目标检测类似,但要求描述出目标的轮廓,相比检测框更为精细。要判断出每一个像素属于哪一个类别,属于像素级的分类。图像分割与物体检测任务之间有很多联系,模型也可以相互借鉴。

使用深度学习的方法进行遥感影像的地物提取,这一任务在计算机视觉中可以被归属于图像目标检测的范畴,因此需要运用目标检测的理论方法来进行实践。

目标检测在计算机视觉众多的技术领域中是一项非常基础和重要的任务,其用于检测数字图像和视频中某一类语义对象(如人、建筑物或汽车)的实例。实例分割、物体追踪、姿态估计等通常都要依赖于目标检测。在目标检测时,由于每张图像中物体的数量、大小及姿态各有不同,并且物体时常会有遮挡截断,输入是非结构化的,所以物体检测技术也极富挑战性。传统的目标检测方法一般分为三个阶段:首先在给定的图像上选择一些候选的区域,然后对这些区域提取特征,最后使用训练的分类器进行分类。传统方法的缺点显而易见,区域选择阶段时间复杂度太高,产生冗余窗口太多;特征提取时设置鲁棒的特征比较困难。

随着深度学习的飞速发展和广泛运用,目标检测在短时间内获得了重大突破,并使其成为研究的热点。目标检测如今已经广泛应用于现实生活中的各种应用之中,如无人驾驶、机器人视觉、视频监控等。目前,基于深度学习的目标检测方法主要分为两种:

(1) Two-Stage 目标检测算法。这类检测算法将检测问题划分为两个阶段,第一个阶段首先产生候选区域(region proposals),包含目标大概的位置信息,然后第二个阶段通过深度神经网络对候选区域进行分类和位置精修,这类算法的典型代表有 R-CNN、SPP-Net、Fast R-CNN、Faster R-CNN 和 R-FCN 等。

(2) One-Stage 目标检测算法。这类检测算法不需要 Region Proposal 阶段,仅通过单个阶段直接在网络中提取特征,来产生物体的类别概率和位置坐标值,比较典型的算法有 YOLO、SSD、CornerNet 和 RetinaNet 等。

目标检测模型的主要性能指标是检测准确度和速度,其中准确度主要考虑物体的定位以及分类准确度。一般情况下,Two-Stage 算法在准确度上有优势,而 One-Stage 算法在速度上有优势。不过随着研究的发展,这两类算法分别在两个方面都有改进,均能在准确度以及速度上取得较好的结果。

GeoScene Pro 内置了大量深度学习算法模型,针对不同的遥感影像理解、解译、检测和提取任务以及各类应用场景，提供了多种工具，如 SSD、RetinaNet 等模型，可以从遥感影像或图像中提取用户感兴趣的目标地物（如房屋、树木、飞机、游泳池等）；UNet、PSPNet 等模型可以实现土地利用分类，也可以从遥感影像或图像中提取大面积目标物如道路、大棚区等；MaskRCNN 模型可以从遥感影像中提取出单个要素，如提取房屋的顶面；FC 模型可以对遥感影像进行分类，如识别出烧毁的建筑。

针对深度学习数据处理流水线中的四个主要步骤：制作样本、准备数据、训练模型、推理结果，GeoScene Pro 都提供了即拿即用的、非常简单方便的工具（图 17.1）供用户应用。

（1）在制作样本阶段，提供了样本标注工具"标注对象以供深度学习使用"，可以像传统的数据矢量化工作一样进行样本制作。

（2）在准备数据阶段，提供了"将标注对象导出数据"工具，只要进行一些参数设置就可以导出数据。

（3）在训练模型阶段，提供了"训练深度学习模型"脚本工具，只要将工具打开、设置参数即可训练模型。

（4）在推理结果阶段，可以使用"使用深度学习检测对象""使用深度学习分类对象"或"使用深度学习分类像素"来对影像数据进行对象检测、分类和分割。

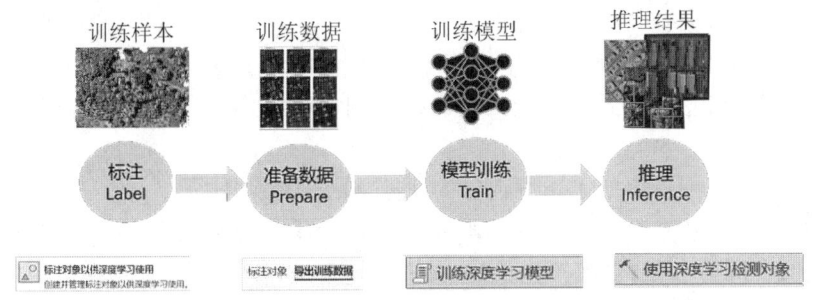

图 17.1　GeoScene Pro 针对深度学习四个步骤提供的工具

17.3　随机森林及深度学习案例

17.3.1　实例：海草栖息地预测

本节将通过一个实例来具体展示如何使用 GeoScene Pro 中内置的机器学习工具来进行数据训练、预测以及精度评估。案例将使用随机森林算法来对某海域是否适宜海草栖息与生长做分类判断。

经过调研，海草栖息地与海水的氧气浓度、硝酸盐浓度、磷酸盐浓度、硅酸盐浓度、盐度、海拔高度和温度这七个变量值有关。这些值综合起来影响了海草栖息地内海草的繁殖情况，决定了海草的生长与否。

在目前已有的美国周边海域范围内，已经测定有海草生长和确定没有海草生长的地点的上述七个变量值，海拔高度在本例中使用 SRTM-30 数据。运用这些数据可以进行随机森林模型的训练，并使用训练好的模型进行预测某个地区是否会有海草生长。虽然训练样本在美国采样,但是训练好的模型可以对美国以外的海草栖息地的值进行预测,当用户已获得其他一些位置的各个变量的数据,将其输入模型后,用户便可以预测哪些位置海草涨势较好,哪些位置不适合海草生长。模型如图 17.2 所示。

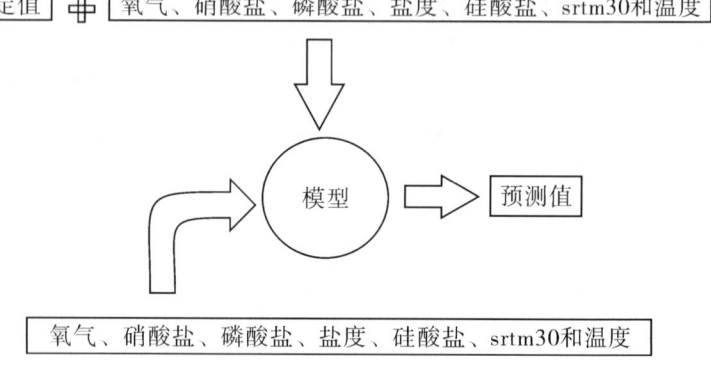

图 17.2　海草栖息地预测模型

使用 GeoScene Pro 进行模型的训练和预测包括以下的步骤。

1. 查看数据

目前已有的数据为下述五类（\ data \ ch17 \ 海草栖息地提取）。

（1）美国海岸面：界定了训练数据的地理空间采样范围。

（2）美国训练数据：是美国沿海地区的采样点要素数据,有七个变量的字段值和分类字段,其中,0 代表没有海草生长,1 代表有海草生长,数据属性表如图 17.3 所示。

（3）美国海草栖息地：界定了美国沿海范围内所有有海草生长的区域,用于验证预测结果。

（4）全球采样范围：界定了预测数据的地理空间采样范围。

（5）全球采样点：在全球范围内的沿海区域各个采样点采集到的七个变量的数据,用于模型预测和判断其是否适合海草生长。

OBJECTID *	Shape *	CID	srtm30	预测值分类	氧气	硝酸盐	磷酸盐	盐度	温度	硅酸盐
1	点	1	-11.04452	1	5.036071	0.633448	0.168179	35.02607	22.68819	3.619046
2	点	1	-68.56886	0	6.414005	5.384511	0.671822	32.62529	7.437658	4.577376
3	点	1	-5.526954	1	4.984275	0.750937	0.148873	34.64287	22.94862	2.865646
4	点	1	-54.62548	0	5.191477	8.144665	1.057412	33.17138	10.61754	14.53726
5	点	1	-8.640892	1	5.823242	2.386503	0.398376	27.84023	13.77919	2.277213
6	点	1	-58.21187	0	5.389735	9.438906	1.15697	33.19038	9.685245	17.23024
7	点	1	-17.97193	1	6.212985	4.116002	0.551928	32.22722	11.03568	3.428569
8	点	1	-29.55886	1	4.867738	1.06407	0.239833	35.8679	22.11253	3.764636
9	点	1	-55.84826	0	5.631367	9.056868	1.116857	32.69134	9.759482	15.19978
10	点	1	-1.472556	1	4.776247	1.244026	0.226958	26.00133	22.53671	4.099128

图 17.3　美国训练数据属性表

美国部分海岸的数据空间分布情况如图 17.4 所示,其中,浅灰色面要素为全球采样范围,黑色三角形点要素为全球采样点,深灰色面要素为美国采样范围（海岸面）,黑色面要素为海草栖息地,黑色圆形点要素为美国采样点（训练数据）。落在黑色面矢量上的采样点为正样本，落在深灰色面矢量上的采样点为负样本，落在深灰色面矢量上的采样点为未知标签的样本。接下来要做的工作是：应用美国训练数据训练随机森林模型，并预测全球范围内海草栖息地的分布情况。

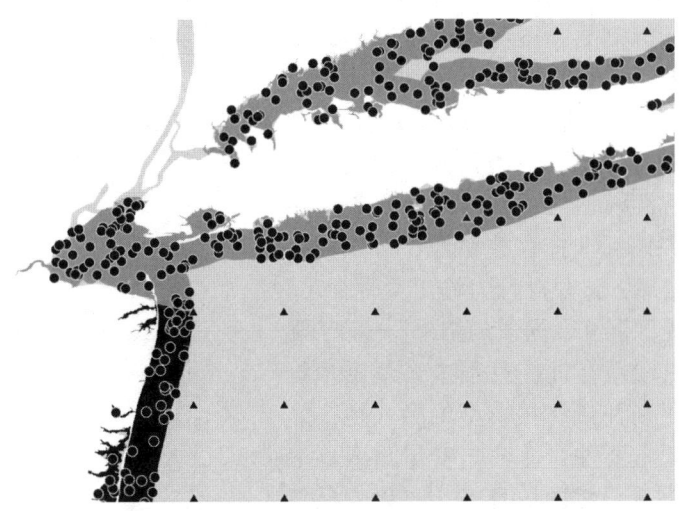

图 17.4　美国部分海岸的数据空间分布情况

2. 模型训练和预测

在 GeoScene Pro 界面上方选择【分析】工具条，点击【工具】按钮，则软件界面右侧会出现地理处理工具箱。在工具箱内选择【空间统计工具】，点击展开【空间关系建模】工具，找到【基于森林的分类与回归】脚本工具，双击即可打开运行。或直接在地理处理工具箱顶部搜索栏输入"森林"进行查找，并选择【空间统计工具】内的工具【基于森林的分类与回归】。

接下来，需要进行模型参数的设置。该工具可以仅执行训练或训练好模型以后立即将模型用于预测，由于此处使用的是点要素数据，在【预测类型】栏右侧的下拉菜单中，选择【预测至要素】，即可在训练完成后立即执行预测。【输入训练要素】栏指定了哪些是作为模型的训练数据，此处选择"美国训练数据"。【要预测的变量】指定了属性表中哪一列作为待预测的标签，此处选择"预测值分类"。本案例是分类任务，需要勾选【将变量视为分类变量】。接下来，需要添加【解释训练变量】，可以单击【变量】右侧的下拉按钮一次选择添加多项，也可以在下方文本框内手动输入或点击下拉按钮逐一选择和添加变量，将七个解释变量全部添加；如果选择了错误的变量，可以在文本框左侧点击红色叉号删除；此外，若变量本身是离散型的特征，还需要在文本框右侧勾选"分类变量"，在此处，由于七个解释变量都是连续值，无须勾选。【解释训练距离要素】和【解释训练栅格】是其余需要添加的解释变量，为可选择项，此处不需要选择。【输入预测要素】栏指定了需要预测的数据，此处选择"全球采样点"。【输出预测要素】指定了预测结果的输出要素，此处点击文本框右侧的文件夹图标选择存放路径，可以放入当前的工程数据库下，并自行为输出文件命名，此处命名为"全球采样点预测结果"。最后是【匹配解释变量】，这一设置栏是为了使得进行训练的样本特征值与待预测的样本特征值一一对应，如果训练数据和待预测数据字段的名称或别名一致，则在工具内会自动对齐；如果不一样的话，需要用户手动设定对应情况，否则模型会无法识别待预测样本的特征，进而输出错误的结果。【匹配距离要素】以及【匹配解释栅格】为可选项，此处不选。如图17.5所示，模型训练和预测的基本参数已经设置完成。

根据用户实际需要，还可以设置和修改一些辅助性的参数，这些参数都是可选的。点击【其他输出】展开对应的设置栏，【输出训练数据】表示将模型在训练集上做预测时得到的结果输出，以便后续模型的评估，此处点击文本框右侧的文件夹图标选择存放路径，可以放入当前的工程数据库下，并自行为输出文件命名，此处命名为"美国训练数据预测结果"。对于随机森林模型，其参数在训练过程中会逐渐根据输入特征进行更新并最终在模型中隐式地决定每个输入特征的重要性，【输出变量重要性表格】可以选择将重要性的信息输出，以便后续对数据进行分析，此处同样地自主选择存放路径并命名为"变量重要性表格"。对于分类模型，混淆矩阵可以方便用户快速地计算出模型的准确率、召回率、总体精度等指标值，【输出分类性能表（混淆矩阵）】则指定了模型评价结果的输出表格，此处同样地自主选择存放路径并命名为"分类性能表"。点击【高级森林选项】以及【验证选项】，展开对应的设置栏，还可以对随机森林的超参数和机器学习流程进行自定义设置，例如【树数】默认值为100，用户可以修改为小于100的数。可以将鼠标移动至设置项左侧的叹号处停留，参数含义将会自动显示，可以根据需求和计算机性能自行设置，本例中使用默认设置不做修改。如图17.6所示，设置完成后点击右下角的【运行】按钮即可开始模型的训练和预测。

在模型运行过程中或结束后，可以点击进度条下方的【查看详细信息】，查看模型的参数和训练过程出现的消息、警告、错误等信息。训练和预测完成之后，预测结果矢量会自动添加到当前图层中，如图17.7所示。其中黑色和灰色的三角形点要素分别代表全球采样点中被预测为不适宜海草生长和适宜海草生长的位置；黑色和灰色的圆形点要素分别代表美国训练数据的预测结

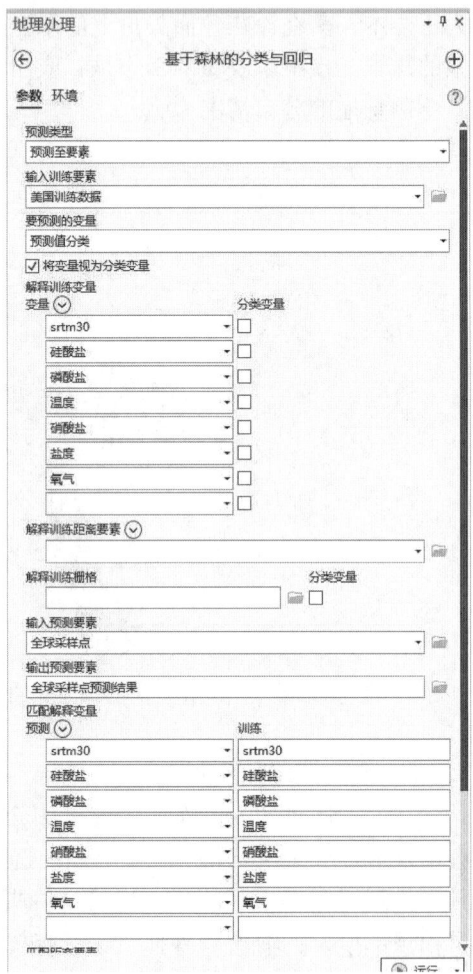

图17.5　随机森林模型基本参数设置

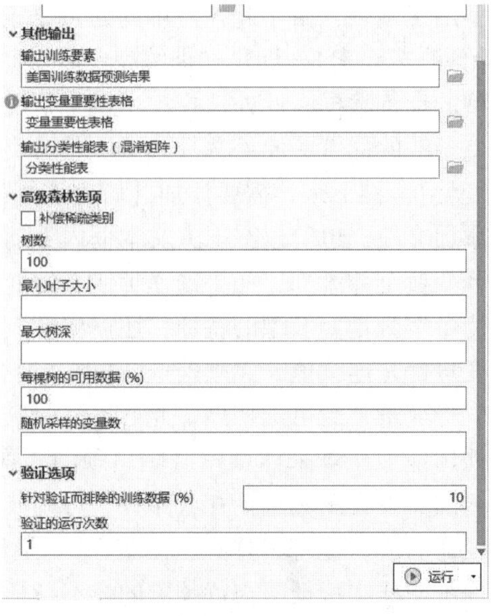

图17.6　随机森林模型其他参数设置

312

果错误和正确的采样点。可见，模型在大部分区域可以得到正确的结果，但在小部分区域其预测结果不够理想。

此外，打开模型输出的“变量重要性表格”，可以看到模型学习到的影响海草生存的不同变量的重要程度，如图 17. 8 所示。可以看到海草栖息地的七个影响因素的重要性接近均等，其中磷酸盐浓度重要性相对最高，占比约为 15. 1%。

图 17. 7　美国部分海岸的模型预测结果

变量重要性表格

字段: 添加 计算 选择: 按属性选择 缩放至 切换 清除

OBJECTID *	VARIABLES	IMPORTANCE	PERCENTAGE
1	srtm30	28.088715	14.298
2	氧气	27.327668	13.911
3	硝酸盐	28.014936	14.261
4	磷酸盐	29.653689	15.095
5	盐度	26.32502	13.401
6	温度	27.786767	14.145
7	硅酸盐	29.249944	14.89

图 17. 8　变量重要性表格

3. 精度评估

在 GeoScene Pro 左侧的内容框中打开模型输出的“分类性能表”（即混淆矩阵）可以快速地查看模型在训练集上的性能表现。如图 17. 9 所示，有 81 个负样本被预测成了正样本，有 4 个正样本被预测为了负样本，其余样本全部预测正确。模型在训练集上的准确率约为 88. 0%，召回率约为 99. 3%，总体精度为 91. 5%，总体表现较好。

分类性能表

字段: 添加 计算 选择: 按属性选择 缩放至

OBJECTID *	CATEGORY	0.0	1.0
1	CAT_0.0	320	81
2	CAT_1.0	4	595

图 17. 9　随机森林模型混淆矩阵

此外，用户可以手动评估模型在美国范

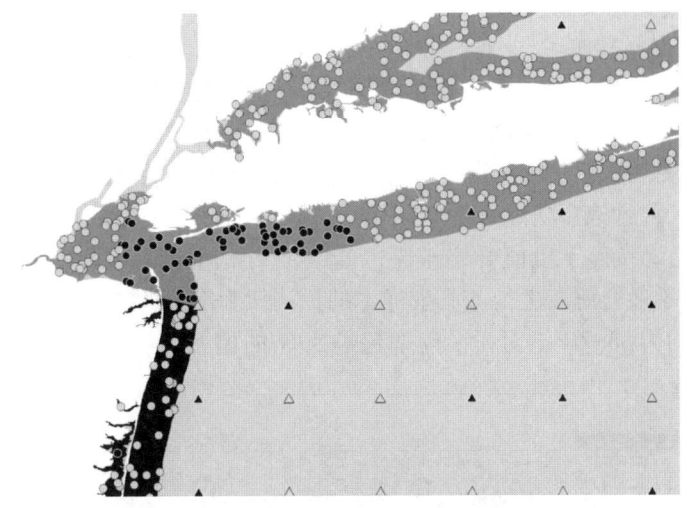

围内的采样点的预测表现，使用辅助数据"美国海草栖息地"可以评估模型在部分的"全球采样点"预测集上的准确率。

首先，通过"美国海草栖息地"数据的空间范围将可评估的全球采样点选择出来。在 GeoScene Pro 界面上方选择【地图】工具条，点击【选择】栏内的【按位置选择】按钮打开窗口，点击【输入要素】下拉按钮选择"全球采样点预测结果"，【关系】设置默认为"相交"，点击【选择要素】下拉按钮选择"美国海草栖息地"，其余选项默认，点击【确定】，即可应用选择操作。

完成选择操作后，"全球采样点预测结果"数据中被选中的子要素的真实标签都为正，也即这些采样点全都位于海草栖息地内，适合海草生长，用户可以查看其中有多少被正确预测。打开"全球采样点预测结果"的属性表，单击属性表左下角第二个图标，可以仅查看被选中的记录，属性表下方显示被选中的采样点共有 53 个。鼠标双击"预测值分类"字段，属性表将自动按照字段值升序排序，如图 17.10 所示。可知共有 6 个样本的预测值为 0，即被预测为不适合海草生长，其余样本的预测值为 1，即被预测为适宜海草生长。因此，模型的准确率约为 88.7%。对于准确率超过 80% 的模型，可以认为其准确度较高，模型效果较好。

图 17.10　全球采样点预测结果属性表被选中记录

17.3.2　实例：遥感影像棕榈树提取

本节将通过一个实例来具体展示如何使用 GeoScene Pro 中内置的深度学习工具来进行数据准备、模型训练、预测以及精度评估。案例将使用目标检测模型来对遥感影像中的经济作物（棕榈树）进行大面积自动提取，其主要步骤如图 17.11 所示。

 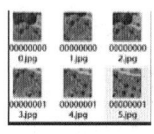 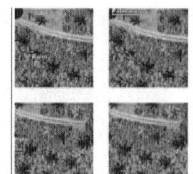 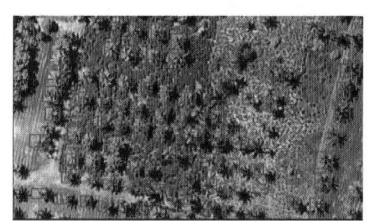

a. 样本标注　b. 导出训练数据　c. 训练深度学习模型　d. 使用深度学习检测对象工具检测棕榈树

图 17.11　遥感影像棕榈树提取主要步骤

在 GeoScene Pro 中使用深度学习工具之前,有下述三个注意事项:

(1)除了 GeoScene Pro 软件自身的安装外,还需要安装深度学习库"Deep_Learning_Libraries"。这个库不会随软件自动安装,需要用户手动安装。将 Deep_Learning_Libraries.zip 文件解压后,找到 ProDeepLearning.msi 文件,双击运行即可。

(2)执行深度学习任务的工程项目所在的路径命名建议使用英文。

(3)深度学习对计算机的硬件条件有一定的要求。计算机的 CPU 最低配置为:Intel i7-7700HQ @ 2.80Hz,4 核 8 线程;磁盘的最小内存为 64GB;计算机一定要有独立 GPU,显卡内存至少为 4G,最低配置为:NVIDIA Quadro M2200 4G。计算机最低要求的机型配置可以参考:戴尔 7520。

使用 GeoScene Pro 进行数据准备、深度神经网络模型的训练、预测等步骤在本案例实践操作中如下。

1. 影像添加与查看

在本例中,有一张三波段自然彩色的航拍遥感影像"Kolovai.tif"(\data\ch17\棕榈树提取)。在 GeoScene Pro 的地图框中加载该影像,滚动鼠标滚轮查看影像内的地物细节,如图 17.12 所示,可以发现在影像可见范围内有很多的棕榈树。当用户需要对经济作物估产时,需要计算作物的总体数量,然而用传统方式人工统计棕榈树的数量工作量会非常大。使用深度学习工具可以帮助用户快速地提取其关注的目标对象,此处使用深度学习目标检测(或称对象识别)的方法来扫描该遥感影像,进而自动识别和提取棕榈树。

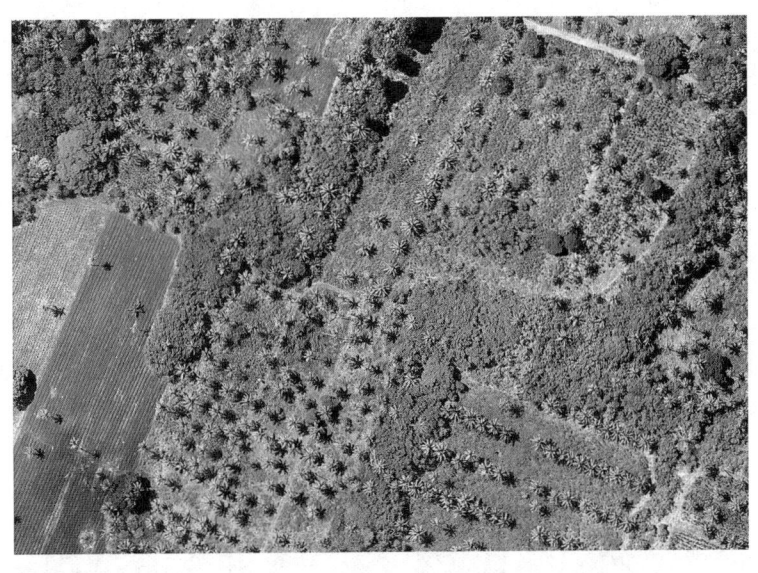

图 17.12 棕榈树航拍遥感影像

2. 标注深度学习样本

为了让模型知道用户想要提取目标的特征以便进行自动识别,用户需要告诉计算机哪些是其认为的棕榈树,因此在模型训练前用户需要制作训练样本。样本选择与制作的原则为:样本越多越好,样本覆盖的地物情况越丰富越好。通常是在影像范围内均匀选取样本采样位置。

在 GeoScene Pro 界面左侧内容框中单击选中影像图层,在界面上方选择【影像】工具条，点击【影像分类】栏中的【分类工具】按钮，在下拉菜单中点击"标注对象以供深度学习使用"，界面右侧会打开【影像分类】窗口，在该窗口内，用户可以实现影像标注矢量的勾画、标注方案的保存和导出等操作。

在窗口上半部分【标注方案】框中的【新建方案】行单击鼠标右键，点击【编辑属性】可以手动编辑标注方案的信息，此处将【名称】、【组织】和【说明】统一输入文本"Palm"，单击右下角【保存】，即可返回刚才的界面。在已修改的方案"Palm"行单击鼠标右键，点击【添加新类】，可以为该方案新增一个标签类别，此处在【方案】设置输入文本"Palm"，在【值】输入"1"，颜色选择"红色"，【别名】和【说明】统一输入文本"Palm"，单击【确定】，即可返回刚才界面，此时"Palm"方案下已经保存了"Palm"标签类别。在本例中只需要提取棕榈树一种类型的作物，所以仅需添加一类标签，如果需要提取多类地物，可以点击【添加新类】继续添加。

接下来，需要对待提取地物进行手动矢量标绘。可以在【标注方案】框顶部选择矢量类型进行标注，包括"矩形""多边形""圆形""手绘形状"四种类型，如图17.13所示。由于棕榈树在影像中是圆形的，此处选择圆形矢量进行勾绘。如果标注对象是建筑物或是不规则物体，可以选择矩形矢量或手绘形状。

图17.13 【影像分类】窗口上半部分——标注对象框

在影像中标绘出的每个矢量及其信息将会在【影像分类】窗口下半部分【标注对象】框中显示。如果勾绘错误，可以在【标注对象】框中单击选中该矢量，此时地图窗口内被选中的矢量会变成石蓝色，如图17.14所示，点击【标注对象】框顶部的叉号，即可删除该矢量。

图17.14 选中标注错误的矢量

标注完成后，在【标注对象】框顶部点击【保存】或【另存为】图标，可以将勾绘的矢量导出为面要素文件，此处选择工程目录下的地理空间文件数据库并将文件命名为"label"，此时被保存的面要素的属性表中自动记录了每个矢量的类型、标签类名、标签类值、影像路径索引、包括的像素数量等属性。此外，还可以通过点击【加载训练样本】，将其他已勾绘完成或是勾绘了一部分样本的要素文件加载进来继续做标注工作。

3. 导出训练数据

接下来，需要将影像和在影像上标注的矢量整合，并导出成可供深度学习模型直接读取和使用的训练样本。

在【影像分类】窗口下半部分【标注对象】右侧点击并进入【导出训练数据】框。训练数据导出后，会成为由多个文件组成的数据集，此时需要在【输出文件夹】设置框内指定路径和数据集存放的文件夹名，本例中指定为工程文件目录下的"traindata"文件夹。【掩模面要素】设置为可选项，此处不选。【图像格式】在设置项中可以点击右侧按钮展开列表，选择将影像分块导出为不同的格式，此处选择为"JPEG 格式"。剩余的设置选项可以保持默认也可以自行修改。其中【分块大小】长宽默认都为 256，该值与计算机的显卡内存有关，若显存较大，则切片大小也可以设置得大一些；当显存很小时，需要将这个值设置得较小，否则在后续步骤中模型将无法训练，此处不做修改，使用默认值。【步幅】表示对影像自动分块时，不同分块之间的间隔，这个值设置得越小，则分块最终得到的样本重叠面积就越大，样本数量也会变得更多。【旋转角度】参数如果进行设置，则在导出训练数据时将会自动以旋转的方式做数据增强；例如将旋转角度设置为"90"时，导出时会将原始影像反复做 90° 旋转再分块的操作，同一个位置会得到旋转角度不一的 4 个分块。一般在样本量不足时对【步幅】和【旋转角度】两个参数进行设置，同时导出的样本量和样本导出时间也会显著增加，在本例中不做修改，使用默认值。如图 17.15 所示，参数设置完成后点击【运行】，即可导出训练数据。

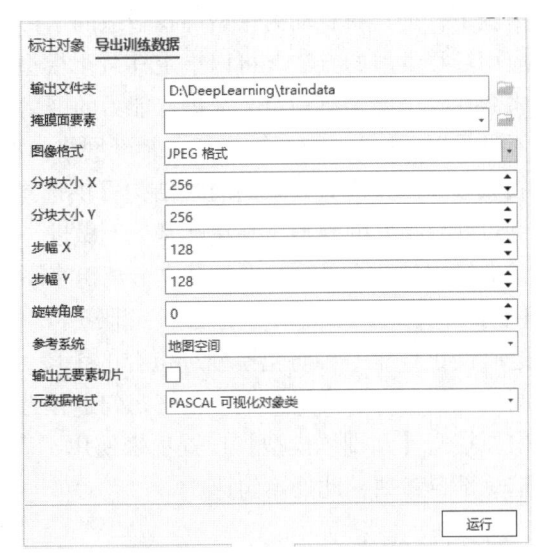

图 17.15　训练数据导出设置

导出完成后，可以在电脑文件系统中对应的路径下找到训练样本目录，其中 images 文件夹包含了所有导出的影像分块；labels 文件夹下包含影像的标注文件，文件内有每个影像分块范围内的所有目标的检测框（bounding box）坐标信息；esri_model_definition.emd 文件记录了样本制作的参数，包括切片大小和高宽、波段数、标签类名、标签类值等；map.txt 文件记录了影像分块和标注文件的一一对应关系，模型训练时需要使用它来进行文件索引；stats.txt 文件中包含了样本量和标签类值等信息。

4. 训练深度学习模型

在 GeoScene Pro 界面上方选择【分析】工具条，点击【工具】按钮，则软件界面右侧会出现地理处理工具箱。在工具箱内选择【影像分析工具】，点击展开【深度学习】工具，找到【训练深度学习模型】脚本工具（见表17.1），双击即可打开运行。

接下来，需要对模型的运行参数进行设置。由于此前已经将训练数据准备完毕，在【输入训练数据】设置框右侧单击文件夹小图标，浏览并指定工程文件目录下的"traindata"训练数据集目录。【输出模型】指定了训练完成后的模型结构、参数、超参数说明等信息存放位置，此处指定为工程文件目录下的"trainmodel"。深度学习模型训练需要反复在训练集合上循环运行迭代更新，需要进行很多轮次的训练，【训练轮数】参数可以设置迭代的次数训，此处使用默认值"20"。单击【模型参数】可以展开其他模型设置选项。【模型类型】参数可以点击右侧下拉按钮进行选择，由于先指定了模型训练数据，工具自动识别了可用的模型类型，若未选择训练数据，则下拉菜单中可以看到 GeoScene Pro 支持的所有深度学习模型，将鼠标停留在【模型类型】左侧的叹号处，将会自动展示所有模型的说明信息，如表17.1所示，用户可以根据需要自行选择，此处选择"单帧检测器—对象检测"。【批量大小】参数决定了每次神经网络进行前向传播时并行运算的样本数量，此参数同样取决于计算机的计算资源，在显存足够的情况下可以将参数适当调高，此处采用默认值"2"。【模型参数】设置为可选项，此处不做设置。单击【高级】可以展开对于模型的高级设置选项。【学习率】参数决定了每次神经网络在进行反向传播和参数更新时的更新速度，在未设置的情况下，工具将自动为模型寻找合适的学习率，此处默认不做设置。如果用户希望在工具中应用迁移学习的方法，可以指定【骨干模型】设置项或【预训练模型】设置项，此时模型将会在一个已经有一定特征提取能力的网络上进一步训练以适应当下任务的需要，此处默认不做设置。【骨干模型】指定了神经网络模型特征提取部分的网络结构，有众多在深度学习领域被验证过优异效果的网络结构可供选择。在【预训练模型】设置项中可以加载以前训练过并保存好的模型，并在此基础上做进一步训练。在深度学习常见的数据处理流程中，通常训练集的一小部分将会被独立分离出来不加入训练，用作验证模型在非训练集上的表现，【验证百分比】参数指定了这一小部分样本的比例，此处采用默认值10%。【当模型停止改进时停止】是一种防止模型过拟合的手段，当模型训练到一定轮次时，模型参数会继续更新但是模型的表现不会变得更好，勾选该选项可以让模型提前停止优化。【冻结模型参数】主要搭配【预训练模型】设置项来使用，表示在模型优化的过程中是否固定预训练模型的这一部分参数，此处不勾选。

表17.1　【训练深度学习模型】脚本工具中各种模型类型说明

模型类型	说明
单帧检测器	用于对象检测。单帧检测器（SSD）方法将用于训练模型，该模型类型的输入训练数据使用 Pascal 可视化对象类元数据格式
U-Net	用于像素分类。U-Net 方法将用于训练模型
要素分类器	用于对象分类。"要素分类器"方法将用于训练模型
金字塔场景解析网络	用于像素分类。金字塔场景解析网络（PSPNET）方法将用于训练模型
RetinaNet	用于对象检测。RetinaNet 方法将用于训练模型，该模型类型的输入训练数据使用 Pascal 可视化对象类元数据格式

续表 17.1

模型类型	说明
MaskRCNN	用于对象检测。MaskRCNN 方法将用于训练模型。可将其用于实例分割，即对影像中对象的精确划分。此模型类型可用于检测建筑物覆盖区。该类型将 MaskRCNN 元数据格式作为输入用于训练数据。输入训练数据的类值必须从 1 开始。只能使用支持 CUDA 的 GPU 来训练此模型类型
YOLOv3	用于对象检测。YOLOv3 方法将用于训练模型
DeepLabV3	用于像素分类。DeepLabV3 方法将用于训练模型
FasterRCNN	用于对象检测。FasterRCNN 方法将用于训练模型

模型参数设置完成之后，还需要指定模型的运行环境参数，即模型训练时所依赖的计算机硬件环境。点击工具窗口顶部【参数】右侧的【环境】进入环境参数设置页面，在【处理器类型】设置项点击右侧下拉按钮并选择"GPU"，表明模型依赖计算机的 GPU 进行模型训练，使用计算机的 GPU 并行计算将大大加快模型的训练速度。其余参数均为可选项，此处保持默认不做修改。最后点击窗口右下角的【运行】按钮，即可开始模型训练。

模型训练通常需要耗费较长的时间，并且占用的计算机资源较大，此时计算机不宜运行其他任务。可以在弹出的运行窗口内展开【消息】栏，查看模型的参数和训练过程出现的消息、警告、错误等信息。

模型训练完成以后，用户可以在电脑文件系统中对应的路径下找到输出模型目录，其中 emd 文件中记录了模型训练参数，包括模型位置、骨干模型、学习率、训练的模型类别、模型的精度、类别值等，这些信息非常重要，在应用模型推理时会被作为模型信息索引文件。

5. 应用模型进行检测

在 GeoScene Pro 的深度学习集成工具中，模型推理的方式有三种，分别是"使用深度学习分类对象""使用深度学习分类像素"和"使用深度学习检测对象"，全都位于【影像分析工具】中的【深度学习】工具目录下。本例中使用【使用深度学习检测对象】工具来对遥感影像目标区域的棕榈树进行检测，模型将会扫描输入影像并将所有的棕榈树提取出来，最后将检测框输出为面要素文件。

单击【使用深度学习检测对象】工具进入模型预测参数设置窗口。【输入栅格】设置项选择当前工程目录下的包含全部棕榈树的航拍遥感影像"Kolovai.tif"。【检测到输出的对象】指定了模型目标检测结果的输出文件，此处采用默认值，即当前工程目录下地理空间文件数据库中的"Kolovai_DetectObjectsUsingDe"文件。【模型定义】参数需要指定输出模型目录下的 .emd 文件，预测工具可以根据文件内储存的信息来读入模型参数并确定在预测过程中还需要自定义的超参数。此处，工具将在【参数】设置下方列出需要设置的超参数并提供默认值，包括"padding""threshold""nms_overlap""batch_size""exclude_pad_detections"，其中"padding"参数决定了扫描影像范围的边缘宽度；"threshold"参数可以指定输出阈值，当模型预测出的检测框置信度大于该阈值的结果才输出，否则不输出；"batch_size"参数决定了预测时并行运算的样本数量，用户可以根据显存大小设置。这些参数可以按照用户需求设置，此处将"padding"参数设置为"0"，将"nums_overlap"参数设置为"0.6"，将"batchsize"设置为"1"，其余参数保持默认不做更改。【非极大值抑

319

制】选项的作用是用于检测框的去重，本例中模型可能在同一棵棕榈树上输出多个紧密相邻的框，勾选此选项后可以将多个框整合，保留与棕榈树外形最接近的框，在接下来弹出的可选设置项中将【最大重叠比】设置为 0.6 即可，如图 17.16 所示。

此外，可以单击窗口顶部【参数】右侧的【环境】按钮进入环境参数设置页面。与模型训练参数设置相似，将【处理器类型】设置项选择"GPU"，使用 GPU 并行预测将大大加快推理速度。模型预测通常需要花费较长的时间，如果想要快速得到某个较小区域的结果，不想等待模型完成整图的推理，可以在【处理范围】下的【范围】设置选项点击右侧下拉按钮并选择"当前显示范围"，则模型将仅对地图窗口显示范围内的棕榈树进行提取。参数全部设置完毕后，点击窗口右下角的【运行】按钮，即可开始应用训练好的模型进行棕榈树检测。

图 17.16　深度学习检测对象基本参数设置

模型预测完成之后，预测结果矢量会被自动添加到当前图层。在左侧内容框中双击检测框矢量数据的符号系统，将其修改为红色轮廓，修改后的可视化结果如图 17.17 所示。可见，棕榈树提取结果的总体情况很好，虽有少数缺漏，但基本准确。

此外，打开输出面要素矢量数据的属性表，可以看到每个检测框（即每个面要素）都有对应的输出标签类名、置信度字段和其他属性。当前输出的面要素矢量是根据上述设置过程中对【参数】"threshold"的设置值对模型输出的检测框过滤后的结果，如果想要进一步过滤和仅保留置信度高的结果，用户可以对该输出数据按属性"Confidence"进行选择和导出。

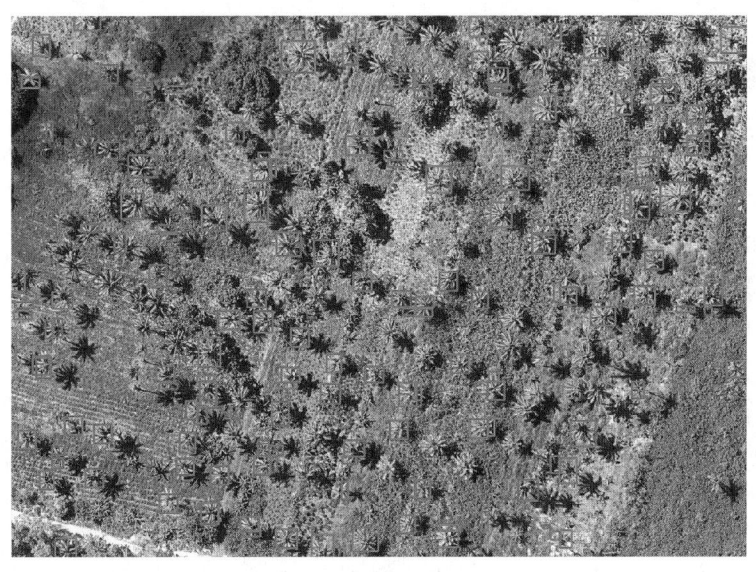

图 17.17　棕榈树提取结果

如果想要充分利用 GeoScene Pro 中的深度学习工具并得到更准确的结果，可以在样本标注过程中适当增加样本量，调整参数并重新训练模型。样本标注、超参数调优、模型训练通常是一个反复的过程，需要多次尝试和比较，才能得到效果最好的模型。此外，针对不同的数据，需要的模型和超参数也不尽相同。

参考文献

陈述彭. 城市化与城市地理信息系统［M］. 北京：科学出版社，1999.

陈述彭. 地理信息系统导论［M］. 北京：科学出版社，1999.

丁国祥. ArcGIS 三维分析实用指南［M］. 北京：ArcInfo 中国技术咨询与培训中心，2002.

龚健雅. 地理信息系统基础［M］. 北京：科学出版社，2001.

高亮，宋栋栋，杨一涛，等. 中国区县级人口普查 GIS 数据集（1953—2010 年）［DB/OL］. Science Data Bank. （2021-08-13）［2024-09-20］. DOI：10.11922/sciencedb.j00001.00273.

黎夏. 地理模拟系统：元胞自动机与多智能体［M］. 北京：科学出版社，2007.

黎夏，刘小平，李少英. 智能式 GIS 与空间优化［M］. 北京：科学出版社，2010.

闾国年，吴平生，周晓波. 地理信息科学导论［M］. 北京：中国科学技术出版社，1999.

闾国年，张书亮，龚敏霞. 地理信息系统集成原理与方法［M］. 北京：科学出版社，2003.

牟乃夏，刘文宝，王海银，等. ArcGIS 10 地理信息系统教程：从初学到精通［M］. 北京：测绘出版社，2012.

秦昆. GIS 空间分析理论与方法［M］. 武汉：武汉大学出版社，2010.

汤国安，刘学军，闾国年. 数字高程模型及地学分析的原理与方法［M］. 北京：科学出版社，2005.

汤国安. 地理信息系统教程［M］. 北京：高等教育出版社，2007.

汤国安，杨昕. ArcGIS 地理信息系统空间分析实验教程［M］. 北京：科学出版社，2012.

苏世亮，李霖，翁敏. 空间数据分析［M］. 北京：科学出版社，2007.

邬伦. 地理信息系统教程［M］. 北京：北京大学出版社，1994.

邬伦. 地理信息系统：原理、方法和应用［M］. 北京：科学出版社，2001.

毋河海，龚健雅. 地理信息系统（GIS）空间数据结构与处理技术［M］. 北京：测绘出版社，1997.

吴信才. 地理信息系统原理与方法［M］. 北京：电子工业出版社，2002.

邢超，李斌. ArcGIS 学习指南：ArcToolbox［M］. 北京：科学出版社，2010.

ESRI Inc.［Z］. ArcGIS 10 Help，2010.

ESRI Inc.［Z］. GeoScene Pro 2.1 Help，2021.

LIU X，XUN L，XIA L，et al. A future land use simulation model（FLUS）for simulating multiple land use scenarios by coupling human and natural effects［J］. Landscape & Urban Planning，2017，168：94-116.